国家示范性高职院校建设项目工学结合课程教材

植物保护技术

第2版

张炳坤　主编

中国农业大学出版社
・北京・

内 容 简 介

本教材按照植物保护技术课程学习特点，共包含 8 个项目，分别是昆虫的识别、植物病害诊断、植物病虫害田间调查与综合治理、农药使用技术、粮食作物病虫害识别与综合防控、经济作物病虫害识别与综合防控、瓜菜病虫害识别与综合防控、仓储害虫识别与综合防控。

第 2 版教材根据第 1 版教学使用情况反馈和近年来新疆农作物病虫害防治技术升级情况，以职业教育工学结合人才培养模式和新疆区域农业生产特点为主线，将教学内容与职业岗位技术和工作过程紧密结合。按照工作过程编排教学内容，突出技术操作的过程性。本教材适合高等职业院校农学、园林园艺等相关专业课程使用，也可为工作在生产一线的农民和农业技术人员提供参考。

本教材为新形态教材，配套了丰富的植物病虫害实拍图片，读者可扫描封底二维码，获取相关学习资源。

图书在版编目(CIP)数据

植物保护技术/张炳坤主编. --2 版. --北京：中国农业大学出版社，2022.9(2024.8 重印)
ISBN 978-7-5655-2824-8

Ⅰ.①植…　Ⅱ.①张…　Ⅲ.①植物保护-高等职业教育-教材　Ⅳ.①S4

中国版本图书馆 CIP 数据核字(2022)第 121363 号

书　　名 植物保护技术　第 2 版
作　　者 张炳坤　主编

策划编辑 郭建鑫　　**责任编辑** 郭建鑫
封面设计 郑　川
出版发行 中国农业大学出版社
社　　址 北京市海淀区圆明园西路 2 号　　**邮政编码** 100193
电　　话 发行部 010-62733489，1190　　读者服务部 010-62732336
编辑部 010-62732617，2618　　出　版　部 010-62733440
网　　址 http://www.caupress.cn　　**E-mail** cbsszs@cau.edu.cn
经　　销 新华书店
印　　刷 运河(唐山)印务有限公司
版　　次 2022 年 9 月第 2 版　　2024 年 8 月第 2 次印刷
规　　格 185 mm×260 mm　　16 开本　　18.25 印张　　455 千字
定　　价 58.00 元

第2版编写人员

主　编　张炳坤（新疆农业职业技术学院）

副主编　朱妍梅（新疆农业职业技术学院）
　　　　于建新（新疆奇台县农业技术推广中心）

参　编　孙泽昭（新疆农业职业技术学院）
　　　　魏建华（新疆昌吉州农业技术推广中心）
　　　　薛明珂（杨凌职业技术学院）
　　　　王萍莉（新疆农业职业技术学院）
　　　　张晓宏（新疆农业职业技术学院）
　　　　周　勇（新疆农业职业技术学院）
　　　　李　瑜（新疆农业职业技术学院）
　　　　米娜瓦尔·艾买提（新疆农业职业技术学院）

第 1 版编写人员

主　编　张炳坤

副主编　朱妍梅　于建新

第2版前言

党的二十大报告提出“坚持农业农村优先发展”“坚持科技是第一生产力、人才是第一资源、创新是第一动力”。这为新时期我国农业现代化发展指明了方向，涉农高等职业院校应全面贯彻党的教育方针，落实立德树人根本任务，积极为农业农村发展培养和输送创新型、实干型人才。

我国地域辽阔，病虫害种类繁多，且在不同生态环境条件下存在一定的差异。特别是我国新疆地区，由于地处欧亚大陆腹地，属典型的大陆性气候，农作物病虫害的发生种类、发生规律、为害方式等与其他省份有较大的差异。为了使植物保护技术课程教学与新疆农业生产实际紧密结合，新疆农业职业技术学院长期以来一直坚持开发具有新疆地域特色的地方性教材。

本教材是根据国家示范性高职院校建设种子生产与经营重点专业及相关专业群的职业岗位工作任务，由校企技术专家从职业岗位分析入手，按照职业岗位工作过程、职业能力、职业资格要求，结合专业顶岗实训环节，设计制定课程标准，在此基础上组织学校教师和行业技术专家共同编写而成的工学结合课程教材。

第2版教材根据第1版的教学使用情况反馈和近年来新疆农作物病虫害防治技术升级情况，以职业教育工学结合人才培养模式和新疆区域农业生产特点为主线，将教学内容与职业岗位技术和工作过程紧密结合，按照工作过程编排教学内容，突出技术操作的过程性。具体编写分工如下：项目一、项目二由张炳坤、张晓宏、薛明珂编写；项目三、项目四由朱妍梅、王萍莉编写；项目五由魏建华、米娜瓦尔·艾买提编写；项目六由张炳坤、李瑜编写；项目七由于建新、周勇编写；项目八由孙泽昭编写。新疆博州农业技术推广中心戴爱梅推广研究员和新疆农业职业技术学院陈志推广研究员对教材进行了审阅并提供了许多生产实践案例。

在此谨对为本教材编写提供各种支持和帮助的所有人员表示最衷心的感谢！

由于编者水平有限，加之时间仓促，书中难免有不妥之处，敬请各位专家、同行及广大读者提出宝贵意见，以便修订完善。

编　者

2024年6月

第1版前言

我国地域辽阔，病虫害种类繁多，但不同生态环境条件下存在一定的差异。特别是新疆，由于地处欧亚大陆腹地，属典型的大陆性气候，农作物病虫害的发生种类、发生规律、危害方式等与其他地区有较大的差异。为了使植物保护技术课程教学与新疆农业生产实际紧密结合，新疆农业职业技术学院长期以来一直坚持开发具有新疆地域特色的地方性教材。

本教材是根据国家示范性高职院校建设种子生产与经营重点专业及相关专业群的职业岗位工作任务，由校企技术专家从职业岗位分析入手，按照职业岗位工作过程、职业能力、职业资格要求，结合专业顶岗实训环节，设计制定课程标准，并在此基础上组织学校教师和行业技术专家共同编写的工作结合课程教材。

本教材以职业教育工学结合人才培养模式和新疆区域农业生产特点为主线，将教学内容与职业岗位技术和工作过程紧密结合。按照工作过程编排教学内容，突出技术操作的过程性。通过校内基础知识学习、单项技能训练后，到企业由企业专家具体指导、学院教师巡回检查完成顶岗工作作业，并定期考核评价。本教材既是教学用书，又是学生顶岗实习期间的技术手册。教材设置案例分析和常见技术问题处理使学生获得经验性知识，设置知识延伸模块，鼓励学生自主学习、学会学习。

按照植物保护技术学习特点，本教材分为植物保护技术基础知识、农药使用技术实训、农作物病虫害综合防控技术实训和植物保护技术实验实训四部分。本教材由新疆农业职业技术学院、奇台县农业技术推广中心、昌吉州农业技术推广中心、昌吉市农业技术推广中心和玛纳斯县农业技术推广中心的有关教师和技术专家合作编写。第一、六章由张炳坤、张晓宏编写；第二、四章由仝莉、魏建华编写；第五、九章由朱妍梅、王新燕编写；第八章由于建新、赵红萍编写；第七章由何笙、米娜瓦尔编写；第三章由李瑜、王萍莉编写；植物保护技术实验实训由孙泽沼编写。初稿完成后由张炳坤统稿，新疆农业科学院植保所李号宾研究员、刘建副研究员审稿。

在此谨对为本教材编写提供各种支持和帮助的所有人员表示最衷心的感谢！

由于编者水平有限，时间仓促，谬误在所难免，敬请各位专家、同行、使用本教材的教师、学生、本书的各位读者提出宝贵意见，以便改正。

编　者

2008年10月

目　录

项目一

昆虫的识别

昆虫属于动物界节肢动物门昆虫纲，是动物界中最大的类群。许多昆虫为害农作物或寄生在人、畜体上，如蝗虫、蚊、蝇等，称为农业害虫、卫生害虫。有些昆虫可以吃害虫，如步行甲、七星瓢虫、寄生蜂等，称为天敌昆虫。有些昆虫能帮助植物授粉，如蜜蜂等；有些昆虫的虫体及其代谢物是重要的工业、医药和生活原料，对人类有益，如家蚕、白蜡虫、五倍子蚜、紫胶蚧等，称为资源昆虫。

昆虫益害关系的界定是随着人类物质生活和精神生活的发展需求而不断变化的，许多昆虫已列为资源昆虫，作为自然资源的重要组成部分正在或即将被开发利用。目前，商品资源昆虫主要有食用资源昆虫、医药资源昆虫、饲料资源昆虫、工业资源昆虫、观赏资源昆虫、娱乐资源昆虫、天敌资源昆虫、农作物传粉资源昆虫等。

工作任务 1　昆虫外部形态特征观察

【任务概述】

昆虫是体躯分为头、胸、腹 3 段，具有 3 对足 2 对翅的节肢动物。昆虫种类繁多，形态各异，其中有害虫也有益虫。学习昆虫的外部形态、结构及功能，对识别昆虫和选择害虫的防治措施具有重要作用。不同的昆虫或同种昆虫不同性别具有不同的触角类型，可以根据触角的类型、功能，识别昆虫和诱杀昆虫。不同的昆虫或同种昆虫的不同时期具有不同的口器类型，其为害习性和为害状也有所不同。根据此特点，我们可以采用不同种类的药剂和方法进行防治。如对咀嚼式口器的害虫，可选用胃毒性、触杀性药剂防治；对刺吸式口器的害虫可选用内吸性药剂防治。了解昆虫的足、翅、腹部的构造，在识别昆虫中具有重要的作用。了解、掌握昆虫体壁的结构、功能及其衍生物，可以通过破坏体壁结构或选择昆虫体壁最薄弱的时期进行防治，达到事半功倍的效果。

【知识准备】

一、昆虫的形态特征

昆虫属于动物界节肢动物门昆虫纲。昆虫的成虫具有以下共同特征（图 1-1）：

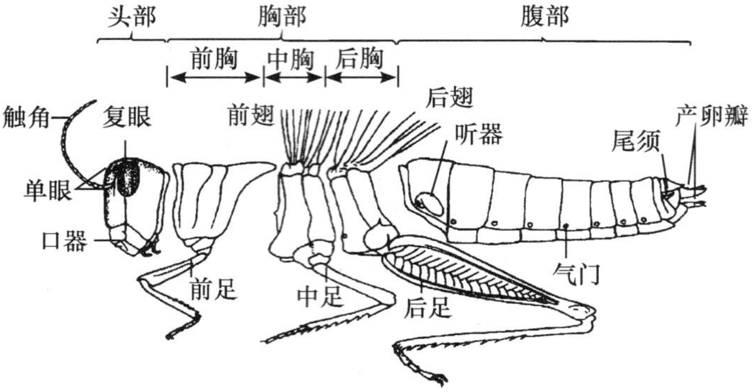

图 1-1 昆虫(蝗虫)体躯侧面图

(1)体躯明显地分为头、胸、腹 3 大体段。

(2)头部有 1 个口器、1 对触角、1 对复眼及若干单眼或无单眼。

(3)胸部有 3 对足,绝大部分种类有 2 对翅,少数种类有 1 对翅,或者翅完全退化。

(4)腹部末端具有外生殖器官。

(5)呼吸器官的外部开口称为气门,着生于胸部及腹部两侧。

只要掌握了昆虫的上述基本特征后,就能把它与其他近缘的节肢动物区别开来。如在我们日常生活中能够经常见到的蛛形纲的蜘蛛,体躯分为头胸部和腹部 2 个体段,有 4 对足,无翅,无触角。甲壳纲的虾、蟹,身体分头胸部和腹部,5 对足,无翅。唇足纲的蜈蚣,身体分为头部和胴部,即胸部和腹部同形,身体各节着生 2 对足。多足纲的马陆,身体也分为头部和胴部,身体各节都着生有 2 对足,无翅。由于这些近缘纲的动物都不符合昆虫纲的特征,所以都不是昆虫(图 1-2)。

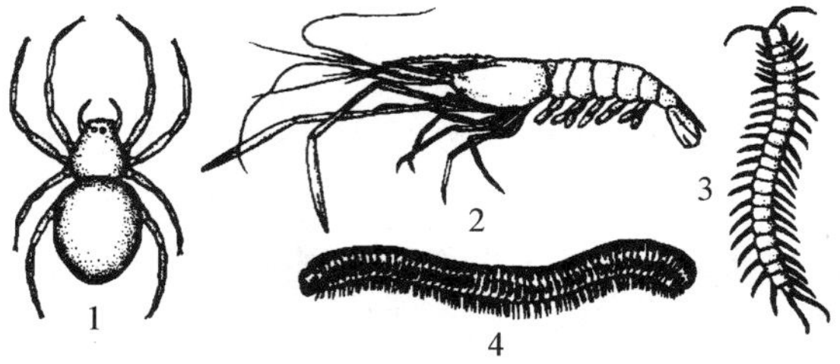

1. 蛛形纲(蜘蛛)　2. 甲壳纲(虾)

3. 唇足纲(蜈蚣)　4. 多足纲(马陆)

图 1-2 节肢动物门中与昆虫纲近缘的 4 个纲

二、昆虫的形态结构与功能

(一)昆虫的头部

头部是昆虫身体最前面的一个体段,分节已不明显。它的外壁结构紧密而坚硬,称为头壳。头壳内部包含着脑和消化道的前端以及头部附肢的肌肉;外部有各种感觉器官,如口器、触角、复眼和单眼。因此,头部是昆虫感觉和取食的中心。

1.昆虫头壳的分区

昆虫的头壳表面有许多沟和缝,将其分成若干个区域。头壳的上方称为顶,顶的下方和头的前面的区域称为额,额的下方依次为唇基和上唇。头壳两侧称为颅侧区,复眼着生在此区域内。复眼以下部位叫颊,颊和顶无明显分界。头壳的后面称为后头区(图 1-3)。

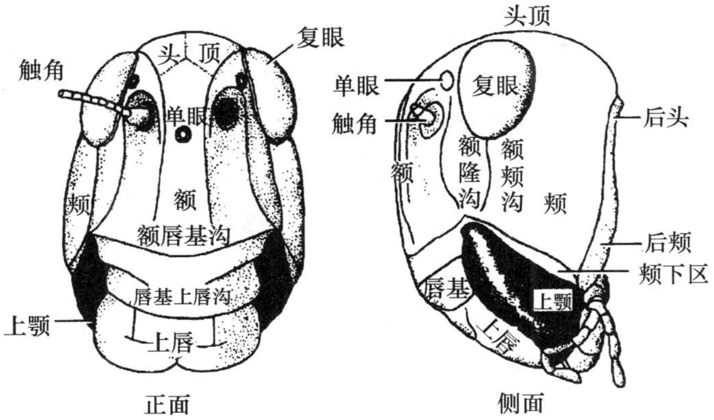

图 1-3　蝗虫头部的结构

2.昆虫的头式

昆虫的头式根据口器在头部的着生位置与方向的不同分成 3 类,见图 1-4。

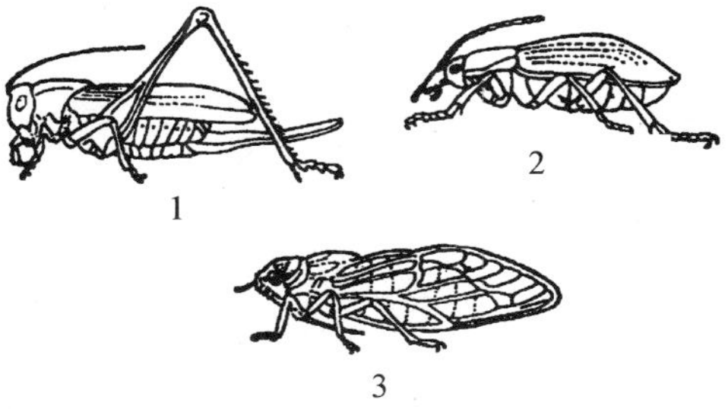

1.下口式　2.前口式　3.后口式

图 1-4　昆虫的头式

(1)下口式　口器位于头部的下方,头的长轴与体躯的纵轴大致呈直角,如蝗虫、鳞翅目幼虫的口器。多见于植食性昆虫,大多为害虫。

(2)前口式　口器位于头的前方,头的长轴与体躯的纵轴大致平行,如步甲、天牛幼虫的口器。多见于捕食性(许多天敌)和钻蛀性昆虫。

(3)后口式　口器向头的下后方伸出,头的长轴与体躯的纵轴呈锐角,如蝉、蚜虫等的口器。多见于刺吸式口器的昆虫。

掌握和了解昆虫的头式,有利于进行昆虫的分类和判断取食方式。成虫的头式还可用于简易地推断其是益虫还是害虫。

3.触角

昆虫的头部着生有 1 对分节外长物,称触角。触角一般位于头部的前方,它的基部着生在膜质的触角窝内,可以自由转动。

触角的基本构造分为 3 部分:柄节、梗节和鞭节(图 1-5)。

各种昆虫触角的鞭节形状变化较大,常用作区别昆虫的种类或成虫性别的主要依据。

触角的主要功能:具嗅觉和触觉作用,有的还具有听觉作用。昆虫主要用触角来寻找食物和配偶。在触角上生有许多嗅觉器,使得昆虫能够嗅到从远处散发传来的化学气味,借以觅食、聚集、求偶、选择产卵场所和逃避敌害等。许多昆虫的雌虫在性成熟后,能分泌性信息素吸引同种昆虫前来交配,所以,雄虫的嗅觉特别发达,可在几百米以外嗅到雌虫分泌的性信息素。一些昆虫表现出明显的趋化性,也与其特殊的嗅觉器有关。如甘蓝夜蛾和地老虎对糖醋液的

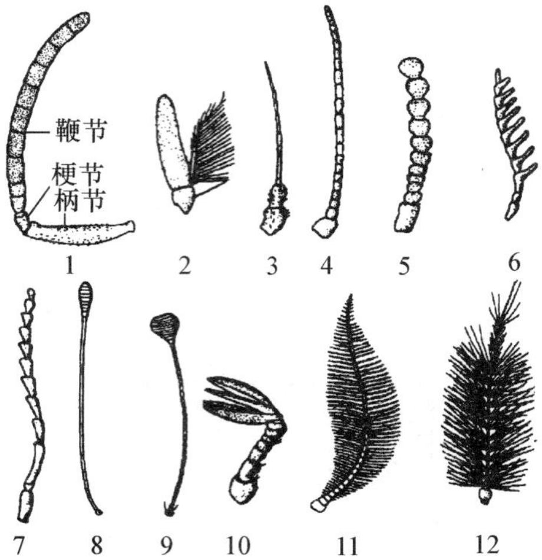

1.膝状(触角的基本构造) 2.具芒状 3.刚毛状 4.丝状
5.念珠状 6.栉齿状 7.锯齿状 8.球杆状 9.锤状
10.鳃片状 11.羽毛状 12.环毛状

图 1-5 触角的类型与结构

趋性,菜粉蝶对芥子苷的趋性。所以,利用昆虫的触角对某些化学物质的敏感嗅觉功能,可以进行诱集或驱避,以掌握虫情和开展害虫防治。

此外,昆虫的触角还具有其他一些功能。如雄蚊的触角具有听觉作用;雄性芫菁的触角在交配时可以抱握雌体;幽蚊幼虫的触角能够捕捉食物;水龟虫成虫的触角能够吸取空气;仰泳蝽的触角则可以平衡身体。

昆虫的触角形态多种多样,常见的有以下几种(图 1-5):

(1)线状或丝状　触角细长,呈圆筒形。除基部 1、2 节稍大外,其余各节大小、形状相似,逐渐向端部缩小,如蝗虫、蟋蟀及某些雌性蛾类等。

(2)锯齿状　鞭节各小节的端部一角向外突出,似一个锯条,如叩头甲、雌性绿豆象等。

(3)羽毛状　鞭节各小节向两边突出很长呈细枝状,很像鸟的羽毛,如雄性毒蛾等。

(4)棒状或球杆状　触角细长,近端部的数节膨大似球状,如鳞翅目的蝶类。

(5)锤状　鞭节端部数节突然膨大,形状似锤,如瓢甲等。

(6)鳃片状　鞭节端部数节扩展呈片状,可以开合,形状似鱼鳃,如金龟甲等。

(7)膝状　柄节特别长,梗节短小,鞭节由大小相似的小节组成。在柄节和鞭节之间成膝状弯曲,如象甲、蜜蜂等。

(8)刚毛状　触角很短,基部的 1、2 节较大,其余的节突然缩小如刚毛,如蜻蜓、叶蝉、飞虱等。

(9)具芒状　触角很短,鞭节仅 1 节,较柄节和梗节粗大,其上有一刚毛状或芒状构造,如蝇类。

(10)环毛状　除基部 2 节外,每节都具有环形排列的细毛,近基部较长,如稻摇蚊等。

4.眼

眼是昆虫的视觉器官,在栖息、取食、繁殖、避敌、决定行为方向等各种活动中起着重要的作用。

昆虫的眼有 2 种，即单眼和复眼。

(1)单眼　一般 3 个，呈倒三角形着生于额区的上方。有的昆虫只有 2 个单眼或完全退化，无单眼。单眼只能辨别光线的方向，而不能形成物像。

(2)复眼　由许多六角形的小眼组成。昆虫的种类不同，构成复眼的小眼数量多少也不同。复眼能感受光的强弱、颜色和波长。复眼还有一定的辨别物像的能力，但只能辨别近处的物体。

5. 口器

口器是昆虫的取食器官。农业害虫的口器类型主要是咀嚼式口器(图 1-6)和刺吸式口器(图 1-7)。

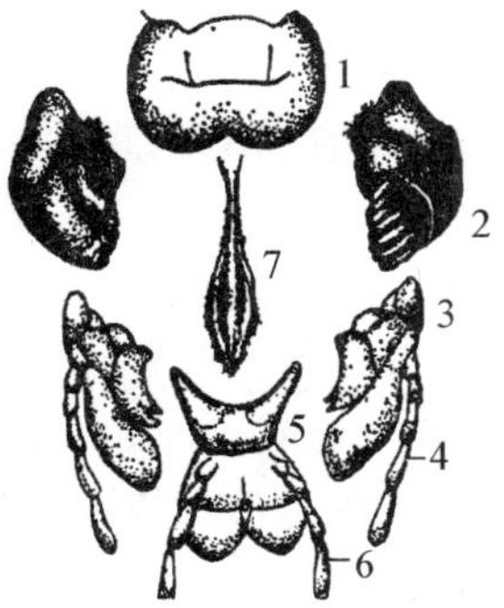

1. 上唇　2. 上颚　3. 下颚
4. 下颚须　5. 下唇
6. 下唇须　7. 舌

图 1-6　昆虫的咀嚼式口器

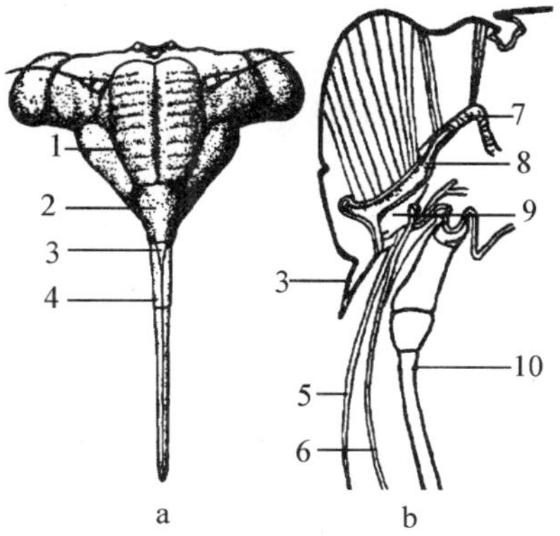

a. 头部正面观　b. 头部纵切面
1. 额　2. 唇基　3. 上唇　4. 喙　5. 上颚口针
6. 下颚口针　7. 咽喉　8. 食窦　9. 舌　10. 下唇

图 1-7　蚱蝉的刺吸式口器

(1)昆虫成虫的口器

①咀嚼式口器：其作用相当于哺乳动物的嘴，是取食固体食物的口器，如蝗虫、甲虫、鳞翅目的幼虫等。其主要由以下几部分组成：

a. 上唇：位于口器前方，是头部前方的 1 个薄垂片，盖在上颚的前面。

b. 上颚：位于上唇之后，为 1 对坚硬的构造物；端部有齿，用于切碎食物；基部有臼，用来磨碎食物。

c. 下颚：着生于上颚后下方的 1 对构造物。用于感觉食物和辅助摄取食物。

d. 下唇：着生于头壳的后下方，是由 1 对同下颚相似的构造合并而成的，用于盛托食物。

e. 舌：位于上下颚之间，是一个袋状构造。舌壁具有很密的毛带和感觉器，起味觉作用，也帮助吞咽食物。

②刺吸式口器：主要是刺入植物组织内部吸食植物汁液的口器，如蚜虫、椿象等。

刺吸式口器的上唇很小，呈三角形。下颚须、下唇须及舌均退化。下唇延长为分节或不分节的长喙，喙的前面有 1 个槽，内有 4 根由上颚、下颚变成的细长的口针。4 根口针互相嵌合，其中 1 对上颚口针包在外面，具有穿刺作用；1 对下颚口针里有 2 条纵槽，嵌合成 2 根管道，

1 根用来分泌唾液,另 1 根用来吸食液体食物。

③锉吸式口器:这种口器为蓟马类昆虫所特有。其取食时先以左上颚锉破植物表皮,然后以头部向下突出的短喙吸吮汁液。

④虹吸式口器:这种口器为鳞翅目成虫所特有。其形状如钟表的发条,不用时蜷曲在头部的下面,取食时可伸到花中吸食花蜜或吸取外露的果汁及其他液体。具有这类口器的昆虫除一部分夜蛾能为害果实外,一般不造成危害。

⑤舐吸式口器:这类口器为双翅目蝇类所特有。

(2)昆虫幼虫的口器　昆虫的幼虫由于取食方式和生活环境与成虫不同,口器的构造也发生了变化。

如鳞翅目和叶蜂类幼虫的口器为变异的咀嚼式口器,上唇和上颚不变,单下颚、下唇和舌愈合成一个复合体,鳞翅目幼虫在复合体的顶端还有吐丝器。

蝇类幼虫的口器则为刮吸式,头部退化缩入前胸,口器退化仅剩 1 对口沟,用于刺破食物,然后吸食汁液及固体碎屑。

脉翅目幼虫的口器为捕吸式,左、右的上下颚分别合成刺吸构造,捕食时刺入猎物体内,并将消化液注入,将猎物举起,使消化好的食物流入口腔。

(3)口器与防治的关系　昆虫口器类型不同,其为害特点也不同,防治方法也就不同。咀嚼式口器的害虫,其为害的共同特点是受害部位被取食后,形成缺刻、孔洞。因为它们是将动植物组织嚼碎后吞入消化道的。因此,可用胃毒剂喷布在植物上或制成毒饵,使害虫吞食后中毒死亡。而刺吸式口器的害虫是以植物的汁液为食的,它不吞食植物组织,使用胃毒剂没有效果,而应该选用内吸剂进行防治。

(二)昆虫的胸部

胸部是昆虫体躯的第 2 个体段,前面以颈膜与头部相连接,后面与腹部相接。胸部由 3 个体节组成,即前胸、中胸和后胸。每个胸节有 1 对胸足,依次称为前足、中足和后足。多数昆虫在中胸和后胸还各有 1 对翅,分别称为前翅和后翅。足和翅是昆虫的主要运动器官,所以胸部是昆虫的运动中心。

1. 胸节的基本构造

(1)前胸　昆虫的前胸无翅,结构比较简单,但在各类昆虫中也有较大变化,其发达程度与前足是否发达相适应。例如,蝼蛄的前足用于掘土,所以前胸比较发达粗壮。螳螂的前足用于捕捉,所以前胸相当细长。而鳞翅目、膜翅目和双翅目等昆虫的前足和中、后足的功用基本相同,而前胸又不着生翅,因此,前胸比中、后胸小得多。

(2)中胸和后胸　中胸和后胸因为有翅,所以在构造上常与前胸不同,特称为具翅胸节。其特点是背板、腹板和侧板都很发达,结构比较坚固,以适应翅的飞行功能。

具翅胸节的背板一般分为端背片、前盾片、盾片和小盾片。如半翅目和鞘翅目昆虫仅有中胸小盾片露在前翅基部中间。鳞翅目、双翅目和膜翅目的昆虫,主要靠前翅飞行,所以中胸比后胸发达。双翅目和膜翅目昆虫的侧板构造复杂,常作为分类的依据。

2. 昆虫的足

足是昆虫体上最典型的附肢,着生于胸部的统称胸足,着生于腹部的统称腹足。成虫期一般有 3 对胸足,分别称为前足、中足和后足。

(1)足的基本构造　成虫的胸足一般由 6 节组成:基节、转节、腿节、胫节、跗节和前跗节。

节与节之间由膜质相连，并有1～2个关节相连接，因此，各节均可活动，见图1-8。

(2)足的类型与功能　昆虫的足原是行动器官，用于行走，但很多昆虫由于生活环境和生活习性不同，足的形态构造和功能也发生相应的变化，形成不同类型。

如瓢虫、叶甲和椿象的足适宜行走，为步行足；蝗虫、蟋蟀、跳甲的后足是跳跃足；蝼蛄、金龟子的前足是开掘足；螳螂、猎蝽的前足是捕捉足；龙虱、仰泳蝽的足是游泳足；蜜蜂的后足是携粉足；雄性龙虱的前足是抱握足等，见图1-9。

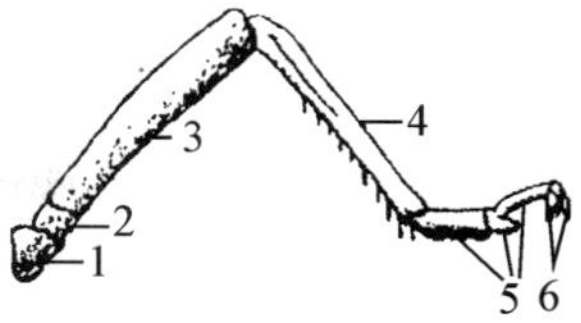

1.基节　2.转节　3.腿节
4.胫节　5.跗节　6.前跗节

图1-8　昆虫足的构造

1.步行足　2.跳跃足　3.携粉足　4.游泳足
5.捕捉足　6.抱握足　7.开掘足

图1-9　昆虫胸足的类型

3.昆虫的翅

昆虫的翅与鸟类不同，它是由背板向两侧扩展而来的。成虫期的昆虫一般有2对翅，其中着生在中胸的称前翅，着生在后胸的称后翅。少数种类只有1对翅，或完全无翅。

(1)翅的基本构造　见图1-10、图1-11。

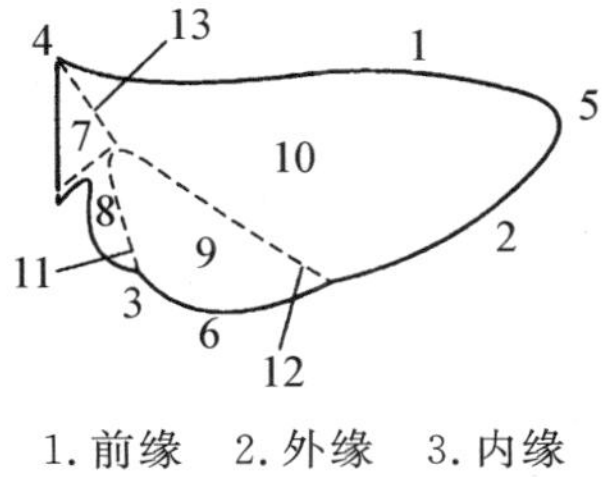

1.前缘　2.外缘　3.内缘
4.肩角　5.顶角　6.臀角
7.腋区　8.轭区　9.臀区
10.臀前区　11.轭褶
12.臀褶　13.基褶

图1-10　昆虫翅的分区

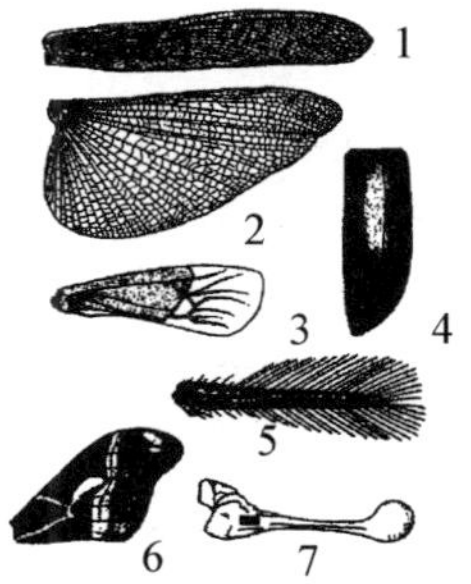

1.复翅　2.膜翅　3.半鞘翅
4.鞘翅　5.缨翅　6.鳞翅
7.平衡棒

图1-11　昆虫翅的类型

(2)模式脉相　多数昆虫的翅面上有很多凸起或凹陷的线条，称为翅脉，对翅膜起着支架的作用。其中从翅基到边缘的翅脉称为纵脉；连接2纵脉之间的短脉称为横脉。

翅脉在翅面上的分布形式则称为脉序或脉相。脉序在不同种类间变化很大,但也有一定的规律性,在同科、同属内有比较固定的形式。研究昆虫翅脉的变化规律,对昆虫分类具有重要意义。

(3)翅的连锁　同翅亚目、鳞翅目、膜翅目等昆虫的成虫,以前翅为主要的飞行器官,后翅一般不太发达,飞行时必须通过特殊的构造将后翅挂在前翅上,才能保持前、后翅行动一致。这种将昆虫的前、后翅连为一体的特殊构造,称为翅的连锁器。常见的有翅轭连锁、翅缰连锁、翅钩连锁等。

(4)翅的变异　翅的主要功能是飞行,但由于昆虫适应特殊的生活环境需要,翅的形态和功能发生了一些变异,翅的质地也发生了相应的变化,形成不同的类型。归纳起来有以下几种:

①复翅:翅革质,质地坚硬似皮革,半透明,翅脉仍然保留,兼有飞翔和保护作用,如蝗虫、蝼蛄、蟋蟀的前翅。

②膜翅:翅膜质,透明,翅脉明显,如蚜虫、蜂类、蝇类的翅。

③半鞘翅:翅的基部为革质,端部为膜质,如椿象的前翅。

④鞘翅:翅革质,角质化程度高,翅脉消失,具有保护身体的作用,如金龟甲、叶甲、天牛等的前翅。

⑤缨翅:翅膜质,翅脉退化,翅狭长,边缘着生很多细长的缨毛,如蓟马的翅。

⑥鳞翅:翅膜质,在翅面上覆盖有鳞片,如蝶类、蛾类的翅。

⑦平衡棒:翅退化成很小的棍棒状,飞行时用于平衡身体,如蚊、蝇、介壳虫雄性的后翅。

(三)昆虫的腹部

腹部是昆虫的第 3 个体段,前面与胸部紧密相连,末端有尾须及外生殖器,两侧有气门,内脏器官大部分位于腹腔内,因此,腹部是新陈代谢和生殖的中心。

昆虫的腹部一般有 9～11 节,最多 12 节,最少只有 3～5 节。腹节的构造比较简单,每个腹节只有背板和腹板,而没有侧板。背板和腹板之间是柔软的薄膜。节与节之间也由薄膜相连,称为节间膜。由于腹节前后两侧都是膜质的,所以腹部有较大的伸缩能力。

腹部 1～8 节两侧各有 1 对气门,用于呼吸。腹部第 8 节(雌性)或第 9 节(雄性)因为着生产卵器或交配器,构造有些不同,称为生殖节。生殖节以后的各节,统称为生殖后节。有的种类腹部末节着生 1 对尾须。

(1)尾须　是 1 对须状构造须,有感觉的功能。在各类昆虫中变化很大,分节或不分节或消失。

(2)外生殖器　雄性的称作交尾器,一般由 1 个管状的阳具和 1 对钳状的抱握器组成。雌性的称作产卵器,通常由 2～3 对瓣状的构造物所组成。有些昆虫种类没有产卵器,直接用腹部末端的几节伸长成 1 根细管来产卵,如蛾类、蝇类及甲虫等。有些种类的产卵器已不用来产卵,而特化为刺,用以自卫或麻醉猎物,如蜜蜂、泥蜂、胡蜂等。

(四)昆虫的体壁

体壁是昆虫体躯的最外层组织,具有支撑身体、保护内脏、感受外界等作用,与高等动物的骨骼和皮肤的功能相当,因而有外骨骼之称。体壁内的各种皮细胞还起着特殊的分泌作用。有些昆虫的体壁上还有着不同形状的毛刺、角、脊以及各种形状的鳞片,这些统称为体壁的衍生物。

1. 体壁的构造(图 1-12)

体壁由基底膜、皮细胞层及表皮层 3 部分组成。

(1)基底膜　又称底膜,是体壁最里面的一层软膜,紧贴于皮细胞层下。

(2)皮细胞层　位于底膜之上,表皮层之下。

(3)表皮层　位于体壁最外层,是皮细胞层向外分泌的非细胞性物质,其构造很复杂,如蜡质层。蜡质层表现很强的疏水性,是防止昆虫体内水分蒸发和外来水溶性物质侵入的主要层次,决定体壁的不透性。

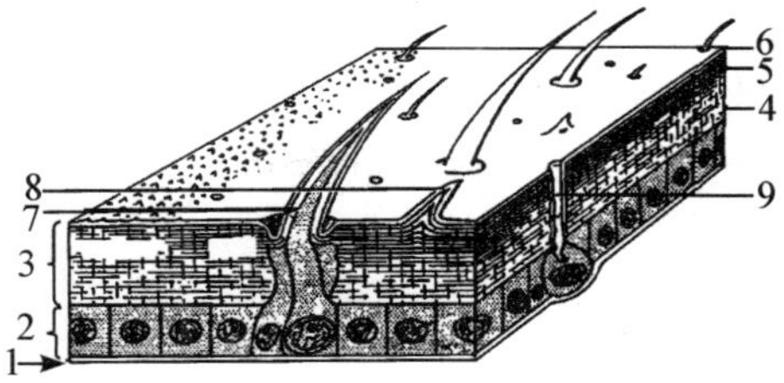

1. 底膜　2. 皮细胞层　3. 表皮层　4. 内表皮
5. 外表皮　6. 上表皮　7. 刚毛
8. 表皮突起　9. 皮细胞腺

图 1-12　昆虫体壁的结构

昆虫的体色常受外界环境因子的影响而改变,如在高温下,体色浅而发亮,低温下则体色深而暗;潮湿能使昆虫的体色变深,干燥则使体色变浅。光线对昆虫体色的变化也起重要作用,例如,菜粉蝶在绿色叶片上化的蛹呈绿色,在灰色的物体上呈灰色;较短的光波使蝗虫虫体呈灰色,较长的光波则使蝗虫变为暗褐色;竹节虫的体色白天鲜明,晚上变暗。

2. 体壁与化学防治的关系

昆虫体壁的特殊结构和理化性质,使它对虫体具有良好的保护作用,这直接影响化学防治的效果,尤其是体壁上的刚毛、鳞片、蜡粉等覆盖物和上表皮的蜡质层及护蜡层,对杀虫剂的侵入起着一定的阻碍作用。因此,在应用药剂防治害虫时,应考虑体壁这个因素。

(1)不同种类的昆虫以及不同的发育期,其体壁的厚薄、软硬和覆盖物多少也不一致,如甲虫的体壁比较坚硬;鳞翅目幼虫的体壁比较柔软;粉虱、蚜虫和介壳虫体表常被蜡粉;灯蛾和毒蛾幼虫体上有很多长毛等。凡是体壁厚、蜡质多和体毛较密的种类,药剂不易通过。

(2)同种昆虫幼龄期比老龄期体壁薄,尤其在刚蜕皮时,由于外表皮尚未形成,药剂就比较容易进入害虫体内。

(3)昆虫体躯不同部位体壁的厚度也不一样,一般节间膜、侧膜和足的跗节处体壁较薄,而感觉器则是最薄弱的地方,且感觉器下面直接与神经相连,触杀剂很容易渗透感觉器而使昆虫中毒。

(4)表皮上的孔道也是药剂侵入的主要门户。

【任务实施】

昆虫外部形态特征观察

(一)目的要求

通过实训,观察认识昆虫体躯外部形态及特征。

(二)仪器和用具

放大镜、体视显微镜、挑针、镊子等。

(三)观察材料

蝗虫、蝼蛄、家蝇、蛾类、蝶类、蜜蜂、蝉、蝽、螳螂、龙虱、金龟甲、步行虫、蚜虫、蓟马、象甲等浸渍、针插、玻片标本及昆虫外部形态挂图、电教片等。

(四)实施场所

实训室、多媒体教室。

(五)内容与方法

1. 观察所给昆虫材料的体段划分

以蝗虫为例，用体视显微镜观察昆虫体躯，注意体外包被的外骨骼，体躯分节和头胸腹3个体段的划分。头部一般由4～6个体节愈合而成，但分节不明显，胸部由前、中、后胸3个体节组成，有2对翅3对足，腹部通常由9～11节组成，分节很明显。

2. 观察昆虫头部及附肢

(1)用体视显微镜或放大镜观察所给昆虫的触角、口器、复眼、单眼的位置和数目。昆虫一般只有2个复眼，2～3个单眼，1对触角，口器位于头部的下方或前方。

(2)观察蜜蜂、象甲触角的柄节、梗节、鞭节的构造，对比观察蝗虫、蝉、蛾、蝶、蝽、金龟甲、步行虫、蝇类等的触角，辨别、认识触角的不同类型。

(3)用镊子取下蝗虫的咀嚼式口器的上唇、上颚、下颚、下唇和舌，对照挂图观察。在体视显微镜下将蝉或蝽的刺吸式口器取下，用挑针、镊子拨开上下颚口针进行观察。

3. 观察昆虫胸部及附肢

(1)成虫具有3对足，分别着生于前、中、后胸，称为前足、中足、后足。以蝗虫为例观察足的基节、转节、腿节、胫节、跗节、爪及爪垫的构造，对比观察蝼蛄的前足，步行虫的前足，蝗虫的后足，螳螂的前足，蜜蜂和龙虱的后足。

(2)通常昆虫具有两对翅，分别位于中后胸上，取下蛾类的前翅，观察昆虫翅的构造及分区。对比观察蝗虫的前后翅，蝽类的前翅、金龟甲的前翅、蛾类的前后翅，在体视显微镜下观察蓟马的前后翅，比较昆虫翅的类型和特征。

4. 观察昆虫腹部及附肢

观察昆虫腹部的气门、听器、尾须、雌雄外生殖器等的着生位置和形态。

5. 绘出蝗虫外部形态图

注明昆虫的体躯分段。

6. 绘出昆虫足的基本构造

指出蝗虫后足、蝼蛄、螳螂、金龟甲前足各属何种类型。

【知识拓展】

昆虫的内部器官结构与功能

昆虫的内部器官按其功能主要分为消化、排泄、呼吸、循环、生殖、神经和激素调控系统。

一、昆虫的消化系统及其与防治的关系

昆虫的消化系统由消化管和消化腺组成，具有消化食物和吸收营养的功能。

昆虫消化食物主要依赖消化液中各种消化酶的作用，将糖、脂肪、蛋白质等水解为适当的分子后，才能被肠壁吸收。这种分解消化作用，必须在稳定的酸碱度下才能进行。不同昆虫中

肠液的酸碱度有较大的差异，如蝶蛾类幼虫多在 pH 8.5～9.9、蝗虫为 pH 5.8～6.9 等，同时昆虫肠液还有很强的缓冲作用，不因食物中的酸或碱而改变中肠液的酸碱度。肠道中的 pH 影响胃毒剂在肠内的溶解和吸收，直接关系到这些胃毒剂对不同昆虫的杀虫效果。中肠液呈碱性的昆虫，酸性胃毒剂易溶解，杀虫效果好；中肠液呈酸性的昆虫，碱性胃毒剂易溶解，杀虫效果好。

二、昆虫的呼吸系统及其与防治的关系

昆虫的呼吸系统由许多富有弹性的按一定排列方式的气管组成。气管在体壁上的开口称为气门。气门开口于身体两侧。气管的主干纵贯体内两侧，主干间有横向气管相连接。主干再分支，越分越细，最后分为微气管，分布到各组织的细胞间，能把氧气直接送到身体的各部分，同时也能把二氧化碳送出体外。气门一般多为 10 对，即中、后胸各 1 对，腹部 1～8 节每节各 1 对，但由于昆虫的生活环境不同，气门数目和位置常常发生变化。

昆虫的呼吸作用主要是靠空气的扩散和虫体呼吸运动的鼓风作用，使空气由气门进入气管、支气管和微气管，最后到达各组织。当空气中含有有毒物质时，毒物也随着空气进入虫体，这就是熏蒸杀虫的基本原理。当温度高或空气中的二氧化碳含量较高时，昆虫的气门开放时间长，施用熏蒸剂的杀虫效果也好。因此在对害虫进行熏蒸法杀虫时，可在空气中加入二氧化碳使昆虫的呼吸作用增强，便于有毒气体大量进入虫体而提高熏蒸效果。昆虫的气门一般都是疏水亲脂性的，水滴不易进入，但油类物质却易进入。农药中的油乳剂除了能直接穿透昆虫体壁外，是由气门大量进入虫体的。所以，油乳剂是杀虫剂中效果好、应用广泛的剂型。

三、昆虫的神经系统及其与防治的关系

昆虫靠许多感觉器来接受各种刺激，如在体表附肢上的感觉器，分布在口器上的味觉器，触角上的嗅觉器，在腹侧、胫节或触角等位置的鼓膜听器和单眼、复眼等视觉器。由感觉器接受到的刺激，通过周缘神经系统传入中枢神经系统，经信息加工处理后发出相应的行为指令。

了解神经系统有助于对害虫进行防治。如目前使用的有机磷杀虫剂属于神经毒剂，它的杀虫机理就是破坏乙酰胆碱酯酶的分解作用，使神经传导一直处于过度兴奋和紊乱的状态，最终导致昆虫麻痹衰竭而死亡。此外，还可利用害虫神经系统引起的习性反应，如假死性、迁移性、趋光性、趋化性等进行害虫防治。

四、昆虫的生殖系统及其与防治的关系

昆虫性成熟后，经过雌雄交配、受精产生受精卵，由受精卵能孵化出幼虫。因此，利用射线照射、化学药剂处理等不育技术也是防治害虫的一个途径。此外，利用遗传工程培育一些杂交不育后代，或生理上有缺陷的品系，释放到田间，使其与正常的防治对象交配，也可造成害虫自然种群的灭亡。利用激素的作用可以开发杀虫剂，如性诱剂等。

工作任务 2 昆虫的主要生物学特性观察

【任务概述】

昆虫的繁殖方式多种多样，主要有两性生殖、孤雌生殖、多胚生殖和卵胎生殖等。完全变态昆虫一生经历卵、幼虫、蛹和成虫 4 个阶段，不完全变态昆虫一生经历卵、若虫和成虫 3 个阶

段。不同种类的昆虫或同种昆虫在不同的生活环境中其发生繁殖的代数不同，防治时期也将不同。利用昆虫的生物学特征来防治害虫是农业生产中防治害虫的重要措施。

【知识准备】

一、昆虫的生殖

昆虫在复杂的环境条件下，经过长期的适应，生殖方式也反映了不同的适应方式，归纳起来主要有以下几种。

(1)两性生殖　昆虫的大多数种类进行两性生殖，即通过雌雄交配、受精，产生受精卵，再发育成新个体，又称卵生，如蛾、蝶、甲虫、蝗虫、椿象的生殖方式。

(2)孤雌生殖　又称单性生殖。雌虫不经过交配，或卵未受精而产生新的个体。孤雌生殖对昆虫的广泛分布和适应恶劣环境，起着重要的作用。

(3)多胚生殖　由一个卵产生 2 个或更多个胚胎的生殖方式。如小蜂、小茧蜂、姬蜂等寄生蜂多以这种方式繁殖。

(4)卵胎生殖　卵在母体内孵化后直接产生出小幼体的生殖方式，如蚜虫。

二、昆虫的变态

昆虫在生长发育过程中，经过不断地新陈代谢，不仅体积增大，而且外部形态和内部构造也发生一系列的变化，这种变化称为变态，昆虫的长期演化过程中，对生活环境产生了特殊的适应，发生了不少变态类型，主要有：

(1)不全变态　一生只经过卵、幼虫、成虫 3 个虫期。幼虫与成虫的外部形态和生活习性很相似，仅体小，翅与附肢短，性器官不成熟，这种变态的幼虫称若虫，如蝗虫、蚜虫、蝉、椿象等，见图 1-13。

(2)全变态　一生经过卵、幼虫、蛹和成虫 4 个虫期，其幼虫和成虫在体形上和生活上完全不同，幼虫必须经过不活动的蛹期，才能转变为成虫，如蛾、蝶、蝇、蜂和甲虫等，见图 1-14。

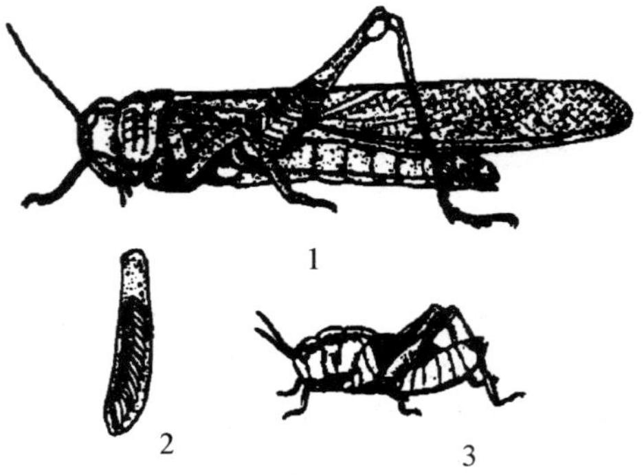

1. 成虫　2. 卵囊及卵　3. 若虫

图 1-13　昆虫的不完全变态

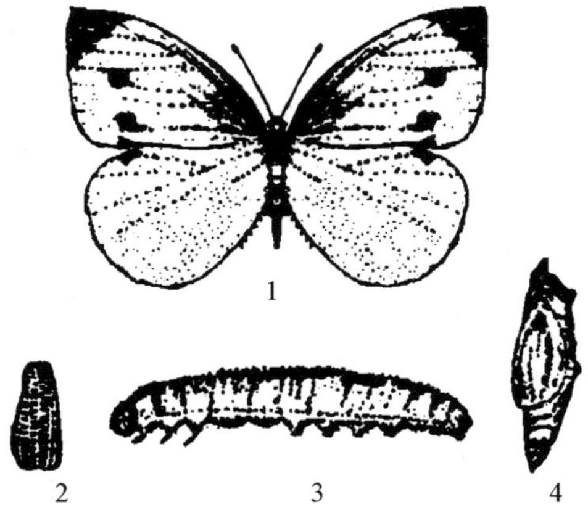

1. 成虫　2. 卵　3. 幼虫　4. 蛹

图 1-14　昆虫的完全变态

三、昆虫各虫期的特点及其与防治的关系

1. 卵期

卵从母体产下到变为幼虫为止，这段时间称卵期。这是昆虫个体发育的第一个时期，昆虫的生命是从卵开始的。从表面看，卵是一个不活动的虫态，但其内部却进行着剧烈的生命活动。当胚胎发育完成后，幼虫由卵内破卵壳而出的过程称孵化。

昆虫卵是一个大型细胞，内含原生质、卵核和卵质，外面包被着较坚硬的卵壳，卵壳表面有各种刻纹，具有较高度的不透性，外界物质很难进入卵内。所以，大部分杀虫剂对卵的防效不高。昆虫卵的形状、大小、颜色及卵壳上的斑纹等，均因种类不同而有明显的差异。常见的形态有肾形、球形、筒形、卵形、长椭圆形、半球形、有柄形等，见图 1-15。

昆虫产卵的方式和场所常因昆虫种类而不同，有的单粒散产，如小菜粉蝶，有的聚集成块，如菜蝽，有的产在植物表面，如棉铃虫，有的产在植物组织内，如叶蝉，有的产在其他昆虫体内，如寄生蜂。

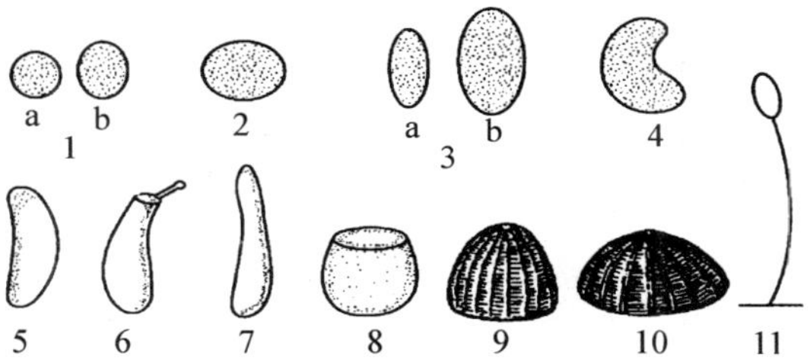

1. 椭圆形：a. 大黑鳃金龟　b. 蝼蛄　2. 球形　3. 长椭圆形：a. 棉蚜　b. 豆芫菁
4. 肾形（棉蓟马）　5. 长卵形（蝗虫）　6. 袋形（三点盲蝽）
7. 长茄形（飞虱）　8. 筒形（椿象）　9. 馒头形（棉铃虫）
10. 半球形（小地老虎）　11. 有柄形（草蛉）

图 1-15　昆虫卵的形态

了解昆虫卵的形态、大小以及昆虫的产卵形式和场所，对于识别害虫种类和防治害虫都有重要的意义。例如，摘除卵块、剪除有卵枝条等都是有效控制害虫的措施。

2. 幼虫期

幼虫和若虫破卵壳而出的过程称孵化。从孵化到幼虫化蛹或若虫羽化为止称幼虫期。幼虫期是昆虫取食和生长的时期，大多数害虫以幼虫为害。

刚孵化的幼虫，虫体小，体壁柔软，取食后虫体不断增大，当幼虫取食生长到一定的程度，由于受体壁的限制，必须脱去旧表皮，重新形成新表皮，才能继续生长，这种现象称蜕皮。从卵孵化出来的幼虫为第 1 龄，以后每蜕 1 次皮增加 1 龄。2 次蜕皮之间的时间为龄期。幼虫蜕皮次数，常因昆虫种类及生活条件而变化。一般蜕皮 4～5 次，即 5～6 龄。各龄期的长短随昆虫种类而不同，同时又受气温、食料的影响。

昆虫种类不同，其龄数和龄期长短各不相同。同种昆虫的幼虫，其各龄的形体、颜色等常有区别。初孵幼体，体小壁薄，有些还群集栖居。利用化学药剂和微生物农药，实行治早、治小的防治措施，便可收到理想的防治效果。

完全变态昆虫的幼虫根据胸足和腹足数可分成3类,见图1-16。

①多足型:幼虫有3对胸足,2～8对腹足,如鳞翅目幼虫和膜翅目叶蜂幼虫。

②寡足型:幼虫只具3对胸足而无腹足,如鞘翅目、脉翅目幼虫。

③无足型:幼虫既无胸足也无腹足,如双翅目幼虫和部分鞘翅目幼虫。

3. 蛹期

完全变态类幼虫到成虫的过渡时期,称为蛹期。幼虫老熟后,停止取食,寻找适当的场所,吐丝成茧或潜入土中做土室,身体缩短、停止活动准备化蛹。前蛹和蛹从外表看来是静止状态,其实体内却进行着激烈的生理变化和内部器官及虫态的转变,见图1-17。

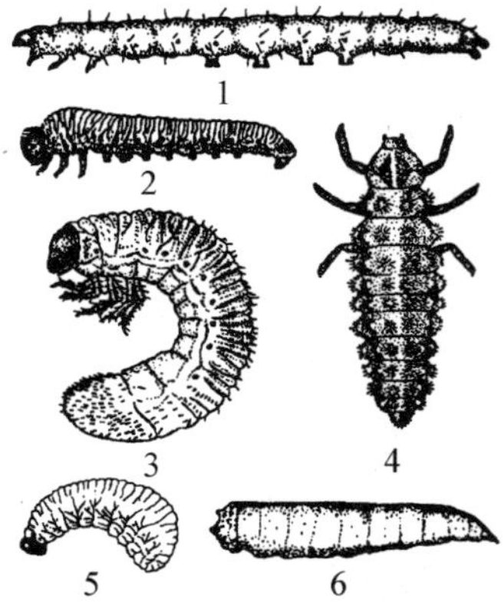

1,2. 多足型　3,4. 寡足型

5,6. 无足型

图1-16　完全变态昆虫幼虫类型

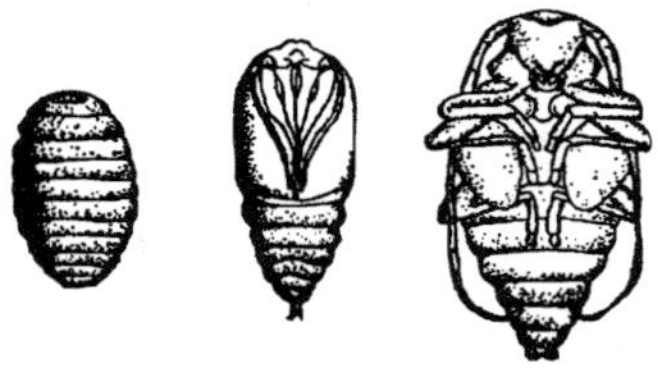

1. 围蛹　2. 被蛹　3. 离蛹

图1-17　蛹的类型

蛹期是昆虫生命活动中的一个薄弱环节,由于蛹不活动,易受不良环境的影响,也易遭受敌害,因此老熟幼虫化蛹前常要寻找适当的隐蔽场所如在树皮裂缝中、卷叶内、土壤中、植物组织中等。此外,有些昆虫的蛹还有特殊的庇护物,如丝茧、土茧等。了解昆虫蛹期的生物学特性,可人为地破坏其化蛹的生态环境,这是防治害虫的一个重要途径。例如,施行翻耕晒土,破坏蛹室,使其暴晒致死或增加天敌捕食的机会;掌握蛹期,实施灌水淹杀或人工挖蛹,修剪有蛹枝条等都可以收到一定的防治效果。

4. 成虫期

成虫期是昆虫交配产卵、繁殖后代的阶段。

(1)羽化　不完全变态的若虫和完全变态的蛹,蜕去最后一次皮变为成虫的过程,称为羽化。刚羽化的成虫体柔色浅,待翅和附肢伸展、体壁硬化后,便能活动和飞翔。由于成虫期形态结构已固定,特征凸显,所以成虫的形态特征是昆虫形态分类的主要依据。

(2)性成熟　多数昆虫羽化后性器官已经成熟即可交尾产卵,完成生殖后死去。有的昆虫,羽化后生殖腺尚未成熟,还须进行取食,以补充其卵发育所需的营养,这种取食称为补充营养。有补充营养习性的成虫,有的对农作物仍有危害;有的仅以花蜜、露水为食,对植物无直接危害。防治时可以利用成虫补充营养的习性,设置糖浆液来毒杀成虫或作为预测预报的根据。

(3)性二型和多型现象　成虫的雌雄两性,除直接产生性细胞的性腺和实行交配、产卵等活动的外生殖器构造截然不同外，雌雄的区别也常表现在个体的大小、体形的差异、颜色的变化等方面。这种现象称为雌雄二型。例如尺蠖雌蛾无翅，雄蛾有翅。

有的成虫不仅雌雄二型现象显著，而且在同一性别的个体中出现不同类型，这种现象称为多型现象(图 1-18)。例如，蚜虫在同一季节可出现有翅胎生雌蚜和无翅胎生雌蚜；稻飞虱的雌虫有长翅型和短翅型；在蜜蜂群中，蜂王和工蜂都属雌性，两者体形有差异。

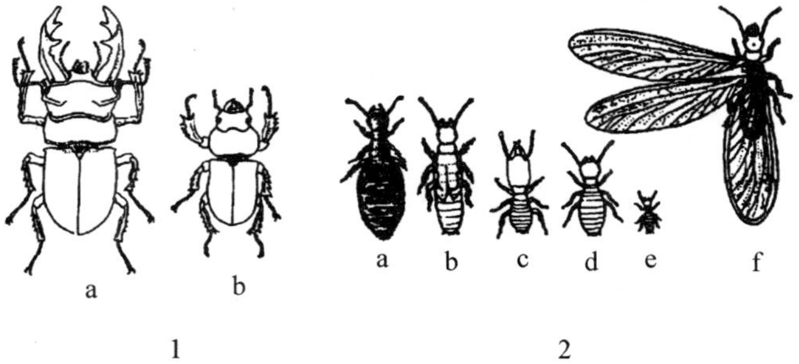

1. 雌雄二型(锹形虫)：a. 雄虫　b. 雌虫　2. 多型现象(白蚁)：a. 蚁后　b. 生殖蚁若虫　c. 兵蚁　d. 工蚁　e. 工蚁若虫　f. 有翅生殖蚁

图 1-18　雌雄二型与多型现象

分型现象反映了环境变化与种群的动态，对分析虫情及制定防治指标、开展准确控制措施具有重要的价值。

四、昆虫的世代和生活史

1. 昆虫的世代

昆虫自卵或幼体产下(离开母体)发育到成虫性成熟产生后代为止的个体发育周期，称为世代。各种昆虫完成一个世代所需要的时间不同，在一年内完成的世代数也不同，在一年内只完成一个世代的，称一代性或一化性昆虫，如天幕毛虫、春尺蠖、显纹地老虎等。一年中能完成两个或两个以上世代的，称为多化性或多代性昆虫，如梨小食心虫、苹果蠹蛾、蚜虫等。另外一些昆虫，完成一个世代需要一年以上时间，称为多年生昆虫，如金龟甲、华北蝼蛄、十七年蝉等。昆虫完成一个世代所需时间的长短和一年内发生世代的多少，因昆虫的种类而不同，但也与环境因子，主要是气候因子有密切的关系。一般温暖地区比寒冷地区世代历期短，年发生代数多。如棉铃虫在南方一年发生 5～6 代，而在新疆一年仅发生 3 代。计算昆虫世代是以当年卵期为起点，以先后出现的次序称为第 1 代、第 2 代，以此类推。凡是前一年出现了卵，第 2 年才出现幼虫、蛹、成虫的都不称为第 1 代，而视为前一年的越冬代。但习惯上也常将越冬后开始活动的虫期称为第 1 代。

由于昆虫发生期长和产卵先后不一，以致前后世代常混合发生，造成前后世代界限不清的现象，称为世代重叠，这给害虫防治造成了一定的困难。

2. 昆虫的生活年史

昆虫在一年内发生的世代数及其生长发育的过程，或从当年越冬期开始活动到第 2 年越冬结束为止的发育史，称为生活年史(或年生活史)。一代性昆虫的世代和生活年史的意义是一样的；多代性昆虫生活年史包括了几个世代；多年性昆虫，一个世代可以长达数年。一般研究昆虫生活年史，包括越冬虫态、场所，开始活动时间，一年发生几代，各代经历的时间，各虫态发生的时间和历期以及有关的一些生活特性。了解害虫的生活史，是掌握虫情和进行测报、防治的基础。昆虫的生活年史，可以用文字记载，也可以用图表等方式表示（表 1-1）。

表 1-1 栗灰螟的生活史

世代	月份						
	5 月	6 月	7 月	8 月	9 月	10 月	11 月至翌年 4 月
第 3 代（越冬代）	∽∽∽∽∽∽∽	∽∽					
	θ θ θ θ θ	θ θ					
	↑ ↑ ↑	↑ ↑ ↑					
第 1 代	⊙⊙⊙	⊙⊙⊙⊙⊙					
	∽	∽∽∽∽∽∽∽	∽∽∽				
		θ θ θ θ	θ θ θ θ θ				
		↑	↑ ↑ ↑ ↑ ↑				
第 2 代		⊙	⊙⊙⊙⊙⊙⊙	⊙			
			∽∽∽∽∽∽∽	∽∽∽			
			θ θ	θ θ θ θ θ			
				↑ ↑ ↑ ↑ ↑			
第 3 代（越冬代）				⊙⊙⊙⊙⊙	⊙		
				∽∽	∽∽∽∽∽∽∽	∽∽∽∽∽∽∽	∽∽∽∽∽∽∽

注：⊙. 卵；∽. 幼虫；θ. 蛹；↑. 成虫。

应弄清农业害虫的世代、年生活史及其各虫态发生发展规律及为害特点，并通过调查分析，研究种群变动和影响的关键因素，制成昆虫生命表，并以此设计害虫控制方案。

五、昆虫的主要习性及其与防治的关系

由于外界环境的刺激与内部生理活动的复杂联系，使昆虫获得了各种赖以生存、繁衍的生物学习性，称为昆虫的习性。昆虫的习性多种多样，与生产、防治关系密切的有如下几种：

1. 昆虫的食性

(1)昆虫的食性比较复杂，按食物的性质可分为 4 大类。

①植食性：以植物为食，包括各种农林害虫。

②肉食性：包括捕食性和寄生性，天敌多属于此类。

③腐食性：以动植物残体或粪便为食，如粪金龟甲等。

④杂食性：以植物或动物为食，又可腐食，如蜚蠊。

(2)按取食植物的专化程度又可分为 3 大类。

①单食性：仅取食 1 种或近缘种植物，如三化螟。

②寡食性：仅取食 1 科或近缘科内的植物，如菜粉蝶。

③多食性：取食范围扩大到不同科的植物，如小地老虎。

2. 趋性

趋性是指昆虫对外界刺激产生的一种强迫性的定向运动。向着刺激方向移动的称为正趋性。趋性刺激源有温、湿、光、化学物质等。在昆虫的综合防治中，趋光性和趋化性应用较广，

如灯光诱杀、食饵诱杀、性诱杀等。潜所诱杀、色板诱杀等也是广泛应用的技术。

3.假死性

昆虫受到外界刺激产生的一种抑制反应。例如，铜绿丽金龟、菜蝽、甜菜象鼻虫等，受到震动时立即麻醉坠落或蜷缩四肢。人们利用其假死性进行捕杀，达到控制害虫的目的。

4.群集性

即同种昆虫的个体高密度集中的特性。例如，豆蚜常集中在豆类作物的嫩芽上，粉虱则喜集居于菜叶背面。群集有利于昆虫渡过不良环境，同时也为集中防治提供了良机。

5.迁飞与扩散

某些昆虫在成虫期成群地从一个发生地长距离地迁飞到另一个发生地的特性，称为迁飞性，如蝗虫等。大多数昆虫在条件不适或营养恶化时，可在发生地向周围空间扩散。例如，菜蚜在环境不适时常以有翅蚜向邻近菜地扩散；棉蚜在秋季产生有翅蚜，扩散飞移到花椒树、石榴树、黄金树、榆树等上产卵越冬，翌年又迁回田间。了解昆虫的迁飞与扩散规律，对进一步分析虫源性质、设计综合防治方案具有指导意义。

【任务实施】

昆虫生物学特征观察

(一)目的要求

通过观察，了解昆虫的繁殖方式、变态规律，掌握昆虫各种虫期的基本特点。

(二)仪器和用具

饲养器皿、盒笼或套网、放大镜、体视显微镜、挑针、镊子及记录用具等。

(三)观察材料

不同种类昆虫繁殖方式和卵的类型的挂图和视频资料；蝗虫、椿象等的若虫和成虫标本；蛾类、蝶类、瓢虫、象甲类、叶蜂类等的幼虫和成虫标本等。

(四)实施场所

实训室、多媒体教室。

(五)内容与方法

1.昆虫的繁殖观察

观看视频资料和饲养的昆虫，观察不同种类昆虫的繁殖方式。

2.昆虫的变态观察

观看挂图、视频资料和标本，比较完全变态和不完全变态昆虫的主要区别。

3.昆虫的虫态观察

(1)卵的形态观察　观看挂图、视频资料或昆虫卵的标本，观察昆虫卵粒形态、卵块排列方式、卵外有无保护物等。

(2)若虫的形态观察　观看挂图、视频资料和标本，比较蝗虫、椿象、有翅蚜虫等若虫与成虫在形态上的异同。

(3)幼虫的形态观察　观看挂图、视频资料和标本，比较瓢虫、蛾类、蝶类、金龟甲类、叶蜂类、象甲类等幼虫与成虫的显著区别。

(4)蛹的形态观察　通过挂图、视频资料和标本，观察蛾类、蝶类、金龟甲、蜂类、蝇类等蛹的形态特征。

(5)成虫性二型和多型现象的观察　观察尺蠖、介壳虫等雌成虫、雄成虫形态上的区别。

4. 昆虫的世代与年生活史观察

观看挂图、视频资料或饲养某种昆虫，观察该昆虫的各虫态、世代。

5. 昆虫的生活习性观察

通过观看视频资料、PPT，观察蜻蜓、蛾类、蚊子等昆虫的昼夜活动习性；观察塔里木鳃金龟、铜绿丽金龟甲等成虫的假死性；观察蛾类的趋光性和白星花金龟甲对糖醋液的趋化性等。

【知识拓展】

昆虫与环境的关系

环境是围绕着生物体并综合作用于生物体的各种条件的总称。构成环境的因子，称为生态因子，按性质可分为：

- 环境
  - 自然因子
    - 非生物因子
      - 气象因子(温度、湿度、光、风、雨等)
      - 土壤因子(土温、土湿、土壤理化性状等)
    - 生物因子
      - 食物因子(寄主植物)
      - 天敌因子(捕食性或寄生性动物、致病微生物等)
  - 人为因子　(农事活动如栽培耕作、田间管理、农田水利建设、开垦荒地等)

一、气象因子

气象因子直接影响昆虫的生长、发育、生存和繁殖，并通过对寄主及其他生物的影响，间接影响昆虫的发生和发展。因此，它是各种生态因子中作用比较广的一项因子，其中以温度和湿度最重要。

(一)温度

温度是影响昆虫的重要环境因子。昆虫是变温动物，它们的体温取决于周围环境的温度。昆虫热能的来源主要是太阳辐射的外来热，少量来自体内新陈代谢产生的内在热，而后者又与前者有关。因此，昆虫的新陈代谢和行为在很大程度上要受外界温度的支配。

1. 昆虫对温度的反应

各种昆虫的生长发育，都有它适宜的温度范围(表 1-2)，这称为有效温区。在有效温区内发育速度随温度升高而加快，一般为 8～40 ℃。在这个范围内，还有对昆虫生长发育和繁殖最适宜的范围，称最适温区，一般为 20～28 ℃。有效温区上限，即最高有效温度，是昆虫因温度过高而生长发育被抑制的温度，称为高温临界，一般为 35～45 ℃。在发育起点以下和高温临界以上的一定范围内，昆虫常因温度过低或过高而冬眠或夏眠，当温度恢复到有效温度范围内仍可以恢复活动，分别称为停育低温区和停育高温区。若温度再降低或再升高，昆虫则因过冷或过热而死亡，称为低温致死区或高温致死区。

表 1-2　温度对昆虫的影响

温度/℃	温区		昆虫对温度的反应
45～60	致死高温区		酶系统被破坏、蛋白质变性，短时间内死亡
40	亚致死高温区		代谢失调且低迷，死亡取决于高温强度和持续时间
30	高温临界 高适温区	适宜温区 （有效温区）	发育速度随温度的升高而减慢，死亡率增大
20	最适温区		发育速度快，繁殖力最大，死亡率最小
10	低适温区 发育起点		发育速度缓慢，繁殖力降低，或不能繁殖
－10～0	亚致死低温区		代谢速率降至极低，生理功能失调，死亡率取决于低温强度和持续时间
－40～－20	致死低温区		体液结冰，原生质受损伤，脱水而死亡

同一种昆虫因发育阶段、生理状态不同，所要求的温度及对温度变化的反应不同。如菜粉蝶的发育起点，卵为 8.4 ℃，幼虫为 6 ℃。

同一种昆虫在不同季节对温度的反应不同，通常越冬中期的抗寒力最强，停育状态的虫态和老熟幼虫次之，正在生长发育的虫态最差。昆虫的抗寒力是由其生理状态决定的。一般来说，体内组织中的游离水少、脂肪和糖类含量高，抗寒性也强。

温度的突然升高或下降，常使昆虫对高、低温的适应范围缩小。过高或过低温度持续的时间越长，对昆虫的伤害作用越大。

昆虫因高温致死的原因是体内水分过度蒸发和蛋白质凝固；昆虫因低温致死的原因是体内水分结冰、细胞遭受破坏。

2. *有效积温法则*

温度对昆虫的新陈代谢和发育速度影响很大。在有效温区范围内，发育速度和温度呈正相关，即温度越高，发育速度越快，发育所需天数越少。这样，昆虫完成一个虫期或世代所需的天数与该天数内的温度的乘积理论上应为一个常数。即 $K=NT$（K 为积温常数，N 为发育日数，T 为温度）。但是昆虫必须在发育起点温度以上才能开始发育，因此，式中的温度（T）应减去发育起点温度（C），故 $K=N(T-C)$。这种反映温度和发育速度间相互关系的法则，称为有效积温法则，积温的单位以“d・℃”来表示。

这个法则的应用有以下几个方面：

（1）推算某种昆虫在不同地区可能发生的世代数。

$$世代数=\frac{某地全年有效积温总和}{某虫完成一个世代的有效积温}$$

（2）预测害虫的发生期：$N=K/(T-C)$。必须指出，有效积温法则在实际应用上有一定的局限性，因为昆虫是有生命的，与温度不可能是简单的直线关系；昆虫的生长发育受到多种环境因子的综合影响；所用的温度资料为平均温度；不能完全反映昆虫在生活环境中的小气候温度;昆虫有休眠现象,常使计算发生偏差。因此,应用有效积温法则来测报害虫的发生世代和发生期,还必须结合其他因子来分析,否则会发生错误。

(二)湿度

水是昆虫生理活动中不可缺少的介质,也是构成虫体的成分之一。一般虫体的含水量是体重的46%~92%。不同种类昆虫的含水量不同,不同虫期含水量也不同,一般幼虫含水量高,越冬虫态的含水量比生长发育中的要低。

昆虫的水分来源主要是食物,有些种类可直接饮水,如蛾、蝶、蜂等,另外还可通过体内吸水和利用体内代谢水进行补充。昆虫失去水分的重要途径是通过表皮和气门蒸发及排粪,昆虫通过水分的蒸发来调节体温,假如获水和失水平衡失调,则生理活动受阻碍,严重时会死亡。

昆虫对湿度的反应和温度一样,也有一定的适应范围,但不像对温度那样明显,一般适应范围较大,多数在相对湿度70%~90%。一般在湿度范围内,湿度大,成虫产卵量较大,卵的成活率和孵化率也高。如苹果食心虫的卵在29 ℃以下,相对湿度75%时,孵化率为75.4%,在相对湿度95%时,孵化率98.2%。相反,有些刺吸式口器的昆虫,如蚜虫等,一般在天气干旱时发生量大。这是因湿度低,植物含水量相对增高,利于昆虫发育之故。

降雨可直接影响害虫数量的变化,但需视降水量的时间、次数、雨量而异。降雨还影响环境的湿度,植物的含水量、温度以及通过对害虫天敌的影响而影响害虫。暴雨对弱小昆虫,如蚜虫有机械的冲刷杀伤作用。

(三)温、湿度的综合作用

自然界温、湿度总是并存的,相互影响,综合作用。对一种昆虫来说,适宜的温度范围因湿度条件而转移;相反,适宜的湿度范围,又因温度的变动而转移。因此要将温、湿度联系起来综合考虑其对昆虫的影响。

(四)光

光的强度、光的波长以及光周期对昆虫的生命活动都有一定的影响。

大多数昆虫可以见到人眼不能看见的紫外光,而不能看到红光,这就是利用黑光灯诱虫效果好的原理。此外,昆虫对于不同的光色,具有选择分辨能力,蜜蜂能区别红、黄、绿、紫4色光,蚜虫对黄色光波有趋光性,对银色光波有背光性,可以利用黄色诱蚜,利用银色来驱蚜。不同颜色的光,成为不同种类昆虫产卵、觅食、找寻栖息场所等生命活动的信息。

光的强度对昆虫活动或行为影响明显,表现为不同昆虫有各自活动的节律。日出性种类喜在强光下飞翔,如蝶类;夜出性种类,多在上半夜活动,如蛾类。钻蛀性昆虫,习惯于弱光,在强光下活动就受抑制,如天牛和吉丁虫的幼虫。

光照时间长短的季节性变化,称为光周期,是引起昆虫滞育的主导因子。长日照是导致夏季产生滞育的信号,如小麦皮蓟马,其若虫在夏季开始滞育,并在土壤中越夏、越冬直到翌年春季才苏醒。短日照是昆虫产生滞育、准备过冬的信号,大多数昆虫属于短日照滞育型昆虫。

(五)风

风直接影响昆虫的垂直分布和水平分布,从而影响昆虫在大气层中的活动范围,直接影响气温和湿度。

许多昆虫可借风的水平作用进行远距离的传播扩散,如蚜虫可被风吹到1 200 km以外,上升气流可把小昆虫送到高空，曾有人在 1 000 m 高空采到蚜虫、木虱、小蜂。但风速过大常阻止昆虫交配和产卵，多数昆虫在无风或微风晴朗时飞行活动，当风速超过每小时 15 km 时，所有昆虫都停止自发飞行。

二、土壤因子

土壤是昆虫的特殊生态环境，许多昆虫一生或某一发育阶段直接生活于土壤中。土壤对昆虫的影响因子有土壤温度、土壤湿度及土壤理化性状等。

土壤温度对昆虫的影响，首先，土壤是不良导体，夏季土层温度低于大气温度，而冬季土层温度又高于大气温度，因此土壤是很多昆虫良好的越夏、越冬场所。其次，土壤各层土温随季节变化，地下害虫能随这种季节性土温变化而规律性升降。一般春、秋季土层土温适宜，地下害虫上升耕作层为害，夏季表层土温高于深层，而冬季表层土温又低于深层，地下害虫则在深层蛰伏。应了解此特性，便于进行测报和防治工作。

土壤湿度的变化常能影响害虫的分布及其生长发育。有的昆虫如蝼蛄喜较湿的洼地，沟金针虫则生活于旱地。有些昆虫的孵化、化蛹、羽化出土，亦受土壤湿度的制约。进行水旱轮作可以防治各种害虫。

土壤质地和理化性状对昆虫的影响因虫而异，如蝼蛄喜湿润的砂壤土，细胸金针虫则喜有机质丰富的黏质土壤。酸性土壤适于葱蝇、金针虫栖息，而象鼻虫则在盐碱地上发生数量多。通过各种措施改变土壤环境，可以有效地防治各种害虫。

三、生物因子

生物因子包括昆虫的食物和天敌。

1. 食物对昆虫的影响

食物是昆虫最重要的生存因子，直接影响昆虫的生长发育。每种昆虫对于不同食物都有不同的嗜好程度，即所谓食性。根据食物来源不同，昆虫的食性可分为植食性，即以活的植物体为食，大部分农业害虫属于此类；肉食性，即以活的动物体为食，可捕食或寄生；腐食性，即以死亡的植物或粪便为食。在植食性昆虫中，根据取食植物种类的多少，又可分为：

(1)单食性(专食性)　昆虫只取食一种植物，如葡萄根瘤蚜仅为害葡萄。

(2)寡食性　昆虫只取食一科或近缘科内的植物，如梨小食心虫，为害苹果、梨、桃等。

(3)多食性　昆虫取食很多不相同的科的多种植物，如棉铃虫可取食 20 多科 200 多种植物，瓜蚜为害 70 多科 280 多种植物。

食物对昆虫的影响，食物如果质量高、数量足，则昆虫生长发育快，生殖力高，自然死亡率低。相反，则生长发育和繁殖均受抑制，甚至因饥饿引起个体大量死亡。

2. 植物的抗虫性

抗虫性是指植物具有影响昆虫为害程度的遗传性，即植物对害虫为害的适应性和防御性。任何一种植物对植食性昆虫都具有不同程度的抗性，具体表现在 3 个方面：

(1)不选择性　是植物的形态结构、生理生化特性等能使昆虫不选择其进行产卵和取食。

(2)抗生性　是指植物不能全面地满足昆虫营养上的需要，或含有对昆虫有毒的物质，或缺乏一些昆虫特殊需要的物质，致使昆虫取食后发育不良、寿命缩短、生殖力减退，甚至死亡。

(3)耐害性　指植物被害虫为害后具有补偿损失的特性。

了解昆虫的食性，能区别害虫和益虫。对于害虫，了解其食性的宽窄，在防治上可以用农业防治法，如实行轮作、合理间作套种和及时除草等，恶化害虫的食物条件，减轻害虫的发生。

3. 天敌及食物链

每种昆虫在自然界中都会遭到其他动物取食或微生物寄生，这些动物或微生物被称为天敌。而利用天敌进行害虫控制的方法，称为生物防治。自然界中的天敌种类很多，如捕食性瓢虫、草蛉、食蚜蝇、螳螂、蜻蜓等；寄生性的赤眼蜂、金小蜂、寄生蝇等；能使昆虫生病的细菌、真菌、病毒等；以及食虫蜘蛛、蛙类、鸟类等。它们可以消灭大量害虫，对害虫的发生有显著的抑制作用。了解天敌的生活习性、发生规律，充分利用自然资源，保护利用天敌，也是我们同害虫斗争的重要方法之一。

在自然界中，生物间建立了密切的食物联系，称为食物链，在食物链中，各种生物都按一定的比重，占据一定的位置，相互依存，相互制约，达到相对平衡，任何一环变动都影响食物链的改变。食物链通常以植物或死的有机物开始，而以肉食性或寄生性动物为终止。

每个食物链的环节数，通常为 5～6 个。食物链不是闭式的，常有分叉，又和其他食物链互相交错，形成复杂的网状联系，称为食物网。认识各种生物在生态环境中的食物链、食物网上的位置和发生变化规律，可以为指导和制定综合防治措施提供理论依据。

四、人为因子

1. 改变一个地区昆虫的种类组成和数量对比

如陕西南部柑橘产区，从四川、浙江引进了澳洲瓢虫，改变了陕西昆虫种群的组成，成功地控制了吹棉蚧的危害。又如新疆引进种苗时，忽视了检疫工作，带进了梨小食心虫、桃条麦蛾、黄斑星天牛等，使这类害虫蔓延扩大等。

2. 改变昆虫生长发育和繁殖的环境条件

人类通过各种生产活动，如中耕除草；通过大规模的改造自然活动，如治山、治水、兴修水利、植树造林等，可使整个地区的自然面貌发生变化，改变了昆虫生活的生态环境，通过施肥、灌溉，整枝修剪等，能改变农田中小气候，使之不利或有利于害虫的发生。

3. 直接消灭害虫

人类能按照自然规律，准确掌握害虫发生发展的方向，认真贯彻“预防为主，综合防治”的植保方针，协调各种行之有效的防治措施，把害虫稳定地控制在经济损失允许水平之下。

由此可见，人类的生产活动产生的影响和变化具有两重性：准确掌握害虫发生规律，通过有目的的劳动，能促进生态系统向有利于人类而不利于害虫的方向发展；相反，破坏生态平衡，则会助长害虫传播蔓延，促使害虫种群数量上升。

工作任务3　与农业生产关系密切的昆虫类群识别

【任务概述】

昆虫的分类系统是由界、门、纲、目、科、属、种 7 个基本单元组成的。与农业生产关系密切的昆虫有 9 个目或亚目，分别是直翅目、同翅亚目、半翅目、缨翅目、鞘翅目、脉翅目、鳞翅目、膜翅目、双翅目。要求通过知识学习、观看视频、观察昆虫标本及挂图等方法，基本掌握以上 9 个目或亚目昆虫的主要特征及其中重要科昆虫的主要特征，正确识别农业害虫所属种类，为“对症下药”打实基础。

【知识准备】

一、直翅目

本目昆虫多数为中至大型。口器为标准的咀嚼式，头下口式，单眼2～3个，触角线状。前胸发达，中后胸愈合，前翅狭长革质成复翅，后翅膜质，后足多为跳跃足，有些种类前足为开掘足。雌虫大多具有发达的产卵器，腹部末端有尾须1对。成虫有的种类具有发音器和听器。不全变态，陆生，多数种类为植食性，少数肉食性。见图1-19。

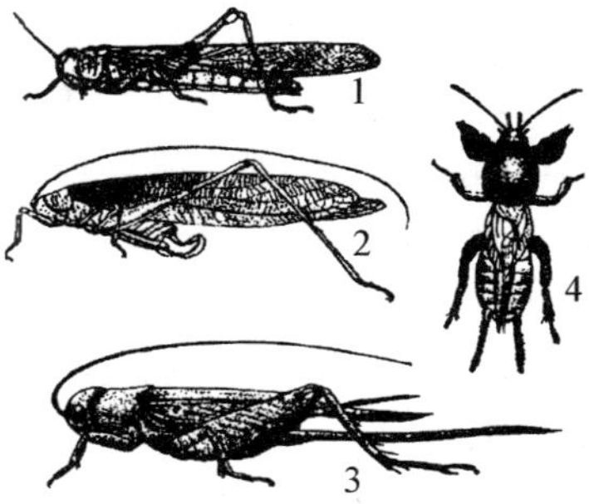

1. 蝗科 2. 螽斯科
3. 蟋蟀科 4. 蝼蛄科

图1-19 直翅目昆虫

1. 蝗科

体粗壮。触角线状，比体短。前胸背板呈马鞍状，后足为跳跃足。听器位于腹部第1节的两侧，产卵器粗短呈凿状，尾须短，跗节3节。常见的有亚洲飞蝗、意大利蝗等。

2. 蝼蛄科

触角线状，比体短。前翅短，后翅长伸出腹末似尾状，前足开掘，前胸背板坚硬发达，适于在土中活动。尾须长，产卵器不发达。常见的有华北蝼蛄、普通蝼蛄等。

3. 蟋蟀科

体粗壮，体色暗，触角比体长，产卵器细长呈剑状，尾须长而不分节。雄虫发音器在前翅近基部处，听器着生在前足胫节上，后足腿节发达，善跳跃，跗节3节。常见的有大黑蟋蟀等。

二、同翅亚目

身体小至大型，口器刺吸式，从头的后方生出，喙通常3节，少数1～2节，触角短、鬃状或长而呈线状。前翅质地均匀，膜质或革质，后翅膜质，休息时翅在体背上常呈屋脊状放置。多数种类体具蜡腺。不完全变态。除直接为害外，还能传播植物病害，尤其是传播植物病毒病。见图1-20。

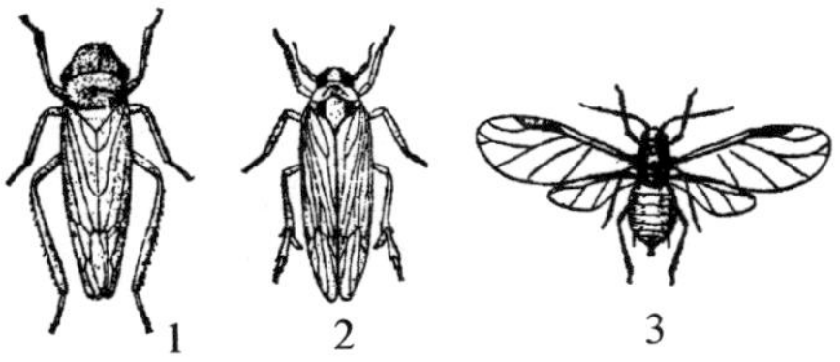

1. 叶蝉科 2. 粉虱科 3. 蚜科

图1-20 同翅亚目昆虫

1. 叶蝉科

身体小型，触角刚毛状，着生于头部两复眼间。前翅革质，后足为跳跃足，胫节下方有两列刺状毛，爪垫大。雌虫产卵管锯齿状，卵产于叶脉或枝条皮层内。成虫、若虫均有横走习性，如大青叶蝉、榆叶蝉。

2. 粉虱科

身体小型，体及翅上都被有白色蜡粉，触角线状，7节，前翅最多有3条翅脉，后翅只1条翅脉。若虫自第3龄起，触角、足均退化，且体壁变硬，固定不动，分类上称为“蛹壳”。常见的有温室白粉虱。

3. 蚜科

本科昆虫统称蚜虫。身体微小至小型，柔软。触角长，线状，通常 6 节，3～6 节上有圆形或椭圆形的感觉孔，其数目和分布可作为种的特征。跗节 2 节，腹部第 6 节或第 7 节背板两侧有一对管状的腹管，腹部末端中央有一个尾片。具有翅和无翅的个体，翅膜质前翅大于后翅，前翅前缘具翅痣，只有一条粗的纵脉。

蚜虫的生活史复杂，一般有单性和两性生殖交替及转换寄主的现象。可分为留守型，如甘蓝蚜；迁移型，如桃蚜。有的种还可传播病毒病。

4. 介壳虫类

此类昆虫是同翅亚目中，也是昆虫纲中最奇特的类群。它们由于适应长期的无休止的吸收植物汁液生活，已成为永久"寄生者"，身体的形态结构也相应发生了很大的变化。以雌虫和若虫为害植物。

体小型。雌雄异型，雌虫多圆形、椭圆形或圆球形。腹面有发达的刺吸式口器，口针常长过身体几倍。无翅。多数种类触角、眼和足因不用而消失。头和胸部愈合，有的连腹部也分不清。体被蜡粉或坚硬的蜡块，或藏身于介壳内。无产卵器。

1 龄若虫有触角和足，能爬行。雌性 2 龄若虫形态似成虫，多固定不动。

雄性成虫触角念球状，口器退化。仅有前翅，后翅为平衡棍，腹部末端有一突出的交尾器，有的具 2 条蜡丝。雄虫寿命短，交配毕即死去。

介壳虫类为植食性，主要为害木本植物和多年生草本植物，是果树、林木的重要害虫。

三、半翅目

本目昆虫通称蝽。小至中型，体壁坚硬略扁平。口器刺吸式，从头的前端生出，不用时贴于头胸腹面，喙多 4 节，少数 3 节。触角线状或棒状。单眼 2 个或无。前胸背板发达，中胸小盾片呈三角形，前翅基半部坚硬，端半部柔软膜质，称为半鞘翅，半鞘翅可分为革区、爪区和膜区，有的还有楔区，后翅膜质盖于前翅下，休息时平放在腹背上。陆生种类在胸部腹面具嗅腺开口，能散发出恶臭气味，卵多鼓形，见图 1-21。

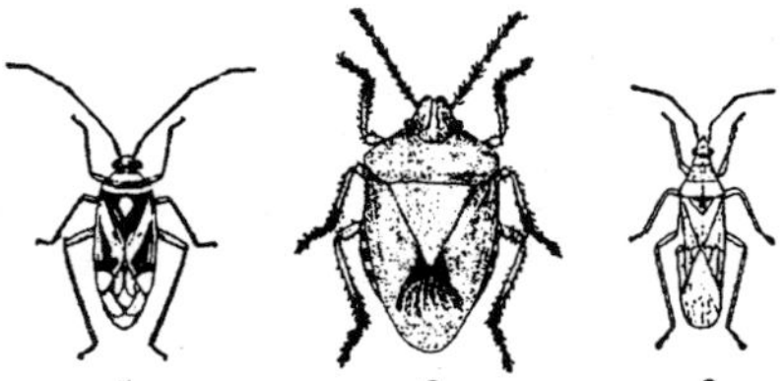

1. 盲蝽科　2. 蝽科　3. 猎蝽科

图 1-21　半翅目昆虫

不完全变态。多为植食性。成、若虫刺吸植物汁液，有一部分生活在土中为害根部；有的种类为肉食性，捕食其他小昆虫；也有部分在室内吸人血，传染疾病，如臭虫。

1. 蝽科

身体小至中型。触角 5 节，通常具单眼 2 个，喙 4 节。前翅分革区、爪区、膜区 3 个部分，膜区上有多数纵行翅脉，多从一横脉上生出。中胸小盾片发达，至少超过前翅爪区的长度，跗节 2～3 节，如菜蝽、梨椿象。

2. 盲蝽科

多为小型种类。触角 4 节，第 2 节最长，无单眼。前翅革质部分有翅楔，膜区部分翅脉围成 2 个翅室。多为植食性，如牧草盲蝽，苜蓿盲蝽；少为肉食性，如食虫盲蝽。

3. 猎蝽科

本科均为肉食性。体中型，其有单眼，触角 4 节，喙短 3 节，基部弯曲，不能平贴于胸部腹面。前翅膜区上有2～3个翅室，由翅室上伸出2条纵脉。前足腿节膨大，跗节3节。无臭腺，肉食性，如黑红猎蝽。

四、双翅目

中小型。成虫只有一对膜质的前翅，后翅特化成平衡棍。复眼大，触角线状、念珠状或具芒状。口器舐吸式或刺吸式。雌虫腹部数节能伸缩，成为伪产卵器。见图1-22。

1 2

1. 瘿蚊科 2. 潜蝇科

图1-22 双翅目昆虫

完全变态。幼虫无足型。蛹为裸蛹或围蛹。生活习性复杂，有的是植食性，为农业害虫；有的是寄生性或捕食性，是害虫的天敌；还有的是人畜害虫。本目有3个亚目，它们的形态特征区别如表1-3所示。

表1-3 双翅目亚目形态特征区别

亚目名称	成虫触角	蛹	主要种类
长角亚目	环毛状，6节以上		蚊
短角亚目	无触角芒，6节以上	不被幼虫的皮	虻
芒角亚目	有触角芒，3节	外被幼虫的皮	蝇

1. 花蝇科

花蝇科又称种蝇科。体小型，细长多毛，黑灰色或黄色。前翅 M_1+M_2 脉直伸，末端不向上弯曲，翅后缘基部与身体连接处有一质地较厚的腋片。幼虫蛆式，圆柱形，腹部末端平截，有6～7对突起。大多种类为腐食性，也有些种类严重为害农作物，如种蝇、葱蝇、萝卜蝇等。

2. 潜蝇科

体小型或微小型。C脉只有一个折断处，腹扁平，幼虫蛆式。潜食叶肉，如豌豆潜叶蝇、苹果潜叶蝇。

3. 食蚜蝇科

体中型。暗色而有金黄色斑纹。翅外缘有和边缘平行的横脉。使R脉和M脉的缘室成为闭室。R脉和M脉之间有一伪脉，成虫常在空中停飞，幼虫蛆式。体前端尖，后端截形。表皮粗糙，捕食蚜虫、介壳虫、粉虱、叶蝉等小昆虫，如细腹食蚜蝇。

五、鞘翅目

本目是昆虫纲中最大的一个目，全世界已记载的有25万种以上，通称“甲虫”。身体小至大型，体壁坚硬。前翅加厚角质，无翅脉，称为鞘翅；后翅膜质。口器咀嚼式，触角10～11节，形状多样，有线状、锯齿状、膝状、腮叶状等。无单眼，复眼发达，腹部可见腹节10节以下。

多数为完全变态，少数复变态，陆生或水生，一般为植食性，少数肉食性或腐食性。幼虫为寡足型或无足型，蛹均为裸蛹。见图1-23。

根据鞘翅目昆虫的食性，分为肉食亚目和多食亚目，其形态区别如表1-4所示。

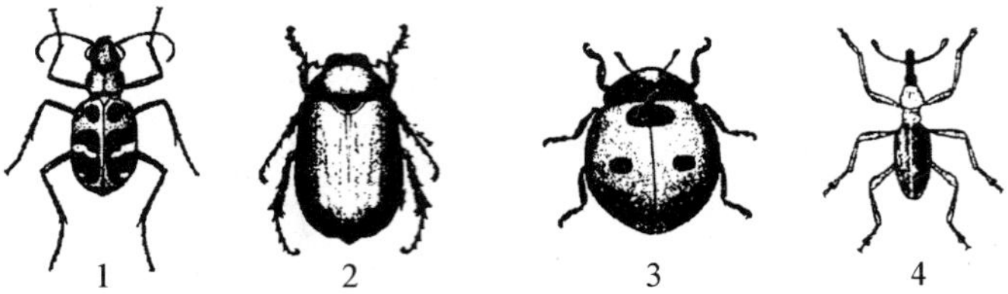

1. 虎甲科　2. 鳃金龟科　3. 瓢甲科　4. 象甲科

图 1-23　鞘翅目昆虫

表 1-4　鞘翅目亚目区别

名　称	肉食亚目	多食亚目
触角	多为丝状	形态变化较大
腹部第 1 节的腹板	被后足的基节窝分割成 3 片	不被后足的基节窝分割开
跗节数	全是 5 节	3～5 节
食性	成、幼虫几乎全为捕食性	多为植食性也有捕食性
主要科	有步甲、虎甲、龙虱等 10 余科	金龟甲、叩头甲、吉丁甲、天牛叶甲、瓢甲、小蠹、象甲等 100 余科

(一)肉食亚目

1. 步甲科

体形大小变化较大,体色较暗,头前口式,较前胸背板窄,复眼不突出上颚正常,内颚叶尖端无能动的钩状物。后翅通常退化或缺,不能飞翔善于疾走,跗节 5 节。幼虫上颚发达,腹末端有尾突 1 对,行动活泼。陆生,捕食性,如金星步甲。

2. 虎甲科

体小至中型,体具鲜艳的色斑和金属光泽、体形似步甲,但头比前胸背板略宽,复眼大而突出,头下口式,上颚发达,内颚叶尖端有一个能动的钩状物。后翅发达,能飞翔。幼虫头部和前胸节弯曲,腹部第 5 节背面有疣状突起,上面有钩,如中华虎甲。

(二)多食亚目

1. 叩头甲科

通称叩头虫。体暗色,长而略扁平,末端尖削。触角锯齿状或线状,前胸背板后缘侧角突出成锐突;前胸腹板中央有一尖锐的刺向后嵌入中胸腹板中央的沟槽内,前胸与中胸间有关键,可有力地上下做叩头状的活动,故称叩头虫。幼虫通称金针虫,体细长圆柱形略扁,体壁坚韧,多黄色或黄褐色,无上唇。生活于土中,取食种子或根部,如农田金针虫。

2. 金龟甲科

身体大小不一,体长卵圆形,触角鳃片状,前足开掘式,跗节 5 节,爪 1 对。幼虫通称蛴螬。体柔软,弯曲呈“C”形,体表多皱纹,具胸足 3 对,是重要的害虫之一,如塔里木鳃金龟甲、大黑鳃金龟甲。

3. 叶甲科

叶甲科又称金花虫科。体小至中型,体形长或圆形。触角线状 11 节,体色较艳丽具有金属光泽，复眼圆形。跗节5节，第3节较大呈2瓣，有的后足善跳跃，如跳甲。腹部可见5节。幼虫伪蠋型。有的肥胖、有的细长。本科成、幼虫多食叶，少数种类蛀茎、咬根，如白杨叶甲、黄条跳甲等。

4. 瓢甲科

体小至中型，呈半球形，外形和某些叶甲相似，但跗节4节。头小，一部分装在前胸内。触角短，棒状11节。翅鞘上常具红、黄、黑色斑。幼虫体多枝刺和毛瘤。本科多为肉食种类，其成虫、幼虫均能捕食蚜虫、介壳虫、粉虱等。也有一些种类为植食性，如二十八星瓢甲。肉食性瓢甲成虫鞘翅上有光泽；植食性瓢甲成虫鞘翅上无光泽。

5. 天牛科

体长而略扁。触角鞭状，11节。复眼肾形，围在触角基部，或将复眼分割成两部分。跗节隐5节，第3节分成两瓣，第4节很小与第5节愈合。幼虫圆柱形，乳白色，头小并入前胸，胸足很小或无，腹节的背腹面都有骨化区或突起（移动器）。本科成虫取食叶片和枝条，幼虫蛀食木本植物，如杨枝天牛、酱色天牛等。

6. 象甲科

通称象鼻虫。体小至中型，头部前方延长成"象鼻状"或"鸟喙状"，咀嚼式口器着于头的前方。触角膝状，10～12节，端部膨大呈锤状。鞘翅紧包腹部，跗节5节，腹部5节。幼虫无足型，体柔软，弯曲呈"C"形。成、幼虫都取食植物，为害方式有食叶、钻茎、钻根、蛀果、蛀种子、卷叶等，如梨花象甲、甜菜象甲。

六、鳞翅目

本目是昆虫纲中第2大目。约14万种，包括蝶和蛾。

体形有大有小，体色多变，体翅上密被扁平细微的鳞片，组成不同颜色的斑纹。触角线状、羽毛状、梳状或球杆状。复眼发达，单眼2个或无，口器虹吸式或退化，喙管不用时呈发条状卷曲在头下面。翅为鳞翅，前翅一般比后翅大，少数种类雌虫无翅。

翅的形状、脉相和线、斑纹的变化，都是分类的重要依据。见图1-24。

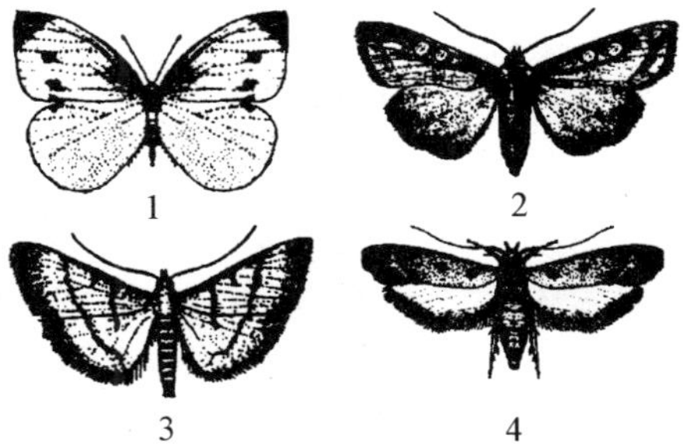

1. 粉蝶科　2. 夜蛾科
3. 螟蛾科　4. 麦蛾科

图1-24　鳞翅目昆虫

幼虫身体圆柱形，柔软，头部坚硬，两侧有单眼6个，无复眼，额为三角形，额缝呈"人"字形。口器咀嚼式，上唇前缘有一缺刻，下唇叶变为吐丝器。除胸足外，一般有腹足2～5对，着生在腹部第3～6节和第10节上，第10节上的腹足称臀足。腹足具有趾钩，根据趾钩的长短，可分为单序、双序和三序；排列形式可分为全环式、缺环式、中带式、横带式等。幼虫的胸部和腹部合称胴部，其上有各种外长物，如刚毛、毛瘤、毛撮、枝刺。幼虫体上，通常有纵线和色斑，它们的分布有一定名称，如背线、亚背线、气门上线、气门线、气门下线、基线、上腹线和腹线等。

蛹为被蛹，腹部末端有刺状突起，称为臀刺，有的还有钩状毛。

卵通常为圆球形、馒头形、扁平形；散产或聚产，用分泌物附着于寄主植物上，也有在卵块上覆盖绒毛。

完全变态。成虫一般不为害，大多数幼虫以植物为食料。多食叶，也有蛀食种子、果实、茎秆、枝条，还有咬食根部。

本目分为锤角亚目、异角亚目或蛾亚目、蝶亚目。

(一)异角亚目(蛾亚目)

夜间活动，触角线状、梳状或羽状，极少棒状。口器虹吸式或退化。前后翅以翅缰相连接，前后翅脉序不相同，休息时翅伸展在身体两侧或放置在腹部背面。

1. 菜蛾科

小型蛾类。触角线状，静息时前伸。前翅披针形，后翅菜刀形。幼虫细长，体绿色，行动敏捷，取食植物的叶肉，是十字花科植物的重要害虫。

2. 卷蛾科

体小至中型，前翅略呈长方形，肩区突出，前缘弯曲状。休息时，两前翅平叠在背上，合拢呈吊钟形状。后翅 $Sc+R_1$ 不与 Rs 接近或接触，臀脉 3 条，Cu 脉基部无梳状毛。幼虫趾钩 2 序或 3 序，环式。有卷叶缀叶的习性，如新褐卷叶蛾。

3. 螟蛾科

体小至中型，纤细，腹末尖削，鳞片细密而紧贴。触角线状，下唇须伸向前方或向上弯，足细长。前翅近三角形，后翅宽大，$Sc+R_1$ 脉与 Rs 相平行或接近或接触，臀脉 3 条。幼虫体细长，光滑少毛，趾钩 2 序(很少单序或 3 序)，缺环(水生种类全环)。幼虫有卷叶做茧、钻蛀茎秆、蛀食果实和种子的习性，如菜螟、桃蛀螟。

4. 尺蛾科

体形细长，鳞毛很少。翅大而薄弱，有的种类雌蛾退化。后翅 $Sc+R_1$ 脉在基部弯曲幼虫通称“尺蠖”，俗称为“步曲”“弓腰虫”等。腹部第 6 节和末节上 2 对腹足，行动时身体一伸一曲似尺度，如春尺蠖、枣尺蠖。

5. 夜蛾科

本科是鳞翅目中最大的一科，体多中型或大型，粗壮，体色多暗色。触角线状、部分夜蛾栉齿状。翅面上常有斑纹，后翅比前翅阔，色淡，$Sc+R_1$ 脉与中室前缘近基部有一点接触又复分开，形成一小基室。幼虫体粗壮，一般有 5 对腹足，有的种类第 1、2 对腹足退化。趾钩单序，中带式或缺环(缺口大)。成虫均在夜间活动，具有很强的趋光性，对糖、酒、醋有正趋性。幼虫大多数夜间活动取食，白天潜伏，少数日间活动。幼虫均为植食性，多数种类食叶，少数蛀食茎和果实，如棉铃虫、地老虎。

6. 毒蛾科

体中至大型，体形似夜蛾，但无单眼，口器退化。触角双栉齿状。雌虫有的无翅或退化，腹末有毛丛。前翅 M_2 脉和 M_3 脉靠近，后翅 $Sc+R_1$ 脉和中室前缘有一段相接触。幼虫体多毛，有毒，腹部第 6、7 节背面中央各有一翻缩腺。趾钩单序，中带式，如舞毒蛾、杨毒蛾、缀黄毒蛾。

(二)锤角亚目

白天活动。触角球杆状。前后翅无特殊连接结构，前后翅脉序不相同，休息时翅直立在身体的背面。

1. 粉蝶科

多中型，白色或黄色、橙色，有黑色或红色斑纹。前翅三角形，臀脉 1 条后翅臀脉 2 条。幼虫圆筒形，体表有许多小突起及绒毛，趾钩 2 序或 3 序，中带式。幼虫主要为害十字花科、豆科、蔷薇科等植物，如小菜粉蝶、大菜粉蝶。

2. 蛱蝶科

体小至中型，有各种鲜艳的色斑。飞翔迅速而活泼。前足退化，短小。触角锤状部特别膨大。翅外缘常不整齐。幼虫体色较深，头部常有突起或棘刺，胴部一般都有成对的棘刺，如榆黄黑蛱蝶、小红蛱蝶。

七、膜翅目

本目包括蜂和蚂蚁。复眼大，触角线状、锤状或膝状。口器咀嚼式或咀吸式。翅膜质，前翅大，后翅小，后翅前缘有一列刺钩，与前翅相连接，翅脉特化，形成许多闭室，翅脉简单。有的种类无翅。腹部第 1 节并入胸部，称为并胸腹节，第 2 腹节缩小成"腰"状，称为腹柄。雌虫有发达的产卵器，针状或锯齿状，有的特化成螯针，用于自卫或捕猎。

完全变态。有的是植食性，如叶蜂、茎蜂；有的吸食花蜜和花粉，如蜜蜂；有的是肉食性，如寄生蜂、土蜂等。幼虫多足，但无趾钩，也有无足型。见图 1-25。

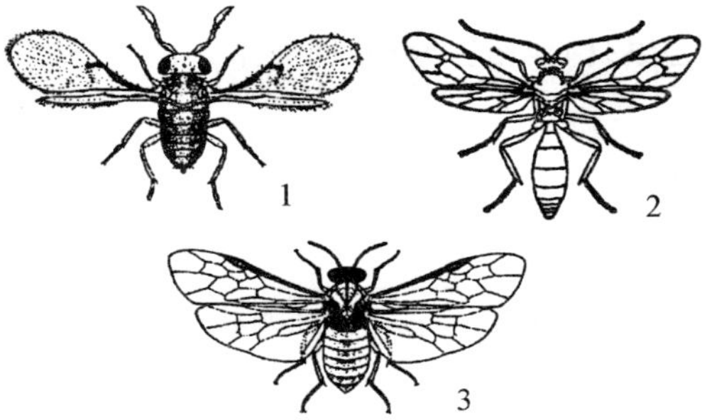

1. 赤眼蜂科　2. 姬蜂科　3. 叶蜂科

图 1-25　膜翅目昆虫

（一）广腰亚目

腹部广阔地连接在胸部上，不收缩成腰状，后翅至少有 3 个基室。产卵器锯齿状或管状。植食性。

1. 叶蜂科

食叶种类。体小至中型，体较粗短。触角线状。前翅有粗短的翅痣。前足胫节有 2 个端距。产卵器扁锯状。幼虫多足型，如梨实蜂、新疆菜叶蜂。

2. 茎蜂科

蛀干种类，体小型，细长，前翅翅痣狭长，前足胫节只有 1 个端距。产卵器短管状，能收缩。幼虫无腹足，腹部末端有尾状突起，如梨茎蜂。

3. 树蜂科

体大型，多有黑色、黄色或褐色的斑纹。头阔，有颈，触角长。前胸背板后缘凹入很深。腹部细长，产卵器略长，伸出体末端，外包有鞘，能刺入树干产卵。幼虫无腹足及尾状突，如大树蜂。

（二）细腰亚目

腹部与胸部连接处收缩成腰状，后翅基室最多 2 个。产卵器多外露。寄生性或捕食性。

1. 赤眼蜂科

赤眼蜂科又称纹翅卵蜂科。微小型，体黑色、褐色或黄色，复眼赤红色。触角膝状，3～8 节。前翅翅面有纵行排列的微毛，后翅狭刀状。寄生于昆虫卵内，如松毛赤眼蜂。

2. 小蜂科

体小型,体黑色、褐色、黄色、白色及红色。小盾片发达,足腿节膨大。仅有一条翅脉,无明显翅痣。寄生于鳞翅目、鞘翅目、双翅目的幼虫和蛹体内,如广大腿小蜂。

3. 茧蜂科

体小型或微小型。产卵器很长。翅脉简单,翅上有的有斑纹。产卵于寄主体内,幼虫内寄生,在寄主体外或附近结黄色或白色小茧化蛹,寄生鳞翅目、双翅目幼虫,如菜粉蝶绒茧蜂。

八、缨翅目

本目昆虫通称蓟马。体微小,细长,多为黑色或褐色。口器锉吸式,触角线状,6～9节,其上有感觉器,有翅型具2～3个单眼;无翅型无单眼。前后翅均狭长,其边缘有缨毛,称为缨翅。足短小,跗节仅1～2节,末端有能伸缩的泡状中垫,爪退化。过渐变态。孤雌生殖现象普遍,多为植食性,如葱蓟马。少数为捕食性,如纹蓟马。见图1-26。

图1-26 蓟马科

1. 蓟马科

体略扁平。触角6～8节,末端成端刺,翅狭而端部尖锐。雌虫腹末圆锥形,产卵器锯齿状,从侧面看,尖端向下弯曲,如葱蓟马、温室蓟马。

2. 纹蓟马科

体粗壮。触角短,9节。翅较阔,前翅末端圆形。产卵器从侧面看,尖端向上弯曲,如纹蓟马。

九、脉翅目

体中型,头下口式,很活泼。口器咀嚼式。触角细长,线状、念珠状、梳状或棒状。复眼大。前后翅都是膜质,大小和形状很相似,翅脉密而多,呈网状,翅脉在翅的边缘处多分叉,少数种类翅脉少而简单。跗节5节,爪2个。完全变态。幼虫有3对发达的胸足,行动活泼,本目的成虫、幼虫均为肉食性,可捕食蚜虫、介壳虫、粉虱等。见图1-27。

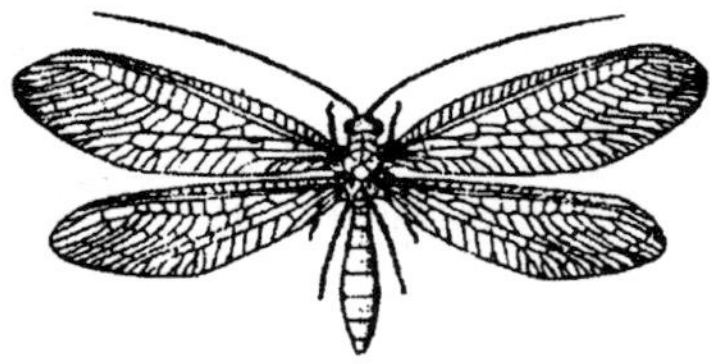

图1-27 草蛉科

草蛉科:体中型,细长柔弱,通常为绿色、黄色或灰白色。复眼大具金属闪光,触角线状。前、后翅形状和脉序都很相似,翅脉网状,前缘区有30条以下的横脉,不分叉。幼虫通称"蚜狮",体长形,两端尖。胸、腹部每侧有毛瘤。口器钳状,伸于头前方。成、幼虫均能捕食小虫,如丽色草蛉、中华草蛉。

【任务实施】

与农业生产关系密切的昆虫类群及螨类的形态观察

(一)目的要求

通过电教片、挂图、标本,认识直翅目、半翅目、同翅亚目、缨翅目、脉翅目、鞘翅目、鳞翅目、双翅目、膜翅目的基本特征及分类特征,仔细观察各代表科成虫、若虫、幼虫的形态特征和区别。

(二)仪器和用具

实体显微镜、放大镜、镊子、挑针、载玻片等。

(三)实验材料

蝗虫、蝼蛄、蟋蟀、螽斯、盲蝽、缘蝽、网蜡、猎蝽、叶蝉、飞虱、蚜虫、介壳虫、白粉虱及蓟马、草蛉、步甲、虎甲、金龟甲、叶甲、瓢甲、叩头甲、象甲、天牛、吉丁虫、豆象、粉蝶、凤蝶、弄蝶、蛱蝶、螟蛾、夜蛾、毒蛾、灯蛾、天蛾、舟蛾、卷叶蛾、小卷叶蛾成虫、幼虫浸渍标本,蜜蜂、叶蜂、姬蜂、茧蜂、赤眼蜂、食蚜蝇、麦秆蝇切片标本等。

(四)内容与方法

1. 直翅目及代表科特征观察

观察蝗虫、蝼蛄、蟋蟀和螽斯的昆虫标本时,注意听器的位置及形状,触角的类型,口器类型,前胸背板、前后翅、足的类型,跗节数,产卵器的形状及尾须的长短等。最后总结出直翅目的基本特征及分类特征。

2. 半翅目及代表科特征观察

以椿象为代表观察半翅目昆虫基本特征,注意头式、喙的形状、触角的类型及着生位置,前翅的分区及翅脉的变化、产卵器的形状等。对比观察蝽科、盲蝽科、缘蝽科、网蝽科、猎蝽科等代表科的形态特征。

3. 同翅亚目及其代表科特征观察

以戈壁蝉或大青叶蝉为代表观察同翅亚目的基本特征,并注意头式、喙的着生位置、触角的形状、着生位置、头的宽窄、前翅的质地、产卵器的形状,辨别足的特点及跗节数。对比观察叶蝉与飞虱、粉虱与介壳虫的区分和识别要点。

4. 缨翅目特征观察

以小麦皮蓟马为代表,仔细观察形态特征,注意从翅脉和产卵器上区分锥尾亚目、管尾亚目代表科的形态特征。

5. 脉翅目特征观察

以草蛉为代表观察脉翅目的基本特征。

6. 鞘翅目及其亚目和主要科特征观察

先以步甲和金龟甲为代表,观察鞘翅目及其两个亚目的基本特征,然后仔细对比观察步甲与虎甲,叩头甲与吉丁甲,叶甲与天牛,瓢甲与豆象,金龟甲与象甲等科的成虫的前后翅的质地、头式、触角形状、节数、足的类型、各足跗节数目、幼虫特征及类型。比较步行甲与金龟甲腹面第一节腹板被后足基节窝分割情况,注意其区别。

7. 鳞翅目及其主要科特征观察

以天蛾和粉蝶为代表,观察鳞翅目及其两个亚目的基本特征。然后对比观察粉蝶与蛱蝶、螟蛾与麦蛾、夜蛾与舟蛾、尺蛾与灯蛾等成虫能卷曲的喙,翅的质地,鳞片,幼虫的口器类型、腹足的数目和着生位置及腹足趾钩,触角形状,翅的形状、颜色,体形等基本特征。

8. 膜翅目及其亚目和主要科特征观察

以叶蜂和蜜蜂为代表,观察膜翅目及两个亚目的基本特征,仔细对比观察膜翅目成虫体形大小、触角形状、胸腹连接情况等形态特征及区别。

9. 双翅目及其亚目和主要科特征观察

以食蚜蝇为代表，观察成虫体形的大小、触角形状、平衡棍及前翅特征。

【知识拓展】

蜘蛛和螨类的识别

蜘蛛和螨类同属节肢动物门蛛形纲，各属于蜘蛛目和蜱螨目。它们与农业生产有密切的关系。蜘蛛、螨类和昆虫同属节肢动物门，但属不同的纲，它们之间有着明显的差异(表 1-5)。

表 1-5　蜘蛛、螨类与昆虫的主要区别

构造	昆虫	蜘蛛	螨类
体躯	头、胸、腹 3 部分	头胸部、腹部两部分	头胸腹合为一体
足	3 对	4 对	4 对
翅	2 对	无	无

一、蜘蛛目

世界上已知的有 2 万种以上。其中有很多种类是害虫的重要天敌。体小至中型。体躯分为头胸部和腹部。它们之间由腹柄相连接，头胸部的背面为背甲。背甲上的颈沟前方为头部，其后方为胸部。头胸部的腹面为胸甲。头胸部着生有眼、触肢、螯肢和口器等器官，是感觉、取食和运动的中心。眼为单眼，分为昼眼(珍珠白色)和夜眼(黑色)，2～8 个。或无单眼。单眼的数目和排列形式是分类的重要依据。

触肢 1 对。性成熟的雄蛛，触肢变为交尾器。其跗节膨大，呈鼓槌状，用来交配输精。

螯肢 1 对。由螯爪和螯基组成。螯基内有毒腺，开口于爪尖端。

口器由螯肢(上颚)、螯肢基板、上唇、下唇等部分组成。具有捕食、压碎食物和吮汁的功能。

胸甲一般为心脏形。着生步足 4 对。步足由基节、转节、腿节、膝节、胫节、跗节等部分组成。跗节末端有 2～3 个爪。步足的长短因种类而异。

腹部一般不分节，形状多种多样。腹面前方有一生殖沟(胃外沟)。生殖孔开口于此沟的正中。雄蛛无生殖孔，只有一简单的小孔。其不同构造类型也是分类的重要依据之一。胃沟的前方两侧有书肺，为蜘蛛的呼吸器官。腹部腹面末端有纺织器，通常 3 对。纺织器后方有肛门，有的种类在其前有筛器。

蜘蛛为不完全变态。一生经卵、幼蛛、成蛛 3 个阶段，一年发生世代数因种类而异。

二、蜱螨目

体小型或微小型，圆形或卵圆形。无头、胸、腹之分。体躯由颚体、前足体、后足体、末体 4 个体段组成。

颚体段相当于昆虫的头部，其上无触角和眼，或仅有 1～2 对单眼。口器由 1 对螯肢和 1 对须肢组成。

口器分为咀嚼式和刺吸式两种类型。刺吸式口器的螯肢端部特化为口针，螯肢基部愈合成片状，称为颚刺器（口针鞘）。须肢除有感觉作用外，有些种类特化为捕食器官。

前足体和后足体相当于昆虫的胸部。前足体着生前面 2 对足，后足体着生后面 2 对足。末体相当于昆虫腹部，生殖孔和肛门开口于体的腹面。

螨类多两性卵生，有的种类则孤雌生殖。一生经过卵、幼螨（3 对足）、若螨（4 对足）、成螨 4 个发育阶段。螨类种类多，分布广，食性复杂，有植食性和捕食性。植食性螨有许多是为害农作物的种类。

1. 叶螨科

体微小型，体长 1 mm 以下，圆形或长圆形。多红色、暗红色，也有黄、褐、暗绿等颜色。口器刺吸式。气门开口于螯肢基部，气门沟发达，呈膝状弯曲，其末端的形状多种。须肢特化成口针。

本科为植食性螨类，一般生活在叶片上吸取汁液。卵生、孤雌生殖或两性生殖。有的能吐丝结网，如棉花红蜘蛛、苹果红蜘蛛。

2. 瘿螨科

体极微小，体长 0.1 mm 以下，蠕虫式狭长。口器刺吸式，螯肢针状。足 2 对。前足体段背板盾状，后足体延长，有许多环纹。末体称为尾体，由尾环和尾片组成，尾片上有 1 对较长的尾毛，有时还有 1 对较短的体毛。

瘿螨通称壁虱。为害多种果树和农作物的叶片或果实，被害处因受刺激而呈畸形，造成虫瘿，如葡萄瘿螨、枸杞瘿螨等。

工作任务 4　昆虫标本的采集、整理与制作

【任务概述】

通过在实训基地、农作物生产田等地进行昆虫采集，学会昆虫采集方法和采集用具的使用；能够认真、大量采集昆虫，了解当地昆虫的优势种类、生活环境和主要习性；在实训室中学会昆虫标本的整理与制作。

昆虫标本是对昆虫外部形态最直观的记载和描述，在进行农作物害虫识别的教学或研究过程中，昆虫标本的采集和制作是必不可少的。

【知识准备】

一、采集用具

1. 捕虫网

按用途和结构分为 3 个类型：

（1）捕网　用来采集蝶、蛾、蜂、蜻蜓等善飞的昆虫，网眼大小以不滤过小型昆虫为宜。

（2）扫网　用来在杂草、树丛中扫捕栖息、隐藏在草丛树叶中的昆虫。

（3）水网　专门用来采集水生昆虫。

2. 采集瓶

一般用带塞或螺旋盖的玻璃瓶制作。要求盖子严密，且开启方便。制作方法：向瓶中加入约 4/10 的 30°左右的白酒即可。如果白酒度数较高，可加水稀释。采集瓶主要盛放不需要展

翅的昆虫，如幼虫、若虫、鞘翅目成虫及个体较小的成虫等。

3. 毒瓶

一般用带塞或螺旋盖的玻璃瓶制作。要求盖子严密，且开启方便。制作方法：在瓶底先铺上 2～3 cm 厚的棉絮并铺平，再倒入少许熏蒸杀虫剂，然后将剪好的状如瓶底一样的吸水纸 2～3 层铺在上面。毒瓶主要盛放需要展翅的昆虫，如鳞翅目成虫、脉翅目成虫等。

4. 其他

指形管、采集袋、采集箱、活虫采集盒、诱虫灯、三角纸袋、放大镜、修枝剪、手锯等。

二、制作用具与试剂

1. 用具

镊子、昆虫针、标签、还软器、三级台、展翅板等。

2. 试剂

苯酚、甲醛、酒精、冰醋酸、白糖、蒸馏水、氢氧化钾（钠）液等。

【任务实施】

昆虫标本的采集和制作

（一）目的要求

通过实习，熟悉并掌握昆虫标本采集、制作和保存技术与方法，了解当地害虫的发生种类及为害情况。

（二）采集地点

学院周围乡（镇）农田和学院实训基地。

（三）昆虫标本的采集

1. 常用的采集用具

在教师指导下熟悉常用采集用具种类及使用方法。如捕虫网、毒瓶、吸虫管、采集箱、采集袋、活虫采集盒和三角纸袋等。

2. 常用的采集方法

根据害虫的不同种类、不同虫态和习性等，采用不同的采集方法。对蝶、蛾等善飞翔的昆虫采用迎头网捕或从旁掠取；对生活在绿草中的害虫采用网扫；对假死性的昆虫采用振落收集的方法；对有趋光性的害虫采用灯光诱集；对有趋化性的害虫采用糖醋液诱集，对地下害虫采用挖土法采集。

（四）昆虫标本的制作

根据昆虫的不同特点和用途，制成针插、浸泡、展翅、玻片及生活史标本。

1. 制作用具

熟悉用具的种类和使用方法等。如昆虫针、展翅板、三级台等。

2. 制作方法

（1）针插标本制作　根据标本大小，选用昆虫针。夜蛾科、蝶类一般采用 3 号针，天蛾、鞘翅目中的中大型昆虫一般采用 4 号或 5 号昆虫针，盲蝽、叶蝉及一些小型的蛾类昆虫采用 1 号或 2 号昆虫针。在虫体上的针插部位有统一要求，如鳞翅目、膜翅目等从中胸背面正中央插入，同翅亚目、双翅目等从中胸背板中间偏右插入，直翅目从前胸背板右面稍后处插入，鞘翅目从右翅基部约 1/4 处插入，半翅目从中胸小盾片中间偏右处插入。

虫体及标签在昆虫针上的高度，常用三级台来调整与标定。另外一些小型昆虫，如飞虱、米象、黄条跳甲等，采用三角纸点胶法来制作。

昆虫标本插好后，要进行整姿，尽量保持其自然状态，尤其注意触角及足的位置，前足向前，中足向左右，后足向后，触角呈倒"八"字形伸向前方。

(2)展翅标本制作　把插好针的新鲜蝶、蛾标本，插在展翅板中间沟内，使虫体背面与两侧展翅板同高，中间宽窄视虫体大小而调整，用小号昆虫针在前翅较粗的翅脉上轻轻往前拨，拨至两前翅后缘呈一条直线为准，把前翅暂时用针固定，再用同样的方法拨后翅，将后翅拨在前翅后缘下方，左右对称，充分展开，最后用塑料薄膜或光滑纸条压紧，以大头针固定后，置于遮光通风干燥处，标本完全干燥后取下保存。

(3)浸渍标本制作　昆虫的卵、幼虫、蛹和直翅目、同翅亚目、半翅目、鞘翅目、膜翅目、双翅目的成虫都可以制成浸渍标本。浸泡前先将昆虫饿 2～3 d，使其排清体内粪便，用开水杀死后，投入浸泡液中即可。最常用的浸泡液为白糖保色浸泡液，浸泡的标本不收缩，不变黑，此液不沉淀，对保持褐色，黄色和红色等昆虫有较好的保存效果，但对多种绿色昆虫不能保色。

此液的配方为：白糖 5 g、冰醋酸 5 mL、福尔马林 4 mL、95%酒精 6 mL、蒸馏水 100 mL，酒精也可不加。

(4)生活史标本制作　为了识别害虫的各虫态与作物被害状态，常制成昆虫的生活史标本。生活史标本的成虫可用展翅或针插的成虫标本，卵、幼虫、蛹等常用指形管或安瓿管封好后与成虫配装在铺好脱脂棉的标本盒内，在盒内右下角处贴上标签，注明害虫名称、寄主、采集点、时间、采集人等。

(5)玻片标本制作　在昆虫鉴定时，为了看清小型或微小昆虫的整体特征或昆虫某部分的细微特征，还须制成透明的玻片标本，借助显微镜观察，玻片标本制作方法如下：

①材料的处理　将准备好的材料——虫体的整体或某一部分投入 5%～10%的 NaOH 或 KOH 溶液中直接加热或隔水加热 5 min 至 1 h 不等，直至材料基本透明为止。但不可煮太久，否则材料易损坏。

②材料清洗　将煮好的材料小心移至蒸馏水中反复冲洗直至碱性液和脏物、杂物被彻底清除为止。

③染色　清洗过的材料是否染色，要视材料而定，如鳞翅目雄性外生殖器骨化程度较高，色深而且特别明显，根本不需要染色。染色时将要染的材料放入酸性品红溶液中，染色 20 min 至 24 h 不等。染色最好用浅的器皿，表面皿、凹玻片等为宜。这样既可看清，且操作方便。

④混合脱水、透明　将清洗好或染色好的材料小心移到载玻片上，在实体显微镜下初步整姿，后取无水酒精与二甲苯等量混合液滴在虫体上脱水透明，同时用小毛笔轻轻压挤，除去污垢。在脱水过程中因混合液不断吸收昆虫体内的水分而出现白雾，因此要反复滴加混合液直到白雾消失为止。最后用吸水纸吸去混合液。

⑤用油代替混合液　将丁香油或冬青油(水杨酸甲酯)滴在脱好水的材料上，材料浸在油滴中，可进行整姿，再将材料移到玻片的恰当位置。

⑥封片　封片前用吸水纸吸取多余的丁香油或冬青油，待材料自然风干或在酒精灯上加热烘干后（烘干时严防材料皱缩），滴上适量的加拿大树胶，待胶接近自然展平时，轻轻盖上盖玻片，贴上标签后置于干燥遮光、无灰尘处自然晾干后即成永久性玻片标本。

（五）标本的保存

采集制作好的昆虫标本，需要永久保存。针插标本容易被虫蛀、鼠咬、受潮霉变，蝶、蛾标本受阳光照射极易褪色，灰尘常污染标本。因此，昆虫标本保存的关键是干燥、遮光、密闭和驱治各种蛀食标本的害虫和害鼠。

1. 针插标本

按昆虫分类系统放入标本盒内，盒内不断更换樟脑等驱虫药物，然后装入标本柜里。

2. 浸泡标本

生活史标本分类放入标本柜内，浸泡标本半年更换 1 次浸泡液. 生活史标本也应放入樟脑等驱虫药物。

3. 玻片标本

放入玻片专用的标本盒内，存放在标本柜里。

4. 陈列标本

陈列在专用的陈列柜里以便观察，同样也要做好防蛀防尘、防鼠咬、防霉变等。

（六）任务

采集当地主要昆虫标本至少 40 种并制成针插标本或浸泡标本，同时描述其主要形态特点。

项目二

植物病害诊断

工作任务1　植物病害症状识别

【任务概述】

植物由于致病因素(包括生物和非生物因素)的作用,其正常的生理和生化功能受到干扰,生长和发育受到影响,因而在生理或组织结构上出现种种病理变化,表现出各种不正常状态即病态,甚至死亡,这种现象称为植物病害。植物和致病因素(即病原),是植物病害形成的两个基本要素。也可以说,病害的形成是植物与病原相互作用的结果。但是它们之间的相互作用自始至终无不在一定的外界环境条件影响下进行。因此,在自然情况下,植物病害形成的过程涉及植物、病原和环境3方面,呈一种三角关系,即“病害三角”。

随着社会的发展,人类活动对农业生产的影响越来越重要,因此人类活动与植物病害的发生和流行也密切相关。培育品种、选择不同的耕作制度、采用不同的栽培措施等生产活动,可以助长或抑制病害的发生发展;远距离调运带病的种苗,可以导致病区迅速扩大。因此,植物病害的发生和流行除了涉及植物、病原和环境3个自然因素外,还应加上“人类干扰”这个重要的社会因素。在植物病害形成过程中,植物会出现一系列的病理变化过程。首先是生理机能出现变化,以这种病变为基础,进而出现细胞或组织结构上不正常的改变,最后在形态上产生各种各样的症状。植物本身由于遗传原因有时出现病变,如白化苗、先天不孕等,称为遗传性疾病,它与外界致病因子无关,因而不同于一般病害。由于虫伤、雹伤、风灾、电击及各种机械损伤对植物造成的破坏,没有一个逐渐变化的病理过程,因而称为伤害,而不是病害。

从人类利用植物来说,有一些病变会提高植物的经济价值,即植物生病不但无害,反而有益,例如,茭白的食用部分是因其感染了黑粉菌后茎基部组织肥大而形成的;有些花卉因感染病毒后,花瓣的颜色千姿百态,相互嵌合,形成美丽的“杂色花”。因此,通常并不将这类“病态”作为病害来对待。

【知识准备】

一、植物病害的症状

植物受病原物侵染或不良环境因素影响后，在组织内部或外表显露出来的异常状态，称为症状。症状通常可分为病状和病征。病状是指植物自身外部表现出的异常状态。病征是指病原物在植物病部表面形成的构造。有些病害，如许多真菌病害和细菌病害既有病状，又有明显的病征。但有些病害，如病毒和菌原体病害，只能看到病状，而没有病征。各种病害大多有其独特的症状，因此常常作为田间诊断的重要依据。但是，需要指出的是，不同的病害可有相似的症状，而同一病害发生在寄主不同部位、不同生育期、不同发病阶段和不同环境条件下，也可表现出不同的症状。

（一）植物病状类型

1. 变色

植物患病后局部或全株失去正常的绿色或发生颜色变化，称为变色。植物绿色部分均匀变色，即叶绿素的合成受抑制使植株褪绿，或叶绿素被破坏而呈黄化。有的植物叶片发生不均匀褪色，呈黄绿相间，称为花叶。有的叶绿素合成受抑制，而花青素生成过盛，使得叶色变红或紫红，称为红叶。

2. 坏死

植物的细胞和组织受到破坏而死亡，称为坏死。植物患病后最常见的坏死是病斑。病斑可以发生在植物的根、茎、叶、果等各个部分，形状、大小和颜色不同，但轮廓一般都比较清晰。有的病斑受叶脉限制，形成角斑；有的病斑上具有轮纹，称为轮斑或环斑；有的病斑呈长条状坏死，称为条纹或条斑；有的病斑上的坏死组织脱落后，形成穿孔。病斑可以不断扩大或多个病斑联合，造成叶枯、枝枯、茎枯、穗枯等。

3. 腐烂

植物细胞和组织发生较大面积的消解和破坏，称为腐烂。腐烂和坏死有时是很难区别的。一般来说，腐烂是组织受到破坏和消解，而坏死则多少还保持原有组织和细胞的轮廓。腐烂可以分为干腐、湿腐和软腐。若细胞消解较慢，腐烂组织中的水分能及时蒸发而消失，则称为干腐。如果细胞消解较快，腐烂组织不能及时失水，则称为湿腐。若胞壁中间层先受到破坏，出现细胞离析，然后再发生细胞的消解，则称为软腐。根据腐烂的部位，可分为根腐、基腐、茎腐、花腐、果腐等。幼苗的根或茎腐烂，导致地上部分迅速倒伏，称为猝倒，如地上部分枯死但不倒伏，称为立枯。

4. 萎蔫

植物由于失水而枝叶萎垂的现象称为萎蔫，萎蔫有生理性和病理性之分。生理性萎蔫是由于土壤含水量过低，或高温时过强的蒸腾作用而使植物暂时缺水，若及时供水，则植物可以恢复正常。病理性萎蔫是指植物根或茎的维管束组织受到破坏而发生供水不足并出现凋萎的现象，如黄萎、枯萎、青枯等。这种凋萎大多不能恢复，会导致植株死亡。

5. 畸形

由于患病组织或细胞生长受阻或过度增生而造成的形态异常称为畸形。植物发生抑制性病变，生长发育不良，植株可出现矮缩、矮化，或叶片皱缩、卷叶、蕨叶等病状。患病组织或细胞也可以发生增生性病变。生长发育过度，病部膨大，形成瘤肿；枝或根过度分枝，产生丛枝或发根；有的病株比健株高而细弱，形成徒长。

（二）植物病征类型

1. 霉状物

病部形成各种毛绒状的霉层，其颜色、质地和结构变化较大，如绵霉、霜霉、青霉、绿霉、黑霉、灰霉、赤霉等。

2. 粉状物

病部形成的白色或黑色粉层，分别是白粉病和黑粉病的病征。

3. 锈状物

病部表面形成小疱状突起，破裂后散出白色或铁锈色的粉状物，分别是白锈病和各种锈病的病征。

4. 粒状物

病部产生大小、形状及着生情况差异很大的颗粒状物。有的是针尖大的黑色或褐色小粒点，不易与寄主组织分离，如真菌的子囊果或分生孢子果；有的是较大的颗粒，如真菌的菌核、线虫的胞囊等。

5. 索状物

患病植物的根部表面产生紫色或深色的菌丝索，即真菌的根状菌索。

6. 脓状物

潮湿条件下在病部产生黄褐色、胶黏状似露珠的脓状物，即菌脓，干燥后形成黄褐色的薄膜或胶粒。这是细菌病害特有的病征。

二、植物病害的类型

根据致病因素的性质，植物病害可分为两大类，即侵染性病害和非侵染性病害，这是一种非常实用的分类方法，其优点是既可知道发病的原因，又可知道病害的发生特点，因而可以采取相应的防治对策。

（一）非侵染性病害

由非生物因素，即不适宜的环境条件而引起的植物病害，称为非侵染性病害。这类病害没有病原物的侵染，不能在植物个体间互相传染，所以也称非传染性病害或生理性病害。

引起非侵染性病害发生的环境因素很多，包括温度、湿度、水分、光照、土壤、大气和栽培管理措施等。例如，氮、磷、钾等营养元素缺乏形成缺素症；土壤水分不足或过量形成旱害或渍害；低温或高温形成冻害或灼伤；光照过弱或过强形成黄化或叶烧；肥料或农药使用不当形成肥害或药害；氟化氢、二氧化硫、二氧化氯等大气污染物也会对植物造成毒害等。

（二）侵染性病害

由生物因素引起的植物病害，称为侵染性病害。这类病害可以在植物个体间互相传染，所以也称传染性病害。

引起植物病害的生物因素称为病原物，主要有真菌、细菌、病毒、线虫和寄生性种子植物等。侵染性病害的种类、数量和重要性在植物病害中均居首位，是植物病理学研究的重点。

侵染性病害和非侵染性病害之间时常可以相互影响、相互促进。例如，长江中下游地区早春的低温冻害，可以加重由绵霉引起的水稻烂秧；由真菌引起的叶斑病，造成果树早期落叶，削弱了树势，降低了寄主在越冬期间对低温的抵抗力，因而患病果树容易发生冻害。

【任务实施】

植物病害症状观察

（一）目的要求

通过室内标本观察，认识植物病害感病后的症状表现，掌握每一症状类型的基本特点，为田间诊断奠定基础。

（二）仪器和用具

放大镜、挑针等。

（三）实验材料

1. 病毒病害

小麦丛矮病、番茄蕨叶病、番茄花叶病、黄瓜花叶病、苹果花叶病、大白菜病毒病及其他病毒病害盒装标本。

2. 细菌病害

棉花角斑病、小麦细菌性条斑病、大白菜软腐病、杏穿孔病、黄瓜角斑病、葡萄根癌病及其他细菌性病害盒装标本。

3. 真菌性病害

菠菜、白菜、黄瓜、葡萄、向日葵、啤酒花霜霉病，瓜类、小麦、苹果、桃、葡萄白粉病，油菜、向日葵菌核病，小麦散黑穗病、腥黑穗病、全蚀病、锈病，向日葵、红花锈病，马铃薯早疫病、马铃薯干腐病、马铃薯软腐病，玉米瘤黑粉病，稻瘟病，棉花枯萎、黄萎病，棉花立枯病，甜菜白粉病、褐斑病、蛇眼病，芹菜斑枯病，番茄斑枯病，苹果树腐烂病及其他真菌性病害盒装标本。

（四）病状类型观察

仔细观察所给病害标本各属于哪种类型的病状，病状特点如何，哪个部位发病。

1. 坏死和腐烂

由于植物组织和细胞受到了破坏而死亡。根据坏死组织的性质不同，其病状表现也不同，有以下几种表现：

(1)斑点　取所给的甜菜褐斑病、番茄斑枯病、黄瓜角斑病、稻瘟病、麦类细菌性条斑病等标本，注意观察斑点的形状、颜色、大小、有无轮纹等特点。

(2)腐烂　取马铃薯干腐病、软腐病，大白菜软腐病，苹果、杨树腐烂病标本，观察其各有什么特征及干腐和软腐有什么不同。

(3)立枯或猝倒　植物根茎受害而立枯或猝倒，观察棉花立枯病标本，注意其受害部位在哪。

2. 变色

变色常见于叶片，有的局部变色，也有整株变色的情况，如黄化、花叶、褪绿等，观察所给植物缺铁症状标本，白菜病毒病、番茄花叶、苹果花叶等标本，注意其特征。

3.萎蔫

植物的茎和根部的维管束组织受到病菌破坏，使维管束输导组织堵塞或产生毒素，阻碍或破坏导管水分的正常运输，使茎叶缺水而萎蔫。如棉枯萎病、辣椒青枯病等。

4.畸形

植物染病后，在得病部位植物细胞数目增多，体积增大或生长发育受到抑制，引起植物畸形，如小麦丛矮病、番茄蕨叶病、桃缩叶病、葡萄根癌病、甜瓜根结线虫病等。

（五）病征类型观察

仔细观察所给病害标本各属于哪种类型的病征，病征特点如何，哪个部位发病。

各种病原细菌的病征大致相同，菌脓在潮湿的情况下产生于植物表面，呈胶粒状。而病原真菌的病征则差别很大，常见有以下几种：

（1）粉状物　白粉、黑粉，如小麦白粉病，苹果、瓜类、葡萄白粉病，小麦散黑穗病，玉米瘤黑粉病，高粱丝黑穗病等。

（2）霉状物　霜霉、叶霉、毛霉、根霉等，如各种植物的霜霉病。

（3）锈粉状物　锈粉、白锈粉，如小麦、红花、向日葵等锈病及油菜白锈病等。

（4）颗粒状物　各种白粉病的有性阶段，如芹菜斑枯病等。

（5）丝状物　孢子角，如杨树腐烂病。

（6）菌核　向日葵、油菜菌核病。

（7）其他　大型子实体。

（六）任务

将所观察的各种植物病害症状填入表2-1。

表2-1　病害症状观察记载表

序号	病害名称	受害部位	受害作物	病状	病征
1					
2					
3					
4					
5					
6					
7					
8					
9					
10					
11					
12					
13					

续表2-1

序号	病害名称	受害部位	受害作物	病状	病征
14					
15					
16					
17					
18					
19					
20					

工作任务 2　植物侵染性病害的病原识别

【任务概述】

自然界各种生物的生存往往不是孤立的，生物与生物之间都有一定的关系，如共栖、共生、拮抗和寄生等。绝大多数病原物与植物之间都是寄生关系。一种生物从其他活的生物中获取养分的能力称为寄生性，这种生物称为寄生物，而被寄生的生物称为寄主。一般将寄生物分为两类，即活体营养生物和死体营养生物。活体营养生物是指在自然界只能从寄主的活细胞和组织中获取养分的生物，如引起病害的霜霉菌、白粉菌、锈菌、黑粉菌等真菌以及细菌、植原体、病毒、线虫和寄生性植物等。死体营养生物是指在自然界可以从死的寄主组织或有机质中获取养分的生物，如大多数病原真菌和细菌。

致病性是指一种生物具有的引致植物病害的能力，这种生物称为病原物。由此可见，生物的寄生性与致病性是两个不同的概念。前者强调从寄主中获取营养的能力，后者强调破坏植物的能力，两者既有联系又有区别。总的来说，绝大多数病原物都是寄生物，但不是所有的病原物都是寄生物。例如，有些植物根际微生物并不进入植物体内进行寄生，但可分泌一些有害物质，使植物根部扭曲，引起植株矮化，这种致病方式称为体外致病。另外，也不是所有的寄生物都是病原物。例如，有些病毒虽然寄生植物，但对寄主并无明显的影响，不引起病害。

在植物病原物中，寄生性的强弱与致病性的强弱没有一定的相关性。例如，病毒都是活体营养生物，但有些并不引起严重的病害。而一些引起腐烂病的病原物都是死体营养生物，寄生性较弱，但它们对寄主的破坏作用却很大，如大白菜软腐病菌。

【知识准备】

一、植物病原真菌

真菌是一类没有叶绿素，不能进行光合作用，典型的营养体为菌丝体，以产生各种类型孢子进行繁殖的真核异养生物。真菌生长发育的一般过程与其他作物一样，先经过营养生长阶段，再进入繁殖生长，产生各种孢子。真菌的孢子是真菌繁殖的基本单位，类似植物的种子。

真菌个体小(需要显微镜观察)，种类多(已描述的约 10 万种，引起植物病害的病原真菌有

8 000余种），分布广（无处不在，无时不在，土壤、空气、陆地、水域、动植物体内外等均有真菌）。真菌有腐生、共生、寄生的，其绝大多数为专性腐生菌。许多寄生性真菌是植物病原菌。在植物病害家族，由真菌引起的病害数量最多，占传染性病害的80%左右。作物上常见的黑粉病、白粉病、锈病、白锈病、霜霉病、疫病等都是真菌引起的。

有些真菌是有益的，是重要的工业和医药用真菌，如酵母菌、食用菌，提取青霉素的青霉菌、链霉菌等。

（一）真菌的营养体

真菌营养体是真菌营养生长阶段所形成的结构。植物病原真菌典型的营养体为丝状分支的菌丝体。菌丝为管状、分支状，无隔或有隔膜。分别称作无隔菌丝和有隔菌丝，是真菌划分亚门的主要依据之一，也代表了真菌的进化程度。真菌的菌丝体可以寄生在植物的细胞间，也可以在细胞内。寄生在细胞间的多为专性寄生菌，菌丝体上可以形成各种吸器，伸入细胞内吸取营养。见图2-1。

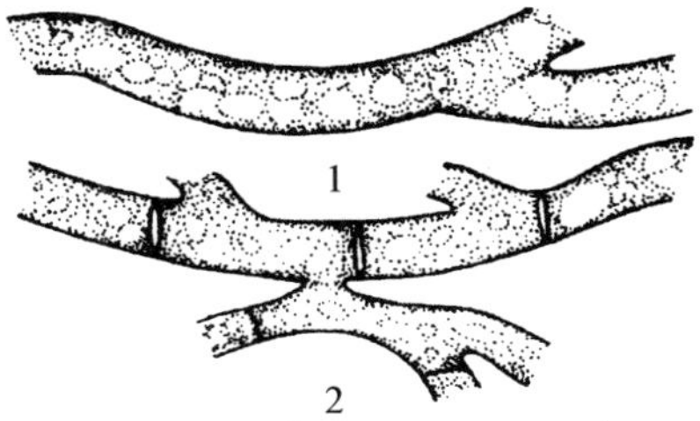

1. 无隔菌丝　2. 有隔菌丝

图2-1　真菌的菌丝

（1）吸器　菌丝体伸入到寄主细胞内发育成的专门吸收营养的结构。

真菌的菌丝可以变态形成吸器（图2-2）、附着胞、附着枝（附属丝）、假根、菌套、菌网等结构，菌丝也可以纠集在一起形成疏丝组织和拟薄壁组织，并由这两种组织形成菌核、子座和菌索、菌膜等菌丝组织体。

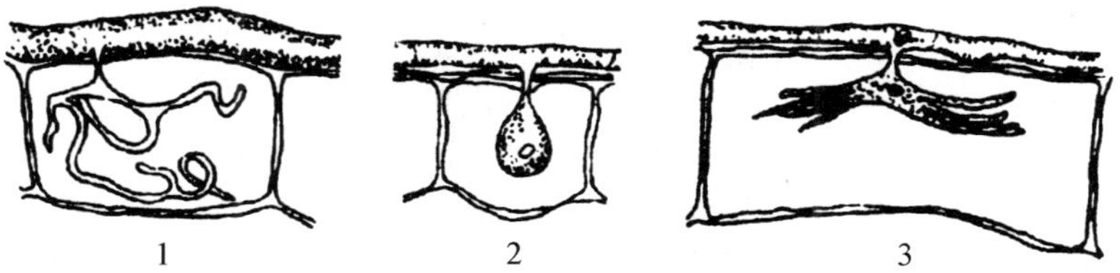

1. 分枝状　2. 球状　3. 掌状

图2-2　真菌吸器的类型

（2）菌核　菌丝体特化形成的紧密、坚硬、聚结的颗粒状结构，颜色、大小、形状各异，如鼠粪、菜籽等状，多半为黑色、褐色，也有白色的。菌核的作用：渡过不良环境条件的休眠体；对高温、低温、干旱抗性强；当条件适宜时，萌发产生菌丝体或形成产孢结构，产生孢子。

（二）真菌的繁殖体

营养体生长后，真菌进入繁殖阶段。真菌的繁殖体为各种类型的子实体，即真菌产生孢子的结构。真菌繁殖分无性繁殖和有性繁殖。

1. 无性繁殖及无性孢子的类型

无性繁殖是指不经过性细胞或性器官结合，即不经过核配和减数分裂，靠营养体直接以断裂、裂殖、芽殖和原生质割裂方式产生新的后代个体的繁殖方式。

真菌的无性繁殖能力很强，短期内可产生大量的无性孢子，无性繁殖及其产生的无性孢子在植物病害的传播、蔓延中起着重要作用。

真菌无性繁殖产生的孢子叫无性孢子。常见的无性孢子有：

(1)游动孢子　形成于游动孢子囊内。游动孢子囊由菌丝或孢囊梗顶端膨大而成。游动孢子无细胞壁，具1～2根鞭毛，释放后能在水中游动。见图2-3。

(2)孢囊孢子　形成于孢子囊内。孢子囊由孢囊梗的顶端膨大而成。孢囊孢子有细胞壁，无鞭毛，释放后可随风飞散。

(3)分生孢子　分生孢子产生于由菌丝分化而形成的分生孢子梗上，顶生、侧生或串生，形状、大小多种多样，单胞、双胞或多胞，无色或有色，成熟后从孢子梗上脱落。

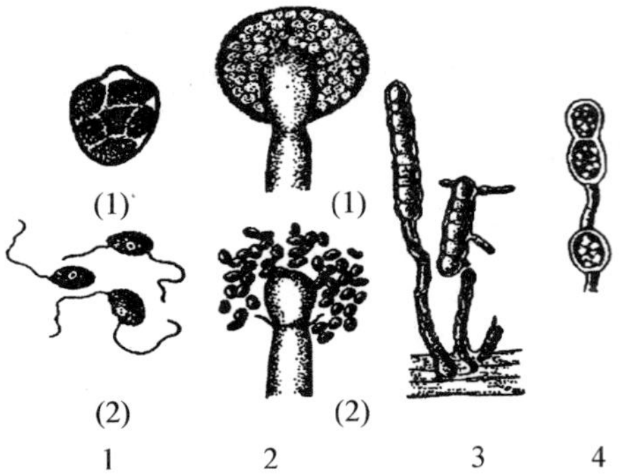

1.游动孢子：(1)孢子囊　(2)游动孢子
2.孢囊孢子：(1)孢子囊和孢囊梗
(2)孢子囊释放出的孢囊孢子
3.分生孢子梗　4.厚垣孢子

图2-3　真菌的无性繁殖

真菌产生无性孢子的结构叫无性子实体。有孢梗束、分生孢子器、分生孢子盘、分生孢子腔。

2.有性繁殖及有性孢子的类型

有性繁殖是指经过性细胞或性器官结合，即经过核配和减数分裂方式产生新的后代个体的繁殖方式。真菌的有性生殖一般是在植物生长后期，有助于病菌渡过不良环境条件，并为来年病害的发生提供初侵染来源。真菌的有性生殖包括质配、核配和减数分裂3个阶段。

真菌有性繁殖产生的孢子叫有性孢子。常见的有性孢子(图2-4)有：

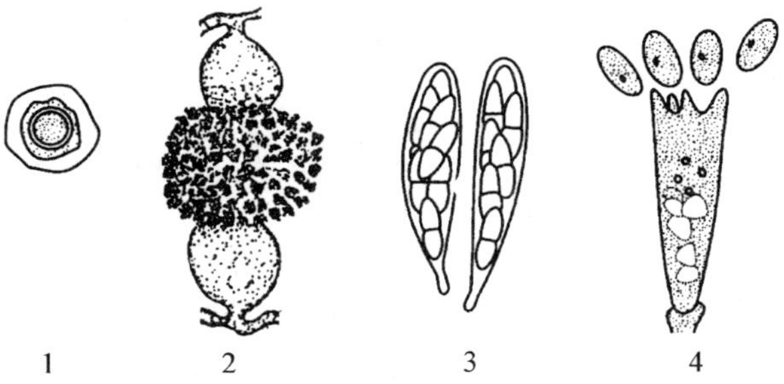

1.卵孢子　2.接合孢子　3.子囊孢子　4.担孢子

图2-4　真菌的有性孢子

(1)卵孢子　是由两个异型配子囊——雄器和藏卵器接触后，雄器的细胞质和细胞核经授精管进入藏卵器内的卵球中，并与卵球内的细胞核进行核配，最后受精的卵球发育成厚壁的、二倍体的卵孢子。

(2)接合孢子　是由两个配子囊以配子囊接合的方式融合成一个细胞，并在此细胞中进行质配和核配后形成的厚壁孢子。

(3)子囊孢子　子囊菌的有性孢子。通常是由两个异型配子囊——雄器和产囊体相结合，经质配、核配和减数分裂而形成的单倍体孢子。子囊孢子着生在无色透明、棒状或卵圆形的囊状结构即子囊。每个子囊中一般形成8个子囊孢子。

(4)担孢子　担子菌的有性孢子。通常是直接由"+""-"菌丝结合形成双核菌丝，以后双核菌丝的顶端细胞膨大成棒状的担子。在担子内的双核经过核配和减数分裂，最后在担子上产生 4 个外生的单倍体的担孢子。

真菌产生有性孢子的结构叫有性子实体。有性子实体类型有子囊盘、子囊壳、闭囊壳、子囊腔等。

(三)真菌的生活史

真菌的生活史是指从一种孢子萌发开始，经过一定的营养生长和繁殖阶段，最后又产生同一种孢子的过程。真菌的典型生活史包括无性和有性两个阶段。无性阶段也称无性型，往往在生长季节可以连续多次产生大量的无性孢子，这对病害的传播起着重要作用。真菌的有性阶段也称有性型，一般在植物生长或病菌侵染的后期产生，其作用除了繁衍后代外，主要是渡过不良环境，并作为翌年病害初侵染的来源。

(四)真菌的主要类群

根据营养体、无性繁殖和有性繁殖的特征，真菌门中分为五个亚门，即鞭毛菌亚门、接合菌亚门、子囊菌亚门、担子菌亚门和半知菌亚门。见表 2-1。

表 2-1　五个亚门真菌的主要特征

亚门	营养体	无性孢子	有性孢子
鞭毛菌	无隔菌丝(少数为原质团或单细胞)	游动孢子	卵孢子或休眠孢子
接合菌	无隔菌丝	孢囊孢子	接合孢子
子囊菌	有隔菌丝	分生孢子	子囊孢子
担子菌	有隔菌丝	多数缺	担孢子
半知菌	有隔菌丝	分生孢子	多数缺;如有，多为子囊孢子，少数为担孢子

1. 鞭毛菌亚门

营养体多数为无隔的菌丝体，少数为原质团或非丝状的单细胞。无性繁殖产生游动孢子。有性生殖主要形成卵孢子或休眠孢子。这类真菌大多是水生或两栖的，水域或潮湿的环境有利于其生长发育。鞭毛菌中引起重要农作物病害的主要有 4 类(图 2-5)：

(1)绵霉菌　孢子囊棍棒形，游动孢子释放时聚集在排孢口外休止，藏卵器内含多个卵孢子。绵霉菌广泛存在于池塘、水田和土壤中，是一种弱寄生菌，如引起水稻烂秧的稻绵霉。

(2)腐霉菌　孢囊梗菌丝状，孢子囊球状或裂瓣状，萌发时产生孢囊，原生质转入孢囊内形成游动孢子，藏卵器内含 1 个卵孢子。腐霉菌多生于潮湿肥沃的土壤中，可引起多种作物幼苗的根腐、猝倒以及瓜果的腐烂，如瓜果腐霉。

(3)疫霉菌　孢囊梗分化不显著至显著;孢子囊近球形、卵形或梨形;游动孢子在孢子囊内形成，不形成孢囊;藏卵器内含 1 个卵孢子。寄生性较强，多为两栖或陆生，可引起多种作物的疫病，如引起马铃薯晚疫病的致病疫霉。

(4)霜霉菌　孢囊梗有限生长，分化成各种特殊的分枝;孢子囊卵圆形，成熟后可随风传播，萌发时产生游动孢子或直接产生芽管;藏卵器内含 1 个卵孢子。霜霉菌是鞭毛菌亚门中的最高级类群，都是陆生、专性寄生的活体营养生物。霜霉菌依据孢囊梗分枝特征分为许多类

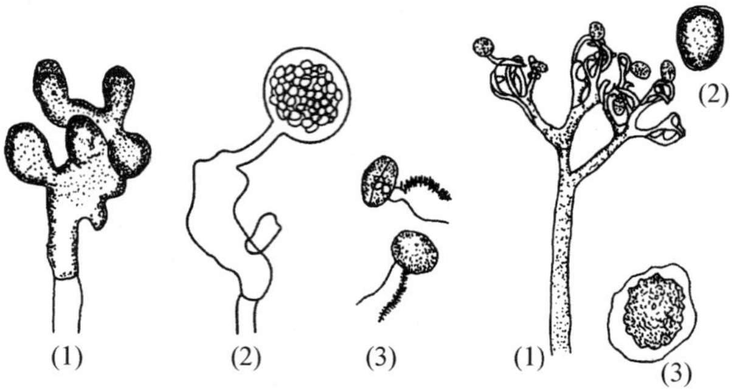

1　　　　　　　　2

1.腐霉属:(1)孢子囊　(2)孢子囊萌发形成泡囊　(3)游动孢子

2.霜霉属:(1)孢囊梗和孢子囊　(2)孢子囊　(3)卵孢子

图 2-5　鞭毛菌亚门真菌

型，引起多种作物霜霉病，如引起十字花科植物霜霉病的寄生霜霉。

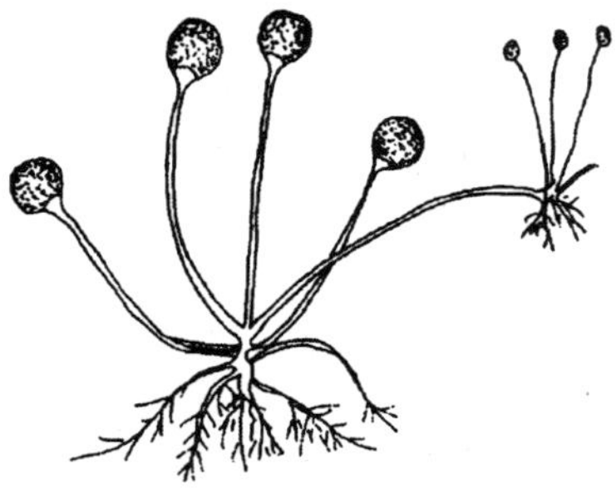

图 2-6　接合菌根霉属

2. 接合菌亚门

营养体为无隔菌丝体，无性繁殖形成孢囊孢子，有性生殖产生接合孢子。这类真菌陆生，多数腐生，少数弱寄生，可引起果、薯的软腐和瓜类花腐等，如引起甘薯软腐病的匍枝根霉。见图 2-6。

3. 子囊菌亚门

营养体为有隔菌丝体。少数(如酵母菌)为单细胞。许多子囊菌的菌丝体可以形成子座和菌核等。无性繁殖产生各种类型的分生孢子。有性生殖形成子囊孢子。这类真菌都是陆生的，有腐生和寄生，不少是重要的植物病原物。根据子囊果的有无及子囊果的特征，将引起植物病害的子囊菌分为 5 类(图 2-7)。

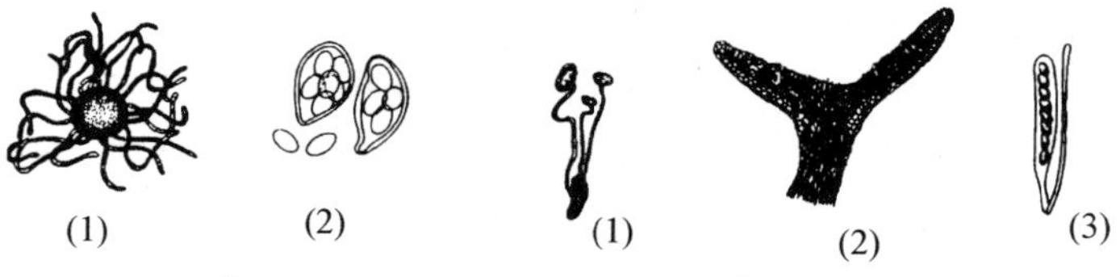

1　　　　　　　　2

1.白粉菌属:(1)闭囊壳和附属丝　(2)子囊和子囊孢子

2.核盘菌属:(1)菌核萌发产生子囊盘　(2)子囊盘

(3)子囊、子囊孢子和侧丝

图 2-7　子囊菌亚门真菌

(1)半子囊菌　子囊裸生，没有子囊果，是较低等的子囊菌。半子囊菌类中与植物病害关系较大的是外囊菌，常常引起果树叶片、枝梢和果实的畸形，如引起桃缩叶病的畸形外囊菌。

(2)核菌纲　典型的子囊果为子囊壳，少数为闭囊壳，如是后者，子囊不是散生而是束生在闭囊壳的基部，子囊壁不易消解。核菌主要包括两类重要的植物病原菌：一类是子囊果为闭囊壳的白粉菌，都是专性寄生的活体营养生物，引起多种植物的白粉病，如引起麦类白粉病的禾布氏白粉菌。另一类是子囊果为子囊壳的球壳菌。子囊壳内子囊多为束生或整齐排列。有的子囊间具侧丝，壳口有缘丝。球壳菌中有多种重要的植物病原物，如引起麦类赤霉病的玉蜀黍赤霉等。

(3)腔菌纲　子囊果为子囊腔，即子囊果壁是子座性质的，顶端孔口也是子座溶解而形成的，多数子囊腔内子囊束生或平行排列，有的子囊间有子座溶解而来的丝状残余物即拟侧丝。腔菌与核菌不同的另一特征是子囊为双囊壁，而核菌的子囊为单囊壁。重要的植物病原物有苹果黑星菌和梨黑星菌等。

(4)盘菌纲　子囊果为子囊盘，子囊盘盘状或杯状，有柄或无柄，盘内为排列整齐的子实层(子囊和侧丝)。一般不产生分生孢子。有的盘菌菌丝体形成菌核，菌核萌发产生子囊盘，如引起油菜菌核病的核盘菌。

4. 担子菌亚门

营养体为有隔菌丝体。多数担子菌营养菌丝体的每个细胞都是双核的，所以也称双核菌丝体。双核菌丝体可以形成菌核、菌索和担子果等结构。担子菌一般没有无性繁殖，即不产生无性孢子。有性生殖除锈菌外，通常不形成特殊分化的性器官。

而由双核菌丝体的顶端细胞直接产生担子和担孢子。担子菌亚门中有两类菌类是高等担子菌，其担子和担孢子着生在担子内。这类真菌内许多是食用菌和药用菌，如蘑菇、平菇、香菇、草菇、猴头菇、木耳、银耳、灵芝等，而很少有植物病原物。此外是低等担子菌，没有担子果，在寄主组织内形成成堆的冬孢子。这类真菌包括黑粉菌和锈菌，都是寄生高等植物的活体营养生物，分别引起多种作物的黑粉病和锈病。见图 2-8。

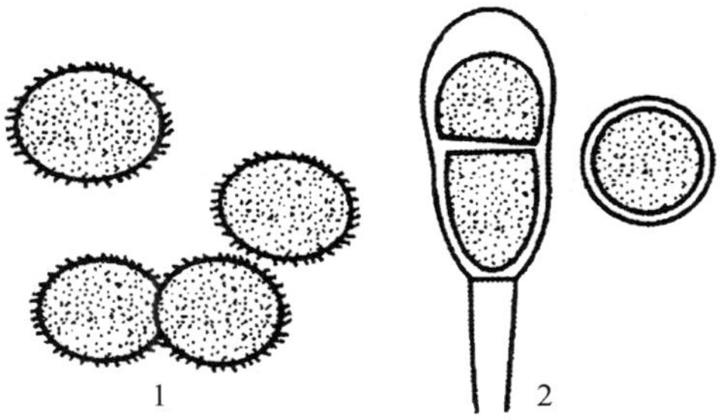

1. 黑粉菌属的冬孢子
2. 柄锈菌属的冬孢子和夏孢子
图 2-8　担子菌亚门真菌

(1)黑粉菌　黑粉菌主要以双核菌丝体在寄主的细胞间寄生，后期在寄主组织内产生成堆黑色粉状的冬孢子。不同性别的担孢子结合后萌发形成双核菌丝再侵入寄主。黑粉菌种类很多，可引起许多重要的病害。如引起麦类散黑穗病的黑粉菌及小麦腥黑穗病的腥黑粉菌等。

(2)锈菌　锈菌的生活史比黑粉菌复杂得多。营养体有单核和双核两种菌丝体，都能在植物上营专性寄生。有些锈菌两种菌丝体在一种植物上寄生称为单主寄生，有的则在两种分类上很不相近的植物上寄生称为转主寄生。

锈菌生活史中可产生多种类型的孢子，最多的有 5 种，即性孢子、锈孢子、夏孢子、冬孢子和担孢子。

5. 半知菌亚门

营养体为分支繁茂的有隔菌丝体，无性繁殖产生大量的各种类型的分生孢子，有性生殖缺失或还没有发现，一旦发现，大多是子囊菌，少数为担子菌。半知菌分生孢子的形状和颜色是多种多样的。单细胞、双细胞或多细胞，卵圆形、椭圆形、棒形或线形，无色或有色。少数半知菌甚至不产生分生孢子。见图 2-9。

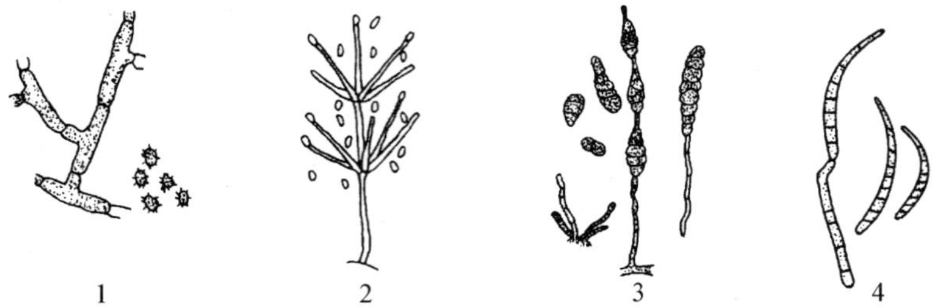

1. 丝核菌属的菌丝和菌核　2. 轮枝孢属的分生孢子梗和分生孢子
3. 链格孢属的分生孢子梗和分生孢子
4. 尾孢属的分生孢子梗和分生孢子

图 2-9　半知菌亚门真菌

引起植物病害的半知菌主要有：

(1)丝孢菌　不形成孢子果，分生孢子梗大多散生，少数束生或呈垫状，梗上着生分生孢子。这类真菌包括许多重要的植物病原菌，如引起稻瘟病的灰梨孢，玉米小斑病的玉蜀黍平脐蠕孢，棉花枯萎病的尖镰孢，棉花黄萎病的大丽轮枝菌等。

(2)黑盘孢菌　分生孢子梗和分生孢子生在盘状的孢子果即分生孢子盘上。重要的病原菌有引起棉、麻、苹果等炭疽病的胶孢炭疽菌。

(3)球壳孢菌　分生孢子梗和分生孢子生在近球形的孢子果即分生孢子器内。重要的病原菌有引起黄麻秆枯病的豆壳球孢、稻叶尖枯病的稻生叶点霉、茄褐纹病的拟茎点霉等。

(4)无孢菌　除产生厚垣孢子外，不产生其他无性孢子，菌丝体在一定的发育阶段形成菌核。最重要的病原菌是引起水稻等作物纹枯病的立枯丝核菌和麦类纹枯病的禾谷丝核菌。

(五)植物病原真菌的主要特点

1. 鞭毛菌所致植物病害的主要特点

病原物孢子借助雨水、气流传播；低温、多雨、潮湿多雾、昼夜温差大、通风透光不良有利于病害的发生。常引起的病害有猝倒病、疫病、霜霉病、白锈病和腐烂性病害。病害的主要病状为畸形、腐烂、叶斑等。主要病症为棉絮状物、霜霉状物、白锈状物等。

2. 接合菌所致植物病害的主要特点

接合菌引起植物软腐病、褐腐病和黑霉病等。病害的主要病状为花器、果实、块根和块茎等器官腐烂，也可引起幼苗烂根。主要病症是在病部产生霉状物，初期为白色，后期转为灰白色，霉层上可见小黑点。

3. 子囊菌和半知菌所致植物病害的主要特点

子囊菌和半知菌引起植物叶斑病、炭疽病、白粉病、煤烟病、霉病、萎蔫病、干腐枝枯病、腐烂病等。病害的主要病状为叶斑、炭疽、疮痂、溃疡、枝枯、腐烂、肿胀、萎蔫和发霉等。主要病症为白粉、烟霉、各种颜色的点状物(以黑色为主)、黑色刺毛状物、霉状物、颗粒状的菌核或根状菌素等。有时也产生白色棉絮状的菌丝体。

4. 担子菌所致植物病害的主要特点

担子菌引起植物黑粉病、锈病、根腐病及过度生长性病害，病害的主要病状是斑点、斑块、立枯、纹枯、根腐、肿胀和瘿瘤等，主要病症是黑粉、霉状物、粉状物、颗粒状菌核或线状菌索等。

二、植物病原细菌

(一)植物病原细菌的一般性状

细菌是一类只有核区(无真正的细胞核),没有核膜,有细胞壁的单细胞生物,属原核生物。其形态有球状、杆状和螺旋状。植物病原细菌都是杆状菌。

植物病原细菌无叶绿素,结构简单,属异养生物。大小为(0.5～1)μm×(1～4)μm(需要用油镜才可看到)。大多有鞭毛,鞭毛的有无、着生方式(极生、单极生和双极生、周生)和数目多少是分类的重要依据。见图2-10。

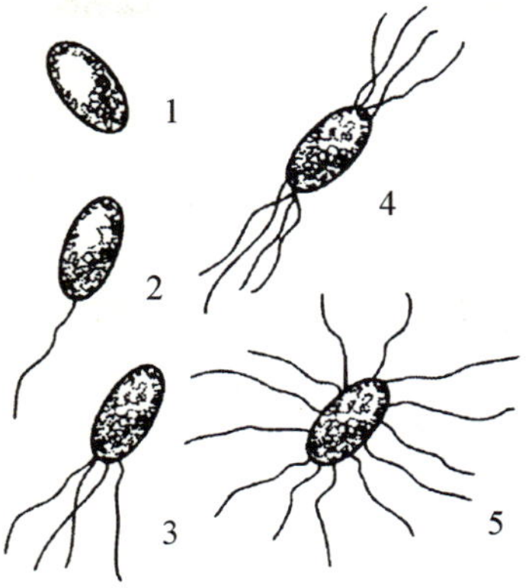

1.无鞭毛　2.单极鞭毛　3.单极多鞭毛
4.双极多鞭毛　5.周生鞭毛

图2-10　细菌形态

植物病原细菌以裂殖方式繁殖,一分为二。条件适宜,20～30 min分裂一次或数次。因此繁殖速度很快。

绝大多数病原细菌都是好氧的,少数为兼性厌氧。对细菌的生长来说,培养基的酸碱度以中性偏碱为好,培养的最适宜温度一般为26～30 ℃,在33～40 ℃时停止生长,50 ℃以上10 min时多数死亡。

所有植物病原细菌都是非专性寄生的,因此可以人工培养。在固体培养基上可形成白色、黄色或灰色菌落。菌落颜色和形态也是分类的重要依据。

大多数植物病原细菌都是革兰氏阴性菌(G^-),仅棒状杆菌等少数呈阳性(G^+)。

(二)植物病原细菌的主要类群

(1)棒状杆菌属　菌体杆状,直或弯曲,无鞭毛,好气性。革兰氏染色反应阳性。寄生植物后主要引起萎蔫症状,如马铃薯环腐病。

(2)假单胞杆菌属　菌体单生,杆状,具数根极生鞭毛。革兰氏染色反应阴性。寄生植物后主要引起植物叶枯病或叶斑病,个别引起萎蔫、腐烂和肿瘤,如大豆细菌性疫病。

(3)黄单胞杆菌属　菌体单生,杆状,仅有一根极生鞭毛。革兰氏染色呈阴性。寄生植物后主要引起植物叶斑和叶枯症状,少数引起萎蔫和腐烂,如水稻白叶枯病。

(4)土壤杆菌属　菌体杆状,具1～4根鞭毛,仅有1根鞭毛的多为侧生。革兰氏染色呈阴性。寄生植物后主要引起植物肿瘤症状,如蔷薇科植物根癌病。

(5)欧氏杆菌属　菌体单生、杆状,周生鞭毛。革兰氏染色呈阴性。主要引起软腐症状,如胡萝卜欧氏菌能侵染十字花科、禾本科、茄科等20多科的蔬菜和大田作物,引起软腐病。

(三)植物病原细菌的症状特点和防治要点

1.细菌病害的症状特点

细菌病害一般表现为坏死、畸形、腐烂、凋萎。导致叶斑病时,有晕圈;多数病征为溢脓或菌膜;病果、病株腐烂部位有腥臭味;如水稻白叶枯病、花生青枯病、水稻细菌性褐条病、番茄细菌性斑点病等。

2.细菌病害的防治要点

(1)细菌的传播方式　植物病原细菌在田间主要依靠雨水、灌溉水、暴风雨、介体昆虫、线虫等途径传播。一般高温、多雨、湿度大、氮肥过多等会导致病害大发生。

(2)防治措施　防治植物细菌病害首先要采用无病种子、种苗或进行种子消毒;搞好田间卫生、清除病株残体,尽量减少初侵染源;加强栽培管理、实行轮作、选育抗病品种等。对某些种传的细菌病害要加强检疫工作,防止病区扩大。对某些流行性强的细菌病害还应搞好测报工作,适当进行化学防治。目前常用铜制剂、四环素等药物防治作物细菌性病害。

三、植物病原病毒

病毒是一类由核酸和蛋白质组成的非细胞状态的分子生物。病毒的特性:分子寄生物,结构简单,主要有核酸和保护性蛋白质衣壳。为专性寄生物。核酸复制和蛋白质合成需要寄主提供原料和场所,由此导致寄主植物生病。作为一种病原物,引起的病害及损失仅次于真菌,位居第二。

(一)植物病原病毒的形态结构

基本形态为粒体,大多为球、杆、线状,少数弹状、杆菌状、双联体状。由一个或多个核酸分子(DNA/ RNA)包被在蛋白或脂蛋白衣壳中构成。绝大多数病毒粒体都只是由核酸和蛋白质衣壳组成的,但少数弹状病毒粒体外有囊膜包被。核酸在内,蛋白质衣壳在外,称外壳。见图 2-11。

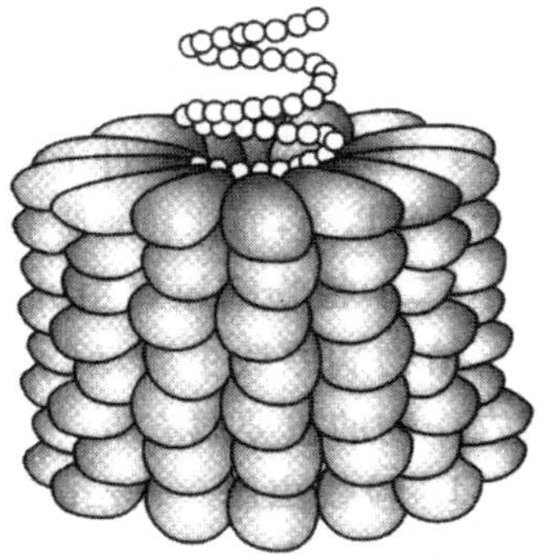

图 2-11　病毒结构示意图
(烟草花叶病毒)

1. 蛋白质

病毒的核酸决定蛋白质衣壳的氨基酸组成,其大多只有一种蛋白。植物病毒蛋白包括结构蛋白(衣壳蛋白,只有一种——多肽)和非结构蛋白(酶、运动蛋白)。

2. 核酸

核酸组成病毒的遗传信息——基因组,决定病毒的增殖、遗传、变异和致病性。不同植物病毒基因组中的基因数不同,既有 1 个基因(卫星烟草坏死病毒)的卫星病毒,也有 12 个基因(植物呼肠孤病毒)的病毒。

(二)繁殖

植物病原病毒多采取复制和增殖的方式进行繁殖。

(三)传播方式

1. 非介体传播

(1)机械传播　也称为汁液摩擦传播,是指病株汁液通过与健康植株表面的各种机械伤口摩擦接触,进行传播。田间机械传播主要由植株间接触、农事操作、农机具及修剪工具污染、人和动物活动等造成。这类病毒存在于表皮细胞,浓度高,稳定性强。引起花叶型症状的病毒以及由蚜虫、线虫传播的病毒较易机械传播,如烟草花叶病毒等。而引起黄化型症状的病毒和存在于韧皮部的病毒难以或不能机械传播。

(2)无性繁殖材料和嫁接传播　许多病毒具有系统侵染的特点,在植物体内除生长点外各部位均可带毒,因而以块根、块茎、球茎和接穗芽作为繁殖材料时会引起病毒的传播。嫁接可以传播任何种类的病毒及菌原体病害。

(3)种子和花粉传播　约有 1/5 的病毒可以种传。种子带毒的危害主要表现在早期侵染和远距离传播。病毒种传的主要特点是母株早期受侵染，病毒才能侵染花器；病毒进入种胚才能产生带毒种子。通常仅种皮或胚乳带毒常不能种传。种传病毒大多可以机械传播，症状常为花叶，若可经蚜虫传播则为非持久性的。由花粉直接传播的病毒多数为害木本植物，如为害樱桃的桃环斑病毒、樱桃卷叶病毒等。这些花粉也可由蜜蜂携带传播。

2. 介体传播

自然界传播植物病毒的生物介体，主要有昆虫、螨、线虫、真菌、菟丝子等。其中以昆虫最为重要。在传毒昆虫中，多数是刺吸式昆虫，特别是蚜虫、叶蝉、飞虱等更为重要。根据介体昆虫传播病毒的特性，植物病毒可分为 3 种类型：

(1)口针型病毒　也称为非持久性病毒。病毒只存在于昆虫口针的前端。昆虫在病株上取食就能传毒，但保持传毒的时间不长，一般数分钟后，当口针里的病毒全部排完，就不能再起传毒作用。属于这一类的病毒一般都可以通过汁液接触传播，传毒昆虫主要是蚜虫，引起的病害症状多为花叶型，如芜菁花叶病毒、大豆花叶病毒等。

(2)循回型病毒　包括所有半持久性病毒和部分持久性病毒。介体在病株上取食较长的时间才能获毒，但不能立即传毒。经过几小时至几天的循回期后，介体才能传毒。在循回期内，病毒从介体昆虫的口针经中肠和血淋巴到达唾液腺，再经唾液的分泌才开始侵染寄主。昆虫保持传毒的时间虽然比口针型长些，但还是有限的，一般不超过 4 d。病毒大多存在于植物的维管束，引起黄化或卷叶等症状。属于这一类的病毒一般不能通过汁液接触传播，而是由较专化的蚜虫传播，如大麦黄矮病毒；有的可以由叶蝉、飞虱传播，如甜菜缩顶病毒。

(3)增殖型病毒　为部分持久性病毒。病毒在昆虫体内的转移时间更长，并能进行增殖。所以，获毒的昆虫可终身传毒，有的还能经卵传毒。属于这一类的病毒都不能通过汁液接触传播。传毒昆虫主要是蚜虫、叶蝉和飞虱。引起黄化、矮缩、丛生等症状。

(四)对外界环境影响的稳定性

不同的病毒对外界环境影响的稳定性不同。这种特性可作为鉴定病毒的依据之一。对外界环境影响的稳定性试验主要包括稀释限点、热钝化温度和体外存活期的测定。

1. 稀释限点

指病汁液保持侵染力的最大稀释度。例如，烟草花叶病毒的稀释限点为 100 万倍左右，而黄瓜花叶病毒为 1 000～10 000 倍。

2. 热钝化温度

指病汁液处理 10 min，使病毒失去侵染力的最低处理温度。例如，烟草花叶病毒的热钝化温度为 90～93 ℃，而黄瓜花叶病毒为 55～65 ℃。

3. 体外存活期

指病汁液在室温(20～22 ℃)下能保持侵染力的最长时间。例如，烟草花叶病毒的体外存活期为 1 年以上，而黄瓜花叶病毒仅为 1 周左右。

(五)病毒的主要类群

1. 烟草花叶病毒属

典型种为烟草花叶病毒(TMV)。烟草花叶病毒的寄主范围较广，自然传播主要通过病汁液接触传播，对外界环境的抵抗力强，其体外存活期一般在几个月以上，在干燥的叶片中可以存活 50 多年。烟草花叶病毒可引起烟草、番茄等植物的花叶病。

2. 马铃薯 Y 病毒属

这是植物病毒中最大的一个属。主要以蚜虫进行非持久性传播，绝大多数可通过机械传播，个别可以种传。其是一种分布广泛的病毒，主要侵染茄科植物如马铃薯、番茄、烟草等。引起下部叶片轻度花叶，上部叶片变小、花叶、皱缩下卷，背面叶脉上有少量条斑。

3. 黄瓜花叶病毒属(CMV)

典型种是黄瓜花叶病毒。主要依赖多种蚜虫以非持久性方式传播，也可经汁液接触而机械传播。CMV 寄主范围很广，自然寄主有 67 个科 470 种植物，因而有人称其为植物的“流感病毒”。

(六)植物病毒病害的症状特点和防治要点

1. 症状特点

植物病毒病大部分属于系统侵染性病害，即全株发病，而且只有病状而无病征。常见的病状有 3 种：变色、畸形和坏死。

2. 植物病毒病的防治要点

(1)铲除一切侵染源，建立无病苗圃和无病种子基地。

(2)彻底消灭刺吸式口器的昆虫、真菌、螨类等传毒介体。

(3)对以无性繁殖为主的作物采用茎尖组织培养脱毒。

(4)对感染病毒的植株或处于休眠期的种子、鳞茎等进行热处理，使病毒钝化。

(5)利用病毒的弱毒株系先侵染植物，可保护植物免受后来强毒株系的为害。

(6)培育和选用抗病品种。

四、植物病原线虫

线虫属线形动物门线虫纲，它在自然界分布很广，种类繁多，有的可以在土壤和水中生活，有的可以在动植物体内营寄生生活。在植物体寄生的线虫称为植物病原线虫。植物受线虫为害后表现的症状与一般病害的症状相似，习惯上把植物病原线虫作为病原物来研究。

1. 植物病原线虫的一般性状

(1)形态和结构　植物病原线虫大多为雌雄同形，呈蠕虫状，长 0.2～1.0 mm，宽 0.015～0.035 mm。少数植物线虫是雌雄异形，雄虫为线形，雌虫可发育为梨形或球形。线虫不分节，虫体结构简单，虫体通常分为头部、颈部、腹部和尾部。体壁几乎是透明的。头部的口腔内有吻针和轴针，用以刺穿植物并吮吸汁液(图 2-12)

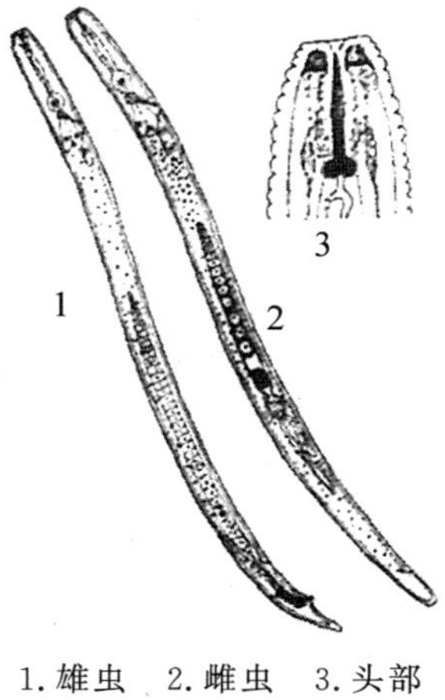

1. 雄虫　2. 雌虫　3. 头部

图 2-12　线虫的形态和结构

(2)生活史　寄生线虫在土壤或植物组织中产卵，卵孵化后形成幼虫，幼虫侵入寄主为害。幼虫一生需蜕皮 4 次才能变成成虫，交配后雄虫死亡，雌虫产卵。线虫完成生活史的时间长短不一，有的需要 1 年，有的只需几天至几周。

(3)生态特性　最适宜线虫发育和孵化的温度为 20～30 ℃，温度达 40～50 ℃时，线虫不活跃甚至死亡。土壤潮湿有利于线虫活动，但土壤水分过多不利于线虫存活，所以田间土壤积水，能杀死大多数线虫。多种线虫病在沙土中比在黏性土壤中发生严重，这是因为沙土通气良好，有利于线虫的生活和活动。

(4)线虫传播　线虫主要靠种子、苗木进行远距离传播，土壤灌溉水也可以传播线虫病，病株残体中的线虫也可借风、机具等做一定距离的传播，线虫自身只能做短距离的主动运动。

(5)侵染特点　不同类群的线虫有不同的寄生方式，有的寄生在植物体内，称为内寄生；有的线虫只以头部或吻针插入寄主体内吸取汁液，虫体在寄主体外，称为外寄生；也有的线虫先行外寄生，再行内寄生。

线虫除直接引起植物病害外，还能成为其他病原物的传播媒介。现已证明寄生线虫中有三个属是病毒的传播者，如已发现一种美洲剑线虫能将马铃薯环斑病毒传给南美扁柏的根，但不表现症状。同时，线虫为害时常为其他根病的病原物开辟侵入途径，甚至将病原物直接带入寄主组织内，例如，香石竹萎蔫病是由一种假单胞杆菌和任何一种根线虫联合引起的，细菌是通过线虫造成的伤口侵入植物的。

2. 植物线虫病害的症状

线虫对植物的致病作用，除了吻针对寄主刺伤和虫体在寄主组织内穿行所造成的机械损伤之外，线虫还分泌各种酶和毒素，使寄主组织和器官发生各种病变。线虫病害的主要症状表现为两种类型：

(1)全株性症状　植株生长衰弱矮小，发育缓慢，叶色变淡，甚至萎黄，类似缺肥、营养不良的表现。这种症状主要是根部受线虫为害所致。

(2)局部性症状　线虫取食时寄主细胞受到线虫唾液(内含多种酶)的刺激和破坏作用，常引起各种异常的变化，其中最明显的是瘿瘤、丛根及茎叶扭曲等畸形症状。

五、寄生性种子植物

少数植物由于根系或叶片退化，或者缺乏足够的叶绿素，必须从其他植物获取营养物质而营寄生生活，称之为寄生性植物，又称寄生性种子植物。

1. 寄生性种子植物的一般性状

(1)寄生性种子植物的寄生性　依据寄生方式可分为半寄生和全寄生两种：

①半寄生　寄生性种子植物本身具有叶绿素，能够进行光合作用来合成有机物质，但由于缺乏根系而需要从寄主植物中吸取水分和无机盐，其导管与寄主植物的导管相连，如槲寄生和桑寄生等，由于它们与寄主植物的寄生关系主要是水分和无机盐的依赖关系，故称为半寄生。

②全寄生　寄生性种子植物的根、叶均已退化，全身没有叶绿素，只保留茎和繁殖器官，它们的导管、筛管与寄主植物的导管和筛管相连，并从中不断吸取各种营养物质，包括水分、无机盐和有机物质等。它们的茎比较发达，对寄主植物为害比较严重，常导致植物提早枯死。如菟丝子和列当等。

(2)寄生性种子植物的致病性　寄生性种子植物的致病作用主要表现为对营养物质的争夺。一般全寄生植物比半寄生植物的致病能力强，可引起寄主植物黄化和生长衰弱，严重时造成寄主植物大片死亡，对产量影响极大。半寄生植物寄生初期对寄主生长无明显影响，当寄生植物群体较大时会造成寄主生长不良和早衰，有时也会造成寄主死亡，有些寄生性植物还能将病毒从病株传播到健株上。

(3)寄生性种子植物的繁殖与传播　寄生性种子植物靠种子繁殖。传播方式主要有风力传播、鸟类传播、随种子调运传播等。

2. 重要的寄生性种子植物

寄生性种子植物属于被子植物门中的桑寄生科桑寄生属、槲寄生属，菟丝子科菟丝子属，列当科列当属。在新疆为害较重的主要是菟丝子科菟丝子属、列当科列当属。

(1)菟丝子属　菟丝子是菟丝子属植物的总称。全世界有100多种，我国发现有10余种。常见的有中国菟丝子和日本菟丝子。中国菟丝子茎细，直径在1 mm以下；黄色，无叶；花小，聚生成无柄小花束；蒴果内有种子2～4枚。主要为害草本植物，以豆科植物为主，还寄生于菊科、藜科等植物。常为害大豆、一串红、长春花、扶桑等多种植物。日本菟丝子茎较粗，黄白色，并有突起的紫斑；尖端及其下面3个节上有退化鳞片状的叶；花冠管状，白色，蒴果内有种子1～2枚。主要为害木本植物。它的寄主范围很广，在我国已发现80种以上的植物受害。

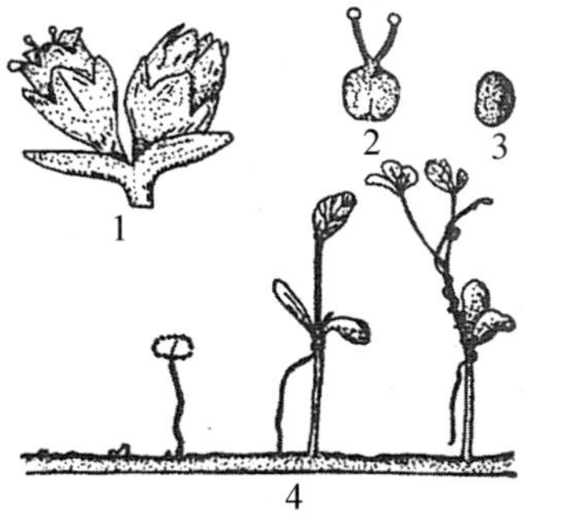
1. 花　2. 雌蕊　3. 种子
4. 种子萌发和侵染方式

图 2-13　菟丝子种子萌发及侵害方式

菟丝子的种子成熟后，脱落在地上，到第2年春天萌发，萌发的时期一般较寄主植物开始生长或萌发期晚，这样便于它营寄生生活。种子萌发时，种胚的一端先形成无色或黄色丝状幼芽，幼芽在空中旋转，当碰到寄主时，就缠绕在其上，在两者紧密结合处，菟丝子即产生吸盘伸向寄主组织，部分组织分化为导管和筛管，分别同寄主的导管和筛管连接，从寄主体内吸取养料。当寄生关系建立之后，原来的幼茎下部即枯死，菟丝子完全与土壤脱离关系，其上端继续产生分枝，又绕在寄主植物上产生新的吸器(图2-13)。菟丝子的蔓延速度很快，一株菟丝子在有利条件下经过3个月可以发展到20 m^2，其断茎能继续生长，进行营养繁殖。

(2)列当属　列当根退化成吸根，以短须状次生吸器与寄主根部的维管束相连；茎肉质；叶片退化为鳞片状，无叶绿素；花两性，穗状花序；果为球状蒴果，成熟时纵裂释出种子；种子极小，卵圆形，深褐色，表面有网状花纹。

列当种子落入土壤或混杂在作物种子中，遇适宜条件和植物根系分泌物刺激可以萌发，产生幼根接触寄主根部后生成吸盘与寄主植物的维管束相连，吸取寄主植物的水分和养分，茎在根外发育并向上长出花茎，导致寄主植物生长不良，严重减产。主要种类有埃及列当和向日葵列当等，前者可为害哈密瓜、西瓜、甜瓜、黄瓜、烟草及番茄等，后者为害向日葵、烟草及番茄等。

【任务实施】

植物病原真菌、细菌、病毒、线虫、寄生性种子植物的识别

(一)目的要求

认识植物病原真菌、细菌、病毒、线虫、寄生性种子植物，观察其形态和所致病害症状。

(二)观察材料

黄瓜霜霉病、葡萄霜霉病、向日葵霜霉病、番茄疫霉病、十字花科白锈病；向日葵菌核病、向日葵白锈病、油菜菌核病、小麦白粉病、黄瓜白粉病、甜菜白粉病、小麦全蚀病、苹果腐烂病；小麦条锈病、小麦叶锈病、小麦秆锈病、小麦腥黑穗病、小麦散黑穗病、向日葵锈病、红花锈病、玉

米瘤黑粉病；棉花立枯病、棉花枯萎病、棉花黄萎病、甜菜褐斑病、甜菜蛇眼病、番茄叶霉病；小麦细菌性条斑病、棉花角斑病、黄瓜角斑病、马铃薯黑胫病、马铃薯环腐病；瓜类花叶病，大白菜病毒病、西葫芦病毒病、番茄蕨叶病、番茄花叶病、苹果花叶病、葡萄根癌病、小麦丛矮病；小麦粒线虫，甜瓜根结线虫、水稻干尖线虫病；瓜列当、向日葵列当、菟丝子等植物病害标本、PPT、影像资料等。

（三）植物病原真菌及其病害症状识别

1. 鞭毛菌亚门病原及其病害症状识别

（1）腐霉属识别　取黄瓜猝倒病或果腐病的絮状菌丝体制片镜检，观察菌丝、孢囊梗、孢子囊的形态特征。

（2）疫霉属识别　取茄绵疫病病部的白色菌丝体制片镜检，观察菌丝体与孢囊梗有无分化，孢子囊的形态特征。

（3）霜霉病菌主要属的识别　霜霉病的共同特点是在病部产生大量的霜霉状物，挑取各属标本的病叶背上的霜霉状物制片镜检。注意比较不同霜霉菌的孢囊梗分枝特点和孢子囊形态。

①霜霉属：观察白菜或十字花科植物霜霉病菌孢囊梗呈二叉状锐角分枝，孢子囊无乳突。

②单轴霜霉属：观察葡萄霜霉病菌孢囊梗单轴式分枝，分枝与主枝呈直角，孢子囊卵形，乳状突起。

③假霜霉属：观察黄瓜霜霉病菌的孢囊梗是否拟对称分枝，孢子囊是否有乳状突，并与霜霉属比较有何不同。

（4）观察典型病害的新鲜标本或浸渍、干制标本　区别各种植物幼苗猝倒病、果腐病、霜霉病、疫病、白锈病类等症状特点。

2. 接合菌亚门病原及其病害症状识别

根霉属识别：用挑针挑取植物花、果实、球茎的腐烂处，或用南瓜软腐病菌的棉毛状菌丝体制片或示范玻片进行观察。注意观察匍匐菌丝及假根，孢子囊梗、孢子囊及孢囊孢子形态、大小及色泽如何。

3. 子囊菌亚门病原及其病害症状识别

（1）白粉菌主要属观察　任选一种植物白粉病材料，挑取病部黑色小颗粒制片，在显微镜下观察。

（2）观察典型病害的新鲜标本或浸渍、干制标本　注意区别各类植物的白粉病、煤污病、菌核病、瓜类炭疽病等症状特点。

4. 担子菌亚门病原及其病害症状识别

（1）锈菌主要属的观察　挑取锈状物制片观察。冬孢子有无及其形态特征是锈病病原菌的分属依据。

（2）观察典型病害的新鲜标本或浸渍、干制标本　注意区别各类植物的锈病、黑粉病症状特点。

5. 半知菌亚门病原及其病害症状识别

（1）粉孢属　取葡萄白粉病或瓜类白粉病部的粉状物制片，观察分生孢子梗形态，顶端是否串生孢子。

（2）镰刀菌属　制片观察黄瓜枯萎病菌，分生孢子是否大型多胞，是否镰刀形；小型分生孢子是否单胞，是否椭圆形。

(3)观察典型病害的新鲜标本或浸渍、干制标本 注意区别马铃薯早疫病、十字花科蔬菜黑斑病、梨黑星病、葡萄白粉病、辣椒灰霉病、豇豆煤霉病、黄瓜枯萎病、瓜类炭疽病、茄褐纹病、立枯病、猝倒病等症状特点。

(四)植物病原细菌及其病害症状识别

1. 病组织溢菌观察

(1)剪取黄瓜细菌性角斑病病叶的病健交界处小块组织，放置在有水滴的载玻片上，在低倍镜下观察，有云雾状菌液从切口处溢出。

(2)剪取番茄青枯病茎一小段，扦入盛有水的广口瓶里，几分钟后观察水中的病茎切口，有云雾状菌液溢出。

2. 观察典型病害的新鲜标本或浸渍、干制标本

区别小麦细菌性条斑病，棉花、瓜类角斑病、大白菜软腐病等症状特点。

(五)植物病原病毒病害症状识别

观察典型病害的新鲜标本或浸渍、干制标本。区别十字花科蔬菜花叶病、黄瓜花叶病、辣椒病毒病、番茄蕨叶病、小麦丛矮病等症状特点。

(六)植物病原线虫形态识别

观察典型病害的新鲜标本或浸渍、干制标本。区别小麦粒线虫病，水稻干尖线虫病，甜瓜根结线虫病等症状特点。

(七)植物病原寄生性种子植物形态识别

观察典型病害的新鲜标本或浸渍、干制标本。区别菟丝子、列当等形态特征，注意观察它们在外部形态上与其他植物有什么不同，吸器、吸根着生在什么位置。

【知识拓展】

非侵染性病害识别

非侵染性病害是由非生物因素引起的一类重要病害。由于其不能相互传染，故称非传染性病害。非传染性病害的病因很多，但主要来自不适宜的土壤、气候(温度、湿度、水分)等环境条件及栽培管理失误和环境污染等，其中有些是由单因素引起的，如缺素症、冻害；有些是多因素引起的，如干热风(高温、干燥、风)、日烧(强光、高温)。所以这类非传染性病害的诊断相当复杂，可是一旦确诊，防治设计就容易了，也就是说，非传染性病害的诊断较难，防治较容易。

一、非侵染性病害病原种类

(一)营养失调

植物在生长发育过程中，不仅需要完备的营养成分，如大量元素(植物体内含量大于0.1% 的元素)C、H、O、N、P、K、Ca、Mg、S 和微量元素(植物体内含量小于 0.1%的元素)Fe、Mn、Zn、Cu、Mo、B、Cl，而且需要各种营养元素在量上有合理的比例，一旦缺少了某种元素，或比例失调，植物就会生病，特别是微量元素。

农作物大量元素的临界范围是：农作物正常的 N 含量为干物质的 1%～5%，P 为 0.2%～

1.1%，K 为 0.5%～5%，Ca 为 0.2%～1.2%，Mg 为 0.04%～0.5%，S 与 P 的含量相近，平均为 0.25%左右。这些营养元素含量因作物种类、器官和发育阶段不同而异。

农作物微量元素的临界范围是：一般植物地上部正常含 Fe 量为 50～250 mg/kg；Mn 为 20～500 mg/kg，大于 1 000 mg/kg 植物生长遭受毒害；Zn 为 25～150 mg/kg，大于 400 mg/kg 则会中毒；Cu 为 5～20 mg/kg，大于 20 mg/kg 则可能出现毒害；Mo 含量极微，正常范围为 0.1～0.5 mg/kg，但植物含钼量变幅很大，且毒害浓度不很明确，牧草中钼含量大于 15 mg/kg 时，牛吃了会中毒；B 含量正常为 20～100 mg/kg；Cl 含量为 0.02%。

植物由于缺乏某种元素而引起的非传染性病害又叫缺素症。

缺素症：指植物体内某一时期，或某一段时间内，某种元素供应不足，而发生的缺素症状。例如，生菜缺 Ca，实际上土壤中不缺 Ca，但由于 7～8 月份高温，植物吸收 Ca 困难，导致缺 Ca，引起根腐烂。

1. 缺素原因分析

(1)土壤中缺少某种元素，植物体就缺(源、库关系)。

(2)土壤本身含有某种元素，但由于多种原因处在不能被植物吸收的状态。

(3)由于土壤中微生物的影响，土壤中各元素比例不当。

2. 生产上常见缺素症的识别

(1)缺铁症　北方很多地区常见，尤其是果树，是其主要病害。

Fe 是叶绿素形成的催化剂，又是构成呼吸酶的成分，所以缺 Fe，植物会褪绿变黄，进而出现白化。由于 Fe 在植物体内处于不易活动的高分子化合物状态存在，不能转移，所以，老叶中 Fe 不能转移到新叶中而被再度利用，故出现老叶绿色，新叶因缺 Fe 而黄化、白化。

缺铁症状主要发生在顶端新生叶片上，新生叶片颜色逐渐由绿到黄再到白化，形成顶端白化现象；病轻时，在单片新生叶上，往往叶肉褪绿变黄或白化，而叶脉仍保持绿色，形成绿色网状斑，病势加重后，新生叶片会全叶均匀变黄或白化，叶缘焦枯，老叶仍呈正常绿色。

缺铁的原因：主要发生在石灰质土壤中和碱性土壤中，由于土壤的理化特性使 Fe 呈不溶性的状态或不可吸收状态，造成植物缺 Fe。一般土壤中的 Fe 以高铁和亚铁的离子或化合物形态存在，它的有效性受土壤 pH 和氧化还原条件的影响。我国北方石灰性土壤和盐碱土中，一般以氧化高铁(Fe_2O_3)和碳酸铁盐存在，较难被植物吸收，常出现植物缺铁症。而南方酸性土中，特别是长期积水的水稻田又存在亚铁过量的毒害作用。

缺铁症的诊断：

①症状观察诊断法：新生叶网状黄叶、后期白化。

②防治诊断法：白化叶片喷 0.1%$FeSO_4$，3～5 d 叶片出现绿斑。

缺铁症的防治：

①防治土壤盐渍化：排灌配套。

②改良盐碱土：酸化土壤，施用酸性肥料“硫铵”，增施有机肥。

③直接施用铁的螯合物，例如，施用乙二胺四乙酸铁。

④喷洒 $FeSO_4$，但效果甚微。

(2)N 素缺乏或过量　氮(N)是植物体内蛋白质、酶和许多活性有机物质的组成成分。

缺 N 症状：下部叶片由淡绿发展至淡黄、橙黄或黄红，植株矮小，直立，早衰。N 素过量：徒长和倒伏，贪青迟熟，抗病性下降。

(3)P 素缺乏或过量　磷以多种方式参与植物的生命活动，起着构成细胞中结构成分、参与能量转换和构成活性化合物的作用。

缺 P 症状：植株瘦小僵直、分蘖少，下部茎叶暗绿或紫红色；生长发育延迟，开花结果少；籽粒不饱满，空秕率高。

P 过量：导致或加重锌、铁或钾的缺乏。

(4)K 素缺乏或过量　钾在植物体内主要以离子态(K^+)存在，起着调节渗透压、平衡阴离子和活化许多重要酶的作用。

缺 K 症状：下部老叶先表现为叶尖和叶缘以及脉间失绿黄化，进而焦枯似灼烧，叶片有褐斑，柔软下披，根系生长不良，色泽黄褐、早衰、秕粒多。

K 过量：加重硼的缺乏或毒害。

(5)其他　缺 B：苹果缩果病；缺 Zn：小叶病；缺 Ca：脐腐病(番茄)；缺 Cu：梨树死顶病等。

3. 作物营养元素缺乏症表现

生产上，可按照以下流程分析植物缺乏哪种营养元素。

症状出现的部位

↓ 老组织先出现 → N　P　K　Mg　Zn → 斑点出现情况
- ↓ 易出现 → K　Zn　Mg
- ↓ 不易出现 → N　P

↓ 新组织先出现 → B　Ca　Fe　S　Mn　Mo → 顶芽是否易枯死
- ↓ 易枯死 → Ca　B
- ↓ 不易枯死 → S　Mn　Cu　Fe　Mo

新叶淡绿，老叶黄化枯焦，早衰	缺 N
茎叶暗绿或呈紫红色，生育期延迟	缺 P
叶尖及边缘先焦枯，并出现斑点，症状随生育期而加重，早衰	缺 K
叶小，斑块常在主脉两侧先出现，生育期延迟	缺 Zn
脉间明显失绿，有多种色泽斑点或斑块，但不易出现组织坏死	缺 Mg
茎叶软弱，发黄焦枯，早衰	缺 Ca
茎和叶柄变粗，脆、易开裂，开花结果不正常，生育期延长	缺 B
新叶黄化，失绿均一，生育期延迟	缺 S
脉间失绿，出现斑点，组织易坏死	缺 Mn
幼叶萎蔫，出现白色叶斑，果、穗发育不正常	缺 Cu
脉间失绿，发展至整片叶淡黄或发白	缺 Fe
叶片生长畸形，斑点散布在整个叶片	缺 Mo

(二)温度失调

1. 低温

一般植物在 1～4 ℃都能正常生长，但忍受的最低和最高温度因植物种类而异，同种植物的不同生育期和不同部位对有害温度的敏感性也不同。一般幼苗比成株敏感。幼嫩组织和分生组织比老熟组织敏感。生长点、幼芽比茎、叶敏感。

一般低温危害比高温危害更常见，如霜冻、冷害等。

2. 高温

玉米日灼病：顶叶褪色卷曲而枯黄。玉米低温日灼病：晚间温度低于 15 ℃，露水多，次日突然高温，叶色变淡灰色而枯死。果树、蔬菜果实上、枝干上常发生日灼。如苹果日灼病：病斑为圆形黄白色至褐色坏死斑，且有一晕圈。

（三）水分失调

（1）干旱　相伴高温、强日照条件，禾谷类灌浆期最敏感，导致枯黄死亡。

（2）干热风　湿度几乎为零，新疆常发生。

（3）涝　指土壤排水不良，缺氧造成植物有毒气体中毒，根腐烂，地上部生长缓慢，甚至停止生长。

（4）先旱后涝　番茄脐腐病，苹果、梨裂果病。

（四）土壤中有毒物质（盐碱）

（1）盐碱土　Na、Mg 盐分含量过高所致。北方地区和沿海滩地易发生。

（2）症状　褪色、矮化。如小麦不长、严重时死亡。

（3）过敏　土壤中 Fe、Mn、Zn、Al 含量增高，中毒。

（4）工厂排放污水中的有毒物质　城郊蔬菜上常见。因有毒物质种类不同，症状也不一样。

（五）药害与有毒气体

（1）药害　浓度过高或施用不当，或误用。2，4-D 除草剂，对双子叶植物，棉花、瓜、果很敏感；玉米地的后茬小麦，慎用阿特拉津除草剂。

（2）有毒气体污染　SO_2、O_3、NO_2、硫化氢、氟化物等。

二、非侵染性病害的症状特点

一是病害往往大面积同时发生，表现同一症状；二是病害没有逐步传染扩散现象；三是病株上无任何病征，组织内也分离不出病原物，但是患病后期由于抗病性降低，病部可能会有腐生菌类出现。一般病害突然大面积同时发生，多是由于“三废”污染、气候因素所致；病害产生明显的枯斑、灼伤、畸形等症状，又集中于某一部位，无病史，多为使用农药、化肥不当造成的伤害；植株下部老叶或顶部新叶颜色发生变化，可能是缺素病，可采用化学诊断和肥料试验进行确诊；病害只限于某一品种，表现为生长不良或有系统性的一致表现，多为遗传性障碍；日灼病常发生在温差变化大的季节及向阳面。

三、非侵染性病害的诊断

引起非侵染性病害的原因很多，有些非侵染性病害症状又与侵染性病害的症状很相似，因而给诊断带来一定的困难。由于非侵染性病害是由不良环境条件所致，因此现场调查和观测时，不仅要观察病害的症状特点，还要了解病害发生的时间、范围、有无病史、气候条件以及土壤、地形、施肥、施药和灌水等因素，进行综合分析，找出病害发生的原因。

其诊断程序为：

(1)田间观察　观察发病症状、田间分布情况。

(2)对比调查　多田块取样调查、比较。

(3)病理分析　植物和土壤理化分析。

(4)治疗诊断　明确病因后，这类病害的防治相对简单，对症下药即可。

工作任务3　植物病害的诊断

【任务概述】

了解、掌握病害的侵染过程，在侵入前期进行预防是防治病害的重要措施。当在发病期看到大量的病斑，则意味着病原体已在植物体内大量繁殖，防治病害就会很困难。

掌握病害的循环规律，消灭侵染来源，切断传播途径，对防治病害起到事半功倍的作用。

病害流行是由寄主、病原和环境条件三者决定的，人为改变其中的某一环节，将有效阻止病害的流行。

病害的防治必须对症下药，准确诊断是前提。

【知识准备】

一、病原物的侵染过程

从病原物与寄主接触开始，经侵入后在寄主体内扩展蔓延，引起一系列病变，直到寄主表现症状、病原物开始释放传播体为止的连续的动态变化过程，称侵染过程或侵染程序，简称“病程”。简单地讲，病程就是从病原物接触、侵入、潜育到引起寄主发病的全过程。或从植物个体遭受病原物侵染开始，到寄主发病的全过程。

病程是传染性病害发病的最基本环节。病程是一个连续的动态过程，人为地将它分成如下几个阶段：

(一)侵入前期(接触期)

接触期指从病原物到达寄主感病部位，到形成某种侵入结构的这段时期。

1. 接触前

病原物传播体，如真菌的孢子、菌丝和细菌个体、病毒粒体、线虫幼虫个体，必须首先以一定方式到达寄主的感病部位。接触方式有：①主动接触，如真菌的游动孢子和细菌、线虫的蠕动等；②被动接触，大多数病原物随气流、雨水飞溅或昆虫等媒介及田间农机具而被携带传播到寄主感病部位。

2. 接触后的活动

病原物与寄主接触后在寄主表面有一段生长活动和聚集力量的过程。如真菌产生芽管或菌丝的生长、细菌裂殖繁殖等。

3. 环境条件对侵入前期的影响

环境条件中主要是湿度和温度影响最大。

(1)湿度　很多真菌孢子需要在水滴条件下才能较好地萌发，如条锈菌的夏孢子和稻瘟菌的分生孢子。

(2)温度　温度主要决定病原物的萌发和侵入速度。

(3)光照　一般影响不大,但对有些真菌孢子的萌发有刺激作用。如锈菌夏孢子在黑暗条件下萌发较好。

4.侵入前期的时间差异

侵入前期的时间长短相差较大。如虫传病毒,接触和侵入同时完成。小麦腥黑穗病菌的冬孢子与种子接触,经过贮藏期,待种子播种、萌发后才侵入。侵入前期的研究无论在理论上,还是生产上都有重要意义。这段时期病原物处在寄主体外的复杂环境中,受多种因素影响,最易控制,因此是防治的有利时机。近年来,生物防治和开春预防(果树喷石硫合剂预防保护)就是注意了在这一阶段的防治工作。

(二)侵入期

从病原物侵入寄主开始,到与寄主建立寄生关系为止的一段时期。

1.侵入途径和方式

(1)直接侵入　直接穿透角质层和细胞壁。如真菌、线虫和寄生性种子植物。

(2)自然孔口侵入　植物的很多孔口,如气孔、皮孔、水孔、蜜腺、柱头等都可成为病原物的侵入孔口。许多真菌和细菌可从自然孔口侵入。

(3)伤口侵入　如剪伤、锯伤、虫伤、碰伤及其他机械伤害。大多数真菌和细菌靠伤口侵入。病毒靠微伤(肉眼不可见)侵入。如小麦白粉病原直接侵入;霜霉病原从气孔侵入,也可直接侵入;小麦叶、秆锈病原从气孔侵入;小麦条锈病原从气孔侵入或直接侵入;小麦腥黑穗病病原从子房侵入;散黑穗病原从子房侵入;棉花枯萎病原直接侵入或从伤口侵入。

2.影响侵入的环境条件

主要是温度和湿度,其中湿度是关键因素,它决定了孢子的萌发和侵入;温度决定侵入速度,即侵入快慢的问题。

(三)潜育期

潜育期是指从病原物与寄主建立寄生关系起到表现明显症状为止的一段时期(真菌病害,至出现孢子为止,称潜伏期)。潜育期是病原物和寄主相互较量的过程。发病是较量的结果。病原物在寄主体内扩展的范围形成了局部性病害和系统性病害。潜育期长短因病害而异,有的几天,有的几十天,甚至一至数年。环境因素对潜育期的影响以温度最大,温度高则潜育期短。

(四)发病期

经过潜育期后,寄主植物开始出现症状而发病。在发病期,局部性病害从最初出现的小斑点渐渐扩大成典型病斑。许多病害在病部可出现病征,如真菌子实体、细菌菌脓和线虫虫瘿等。

环境条件,特别是温、湿度,对症状出现后病害进一步扩展影响很大。其中以湿度对病斑扩大和孢子形成的影响最显著。例如,马铃薯晚疫病、烟草黑胫病在潮湿条件下病斑迅速扩大并产生大量孢子;气候干旱,病斑则停止发展。稻瘟病典型病斑,在相对湿度小于89%时,不产生孢子;在相对湿度93%以上时,湿度越大,产孢量越大。在一定的湿度下,温度影响也很重要。在发病最适温度范围内,温度越高,越有利于病斑扩展和孢子形成。

二、病害循环

病害循环是指侵染性病害从寄主植物的前一个生长季节开始发病到下一个生长季节再度发病的过程。它主要涉及病原物的越冬或越夏、传播和初侵染与再侵染 3 个环节。以苹果黑星病为例，说明病害循环的典型过程。苹果黑星病菌在受侵染的枯死落叶上以腐生方式越冬并产生子囊壳。春季子囊壳成熟，产生的子囊孢子随气流传播到生长的叶片和果实上，引起初侵染。在适宜的条件下，由初侵染发病部位产生的分生孢子经过气流传播引起再侵染。再侵染可以发生多次。秋季苹果落叶后，病菌又在落叶上越冬。越冬后的病菌，经传播再引起苹果下一生长季节的发病。不同的病害，其病害循环的特点不同。了解各种病害循环的特点是认识病害发生、发展规律的核心，也是对病害进行系统分析、预测预报及制定防治对策的依据。

(一)病原物的越冬或越夏

病原物越冬或越夏有寄生、腐生、休眠 3 种方式。病原物类别不同，其越冬或越夏方式各异。病原物的越冬和越夏场所一般也是下一个生长季节的初侵染来源。主要有 7 个方面：

1. 种子、苗木和无性繁殖材料

在作物生长后期，有些病原物可以侵染种子或无性繁殖材料。在作物收获脱粒过程中，有些病原物可以附在种子表面或混杂在种子中越冬、越夏。由种苗带菌而引起感染的病株，往往成为田间的发病中心且向四周扩展。例如，棉花枯萎病菌、黄萎病菌等，病原物既可以繁殖体附着于种子表面又可以菌丝体潜伏于种子内部。

2. 田间病株

有些活体营养病原物必须在活的寄主上寄生才能存活。例如，油菜花叶病毒、黄瓜花叶病毒等都可以在多年生野生植物上寄生越冬。

3. 病株残体

许多病原真菌和细菌，在病株残体中潜伏存活，或以腐生方式在残体上生活一段时间。

4. 土壤

土壤是许多病原物的重要越夏、越冬场所。病原物以休眠机构散落于土壤中，并在土壤中长期存活。有些病原菌在土壤中可以长期存活，并且能够繁殖，如棉花枯萎病菌、黄萎病菌等。

5. 粪肥

多数情况下，由于人为地将病株残体作积肥而使病原物混入肥料中，少数病原物则随病残体通过牲畜排泄物而混入粪肥。

6. 昆虫或其他介体

一些由昆虫传播的增殖型病毒可以在昆虫体内增殖并越冬。例如，水稻矮缩病毒在黑尾叶蝉体内越冬。

7. 温室或贮藏窖内

有些病原物可以在温室生长的作物上或在贮藏窖内贮存的农产品中越冬。

(二)病原物的传播

1. 主动传播

病原物依靠自身的活动，如线虫的蠕动、真菌孢子的弹射、鞭毛菌的游动、细菌的鞭毛运动、寄生性种子植物(菟丝子)的攀缘等。

2. 被动传播

借助外界因素，如风、雨、昆虫、人、农机具等。

3. 传播方式

①气流传播；②雨水和流水传播；③昆虫和其他生物（螨类、线虫、蜜蜂、鸟等）；④人为传播等。

(三)初侵染和再侵染

1. 初侵染

病原物越冬、越夏后第 1 次侵染寄主称初侵染。引起初侵染的病原物称初侵染来源。

2. 再侵染

由初侵染引致发病的病株上产生的病原传播体，不经休止，立即传播到其他健康植株上引起的侵染，称再侵染。在同一生长季节中，有的病害可以发生多次再侵染，例如，小麦条锈病在北京可有 3～4 次再侵染，白粉病、霜霉病和晚疫病也都有多次再侵染。

根据再侵染次数的多少，把病害分为两类：

(1)多循环病害　在一个生长季节里，可发生多次再侵染过程的病害，如小麦条锈病、稻瘟病、葡萄霜霉病等。

(2)单循环病害　在一个生长季节里，只有初侵染，没有再侵染的病害，如小麦腥黑穗病、苹果锈病等。

三、植物病害的流行

(一)影响病害发生的因素

植物病害发生发展的过程是寄主和病原物在外界条件影响下相互作用的过程。病原物侵染寄主时，需要突破寄主表皮的各种保护机构才能侵入；需要克服寄主体内各种机械障碍才能扩展；需要适应寄主体内各种生化环境才能获得营养；更重要的是，它们还会遇到寄主的主动反击。所以，研究植物病害的发生，必须从病原物的侵染能力、寄主植物的抗病性和环境条件等多方面因素进行分析。

1. 病原物

病原物对寄主的伤害方式大体可分为病原物对寄主组织细胞施加的机械伤害，病原物分泌的酶、毒素及激素类物质对寄主的伤害，病原物吸取寄主营养。后两种是主要的伤害。其中酶主要是一些水解酶类，分解植物的细胞壁或细胞质；毒素为病原物产生的能毒害寄主细胞的代谢产物，它可以改变或破坏细胞膜的渗透性，或者抑制寄主的酶的活力；激素类物质为植物病原物产生的植物生长素类、赤霉素、细胞激动素等激素，影响寄主体内激素的正常合成，使寄主体内激素失衡，进而损害植物的生理活动。

病原物通过多种方式对寄主植物的侵害，造成寄主植物生理功能紊乱，引起一系列的病理变化，如光合作用降低、输导受阻、细胞或组织坏死、畸形等。

由于变异的结果，同一种病原物在病原物种内形态上相同，在培养性状、生理生化、致病力等特性上有差异的生物型称为生理小种。生理小种的产生，给病害的防治工作带来了一定的难度。

2. 寄主植物

寄主植物抵抗病原物侵染危害的能力称为抗病性。寄主的抗病性是相对的，各种植物都有一定的抗病性，否则这个物种就不能生存。

（1）寄主植物的抗病性以其程度不同分为：

①免疫：完全不发病。

②抗病：发病轻（发病很轻的称高度抗病）。

③感病：发病重（发病很重的称高度感病）。

（2）水平抗病性和垂直抗病性

水平抗病性：寄主和病原物之间没有特异的相互作用，一个品种对同种病原物的所有生理小种的反应是一致的，即非小种专化的，这种抗性为水平抗病性。

垂直抗病性：寄主和病原物之间有特异的相互作用，即某品种对病原物的某些生理小种能抵抗，但对另外一些不能抵抗，其抗性是小种专化的。这种抗病性为垂直抗病性。

一般垂直抗病性由个别主效基因或单基因控制，在生产上虽表现高抗或免疫，但容易因小种变化而抗性丧失，因而其抗病性是不稳定和不持久的。而水平抗病性其抗性一般是多基因即多个微效基因控制的，也有由单个微效基因控制的，其抗性表现为中抗，对所有小种的反应一致，其抗性是稳定和持久的。另外，水平抗性在生产中有减缓病害发展速度的作用。

（3）植物抗病性的机理

①结构抗病性：分固有的形态抗病性（如表皮毛、茸毛、蜡质层、角质层）和病菌侵入后诱导的结构抗病性（如形成木栓层、侵填体、树胶等）。

②生理生化抗病性：植物分泌抑菌物质，如葱、蒜、松、柏等植物分泌的生化物质，如酚、萜、萘等物质，或细胞自杀而形成过敏性坏死反应（是植物受到病原物侵染后在侵染点附近局部细胞过敏死亡的现象，是植物抗病的一种表现）。在侵入点附近的细胞内沉积了大量抑菌物质，在侵染点周围的细胞中产生大量的植物保卫素（是一类植物和病原物相互作用过程中产生的抗生物质）。

3. 环境

影响植物侵染性病害发生和发展的环境因素包括气象条件、土壤条件、栽培条件等。当有利于病害发生的条件持续较长时间，且出现在病原物繁殖和侵染的关键时期，病害就会大发生。

（1）气象因素　气象因素主要包括温度、湿度和气流（风）。气象条件既影响病原物的繁殖、传播和侵入，又影响作物的抗病性。不同的病原物对气象条件的要求不同。如霜霉病的病菌在水滴中才能萌发，多雨的天气容易引起霜霉病的流行，风影响病害传播的范围和速度。寄主植物在不适宜的环境条件下生长发育可能会受到影响，抗病能力下降，因而可能加重病害的发生或流行。

（2）土壤因素　土壤因素包括土壤的理化性质、土壤的肥力和土壤微生物等。土壤可以直接影响在土壤中栖息的病原物，也可以通过对寄主植物的健康影响而间接影响病害的流行。

（3）栽培因素　人类在农业生产过程中所采用的各种栽培管理措施，在不同情况下对病害的发生有不同的作用。生产上常通过适当的栽培措施改变作物的环境条件，阻止或减少病害的流行。

（4）生物因素　病害的传播与流行与生物因素也有很大的关系，如蚜虫等传毒昆虫大量发生时，可引起病毒病的大量发生。

(二)病害流行

植物病害流行是指侵染性病害在短时间内,大范围地在植物群体中侵染发病,造成产量损失和品质下降,称病害流行。

1. 病害流行的主导因素

(1)寄主　感病性强,大面积集中种植。

(2)病原物　大量的致病性强的病原物存在或传播。

(3)环境条件　有利于病原物,而不利于寄主植物的生长。

(4)人为因素　大面积单一种植感病作物,导致病原物的定向选择。

2. 病害流行的类型

(1)单年流行病害(多循环病害)　在一个生长季节中频繁再侵染的病害,其特点是:①再侵染频繁,潜育期短,产孢量大;②病原传播体对环境极敏感,不利条件下迅速死亡;③病原物越冬率不高,越冬后存活的初始菌量低,年度间波动大;④多为气传、风雨传病害,也有虫传的;⑤多为地上部、局部病害。例如,小麦锈病、白粉病、稻瘟病、霜霉病、晚疫病等。

(2)积年流行病害(单循环病害)　没有再侵染或再侵染在流行中作用不大的病害,其特点是:①潜育期长,无再侵染或再侵染作用小;②病原物抗逆能力强,寿命较长;③病原物越冬率高且稳定;④多为土传或种传病害;⑤多为系统性病害或根病。例如,小麦腥黑穗病、棉花枯萎病、桃缩叶病等。

四、植物病害的诊断

正确诊断和鉴定植物病害,是防治病害的基础。只有确定了植物病害的病原,才能对症下药。根据病原的特性和病害发生规律制定相应的防治对策,才能收到良好的防治效果。

(一)诊断的程序

对病株进行诊断,应该从症状入手,全面检查,仔细分析,判断其病因,确定病害种类。

1. 田间观察和病情调查

各种病害在田间的发生发展都表现一定的规律性,到发病现场进行田间观察和发病环境调查是诊断的第一步,也是首要的工作。在观察中,应详细查看病害的分布情况(有无发病中心、分布是否均匀等)、症状类型(病征、病状),并认真调查、记录。

(1)病害病情包括病害发生的普遍率、病情指数等。

(2)发病时期、寄主品种、受害部位、症状及田间栽培管理、地势、土壤、昆虫活动等环境条件。

(3)发病田与健康田间在栽培管理方面的差异(水肥、前茬作物、农药使用情况等)。

(4)病田周围的环境(大气环境、工厂、企业废水、废气的排放污染情况等)。

一般根据田间分布状况可区别非侵染性病害和侵染性病害。

2. 症状鉴别

症状鉴别对病害的诊断意义重大。各种植物病害都有特异的症状。对于多发病、常见病,一般具有较丰富“临床”经验(实践经验)的植保人员,通过症状都可做出较正确的诊断。症状鉴别可用肉眼,也可借助放大镜或显微镜检查。

观察症状发生的部位、形态、大小、气味、颜色、质地(软、干),有无病征及病征类型等外部症状特点；有的还可借助显微镜解剖观察内部症状；有些病害，在田间症状不明显，可采集新鲜病害标本，带回室内保湿，待出现病征后再鉴定。

3. 病原鉴定

自然界中有许多病害，其病原不同，但症状相似。所以仅以症状为依据，往往有误诊的可能。必须进一步做病原鉴定。

（1）非侵染性病害的病原鉴定　通常采用化学诊断法、人工诱发、化学治疗和指示植物鉴定法。

①化学诊断：尤其对营养元素的缺乏或过量，通过取样化验并将结果与正常值比较，确定病原。

②人工诱发：对可疑病因，提供发病条件，如低温、药害、高温、人工强光照等，诱发相同症状的病害。

③化学治疗：对可疑病因给以满足，如怀疑缺素，给以该元素，观察是否恢复或减轻。

④指示植物：对木本植物，可采用反应快的草本植物当指示植物以确定病原。

（2）侵染性病害的病原鉴定　在排除次生物后，从病部表面或病组织挑片、切片（超薄切片）镜检，鉴定病原物种类，对常见的可鉴定出。对少见或新病害，必须按柯赫法则验证后，才能确认病原物。

（二）柯赫法则

Koch 是德国医生，细菌学家。他因最先分离出炭疽、结核、霍乱病原菌而获得 1905 年诺贝尔医学生理学奖。他在研究人体和动物病害病原的基础上，于 1882 年提出证明某种微生物致病性的必要步骤，即柯赫法则。该法则不仅对人医、兽医起到巨大作用，对植物病害的研究也起到积极推动作用，现在仍在发挥着作用。

1. 柯赫法则的主要内容

（1）这种微生物常常与某种病害有联系，发生这种病害往往就有这种微生物的存在。

（2）这种微生物可以从病组织上分离而得到纯培养，并且可以在各种培养基上研究它的性状。

（3）将纯培养微生物接种到相同品种的健株上，使其有发病的可能性，接种后出现的症状和原来病株症状相同。

（4）从接种发病的植物上又能再分离到和原来性状相同的微生物。

通过上述 4 步，得到确实证据，即可确认该微生物即为某种病害的病原物。

2. 柯赫法则的局限性

（1）对有些专性寄生物，如病毒、类病毒、菌原体、霜霉菌、白粉菌和一些锈菌等不能直接应用，须改进后应用。对非侵染性病害的诊断，也须改进后应用。

（2）排斥了其他微生物的拮抗作用。

（3）发病条件与实际有差别，受人为影响。

（4）只能证明一菌一病，不能证明两种及两种以上微生物的复合侵染。

（三）植物病害诊断要点

植物病害的诊断，首先要区分其属于侵染性病害还是非侵染性病害。许多植物病害的症状有很明显的特点，但多数情况下，正确的诊断还需要做详细和系统的检查，而不仅仅是根据症状。

1. 非侵染性病害

非侵染性病害的主要特点是无病征。但是患病后期由于抗病性降低，病部可能会有腐生菌类出现；田间分布往往受地形、地物的影响大，发病比较普遍，面积较大；无传染性，田间无发病中心；在适当的条件下，有的病状可以恢复。

非侵染性病害的诊断通常是对病害现场的观察和调查，了解有关环境条件的变化，依据侵染性试验的结果排除侵染性病害，进行治疗性诊断。

(1)病害突然大面积同时发生，发病时间短，只有几天，大多是大气污染或气候因素异常所致，如冻害、干热风、日灼。

(2)有明显的枯斑或灼伤，且多集中在某一部位的叶或芽上，无既往病史，大多是使用农药或化肥不当所致。

(3)明显的缺素症状，多见于老叶或顶部新叶。

2. 侵染性病害

侵染性病害的特点是病害有一个发生发展或传染的过程；在特定的品种和环境条件下，病害轻重不一；在病株的表面或内部可以发现其病原生物体存在，它们的症状也有一定的特征。

(1)真菌病害　真菌病害的诊断要在掌握各类真菌致病特点的基础上，通过对病原真菌的分离培养、形态观察与鉴定等步骤进行。真菌病害的症状以坏死、萎蔫、腐烂居多，大多数真菌病害可在病部看到明显的霉状物、粉状物、颗粒状物等特定结构，或稍加保湿培养即可生出子实体来。但要区分腐生真菌和细菌污染，较为可靠的方法是在新鲜病部的边缘做镜检或分离。另外，按柯赫法则进行鉴定，是最可靠的方法。

(2)细菌病害　初期有水渍状或油渍状边缘，半透明，病斑上有菌脓外溢，斑点、腐烂、萎蔫、肿瘤大多数是细菌病害的特征(部分真菌也引起萎蔫与肿瘤)。切片镜检有无喷菌现象是最简便易行又最可靠的诊断技术。

(3)病毒病害　病毒病的症状以花叶、矮缩、坏死为多见。无病征，取表皮镜检时有时可见内含体，在电镜下可见到病毒粒体和内含体。

(4)寄生性种子植物引起的病害　在病植物体上或根际可以看到其寄生物，如菟丝子、列当等。

(5)复合侵染的诊断　当一株植物上有 2 种或 2 种以上的病原物侵染时，可能产生 2 种完全不同的症状，如花叶和斑点、肿瘤和坏死。首先要确认或排除一种病原物，然后对第 2 种做鉴定。2 种病毒或 2 种真菌复合侵染是常见的。

【任务实施】

植物病害的诊断

(一)目的要求

掌握各类植物病害的诊断要点。

(二)仪器、用品

放大镜、显微镜、标本采集夹、箱或盒、病害制干标本和新鲜标本等。

(三)地点

学校实训室、周边农田等。

(四)内容方法

1. 非侵染性病害田间诊断

非侵染性病害均由外界不良环境条件引起,只有病状,没有病征。

非侵染病害病株在田间分布一般比较均匀,而且是成片发生的。这与气候、地势、土壤、施肥、耕作、浇水及特殊环境等非生物因素有关系。植物组织出现缺素症造成叶片色泽变化。对非侵染性病害做出初步诊断后,要进行对症治疗试验,并根据结果做出最后诊断。

2. 真菌性病害的诊断

对于常见的比较普遍的真菌性病害,依靠症状特征就可以诊断,比如锈病、白粉病、黑粉病和白锈、霜霉等。

大多数真菌病害都能在发病部位产生繁殖体——各类孢子及子实体。这对确诊病害有很大帮助。把田间采到的一些不易产生病征的或者从表皮不易观察的病害标本带回实验室进行保湿培养及镜检,方法是:

(1)植物受病组织在表皮外的病征直接用挑针挑取或刮取病原制片进行镜检。

(2)对于真菌病原物在受病部位组织内产生子实体的要制作徒手临时切片再镜检。

(3)对于不易产生病征的真菌病害,取下植物受病部位,如根茎、果实,用自来水冲洗干净,放在保湿的器皿内,在 20～23 ℃的条件下培养 2～3 d,促使真菌孢子产生,再进行镜检。有的真菌病害,经过保湿培养、徒手切片都没有发现子实体时,应进一步进行病原分离培养。

(五)归纳总结

试总结植物侵染性病害与非侵染性病害在田间初步诊断的方法。

工作任务 4　植物病害标本的采集、整理与制作

【任务概述】

通过教材知识传授、文献查阅以及讨论分析等方法,了解植物病害标本采集与制作的基本原理;通过到实训基地、农作物生产田中进行病害标本采集,学会采集与制作病害标本用具的使用;能够认真、踏实地采集典型的植物病害标本;并在实训室中学会干燥标本和浸渍标本的整理与制作。

【知识准备】

植物病害的标本是对其症状的最直观的记载和描述。所以,在进行植物病害的教学或研究过程中,病害标本的采集和制作是首要的工作。

一、植物病害标本的采集与制作用具

1. 采集标本的用具

采集夹、标本夹、标本纸、标本箱(筒)、塑料袋、剪刀、修枝剪、手锯、手铲、纸袋、标签、手持放大镜及采集记录本等。

(1)标本夹　在野外采集时临时收存新采标本的轻便夹子。主要用来压制各种含水量较少的枝、叶等病害标本。

(2)采集箱　用于临时收存新采集的果实等柔软多汁的标本。

(3)标本纸　主要用来吸收标本的水分,使标本逐渐干燥。一般用草纸或麻纸作标本纸,它们的吸水性较好。

(4)修枝剪　主要用于剪取较硬或韧性较强的枝条。

(5)其他　难以折断的枝干则要用手锯,挖掘地下患病植物器官(如根、块根、块茎等)要用手铲。

2.制作标本的用具及试剂

剪刀、标签、标本瓶、玻璃瓶、玻璃板、塑料绳、水浴锅(或简单的加热装置)、水、硫酸铜试剂、明胶、石蜡等。

二、植物病害标本采集与制作的基本原理

室外采集标本是获取植物病害标本的重要途径,也是熟悉植物病害的症状、了解植物病害发病情况的最好方式。植物病害的发病时期与植物的生育期及当地的气候条件和生产条件有着密切的关系,所以在采集标本前,应明确在当地的气候条件和生产条件下,某种植物病害的始发期和盛发期;某种植物病害主要在植物的哪一个生育期间发病及某种设施植物病害主要发生在哪些植物上等。

在植物病害标本的采集和制作过程中,应对症状的变化情况给予特殊的注意。例如,症状可能表现为典型症状,也可能表现为非典型症状,在采集时,均应加以注意。一种病害,在同一种植物上,可以同时表现出多种不同类型的症状;在植物生长发育的不同时期,也可以先后表现出多种不同类型的症状。

标本的制作是为了日后能较为方便地观察植物病害的症状,并能及时提供研究的材料,稳妥的保存方法可为教学及相关的科研工作提供可靠的保障。无论用干燥制作法保存标本,还是用浸渍制作法保存标本,都是为了尽量减缓所保存标本变质的速度或不使其腐烂霉变。同时,也是为了尽量使标本保持其原色,以延长标本的使用时间和提高标本的保存质量。

三、植物病害浸渍标本的常用浸渍液

块根、块茎、果实类标本柔软多汁,不易压制。为了保持这些标本原来的色泽和症状,常用浸渍液制成瓶装标本。浸渍液随寄主色泽或浸渍目的的不同而有不同的配制方法,常用的浸渍液有:

(1)防腐漂白浸渍液　此种浸渍液由亚硫酸饱和溶液、酒精和水按照一定比例配制成。亚硫酸饱和溶液,即二氧化硫的饱和水溶液。

(2)保存绿色的浸渍液　常用的有如下几种:①醋酸铜浸渍液,反复使用多次后保色能力逐渐减弱,需定期补加适量的醋酸铜。②硫酸铜亚硫酸浸渍液,用于保存绿色植物组织。③瓦查浸渍液,由亚硫酸、硫酸铜、酒精、乙酰水杨酸、福尔马林、香油和水等成分按比例配制而成,适用于保存叶片和果实的绿色,也可保存梨和苹果等的黄色。

(3)保存黄色和橘红色标本的浸渍液　配制方法是将亚硫酸(含二氧化硫5%～6%)配成4%～10%的水溶液(含二氧化硫0.2%～0.5%)。可保存如杏、梨、柿、黄苹果、柑橘和红辣椒

等标本。

(4)保存红色的浸渍液　瓦查浸渍液。此种浸渍液分两部分:浸渍液1的主要成分为硝酸亚钴、福尔马林、氯化锡等;浸渍液2的主要成分为福尔马林、亚硫酸、酒精等。将标本洗净后,在浸渍液1中浸2周,然后在浸渍液2中保存。可用于保存草莓、辣椒、马铃薯以及其他红色的植物组织。

【任务实施】

植物病害标本的采集、整理与制作

(一)目的要求

了解采集整理病害标本的方法,学会病害标本的整理、制作。

(二)实施场所

校外农业生产田和学校实训基地、实训室。

(三)标本采集、制作用具

1. 采集用具

标本夹、标本纸、标本箱、塑料袋、剪刀、枝剪、手锯、手铲、纸袋、标签、手持放大镜及采集记录本等。

2. 制作用品

标本瓶、玻璃瓶、玻璃板、塑料绳、水浴锅(或简单的加热装置)、水、明胶、石蜡、醋酸铜、亚硫酸、硫酸铜、硫酸铜试剂、酒精、乙酰水杨酸、福尔马林、香油等。

(四)病害标本采集

1. 室外采集

(1)病叶　用剪刀剪取病植物上的发病叶片。尽量剪取整个病叶,同时,对于每一片叶上的病斑,在颜色、大小以及形状方面都应是较为一致的。对于较薄、较易失水的叶片,在采集时应随时携带吸水纸或废旧的书,随采随压,以免叶片迅速干缩卷曲而不易展开。

(2)病果　用剪刀剪取的病果,装入采集箱中。对于此类标本,特别是对于像番茄一类多汁的病果,要特别加以注意,应先以标本纸分别包裹后,置于采集箱中,以防相互挤压而变形。

(3)病根　用铁铲挖取的病根等,装入采集箱中。在挖取此类病害的标本时,要注意挖取点的范围要大一些,以保证取得整个根部。注意事项:对于真菌病害,标本应带有子实体。一般情况下,各种病害的标本最好采集10份以上。

2. 采集记录

完整的记录与标签同样十分重要。采集时,要随时做标记。每份标本都要附上临时标签(表2-2),即将临时标签随着标本压在吸水纸之间。写临时标签时,应使用铅笔记录,以防受潮后字迹模糊,影响识别。

3. 标本携带

标本采集后,茎或叶片类的标本装入采集袋中,每一种病叶放入一个小袋内之后,再放入一个大一点的采集袋内;对于根或果实类的标本,各种标本在装入采集箱之前应分别用小采集袋装好密封或用纸包裹好,然后,再装入采集箱中。对于黑粉类、锈病类的标本,要特别注意,标本间不要相互接触污染，腐烂类的标本应避免挤压，以防损坏标本。

表 2-2 临时标签制作

寄主名称：	采集人：
采集地点：	采集编号：
采集时间：　　年　　月　　日	病害发生情况(轻、中、重等)：
受害部位(根、茎、叶、花、果实等)：	
产地环境(坡地、平地、沙土、壤土、黏土等)：	

4. 标本整理

在完成田间采集的过程之后，需及时进行标本的取舍和初步的整理。对于同一种病害的标本，应尽量保留带有典型症状的标本，叶片或果实要保持完整。在整理时，应使其形状尽量恢复自然状态。如果外出采集，每天晚上都要将当天采集的标本进行整理、压制，以后要勤换纸和晾晒，以防霉变。

(五)干燥标本的制作

(1)含水量小的标本压制　对于像禾本科、豆科等植物比较薄的叶片病害标本，经过整理后，立即进行压制。在压制时，标本间的标本纸最好要多放几层，一般每层至少用 3～5 张标本纸，以利于标本中水分的快速散失。

(2)含水量大的标本压制　对于像甘蓝、大白菜、油菜等比较厚、不易失水的叶片，最好经过一段时间(1～2 d)的自然散失水分，然后进行压制。自然散失水分的时间不宜过长，最好是在叶片将要卷曲但还未卷曲时进行。

(3)标本整理　在第 1 次换纸前，要对标本进行形状的整理，尽量使其舒展自然，在整理时，要十分小心，特别是对于比较柔嫩的植物标本，更应多加注意，以免破损。

(4)换纸　一般情况下，开始一周的时间里要每天换干燥的吸水纸 1 次，以后可隔天换纸，直至标本完全干燥为止。在换纸时，注意不要遗失临时标签；要特别注意不要混用已经污染了的纸张；对于完全干燥的标本，要特别小心移动，以防破碎。

(5)果穗及较粗大茎的标本干燥　对于这类标本应置于朝阳(但应避免强光直射)的通风处，置于吸水纸上，进行自然干燥。同时，也要定期进行翻动，使其整体较为均匀地干燥。

(6)装袋保存　用重磅胶版纸(也可用牛皮纸等代替)，纸袋的大小可根据标本的大小而定，其折叠方式也可根据标本的不同形状而做适当的改进。在装袋时，要及时贴上正式标签，标签的大小和位置应根据具体的纸袋的大小而定。

(六)浸渍标本的制作

此法制作的标本易保持原来的形态和色泽，但保存的时间有限，且需占用比较大的空间。一般用于制作教学和示范标本。

(1)配制硫酸铜溶液　根据需要，一般配制 5%的硫酸铜水溶液 1 000 mL，在适当的玻璃容器中，所浸标本全部位于液面以下。

(2)预浸病果　从室外采来的新鲜病果，在盛有 5%的硫酸铜溶液的玻璃瓶中浸 24 h。浸病果时，需临时将病果用塑料绳缚在玻璃板上，一起放入溶液中。否则，病果易浮在液面上，特别是像辣椒这样的空心的果实，更易漂浮在液面上。

(3)漂洗病果　将预浸过的病果从容器中取出，用清水漂洗 6 h。可固定在水龙头下，打开水阀用流水进行冲洗。在冲洗时，水流不宜太急，否则，易破损标本，或将子实体冲刷掉。

(4)配制亚硫酸溶液　在标本瓶中，将含 5%～6%二氧化硫的亚硫酸溶液 15 mL 加入 1 000 mL 水中。配制溶液时，要记住，将浓硫酸沿瓶壁缓缓倒入水中，切不可将水倒入浓硫酸中，以防发生事故。

(5)固定病果　将冲洗后的病果用塑料绳缚在玻璃板上，一起浸入配制好的亚硫酸溶液中。固定时，要小心操作，尽量不要损坏标本，保持其完整。

(6)封口　先配制封口剂：取明胶 200 g、石蜡 50 g，将明胶置于玻璃瓶中，用水浸 6 h，滤去水分。之后，在水浴锅中加热熔化；再加入石蜡，熔化后即可成为胶状物，趁热进行涂抹封口。

(7)贴标签　标签一般贴在瓶体的中央位置。

(七)任务

采集当地主要作物病害标本不少于 25 种，并制成干制标本或浸渍标本，同时描述主要病害标本的症状特点。

项目三

植物病虫害田间调查与综合治理

工作任务1　病虫害田间调查与统计

【任务概述】

为了做好病虫害的防治工作,必须有目的地实地调查病虫害在田间的分布和数量。了解病虫害在田间的分布类型,采取科学的取样方法、田间记录和统计分析,才能获取准确的田间病虫害发生信息,为综合防治工作提供科学依据。

【知识准备】

一、调查内容

在防治病虫害的生产实践中,最常进行的田间调查内容有以下几类。

(一)病虫发生及为害情况的调查

主要是了解一个地区在一定时间内的病虫种类、发生时间、发生数量及为害程度等。对于当地常发性或暴发性的重点病虫,则可以详细调查记载害虫各虫态的始发期、盛发期、盛末期和数量消长情况,或病害由发病中心向全田扩展的时间、严重程度及增长趋势等,为确定防治对象田和防治适宜时期提供依据。

(二)病、虫、天敌发生规律的调查

如调查某一病虫或天敌的寄主范围、发生世代、主要习性以及在不同农业生态条件下数量变化的情况等,为制定防治措施和保护利用天敌提供依据。

(三)病虫越冬情况调查

调查病虫的越冬场所、越冬基数、越冬虫态和越冬方式等。目的是为制订防治计划和开展病虫长期预报等积累资料。

(四)病虫防治效果调查

包括防治前后病虫发生程度的对比调查、防治田与不防治田的对比调查和不同防治措施的对比调查等,为选择有效的防治措施提供依据。

二、田间调查方法

(一)病虫的田间分布型

病虫在田间分布型，常因病虫种类、虫态、发生阶段的不同而异，也随地形、土壤、被害植物的种类、栽培方式等不同而有所变化。调查病虫在田间发生情况时，先要摸清这种病虫在田间的分布型，以便采用相应的调查方法，使调查结果能符合客观实际。常见的病虫田间分布型如图 3-1 所示。

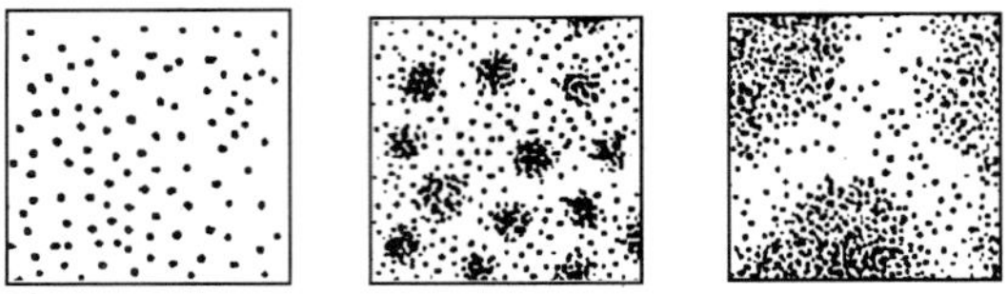

1. 随机分布　2. 核心分布　3. 嵌纹分布

图 3-1　病虫的田间分布类型

1. 随机分布

随机分布通常是稀疏的分布，每个个体之间的距离不等，但是较均匀，调查取样时每个个体之间出现的概率相等，如玉米螟卵块在玉米田间的分布，稻瘟病、小麦白粉病等在流行期多属于这一类型。

2. 核心分布

核心分布是不均匀的分布，即病、虫的田间分布呈多数小集团，形成核心，并自核心呈放射状蔓延。核心之间是随机分布的，核心内常是较浓密的分布，如马铃薯晚疫病、小麦锈病等由中心病株向外蔓延的初期都属于核心分布型。

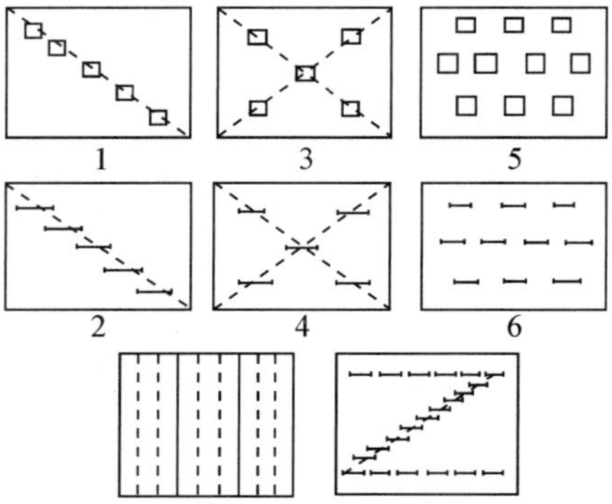

1～2. 单对角线式(面积或长度)　3～4. 双对角线式或五点式(面积或长度)　5～6. 棋盘式(面积或长度)　7. 平行线或抽行式　8. “Z”形

图 3-2　病虫田间调查取样图

3. 嵌纹分布

嵌纹分布也是不均匀分布，病虫在田间的分布呈不规则的疏密相间状态，如棉红蜘蛛、叶蝉等害虫在早期点片发生时多属此种类型。

(二)取样方法

农田田块很大，植株数量很多。进行田间调查时不可能对所有的植株进行调查，只能选取一些样点进行调查，再以这些样点调查的结果推算全田的情况。为了缩小调查结果的误差，并尽可能地反映实际情况，田间调查取样时必须注意取样的代表性。取样方法有以下 5 种(图 3-2)：

1. 五点取样法

按面积、长度或以植株为单位选取样点，每块田取 5 个样点。这种取样法样点数较少，样点应稍大一些。五点取样法适于在地块小、近方形、病虫分布较均匀的情况下采用。

2. 对角线取样法

对角线又分为单对角线和双对角线两种，与五点取样法相似。也适用于病虫在田间分布比较均匀的随机分布型。由于取样较少，每个样点亦应稍大一点。

3. 棋盘式取样法

取样的样点数较多，适用于较大田块或长方形田块，也适用于随机分布型或核心分布型的病虫调查。

4. 平行线或抽行式取样法

适宜于成行的作物田或害虫在田间呈核心分布的调查取样。由于样点数较多，每个样点应小一点。

5. “Z”形取样法

适用于病虫在田间分布不均匀的嵌纹分布型取样。如蚜虫、红蜘蛛、叶蝉前期在田边点片发生时可选用这种方法。

（三）取样单位及数量

样点的单位，应根据病虫害种类、害虫发育阶段以及作物种类或栽植方式的不同而不同。而取样的数量决定于病虫分布均匀程度、密度及人力和时间容许的情况。常用的单位和数量有：

1. 长度单位

常用于生长密集的条播作物。如小麦田、垄播作物田等，可调查一定长度内植株或苗木上病斑或害虫数，然后根据播幅和行距折合成每亩病虫数。根据作物种类和调查病虫种类的不同一般可取不同间距。

2. 面积单位

常用于调查地下害虫、苗期或密植、撒播作物上的病虫害，通常以平方米为单位。每个样点可取 0.5 m^2、1 m^2 等。

3. 植株或植株的某一部分为单位

全株性的病害、地下害虫、虫体小或密度大的害虫的调查，常以植株为单位，每样点取样数量为 10 株、20 株等；叶斑病，以叶片为单位，每样点取样数量为 10 片叶或 20 片叶；虫蛀果、果腐病以果实为单位，每样点取样数量为 10 个、20 个果实，或全田 100 个果实，或自定数量。

4. 诱集物为单位

如灯光诱蛾，计数一定光度下，一定时间内诱集到的害虫数。其他如糖浆诱蛾、性诱剂诱虫等，都可以对这些方法进行标准化以后作为计数单位。

5. 体积或质量为单位

调查储粮害虫时，以体积或质量为单位。计数单位质量或体积储粮中的害虫数。

6. 其他单位

调查活动性大的害虫，可以在一定范围内计算单位时间内收集到或目测到的害虫数。调查有飞翔活动习性的小型昆虫，如粉虱，可以一定大小口径捕虫网的扫捕次数为单位。

三、病虫害调查的记载方法

调查记载是病虫害田间调查中一项重要的必不可少的工作，无论是哪种内容的调查都必须有记载。

对田间调查记载的要求是:准确、简要、具体。

田间调查记载一般多采用表格方式。记载表格的内容、项目可根据调查的目的和对象自行设计。对于测报工作的调查,要按全国统一规定进行记载。常用的田间调查记载表格形式。见表 3-1、表 3-2 和表 3-3。

表 3-1 地下害虫调查记载表

年 月 日 调查者:

地点	土壤植被概况	样坑号	样坑深度	害虫名称	虫期	害虫数量	备注

表 3-2 玉米螟产卵及孵化情况调查记载表

年 月 日 调查者:

调查日期	地点	地块类型	作物生育期	调查株数	卵块数	百株平均卵块数	已孵或将孵卵块数			已孵和将孵卵块百分率/%	备注
							已孵卵块	有黑点卵块	合计		

表 3-3 小麦白粉病发生情况调查记载表

年 月 日 调查者:

调查日期	地点	麦田类型	品种	生育期	调查总叶数	发病叶数	发病级数					病叶率/%	病情指数	备注
							0	1	2	3	4			

四、调查资料的计算

调查记载的数据和资料，要进行整理、计算和分析，才能更好地反映出实际结果。

(一)调查资料的计算

常用于反映病虫发生和危害程度的统计方法是求出各样点调查数据的平均数和百分数，其计算公式如下：

1. 发病率

主要反映病虫害的普遍程度。根据不同的调查对象，采取不同的取样单位。在病害方面，有病株率、病果率、病叶率等；虫害方面则称为被害率或有虫株率、白穗率、卷叶率等。

$$\text{发病率(或被害率)}=\frac{\text{发病(有虫)单位数}}{\text{调查单位总数}}\times 100\%$$

2. 虫口密度

表示在一个单位面积内的虫口数量，通常用每 667 m^2 虫数、百株虫数等表示。

$$\text{每 667 m}^2\text{ 虫口密度}=\frac{\text{查得总虫数}\times\text{每 667 m}^2\text{ 单位数}}{\text{调查总单位总数}}$$

虫口密度也可以用百株虫数表示：

$$\text{百株虫数}=\frac{\text{调查总虫数}}{\text{调查总株数}}\times 100$$

3. 病情指数

在植株局部被害的情况下，各受害单位的受害程度是不同的。可按照被害的严重程度分级，再求病情指数。

$$\text{病情指数}=\frac{\sum(\text{各级叶数}\times\text{各级严重度等级})}{\text{调查总叶数}\times\text{最严重的等级数}}\times 100$$

例如，小麦白粉病的分级记载及病情指数的计算见表 3-4。

表 3-4　小麦白粉病严重度记载标准及调查结果表

级别	病情程度(严重度)	调查病叶数
0	无病	30
1	叶片病斑少而小	25
2	叶片病斑小而多或大而少	20
3	叶片病斑大而多	15
4	全叶病枯	10
合计		100

$$\text{病情指数}=\frac{\sum(\text{各级叶数}\times\text{各级严重度等级})}{\text{调查总叶数}\times\text{最严重的等级数}}\times 100$$

$$=\frac{(25\times 1)+(20\times 2)+(15\times 3)+(10\times 4)}{100\times 4}\times 100$$

$$=37.5$$

由上例的计算结果可以看出，病情指数比发病率更能代表发病的程度。

4.损失情况估计

除少数病、虫如小麦散黑穗病的危害率与损失率接近外，一般病虫的为害与造成的损失不一致。损失是指产量或经济效益的减少。所以，病虫所造成的损失应该以生产水平相同的受害田与未受害田的产量或经济总产值对比来计算，也可用防治区与不防治的对照区产量或经济总产值来计算。

$$\text{损失率}(\%)=\frac{\text{未受害田平均产量或产值}-\text{受害田平均产量或产值}}{\text{未受害田平均产量或产值}}\times 100$$

(二)加权计算

一般统计调查数据时，多用常算法计算平均数，如果所调查的资料变数较多，则可以改用加权法计算比较简便。加权计算是将变数值相同出现的次数作为权数，用各变数与权数乘积的总和来计算平均数。

$$\text{加权平均数}=\frac{\sum(\text{各变数}\times\text{次数})}{\text{各次数的总和}}$$

例如，调查地下害虫共取样 20 点，各点查出的蛴螬的数量为 1，3，3，2，6，5，2，3，3，0，4，2，0，2，2，4，2，5，1，2。用加权法计算时，先将资料整理如下：

变数(X)	0	1	2	3	4	5	6
次数	2	2	7	4	2	2	1

代入加权平均法公式：

$$\text{平均数}=\frac{(2\times 0)+(2\times 1)+(7\times 2)+(4\times 3)+(2\times 4)+(2\times 5)+(1\times 6)}{2+2+7+4+2+2+1}$$

$$=\frac{52}{20}=2.6(\text{头/点})$$

有些调查资料，各个变数所占的比例不同时，更应该采用加权法计算其平均数，此时的权数便是各变数的比重，这样才能较准确地反映实际情况。例如，在甲、乙两个村调查地下害虫为害情况时，调查结果如表 3-5 所示。

对于这样的调查资料，如果只简单地将各类虫害相加，求出平均数，就得出：

$$\text{虫害率}=\frac{5+15+30}{3}=16.66\%$$

表 3-5　甲、乙两村虫情调查表

虫害程度	虫害率(权数)/%	面积(变数)/hn^2	
		甲	乙
轻	5	1 500	30
中	15	300	300
重	30	30	1 500
合计	50	1 830	1 830

这一计算方法,没有考虑各种虫害类型的面积,就看不出两个村虫害程度的差别。以各类受害的作物面积为权数,用加权法分别计算两个村的平均虫害率,则其计算结果是:

$$\text{甲村平均虫害率}=\frac{(1\,500\times5)+(300\times15)+(30\times30)}{1\,500+300+30}=7.06\%$$

$$\text{乙村平均虫害率}=\frac{(30\times5)+(300\times15)+(1\,500\times30)}{30+300+1\,500}=27.13\%$$

这样就可以看出,两个村的受害情况,差异是显著的。由此可见,选用正确的计算方法,对于如实反映情况十分重要。

【任务实施】

病虫害田间调查与统计

一、目的要求

在初步掌握病虫害调查、统计方法的基础上,对当地主要病虫害的发生发展做进一步调查,为测报提供依据。通过任务实施,提高田间调查、统计的熟练程度和分析病虫情况的能力。

二、仪器和用具

标本采集用具,记载本、铅笔等。

三、内容和方法

根据当地生产特点和需要,选择 1～2 种主要病虫害,按调查目的要求进行田间调查。调查时可选择不同类型的代表性地块(如地势、土质、播期、密度、作物生育期和管理水平等),分组进行,结束时汇总各组情况,进行病(虫)情分析。

现以蚜虫调查为例,将方法和表格设计如下。

调查方法:五点取样,通常每点调查 10 株(蚜虫数量多的也可以叶片为单位),逐叶调查,记载有蚜株数(叶片数)。然后在每点选定 2 株(2 片叶),共 10 株(10 片叶),记载蚜虫数量,按表 3-6 记载统计。

表 3-6 蚜虫调查表

调查地点： 调查日期： 调查作物： 调查人：

样点	调查株数（叶数）	有蚜株数（叶数）	有蚜株率/%	有翅蚜	无翅蚜	平均百株蚜量/头
1						
2						
3						
4						
5						

工作任务 2 病虫害预测预报

【任务概述】

病虫害的发生消长都有它自身的规律，了解病虫预测内容和类型，掌握病虫预测预报的具体方法，能够结合调查结果、历史资料和天气预报等资料，准确地进行预测预报，及时有效地采取措施控制病虫害。

【知识准备】

一、预测预报的内容及种类

（一）预测的内容

根据防治工作的需要，预测的内容大致有以下 3 个方面。

1. 发生期的预测

病虫发生时期因地而异，即使是同种病虫、在同一地区也常常随着每年的气候条件变化而有所不同。所以，对当地主要病虫进行预测，掌握其始发期、盛发期和终止期，抓住有利防治时机，及时开展防治有着重要的意义。

2. 发生数量的预测

病虫的发生数量是判断为害程度、损失大小和决定是否需要进行防治的依据。在掌握了发生数量之后，还要参考气候、栽培品种、天敌等因素，综合分析，注意数量变化的动态，及时采取措施，做到适时防治。

3. 发生趋势的预测

主要是预测病虫分布和扩展蔓延的动向。许多主要病虫，如小麦锈病、棉蚜等都有它的发生基地，并由发生基地逐渐扩展蔓延。了解了病虫发生的动向，有利于做好防治准备工作，及时把病虫消灭于蔓延之前。

（二）病虫情报种类

病虫的观测结果，经过综合分析，要及时准确地发布病虫情报。病虫情报种类一般有：

1. 预报

分为短期预报、中期预报和长期预报 3 种。短期预报是指距离防治适期 10 d 内的预报。中期预报是指距离防治适期 11～30 d 内的预报。长期预报是指距离防治适期 1 个月以上的预报。

2. 警报

属于紧急性质的预报，即预计某种病虫将造成严重为害或突发性的新发生病虫，需要人们特别警惕，抓紧防治的预报，特别严重时还须发紧急警报。

3. 预报技术服务情报

专为植保专业公司、专业承包户等服务的病虫情报。主要是通俗易懂地为他们提供某一作物或某一阶段中，一种或几种病虫的预报，并提供防治办法。

4. 病虫情报的预报

测报站根据病虫发生轻重，预测小发生、中等偏轻、中等发生、中等偏重和大发生 5 级。预报发出后，如情况变化，还须及时发出补充预报。发布的病虫情况，需及时上报下达。

上述的各种病虫情报，要根据农业农村部规定分级发报：省、部级病虫测报机构重点发布中、长期预报；地、县级病虫测报站主要发布中、短期预报和警报；乡、镇级测报站根据县测报站的预报发布本乡短期补充预报。

二、害虫发生期的主要预测法

预测某一害虫某一虫态的始见期、始盛期、高峰期和盛末期，以便确定最适防治时期。通常把害虫种群内所有个体进入某一虫态的百分率达 16％、50％和 84％左右的时间，分别称为始盛期、高峰期和盛末期。预测对象主要是一些防治时间性强，而且受外界影响较大的害虫，如钻蛀性、卷叶性害虫及龄期越大越难防治的害虫等。

1. 期距法

昆虫从上一世代某虫态发育到下一世代同一虫态，或从前一虫态发育到后一虫态所经历的天数，称“期距”。测报中常用的期距一般指前一高峰期至后一高峰期的天数，可根据历史积累的资料，找出害虫自然种群各虫态或各世代之间的“期距”，再根据某一虫态的发生期，加上期距天数，就能测定后一世代或后一虫态的发生期，这就是期距法。

期距，可以通过饲养法、诱集法、田间调查等方法，积累多年的资料而得到。期距法是一种经验性的方法，地域性强，不能机械搬用。

2. 物候法

物候是指自然界各种生物出现的季节规律性。如“榆钱落，幼虫多”“迎春花开，蛾子飞来”等，这些现象反映了大自然气候已达到一定的温湿度条件。由于病虫的发生也受到大自然气候的影响，所以它们的某一发育阶段也只有在一定节令才会出现。由于长期适应的结果，害虫的发生常与寄主的发育阶段相一致。例如，棉铃虫总是在棉花现蕾时，才到棉花上产卵。在昌吉，当榆钱干落时，正是地老虎成虫羽化盛期。这些都可以作为预测调查和指导防治的重要参考。

在物候观察时，不但应注意物候表象与害虫虫期同时出现的时间，更重要的是要找出害虫发生期以前的物候现象，这对于害虫的预测预报更具实用意义。

3. 有效积温预测法

各种害虫的不同虫态都要求一定的发育起点温度才开始生长发育，完成某一阶段或整个世代需要一定的有效积温。对于某种害虫来说，其发育起点温度和有效积温均为常数。因此，在适宜害虫生长发育的环境里，温度的高低是影响害虫生长发育快慢、出现时间迟早，以及种群数量消长等的重要因素。当测得害虫某一虫态或龄期的发育起点温度和有效积温后，便可根据当地常年同期的平均气温，结合本年的气象预报，通过有效积温法则预测出下一虫态或龄期的发生期，以及这种害虫一年中的发生世代数。

三、病害的主要预测法

预测病害，需要清楚地识别病害的病原和症状，了解掌握病害的发生规律和流行条件，还要借助于显微镜或其他一些仪器、药品等来帮助检查。一般群众性的预测工作，主要是在专业人员的指导下，开展田间的调查工作，即根据病害发生的某些指标进行调查，用以确定防治田块和防治的有利时机。常用的方法有：

1. 病圃预测法

在大田外，单独开出一块地，针对本地区为害严重的某一病害，种植一些感病品种和当地普遍栽培的品种，经常观察病害的发生情况。观测圃中的感病品种，由此，可以较早的掌握病害开始发生的时期和条件，估计可能发生为害的程度，有利于及时指导大田普查。但必须注意与大田的隔离，防止病圃的菌源向大田蔓延，造成损失。

观测圃内种植当地普遍栽培的品种，可以反映大田的正常病情，了解病情发展的快慢，作为指导防治的依据。

2. 田间调查法

直接进行田间调查，了解大面积作物上病害发生发展的情况，根据调查结果，对未来将要发生的情况做出准确的估计。进行田间调查时，调查的地块要有代表性，要定点、定株、定期进行调查，每次调查都要有详细的记载，并算出普遍率和严重率，结合气象资料对病情进行分析。

3. 气象指标预测法

作物病害的发生和流行与气象条件密切相关，在气候条件中主要是温度和湿度。根据某些有利于病害流行的气象条件与病害流行的关系，总结出某些主要影响病害流行的气象因素，在关键时期与流行的直接关系。再根据这些有利病害流行的气候条件能否出现以及何时出现，就可以预测病害的发生情况。例如，马铃薯晚疫病的流行与温、湿度的关系最为密切，经多年观察，英国将马铃薯晚疫病的气象指标规定为：48h 内气温不低于 10 ℃，相对湿度不低于75％，参照此指标可以推测出中心病株的出现时期，即在 15～22 d 可能会出现中心病株。

4. 孢子捕捉法

某些真菌病原孢子随气流传播，发病季节性较强，容易流行成灾，可用空中捕捉孢子的方法预测发生动态。如小麦锈病、稻瘟病、马铃薯晚疫病等，都可以用孢子捕捉法来预测其发生期和发生程度。

捕捉病原孢子的方法，一般是在病害没有发生或在普遍发生之前。用一定大小的玻片，涂上一薄层凡士林，按孢子传播的特点，迎风或平放在一定高度且容易接受孢子的地方，定期取下，用显微镜检查计数，进行统计分析。

【任务实施】

病虫害预测预报

一、目的要求

在掌握病虫害调查统计数据的基础上，结合病虫害预测预报知识，开展病虫害预测，为植物病虫害防治提供技术指导。

二、仪器和用具

标本采集用具，记载本、铅笔等。

三、内容和方法

（一）黄瓜霜霉病预测预报办法

1. 春黄瓜中心病株调查

育苗期，在第 1 片真叶出现以前，采取定畦不定株，每畦随机取 50 株调查，每 5 d 查 1 次。对有可疑症状的幼苗保湿一夜，观察病斑上是否出现霉层，必要时进行镜检。

定植后，从 4 月下旬开始，选择靠近温室、阳畦，黄瓜栽培较集中的地块 3 块，每 5 d 调查 1 次，遇雨后立即补查。在没有发现中心病株以前，以株计算，每块地对角线 5 点取样，每点调查 100 株，当发现中心病株以后，应结合气象预报，进行分析，及时发出第 1 次预报，立即进行发病中心地普查，如果气候条件合适，一般 4～8 d 可出现较多较晚的发病中心，经过半个月即可普遍发病。所以，一旦发现中心病株，即应普遍开始喷药保护。

2. 发病程度调查

当黄瓜霜霉病普遍发生时，选择有代表性的地块 1～2 块，5 点取样法采取定点定株，每点 20 株，每 5 d 调查 1 次，调查发病率及病情指数。分级标准分别按苗期和成株期进行，至黄瓜结瓜盛期后为止。将每次调查结果记入表 3-7、表 3-8 中。

表 3-7　黄瓜霜霉病田间发病情况调查记载表

调查人：

调查日期	地点	品种	生育期	发病中心出现日期	调查叶数	发病叶数	发病率	各级发病叶片数					病情指数	防治情况	栽培条件				备注
								0级	1级	2级	3级	4级			施肥	灌水	放风	结露	

注：温室、大棚、保护地，用自动温度计记录。亦可挂一般温度计，记载早 8～9 时、中午 12～14 时、晚 8 时～凌晨 4 时温度情况。

表 3-8 当地天气情况记载表

调查人：

日期	平均气温	昼夜温差		相对湿度	日照	雨量	雨时	风力	风向	其他
		最高	最低							

注：苗期黄瓜霜霉病分级标准如下。

0 级 叶上无病斑。

1 级 病斑面积占整个叶面积的 1/4 以下。

2 级 病斑面积占整个叶面积的 1/4～1/3。

3 级 病斑面积占整个叶面积的 1/3～2/3。

4 级 病斑面积占整个叶面积的 2/3 以上到叶片枯干。

成株期黄瓜霜霉病分级标准如下。

0 级 无病斑。

1 级 少数病叶，少数病斑。

2 级 少数病叶，多数病斑；或多数病叶，少数病斑。

3 级 多数病叶，多数病斑。

4 级 大部分叶片干枯(或死亡)。

3. 保护地(大棚)黄瓜中心病株调查

温室和大棚黄瓜霜霉病的发生流行和露地黄瓜基本相同，调查方法也可借用，在重茬地和黄瓜霜霉病流行的年份，或常发病的温室、大棚，要注意经常检查排水通风不良，低洼潮湿和容易发病的地段，如果发现有可疑的病斑，应立即摘下进行保湿培养，镜检。如发现中心病株，应及时采取通风，调湿，调温，高温灭菌和其他防治措施，在发现病斑确为霜霉病时，应马上发出预报并进行温室大棚黄瓜霜霉病的普查预防工作。

(二)棉蚜的预测预报

1. 查虫情消长与环境条件的关系

选不同类型的代表田块，用 5 点取样法，定期(3～5 d)，定点(10 株)调查虫口消长情况，填入表 3-9 中，并计算各主要因素的变动系数。

变动系数＝当日调查数/前次调查数

变动系数等于 1 时，表示没有变化；大于 1 表示上升；小于 1 表示下降。根据各种变动系数，分析棉蚜在田间消长情况及其原因。

2. 根据虫情、天敌虫口数量确定防治时期

麦收前棉蚜有翅若蚜达 1%～3%，平均有蚜株率 20%，蚜瓢比大于 150 时，进行第 1 次防治。麦收后当每株蚜量达 10 头以上的棉株接近 30%，蚜瓢比大于 150 时进行防治。

表 3-9　棉蚜虫口消长调查统计表(同一块棉田)

调查人：

调查日期	上中下三片叶平均数			有翅成若蚜	有蚜株	有蚜株率	变动系数	卷叶株数	卷叶株率	变动系数	棉株生长情况	天敌					备注
	有翅成若蚜	无翅成若蚜	合计									七星瓢虫	食蚜蝇	草蛉	蜘蛛	其他	

四、调查时应注意

1. 选点时应根据调查目的确定有代表性的地块，必要时对病虫发生特别严重或较轻的田块可进行专门调查，从中探讨原因，供进一步研究时参考。

2. 调查时应对调查地块的基本情况包括作物轮作、栽培制度、管理情况和过去病虫的发生情况、防治经验等进行了解。对调查地块周围的环境和自然条件，特别是有无其他寄主、大棚温室的远近、天敌来源等也应注意记载，以供分析时参考。

工作任务 3　植物病虫害综合治理

【任务概述】

综合治理是对有害生物进行科学管理的体系，它从农业生态系统总体出发，根据有害生物与环境之间的相互关系，充分发挥自然控制因素的作用，因地制宜协调应用必要的措施，将有害生物控制在经济允许水平之下，以获得最佳经济、生态和社会效益。病虫害的防治主要是利用植物检疫、农业防治技术、物理机械防治技术、生物防治技术和化学防治技术等来控制或阻止病、虫、草及其他有害生物的为害。这些防治技术都有自己的优、缺点，单一地使用某一种技术很难达到预想的防治效果。在有害生物的综合治理中应首先考虑植物检疫和农业、生物、物理机械防治措施，化学防治只是一种补救措施。因此，要协调地运用各种防治技术，开展综合防治，才能达到经济、安全、有效防治病虫害的目的。

【知识准备】

一、植物病虫害综合治理概念

人们一直在寻找一种理想的防治病虫害的方法。20 世纪 40 年代，人工合成有机杀虫剂和杀菌剂等的出现，使化学防治成为防治病虫害的主要手段。但是化学农药经过长期大量使用后,产生的副作用越来越明显,不仅污染环境,而且使病虫害产生抗药性和使大量的天敌等有益生物被杀死。人们终于认识到依赖单一方法解决病虫害的防治问题是行不通的。为了最大限度地减少防治有害生物对环境产生的不利影响,提出了“有害生物综合治理”策略,简称IPM。

1.综合治理的含义

植物病虫害的防治方法很多,每种方法各有其优点和缺点,仅仅依靠某一种措施往往不能达到防治目的。我国确定了“预防为主,综合防治”的植物保护工作方针。提出在综合防治中,要以农业防治为基础,因地因时制宜,合理运用农业防治、物理防治、生物防治、化学防治等措施,达到经济、安全、有效地控制病虫害的目的。

1986年,中国植物保护学会和中国农业科学院植物保护研究所在成都联合召开了第2次农作物病虫害综合防治学术讨论会,提出综合防治的含义是:综合防治是对有害生物进行科学管理的体系,它从农业生态系统的总体出发,根据有害生物与环境之间的相互关系,充分发挥自然控制因素的作用,因地制宜协调应用必要的措施,将有害生物控制在经济允许水平之下,以获得最佳经济、生态和社会效益,即综合防治是以农业生态全局为出发点,以预防为主,强调利用自然界对病虫的控制因素,达到控制病虫害的目的;合理运用各种防治方法,相互协调,取长补短,在综合各种因素的基础上,确定最佳防治方案;利用化学防治方法时,应尽量避免杀伤天敌和污染环境;综合治理不是要彻底干净消灭病虫害,允许作物上存在一定数量的有害生物,只要它们的种群数量不足以达到经济为害水平,就不必进行防治。

2.综合治理的原则

(1)从农业生态学观点出发,认为植物、有害生物(病虫)、有益生物(天敌)3者之间相互依存,相互制约。它们同在一个生态环境中,又是生态系统的组成部分,它们的发生和消长又与其共同所处的生态环境的状态密切相关。综合治理就是在作物播种、育苗、移栽和管理的过程中,有针对性地调节生态系统中某些组成部分,创造一个有利于植物及有益生物生存而不利于有害生物发生发展的环境条件,从而预防和减少病虫的发生与危害。

(2)从安全的观点出发,认为生态系统的各组成部分关系密切,要针对不同的防治对象,又考虑对整个生态系统的影响,协调选用一种或几种有效的防治措施。如栽培管理、天敌的保护和利用、物理机械防治、药剂防治等措施。对不同的病虫害,采用不同对策。各项措施协调运用,取长补短,又要注意实施的时间和方法,以达到最佳效果。同时将对农业生态系统的不利影响降到最低。

(3)从保护环境、促进生态平衡、有利于自然控制病虫害的观点出发,认为植物病虫害的综合治理要从病虫害、植物、天敌、环境之间的自然关系出发,科学的选择及合理的使用农药,特别是要选择高效、无毒或低毒,或轻污染、有选择性的农药,防止对人畜造成毒害,减少对环境的污染,保护和利用天敌,不断增强自然控制力。

(4)从提高经济效益的观点出发,认为防治病虫害的目的是为了控制病虫害的危害,使其危害程度不足以造成经济损失,即经济允许水平(经济阈值)。根据经济允许水平确定防治指标,危害程度低于防治指标,可不防治。否则,要及时防治。

3.综合治理方案的制订

(1)首先要调查作物病虫害种类,确定主要防治对象和重要天敌类群。

(2)明确主要防治对象的防治指标。

(3)熟悉主要防治对象、主要天敌类群的发生规律、种群数量变动规律、相互作用及与各种环境因子的关系。

(4)提出综合治理的措施,力求符合“安全、有效、经济、简便”的原则。以整个农田为对象,制定综合治理措施。如以某个乡、镇或地区为对象,制订各种主要作物的重点病、虫、草、鼠等有害生物的综合治理方案,并将其纳入整个农业生产管理及整个生态环境管理体系中去,进行科学系统地管理。

(5)不断改进和完善综合治理方案。

二、植物病虫害综合治理的主要措施

(一)植物检疫

植物检疫简称植检,也叫法规防治。它是根据国家颁布的法令,设立专门机构,对国外输入和国内输出以及国内地区之间调运的种子、苗木以及农副产品等进行检疫;禁止或限制危险性病、虫、草的传入和传出,或者在传入以后限制其传播,防止向其他地区传播蔓延扩展的一项植物保护工作。

植物检疫是国家为了防止农作物的危险性病、虫、杂草随农产品传播蔓延,保障农业安全生产和顺利开展对外贸易所采取的整套措施之一,也是病、虫、草害的防治方法之一,是植物保护工作的一个重要组成部分。

1.植物检疫的基本内容

植物检疫一般分为对外和对内检疫两个方面。对外检疫是对内检疫的保障,对内检疫是对外检疫的基础。

(1)对外检疫　是由国家在港口、国际机场以及国际交通要道设立植物检疫机构,对进口、出口和过境的应施检的农产品、植物进行检验和处理。防止国外新的或在国内还是局部发生的危险性病虫、杂草的输入,同时也防止国内某些危险性的病、虫、杂草的输出。

(2)对内检疫　对内检疫由各省、市、自治区检疫机构会同邮局、机场、车站,根据政府公布的对内检疫条例和检疫对象执行检疫,并采取措施,防止局部地区危险性病、虫、杂草的传播。对已列入检疫的植物、植物产品,从本地运出、运入之前,都必须经过检疫;凡种子、苗木和其他繁殖材料,不论是否列入被检疫的植物、植物产品名单和调往何地,在调运之前也都必须经过检疫;检疫工作由植物检疫部门进行。经检疫后,未发现检疫对象的,发给检疫证书,准予调运;如果发现有检疫对象的,由检疫部门根据具体情况进行处理。处理的办法有:禁止调运、退回、销毁;禁止播种;指定地点进行消毒;责令改变路线、使用地点或使用方法;就地加工或限制使用期限等。

在农业生产和农贸活动中,任何集体和每个公民都应自觉地履行植物检疫手续,遵守检疫制度,以防止农作物的危险病、虫、杂草的传播蔓延。

2.植物检疫对象的确定

植物检疫条例规定:凡局部地区发生危险性大,能随植物及其产品传播的病、虫、杂草,应定为植物检疫对象。农业、林业植物检疫对象和应施检的植物、植物产品名单,由农业农村部、国家林业和草原局制定。各省(自治区、直辖市)农业、林业行政部门可根据本地区的实际情况和需要,制定本省(自治区、直辖市)检疫对象和应施检疫的产品的补充名单,并报农业农村部、国家林业和草原局备案。

(二)农业防治法

农业防治法是综合防治的基础,在病虫害防治中占有重要地位。

一般情况下,切实可行的农业防治措施基本上与农业增产技术措施的要求是一致的,在多数情况下,能结合农业生产进行。因此,农业防治法具有经济、安全、有效、无污染,一般不伤害天敌的优点。同时,农业防治法不需要额外投资,易于与其他措施配套。不足的是,农业防治法收效慢,有一定的局限性、地域性和季节性。多为预防性措施,当病虫害已经大发生时,防治效果不大。农业防治法有以下具体措施:

1.选用抗病虫品种

同种作物的不同品种往往受同一种病虫危害的程度不同,有的不被害,有的受害较轻,有的则受害重。这是因为作物的不同品种具有不同的抗病虫的能力。利用作物抗病虫的特性,选用抗病虫的优良品种,是一种防治病虫害最经济、最有效的方法。

在使用优良的抗病、虫品种时,要注意品种的合理搭配和合理的栽培管理措施。这样做,能较持久地保持品种的优良性状,充分发挥其抗病虫的特性,使其在生产中起到显著作用。

2.使用无害种苗

种苗等繁殖材料对病虫发生的影响,主要是种苗携带传播病虫害,以及种子质量差造成的作物生育期不一致,长势弱增加病虫的侵染危害。有些病、虫是以种苗等繁殖材料携带为主要传播途径的,因此,带有病虫害的种苗就成为这些病虫的侵染来源,播种这样的种子会导致病虫害的人为传播。如棉花枯、黄萎病就是这样在国内传播蔓延的。此外,品种混杂、籽粒饱满度和成熟度不一,或者一些种苗被侵染后因生长势降低,播种后往往造成出苗和生育期参差不齐,给田间管理和收获造成不利影响,同时增加一些对作物生育期要求较严的病虫的侵染机会,从而加重病虫的为害。所以,生产上使用的种苗等繁殖材料,应该是不携带病虫的优质纯种。目前,生产上利用无害种苗繁殖基地,种苗无害化处理,以及工厂化组织培养脱毒苗等是获得无病虫种苗的有效措施。

3.合理耕作

耕作制度、农田环境及病虫的发生三者之间有着十分密切的关系。合理的耕作制度可以提高土壤肥力,使作物生长良好,增强抗病虫能力;栽种不同的作物以及耕作栽培技术的变化,可以改变农田环境,能够造成不利于病虫发生的环境条件。

轮作倒茬能有效地预防病虫害的发生。在作物品种搭配和茬口安排方面,依据病、虫对寄主和生态环境的要求,采用合理的轮作和间作,切断病虫的寄主供应;恶化病虫发生环境,减少田间病虫的积累。如小麦与豌豆、苜蓿轮作,小麦全蚀病发病轻,或不发病。稻棉轮作,可以有效控制棉叶螨、棉铃虫、地老虎、棉枯萎病等病虫的发生为害。

秋耕深翻可以改善土壤中的水、气、温、肥和生态环境,有利于培养健壮的作物,提高作物对病虫的抵抗和耐受能力。同时,可以使土壤表层的病虫深埋,使土壤深层暴露,破坏病虫适宜的生存、生活条件。此外,秋耕深翻还会因机械作用,直接杀伤害虫,或破坏害虫的巢室而使其致死。

4.调整播种方式

调整播种方式主要是调整播种期和播种密度。在特定地区病虫的发生期往往有与其寄主植物的生长发育期相吻合的状况,如果在不影响作物增产要求的情况下,适当提前或推迟播种期,将病虫发生期与作物的易受害期或危险期错开,就可以避免或减轻病虫的危害。这对于那些播种期伸缩范围大、易受害期或危险期短的作物，以及食性专一、发生一致、危害期集中的害虫具有明显的防治效果。如春麦适当早播，可以减轻小麦皮蓟马的为害。冬麦适当晚播，麦蚜的为害较轻。

种植密度过大，影响透光，田间荫蔽，湿度大，植物木质化速度慢，有利于大多数病害和喜阴好湿性害虫的发生为害。而种植过稀，植物分蘖、分枝多，生育期不一致，也会增加病、虫的发生为害，尤其是杂草的发生为害会明显加重。因此合理密植，不仅能充分利用土壤、阳光等自然资源，提高单产，同时也有利于抑制病虫害的发生。

5. 加强田间管理

田间管理涉及一系列的农业技术措施，可以有效地改善农田小气候和生态环境，使之有利于作物的生长发育，而不利于病虫害的发生为害。田间管理对病虫害发生影响较大的主要是灌溉、施肥和田园卫生。

(1)合理灌溉，科学用水　是防治某些病虫害的有效措施。合理排灌不仅可以有效地改善土壤的水、气条件，满足作物生长发育的需要，还可以有效地控制病、虫害的发生和为害。如水稻二化螟化蛹初期降低田水，化蛹高峰期灌深水，并保持 2～3 d 深水，可以杀死大部分二化螟的蛹；麦田春灌可以有效地减轻蛴螬和金针虫的为害；棉田积水有利于枯萎病的发生等。灌水还能淹死地下害虫和某些在地下越冬的害虫。此外，喷灌造成田间湿度过大，水滴四溅，有利于病害的传播和发生，而利用滴灌可以较好地控制病害的发生。

(2)合理施肥　改善作物的营养条件，提高作物抗病、虫的能力和减少因病虫为害而造成的损失。同时，能控制作物的生长势，提高生长发育速度，从而缩短和避过病虫的为害盛期；合理施肥还可以改变土壤的性状和土壤微生物群落结构，恶化土壤中病虫的生存条件；合理施肥也可以直接杀死病虫。但在使用有机肥料时，一定要充分腐熟，使之不带菌、不带虫。

(3)田园卫生　主要是借助于农时操作，清除农田内的病、虫及其滋生场所，改善农田生态环境，减少病虫害的发生为害。作物的间苗、定苗、打杈、摘顶、脱老叶，果树的修剪，清除田间的枯枝落叶、落果、遗株等各种作物残余物，均能将部分害虫和病残体随之带出田外，减少田间的病虫数量。田间杂草往往是病虫的野生过渡寄主或越冬场所，清除杂草可以减少病虫害的侵染源。因此，清理田园，是一项有效的病虫害防治措施。

(三)物理机械防治法

物理机械防治法通常比较费工，效率较低，一般作为一种辅助防治措施。但对于一些用其他方法难以防治的病虫害，尤其是当害虫大发生时，往往是一种有效的应急防治手段。

1. 汰选法

汰选法就是利用健康种苗与被害种苗在形体、大小和密度上的差异，进行分离，剔除带有病、虫的种、苗方法。

汰选种子可用手选、器械(风车、筛子)选或水选。手选适用于较大的种子。风车和筛子可以把夹杂在种子中的病虫和杂质剔除。水选是利用病虫种子比健全种子轻，用水加以汰除。它可分为清水选、泥水选、盐水选和硫铵水选等。

水中加入食盐、黄泥、硫铵的多少，要按各种种子的密度大小而定，不能千篇一律。如汰选小麦、水稻种子，一般是每 50 kg 清水加食盐或硫铵 10 kg 或黄泥 15～20 kg，充分搅拌成均匀的悬浮液，然后用密度计测量，使相对密度达 1.08～1.10，或用鲜鸡蛋放入溶液，能使鸡蛋浮出水面的部分稍大于五分硬币的面积即可。选种后，必须用清水洗净种子，以免影响发芽率。

2.捕杀法

捕杀法是利用人工或各种器械，捕捉或直接消灭害虫的方法。

徒手或使用简单工具捕杀害虫，称为人工捕杀。往往根据害虫习性设计捕杀方法。如利用害虫的假死性或群集性捕捉金龟甲类，人工捕捉地老虎幼虫，产埂除蛹消灭地老虎，挖蝼蛄卵以及在玉米螟的产卵高峰期进行采卵捏杀等。根据害虫的生活习性，设计各种器械捕杀害虫，称为器械捕杀。如用黏胶捕跳甲成虫等。

3.诱杀法

利用害虫的趋性，设计诱杀害虫的方法称为诱杀法。它不仅能消灭害虫，而且也可以预测害虫发生的动态。如灯光诱杀、潜所诱杀、食饵诱杀及性激素诱杀等。

(1)灯光诱杀　利用害虫的趋光性，以各种光源，可诱杀多种害虫，特别是黑光灯是多种害虫喜欢趋向的光源，能诱集300多种害虫，是当前用作预测害虫和诱杀害虫的主要工具。应用黑光灯诱杀害虫时，灯下应有集虫装置，如盛水的缸、盆等，并应有专人管理，及时捞出诱杀的虫体。在灯周围20 m内的作物上，要及时防治漏网的害虫。高压电网灭虫灯，是用高压电来杀虫的，当害虫触及电网时，瞬间产生高压电弧，害虫即被击倒、击毙。但一定要注意安全，应在灯周围做好警示标记，并应挂在离地面3 m以上的地方，以免发生人畜触电事故。

灯光诱虫效果受天气影响较大，以无月光、天气闷热、无风时诱虫效果最好。为了减少伤害天敌，最好只在害虫成虫盛发期开灯诱杀。如遇雨天、大风或月光明朗的夜晚及重要天敌盛发期，则应停止开灯。

(2)潜所诱杀　利用害虫的潜伏习性，人为地制造各种害虫的适宜潜所，引诱害虫潜伏或越冬，然后将其消灭的方法称为潜所诱杀。如用杨枝把诱集棉铃虫，果树主干上束物引诱果树害虫化蛹或潜藏越冬等，都可以诱集到大量害虫。

杨枝把诱虫技术：取1～2年生、叶片繁茂的杨树枝条，剪成50 cm长，放置于阴凉处1 d。将阴干好的杨枝把10枝捆成一把，中间加入一根细木棍，呈一端紧一端松的喇叭口状，使用时大头向下插于田间。每667 m^2 5～8把。每天清晨日出之前，清除并处死潜藏于其中的棉铃虫成虫，并用塑料袋套在杨枝把上，置于阴凉处，傍晚时再用。

(3)食饵诱杀　利用害虫的趋化性，在害虫喜食的饵料中加入杀虫剂，即可诱杀许多害虫。如采用糖醋液诱杀地老虎、甘蓝夜蛾，坑粪或毒谷诱杀蝼蛄，田间堆草诱杀地老虎等。

糖醋液诱杀技术配方：糖(6份)、醋(3份)、酒(1份)、水(10份)。配制方法：将糖、醋、酒、水按比例混合均匀，即制成了糖醋液。田间放置方法：将糖浆液盛入带盖的盆或盘里，放置于地块中，距地面50 cm。每天傍晚揭去盖，早晨捞出被诱杀的虫体，加盖，防止糖醋液蒸发。如果用于测报，则要用规定尺寸的容器。

(4)黄板诱蚜　有翅蚜对黄色有较强的趋性，用黄板诱杀蚜虫效果较好。黄板的规格大小没有定数，一般为长方形，尺寸在(30～40) cm×(50～60) cm，黄板左、右各加一根支柱，以便插入地里。黄板表面涂为黄色，以金盏黄或乳鸭黄诱蚜效果较好。黄板外罩薄膜，膜上涂一层机油。在地内设置高度一般不超过1 m，以略高于植株为宜。当有翅蚜开始迁飞时，放置黄板，每亩放置8～10块，迎风放置。黄板也可诱杀粉虱成虫。

(5)银膜避蚜　银灰色对有翅蚜有驱避作用。用银灰色塑料薄膜在蔬菜育苗时覆盖，避蚜效果良好，可有效地减少蚜虫在苗期传播植物病毒病的作用，增产效果显著。例如，天津市农业科学研究所试验，用银灰色塑料薄膜网眼育大白菜苗，避蚜效果达80.9%～94.2%，防病毒效果达 83.7%～94.3%，增产 54.1%～128.5%。

4. 热处理法

在不伤种子的前提下，利用一定的热力杀死种子内外病、虫的方法，称为热处理法。常用有日光晒种、温水浸种、低温冷冻和冷浸热晒等方法。

(1)日光晒种和低温冷冻　害虫和病菌在适宜的温度下，生长良好。而温度过高或低，则会影响其发育，甚至引起死亡。

夏季晒种，温度可高达 50 ℃左右，几乎对所有的储粮害虫都有致死作用，故常利用此法处理仓储粮食。新疆冬季进行种子冷冻或低温冻仓，都能有效地消灭病虫害。

粮食充分日晒干燥，可避免贮藏期病、虫的发生，这是常用来防治贮粮害虫的有效方法。在日晒或低温冷冻时要注意温度不宜过高或过低，以免伤害种子。

(2)温汤浸种　即温水浸种法，是根据种子耐热力高于病菌的致死高温的特点，控制一定的水温，在一定的时间内处理种子的方法。可以达到既不伤害种子，又可杀死潜伏在种子内外的病菌的目的。

常用“三开一凉”的方法，将水温控制在 55～60 ℃，根据种子的大小不同，浸种 10～30 min。温汤浸种，必须严格控制水温和浸种时间。

(3)冷浸热晒　此法常用来防治小麦散黑穗病。具体做法是选晴天清晨，将种子用常温水浸 5 h，取出滤干，在阳光下摊成薄层，利用夏季地面高温(可达 50～52 ℃)晒种，每隔 30 min 翻动 1 次。晒足 6 h，就可杀死潜伏在种子内部的病菌。

5. 隔阻法

隔阻法是根据病虫的侵染和扩散行为，设置各种物理性障碍，阻止病虫的为害或扩散的措施。

(1)树干涂白　用涂白剂刷白树干，不仅可以保护树干不受病菌的侵染，避免日灼，防止冻害，也能有效地阻止害虫产卵为害。涂白剂配方分为两种。配方 1:生石灰 10 份，硫黄 1 份，食盐 2 份，食用油(植物性)0.1 份，水 40 份。配方 2:生石灰 10 份，食盐 1～2 份，石硫合剂 3～4 份，水 40 份。

(2)设置障碍物　树干涂胶或束裙，可以防止许多果树林木害虫为害或下树越冬。如春尺蠖的雌成虫无翅，必须从地面爬上树才能交配产卵，所以可以通过在树干上涂胶、绑塑料薄膜等设置障碍，阻止其上树；用石灰或黏土调成糊状，填塞树洞、蛀孔、裂缝，可以防止害虫潜入越冬或越冬害虫外出为害；利用地膜覆盖，也可以防治杂草和地下害虫；对于那些由农田外爬入田中为害的害虫，挖阻虫沟可以阻止其活动。如甜菜地四周挖阻虫沟，可以有效地阻止甜菜象甲迁入田间为害。

除了上述的在生产中普遍采用、行之有效的各种物理防治方法外，目前利用电波、射线、红外线、紫外线、激光、超声波等电磁辐射进行病虫物理防治的技术，包括直接杀灭和辐射使害虫不育等在室内研究中具有广泛的杀灭病虫的效果，但能进行大面积应用的方法较少。

(四)生物防治法

生物防治法是利用有益生物及其代谢产物控制或消灭病虫的方法。它包括以天敌昆虫防治害虫，以微生物防治病、虫，以及利用其他天敌防治害虫等。

生物防治法对人、畜安全，不伤害作物，不污染环境，自然资源丰富，有一定的持久性。但生物防治法受环境因子影响大，某些选择性天敌防治范围窄，杀虫作用缓慢。故生物防治法还应与其他防治方法结合起来进行综合防治。

1. 以虫治虫

利用天敌昆虫防治害虫的方法称为以虫治虫。以虫治虫是一种安全、经济、效果好、无残毒,较理想,发展前景广阔的方法。

(1)自然界中天敌昆虫的种类　天敌昆虫分为捕食性天敌昆虫和寄生性天敌昆虫两类。捕食性天敌昆虫分属于18个目,近200个科。其中防治效果好、常利用的有瓢虫、草蛉、食蚜蝇、食虫蝽、步行虫、虎甲、泥蜂、蚂蚁等。寄生性天敌昆虫分属于5个目,近90个科。大多数种类为膜翅目、双翅目的寄生蜂、寄生蝇。

(2)天敌昆虫的利用途径

①保护和利用本地自然界中的天敌昆虫　自然界中的天敌昆虫种类很多,但常因受到不良气候、生物及人为因素的影响,使其不能充分发挥抑制害虫的作用。为了充分发挥自然天敌对害虫的控制作用,必须有效保护天敌昆虫,使其种群数量不断增加。

良好的耕作栽培制度是保护利用天敌的基础,如实行麦棉间作,小麦成熟时,麦蚜数量减少,天敌因食物减少而开始迁移。而此时棉花正值苗期,棉蚜数量逐渐增加,为麦蚜的天敌提供了食物。麦蚜的天敌大量迁入棉田取食棉蚜,有效地控制了棉蚜种群数量。保护天敌安全越冬、合理使用农药等措施,都能有效地保护天敌昆虫。

②天敌昆虫的大量繁殖和释放　通过室内人工大量饲养天敌昆虫,按照防治需要,在适宜的时间释放到田间消灭害虫,见效快。

③引进天敌昆虫　从国外和外地引进天敌昆虫防治本地害虫,是生物防治中常用的方法。我国曾引进澳洲瓢虫防治柑橘吹绵蚧取得成功。

(3)以虫治虫的例子

①瓢虫　瓢虫属于鞘翅目瓢甲科,是捕食性天敌昆虫,主要有捕食蚜虫能力较强的七星瓢虫、多异瓢虫、龟纹瓢虫等。除了捕食蚜虫以外,还能捕食介壳虫、粉虱、红蜘蛛等。

根据新疆农业科学院多年研究,在新疆利用七星瓢虫治蚜,要通过释放瓢虫才能奏效。因为春季蚜虫虫口密度呈直线上升时,瓢虫数量却很少,待蚜虫虫口密度已下降时,瓢虫的虫口密度才猛增。因此,只有人工释放瓢虫才能达到防治蚜虫的目的。人工助迁一般在瓢虫幼虫数量大量上升,在麦穗上活动并有成虫出现时,在早晨或傍晚进行网捕,于傍晚释放到棉田。因傍晚时气温较低,光线暗,释放的瓢虫在棉田中虫情稳定,不易迁飞。释放瓢虫的数量,根据田间已有瓢虫与蚜虫的比例而定,要求在补充瓢虫后,田内瓢虫与蚜虫的比例达1∶(150～200)就可控制蚜虫为害。释放瓢虫的棉田,2 d内不宜中耕和进行大型农事操作。

②草蛉　草蛉属于脉翅目草蛉科,也是捕食性天敌昆虫,其幼虫称为“蚜狮”,具有相当强的灭蚜能力,成虫、幼虫对蚜虫、棉铃虫、红蜘蛛均有防治效果。

草蛉的利用主要是人工饲养,大量释放。田间释放时,成虫、卵、幼虫均可。实验表明,释放成虫、幼虫,见效快,但成本高,释放时草蛉易受伤害。释放卵成本低,但见效慢,卵易被蚂蚁吃掉。因此,目前是以释放将孵化的“黑卵”为主,适当搭配一定数量的雄成虫和初孵化的幼虫。释放时间:防治棉铃虫时,应在其产卵初盛期;防治蚜虫时,应在棉花单株三叶蚜量20～30头时。释放量可根据害虫虫口密度及田间自然草蛉虫口密度而定。一般是:成虫30 000头/hm^2,或1～2龄幼虫45 000～60 000头/hm^2,或“黑卵”15万粒/hm^2以上。

③赤眼蜂　赤眼蜂属于膜翅目小蜂总科,是微小型昆虫。赤眼蜂将卵产在害虫的卵中而

杀灭害虫，为卵寄生蜂。目前新疆主要用其来防治棉铃虫、苹果蠹蛾和玉米螟。

赤眼蜂需室内饲养，田间、果园释放。其每年的需要量根据虫情而定。放蜂的时间是害虫产卵初期。每公顷放蜂量不少于 15 万头。释放的虫态是“卵”，以“卵卡”形式释放。

释放赤眼蜂应该注意，放蜂要均匀，还要准确掌握放蜂时间，另外，放蜂后禁止使用农药。

2. 以菌治虫

利用微生物及其代谢产物防治农作物病虫害的方法叫以菌治虫。利用害虫的病原微生物防治病虫害，对人、畜、作物和水生动物安全，无残毒，不污染环境，微生物农药制剂使用方便，并能与化学农药混合使用。目前在生产上应用的昆虫病原微生物包括真菌、细菌和病毒。

(1)以真菌治虫　寄生于昆虫的真菌，有可能用作杀虫剂的，主要属于半知菌和鞭毛菌。当病原真菌的孢子接触昆虫后，孢子萌发产生芽管、侵入、生长发育，直至菌丝体充满虫体，导致害虫死亡。如果缺乏适当的温、湿度，尤其是湿度，就影响这一发病过程的发生和发展。当前国内外成功使用的主要是白僵菌。

白僵菌属于半知菌亚门，菌丝细弱有分支，无色透明，有隔膜。白僵菌的发育温度范围较大，在 10～30 ℃均可发育，最适温度为 20～28 ℃，在 5 ℃以下或 34 ℃以上，孢子萌发即受到抑制。白僵菌的分生孢子萌发要求的湿度较高，相对湿度 70%以下，孢子不能萌发，75%～80%时孢子虽然能萌发，但不能生长发育，以 90%～100%的相对湿度最为适宜。

白僵菌主要是通过昆虫体壁感染，分生孢子黏附在虫体上，当条件适宜时，能分泌一种几丁质酶和白僵菌素，不仅能把虫体的表皮溶解，便于芽管侵入虫体内，而且对昆虫有毒杀作用。昆虫发病初期，表现为行为呆滞，食欲减退，皮肤上出现黑色的小点或斑点，以后口吐黄水或排泄软粪，3～7 d 死亡。刚死时虫体柔软，经 2～3 h，开始变硬，常呈粉红色。再过 1～2 d 开始长出白色棉毛状菌丝，一般经 3～4 d 可布满全身。

(2)以细菌治虫　在已知的昆虫病原细菌中，作为微生物杀虫剂在农业生产中使用的有苏云金杆菌和乳状芽孢杆菌。被昆虫病原细菌侵染致死的害虫，虫体软化，有臭味。苏云金杆菌主要用于防治鳞翅目害虫，乳状芽孢杆菌用于防治金龟甲幼虫。

(3)以病毒治虫　已发现的昆虫病原病毒主要是核多角体病毒(NPV)、质型颗粒体病毒(CPV)和颗粒体病毒(GV)。被昆虫病原病毒侵染致死的害虫，一般食欲减退，行动迟钝，往往以腹足或臀足黏附在植株上，体躯呈“一”或“V”形下垂，虫体变软，组织液化，胸部膨大，体壁破裂后流出白色或褐色的黏液，无臭味。但是，昆虫病毒只能在寄主活体上培养，不能用人工培养基培养。一般在从田间捕捉的活虫或在室内饲养的活虫上接种病毒，当害虫发生时，喷洒经过粉碎的感病害虫稀释液。也可将带病毒昆虫释放于害虫的自然种群中传播病毒。

我国用棉铃虫核多角体病毒、斜纹夜蛾核多角体病毒及菜粉蝶颗粒体病毒等进行田间试验，都取得了很好的效果。如湖北荆州用棉铃虫核型多角体病毒进行田间试验，用多角体悬浮液喷洒，6 d 后棉铃虫 1 龄幼虫死亡 85%，8 d 后 2 龄幼虫死亡 80%，3～4 龄幼虫则需较高的浓度才行。在广州蔬菜区，用斜纹夜蛾核型多角体病毒进行田间试验，每公顷用 300～450 头病死的大龄幼虫捣烂，加水 750 kg，并加入 0.1%洗衣粉制成悬浮液喷雾，7 d 后防治效果可达 90%以上。

3. 以菌治病

利用有益微生物的代谢产物来防治病害的方法称为以菌治病。不同微生物之间存在着相互斗争或排斥现象，称为抗生现象。这种相互斗争的相斥作用，叫作拮抗作用。凡是对植物病原有拮抗作用的菌类，都叫作抗生菌。抗生菌所分泌的某种特殊物质，可以抑制、杀伤甚至溶化其他有害微生物，这种物质叫作抗生素。目前，我国生产使用的农用抗生素品种有农用链霉素、井冈霉素、春雷霉素、多抗霉素、内疗素、放线酮等。

4. 利用昆虫激素防治害虫

昆虫激素分为外激素和内激素两种。

(1)外激素　昆虫的外激素具有很强的引诱能力，空气中只要有微量的外激素存在，就能引诱异性昆虫飞来。在害虫的防治和测报上有很大的应用价值，目前已有20余种昆虫外激素可以人工合成，我国已合成利用的有梨小食心虫、苹果小卷叶蛾、棉铃虫、玉米螟等性外激素。使用的方法有：

①诱杀法　把性诱剂与黏胶、毒药、诱虫灯或高压电网灯配合使用，诱杀雄虫。

②迷向法　在农田、果园等处，喷洒性诱剂，使雄虫失去定向寻找配偶的能力，不能找到雌虫交配，无法繁殖。

③绝育法　把性诱剂与绝育剂结合使用，被诱来的雄虫因接触绝育剂而失去生殖能力，不能进行正常繁殖。

(2)内激素　用保幼激素处理害虫的卵、蛹或成虫，有阻止胚胎发育、不能羽化和不孕的作用。蜕皮激素则可干扰昆虫体内激素平衡，产生生理障碍或发育不全而死亡。例如，使幼虫提前蜕皮而死亡或提前化蛹并羽化出畸形成虫而死亡。

内激素防治害虫用量极微，针对性强，但生产成本高，稳定性差，特别是只能在害虫发育的某些敏感阶段使用。内激素对人、畜的影响尚不明确。

5. 以其他有益生物治虫

自然界中有益生物的种类很多，对于控制害虫的发生和为害都有一定的作用。

(1)蜘蛛、螨类　农田中蜘蛛的种类和数量都很多，繁殖快，适应性强，迁移性小，只捕食活的昆虫，不为害作物，是一类重要的天敌。一般农田中蜘蛛数量较多，因此不需要人工饲养繁殖，只需要注意保护、利用就可以了。

农田中还有一些捕食性螨类，如植绥螨、长须螨等。这些捕食性螨类可以捕食果树、棉花、豆类、蔬菜等多种作物上的植食性害螨。

(2)蛙类　两栖类中的蛙类、蟾蜍等，主要以昆虫及其他小动物为食。在捕食的昆虫中，绝大多数是农业害虫。蛙类的食量很大，如泽蛙 1 d 能捕食叶蝉 260 头。为发挥蛙类治虫的作用，除严禁捕杀蛙类外，还应加强人工繁殖和放养蛙类，保护蛙类卵和蝌蚪。

(3)鸟类　在我国约有一半的鸟类是以昆虫为食的。利用益鸟来防治害虫是一种十分重要的生物防治措施。为了发挥益鸟治虫的作用，我们要认真做好保护、招引食虫益鸟的工作。严禁打鸟、捣窝、掏蛋。爱护林木并大量植树造林，给鸟类创造适宜的栖息场所。防止环境污染，严禁使用有残毒的农药。有树林的地方，要在树干上悬挂鸟巢箱，招引益鸟栖息。

(五)化学防治法

利用有毒的化学物质来预防和消灭作物病虫害及其他有害生物的方法称为化学防治法。化学防治法在作物病虫害的综合防治中占重要地位，在保证农业增产增收上一直起着重要作用。

1. 化学防治法的优点

(1)防治效果明显，收效快。既可在病虫发生之前作为预防性措施，以避免或减少为害，又可在病虫发生之后作为急救措施，迅速消除危害，尤其是对暴发流行性的病虫，若农药使用得当，可以收到立竿见影的效果。

(2)使用方便，受地区及季节限制小。

(3)可大面积使用，便于农业生产机械化。

(4)防治对象广，几乎所有的作物病虫均可用化学药剂防治。

(5)农药可以工业化生产，远距离运输，长期保存。

2. 化学防治法的缺点

化学防治法也有不足之处。由于长期、连续、大量、不合理使用化学农药，相继出现了以下问题。

(1)农药使用不当，引起人、畜中毒事故。

(2)病、虫、草产生抗药性。

(3)化学防治成本提高　由于病、虫、杂草抗药性增强，使农药的使用量、使用浓度和使用次数增加，而防治效果往往很低，从而使化学防治的成本大幅度上升。

(4)破坏生态平衡　因为长期不合理使用农药，大量杀伤有益生物，破坏了生态平衡，使一些原来不重要的病虫上升为主要病虫，又使一些原来已被控制的重要病虫，因抗药性的产生，重新抬头回升，出现害虫再猖獗现象。

(5)污染环境　由于长期大量使用农药，不但污染了大气、水域、土壤等生态环境，而且其通过食物链进行生物富集，造成食品及人体中的农药残留，严重威胁着人类健康。

化学防治法是当前防治病虫害的一个重要手段。因此，更应该充分认识化学防治法的优缺点。在生产实践中，不能把化学防治视为唯一有效的灵丹妙药，单纯依靠农药，滥用农药。要把化学防治与其他防治方法有机地结合起来，相互协调，配合使用。同时也要肯定化学防治在综合防治体系中的地位，注意科学用药、安全用药。

要充分发挥化学防治的优点，克服其缺点，应在农药品种和施药方法上注意以下几点：

①尽可能选用低毒、低残留的化学农药。

②尽可能选择杀虫谱窄的农药。

③尽可能用种子处理、种苗处理、局部涂抹等方法，缩小用药范围。

④喷洒化学农药时，一定要先进行调查，根据防治指标，尽可能减小施药面积。

⑤使用的农药品种要经常轮换，不能长期重复使用一种化学农药。

【任务实施】

植物病虫害综合治理

一、目的要求

能够熟练运用植物病虫害综合防治的各种具体方法，开展植物病虫害的综合防治。

二、仪器与用具

笔、水、手套、口罩、10号机油、凡士林、黄油、蜂蜜、纸板、钙塑板、三合板、薄铁皮等；相关图书、教材、PPT、视频、影像资料等。

三、实施场所

农作物生产田、实训基地、多媒体实训室等。

四、内容和方法

1. 防治措施的观察

利用各种学习条件，对一些生产上经常应用的病虫害防治措施，如地膜覆盖、纱网阻隔、温汤浸种、色板诱杀、灯光诱杀、毒饵诱杀、人工捕杀、合理密植、清洁田园、合理轮作、深耕改土、加强肥水管理、间苗定苗、整枝打杈、合理修剪、中耕除草、选用抗病虫品种等进行观察、归类、记载（或拍照），并分析其防治功能。

2. 黄板的制作与应用

（1）材料准备　一般采用一定厚度的废旧纸板、农药等包装箱的钙塑板、三合板等。粘虫剂及辅料采用市售 10 号机油、凡士林、黄油、蜂蜜等。

（2）制作方法　一定大小的板质材料正反面，用毛刷均匀涂上事先调配好的黄色油漆，待漆晾干后，将黄色板钉在 1～2 m 的木棍或直接固定在棚、架上，然后在黄色板正、反面均匀涂上粘虫剂。也可用两张同样大小的黄纸，黄色面向外，两纸粘牢，再用透明薄膜覆盖防雨，膜壁涂满粘虫剂后使用。

（3）应用技术　放置高度应高出作物顶部 15～20 cm，板面以东西方向为宜，20 cm×30 cm 规格的黄板放置 20 片左右/667m^2，要视粘虫情况定期更换。黄板置于棚室观察其防治效果，记录黄板粘虫数量。

3. 昆虫天敌的利用

以小组为单位，从田间搜集捕获瓢虫、草蛉、螳螂、猎蝽、食蚜蝇、蚜茧蜂和蜘蛛等昆虫天敌中的一种移入设施内的植物上，观察它们的取食对象与防治效果并记录。

4. 农作物病虫害综合防治方案的制订

（1）以一种主要病虫害为对象制订综合防治方案；

（2）以一种主要作物所发生的主要病虫害为对象制订综合防治方案。

方案的格式如下。

标题：×××综合防治方案

前言：概述本区域农作物病虫害的基本情况。

正文：

（1）基本生产条件：分析土壤肥力、气候条件、灌溉和施肥水平等基本生产条件。

（2）主要栽培技术措施：前茬作物种类、栽培品种的特性、肥料使用、灌水量及次数、田间管理的主要技术措施指标等。

（3）分析发生的主要病害种类情况。

（4）综合防治措施：根据当地具体情况，依据作物及主要病虫害发生的特点，统筹考虑、整合各种防治措施等。

在正文中，以综合防治措施为重点，按照制订病虫害综合防治方案的原则和要求具体撰写。

项目四

农药使用技术

工作任务1　农药的辨识

【任务概述】

农药的种类繁多，且更新快，新品种不断出现。掌握农药的分类方法，认识常见农药的剂型，懂得农药毒性与残留对生态环境的危害，便于学习和理解农药的科学使用方法。

通过课程学习和在实验实训室观察，能从农药标签及包装上鉴别农药真假，能从农药理化性状上鉴别农药质量的优劣。

【知识准备】

一、农药概念及分类

凡是用来保护农林作物安全生长发育和使农副产品、原料、种苗在贮藏、运输过程中不受病、虫、杂草、螨类、线虫等有害生物以及害鸟、兽、鼠类为害的有毒的化学物质，以及提高这些化学物质效力的辅助剂、增效剂等，称为农药。《中华人民共和国农药管理条例》中把农药定义为用于预防、消灭或者控制危害农业、林业的病、虫、草和其他有害生物以及有目的地调节植物、昆虫生长的化学合成或者来源于生物、其他天然物质的一种物质或者几种物质的混合物及其制剂。

(一)农药按原料的来源及成分分类

1. 无机农药

主要由天然矿物质原料加工、配制而成的农药，又称为矿物性农药，其有效成分都是无机的化学物质。常用的有石灰、硫黄、硫酸铜、氢氧化铜、氧氯亚铜、石硫合剂、波尔多液、磷化铝等。

2. 有机合成农药

人工合成的有机化合物农药。这类农药的特点是药效高、见效快、用量少、用途广，可适应各种不同的需要，但是污染环境，易使有害生物产生抗药性，对人、畜不安全。市场上销售的绝大多数农药为有机合成农药。

有机合成农药的化学结构类型有数十种之多，主要的有：有机磷(膦)、氨基甲酸酯、拟除虫菊酯、有机氯化合物、有机硫化合物、酰胺类化合物、脲类化合物、醚类化合物、酚类化合物、苯氧羧酸类、三氮苯类、二氮苯类、苯甲酸类、脒类、三唑类、杂环类、香豆素类、有机金属化合物等。

3. 生物源农药

生物源农药指直接利用生物活体或生物代谢过程中产生的具有生物活性的物质或从生物体提取的物质作为防治病虫害的农药。

生物源农药主要包括三大类：

(1)植物源农药　是用天然植物加工制成的，所含有效成分是天然有机化合物，如除虫菊素、鱼藤酮、烟碱、大蒜素、印楝素、苦楝、川楝素等。

(2)微生物源农药　是用微生物及其代谢产物制成的，如苏云金杆菌(Bt)、白僵菌、绿僵菌、颗粒体病毒、核型多角体病毒等。

(3)动物源农药　比如捕食螨、赤眼蜂、丽蚜小蜂等。

生物源农药具有对人畜安全，不污染环境，对天敌杀伤力小和有害生物不会产生抗药性等优点，是生产无公害农产品大力推广的农药品种。

(二)农药按防治对象分类

按防治对象，农药可分为杀虫剂、杀螨剂、杀菌剂、杀线虫剂、除草剂、杀鼠剂和植物生长调节剂。

1. 杀虫剂

杀虫剂是一类用来防治农林、牧草、贮粮及卫生害虫的药剂。由于杀虫剂品种多，数量大，常又按杀虫作用方式分为以下几类：

(1)胃毒剂　药剂通过害虫的咀嚼式口器进入消化系统，并在其内被溶解、吸收，引起害虫中毒死亡，这种毒杀作用称胃毒作用。具有胃毒作用的药剂称为胃毒剂。如敌百虫、除虫脲等。

(2)触杀剂　药剂通过接触害虫体壁表皮渗入害虫体内使之中毒死亡，这种毒杀作用称为触杀作用，具有触杀作用的药剂称为触杀剂。如辛硫磷、氰戊菊酯、氯氰菊酯等。

(3)熏蒸剂　药剂在常温、常压下能气化为毒气，毒气通过呼吸系统进入害虫体内使之中毒死亡，这种毒杀作用称为熏蒸作用，具有熏蒸作用的药剂，称为熏蒸剂。如磷化铝等。

(4)内吸剂　药剂经由植物的根、茎、叶或种子等部位被吸进植物体内，并能在植物体内输导、存留一定时间，或经过植物代谢作用产生更毒的代谢物，当在害虫刺吸植物带毒汁液时，引起中毒死亡，这种毒杀作用称为内吸作用，具有内吸作用的药剂，称为内吸剂。如吡虫啉、戊唑醇等。内吸剂的优点是，使用方便，适用于防治刺吸式口器的害虫。

(5)驱避剂　药剂对害虫没有杀伤作用，但利用害虫的负趋化性使害虫不敢接近施药作物，这种作用称驱避作用，具驱避作用的药剂称驱避剂。当前，最为成功的驱避剂就是预防蚊虫的避蚊胺。

(6)拒食剂　害虫在接触或摄食此类药剂后，会消除食欲，拒绝取食而饥饿死亡。从天然植物中人工分离出作为拒食剂的物质至今已有300多种。糖苷类、萜烯类、香豆素等都有较强的广谱拒食作用。

(7)引诱剂　能引诱昆虫的药剂称为引诱剂。昆虫在进化过程中，为了自身的生存，利用各种器官,如视觉、味觉、触角以及化学感受器的功能,选择最优的外界条件,延续生命与繁殖后代。有引诱作用的化学物质,在自然界多为能产生气味的有机物。如植物挥发物引诱剂和性引诱剂。

(8)性信息素　雌性昆虫尾端外翻的腺体释放出一种极微量的化学物质以引诱同种雄性昆虫进行交配繁殖。人们通过活体提取或人工合成这种物质,以引诱雄虫进行灭杀或由此预测害虫的发生期、发生量及危害情况,以便做出防治决策。

(9)绝育剂　药剂通过害虫口器或体壁,进入体内后,破坏害虫正常生殖功能,使害虫失去繁殖能力。雌性害虫虽经交配也不会产卵或虽能产卵也不能孵化。其优点是只对那些造成危害的目标害虫起防治作用,而对同一生态环境中的无害或有益昆虫无不良影响。

(10)昆虫生长调节剂　扰乱害虫正常生长发育而使害虫死亡或减弱害虫的生活能力的药剂。这类药剂有保动激素、蜕皮激素、几丁质酶抑制剂等。

大多数有机杀虫剂具有两种或两种以上的作用方式,如氰戊菊酯,除具有触杀作用外还具有胃毒作用。毒死蜱具有触杀、胃毒、熏蒸作用,只不过作用分主次而已。这种具有多种杀虫作用的药剂又称为综合性杀虫剂。少数杀虫剂仅有一种杀虫作用,如敌百虫仅有胃毒作用。

2. 杀螨剂

专门用来防治植食性螨类的药剂。它们的作用方式多为触杀作用,但也有内吸剂。如炔螨特(克螨特)、四螨嗪(阿波罗)、哒螨灵等。

3. 杀菌剂

对植物病原物(真菌、细菌、病毒等)起毒杀或抑制作用,而又不伤害植物的药剂称杀菌剂。这类药剂可以用来预防和治疗植物的各种病害。

杀菌剂按作用方式可以分为:

(1)保护剂　在病原微生物没有接触植物或没有浸入植物体之前,用药剂处理植物或周围环境,达到抑制病原孢子萌发或杀死萌发的病原孢子,以保护植物免受其害,这种作用称为保护作用,具有此种作用的药剂称为保护剂,如波尔多液、代森锌、硫酸铜、代森锰锌、百菌清等。

(2)治疗剂　病原微生物已经浸入植物体内,但植物表现病症处于潜伏期,药物从植物表皮渗入植物组织内部,经输导、扩散、或产生代谢物来杀死或抑制病原,使病株不再受害并恢复健康,具有这种治疗作用的药剂称为治疗剂,如甲基托布津、多菌灵、春雷霉素等。

杀菌剂根据能否被植物吸收并在体内传导的特性可以分为内吸性杀菌剂和非内吸性杀菌剂两类。其中,非内吸性杀菌剂有以下特点:

(1)一般为广谱,往往一种药剂能够防治的病害种类较多。

(2)药剂多在植物体表形成药剂沉积,以保护植物不受病菌侵染。有些药剂虽能就近渗入植物体内,但却不能传导至未直接施药的部位。

(3)一般都作为预防性施药,即在病原菌尚未侵入植物体时用药,第一次施药时期是否合适至关重要,常常会左右整个生长季节的防治效果。

(4)在植物体形成的药液是否均匀,会明显地影响药效,因此,要规范施药,务必使药液在植物体表面沉积分布均匀。

(5)由于药剂附着在植物体表,所以,诸如降水、温度、刮风等天气因素常直接影响药剂的再分布、稳定、存留和流失，从而影响药剂效果。

(6)与内吸性杀菌剂相比，非内吸性杀菌剂较不易诱发病菌产生抗药性。

大多数内吸性杀菌剂具有治疗和保护作用，而大多数非内吸性杀菌剂只有保护作用。

4. 除草剂

用于防除有害植物的药剂。除草剂的分类方式很多，主要根据药剂的作用方式，在作物体内的传导性、使用方法和化学结构等进行分类。

(1)按作用性质分类

①灭生性除草剂　这类除草剂对植物缺乏选择性或选择性小，可以杀死各种杂草和作物。因此，不能将这种除草剂直接喷到作物上，否则杂草和作物均受害或死亡。如五氯酚钠、草甘膦等。

②选择性除草剂　这类除草剂只能杀死某一种或某类杂草，而对另一些杂草则无效，对一些作物安全，但对另一些作物有伤害，此谓选择性，具有这种特性的除草剂称为选择性除草剂。例如，高效氟吡甲禾灵只能杀死阔叶作物田的狗尾草、稗草等禾本科杂草，而对龙葵、田旋花等阔叶杂草无效。

(2)按作用方式分类

①内吸性除草剂　这类除草剂可被植物的根、叶、芽鞘和茎部吸收。根系吸收药剂后沿木质部的导管与蒸腾流一起向地上部传导；茎、叶吸收后沿韧皮部筛管与光合产物一起向下传导，破坏植物的内部结构和生理平衡，从而造成植株死亡。如 2 甲 4 氯、草甘膦等。此类除草剂中的许多品种可以防除多年生杂草块根、块茎等，如草甘膦既能防除一年生杂草，也能有效地防除多年生杂草。

②触杀性除草剂　此类除草剂接触植物后不能在植物体内传导，只能杀死直接接触药剂的那部分植物组织，具有这种特性的除草剂叫触杀性除草剂。这类除草剂只能杀死杂草的地上部分，对杂草地下部分或有地下繁殖器官的多年生杂草效果较差。

(3)按施药对象分类

①土壤处理剂　在播种前、播种后，出苗前或出苗后施于土壤中的除草剂，称为土壤处理除草剂。有些药剂(如氟乐灵)喷洒在土壤后还必须及时混拌于土中，以防止因挥发和光解而减效。这类除草剂是通过杂草的根、芽鞘或下胚轴等部位吸收而起作用。一些酰胺类、取代脲类和三氮苯类等除草剂都属此类。

②茎叶处理剂　在杂草或作物出苗后施用于植物茎叶表面杀死杂草的药剂称为茎叶处理剂。如苯达松、百草敌等。

(4)按施药时间分类

①播前处理剂　指在作物播种前对土壤进行封闭处理。如在棉花田使用氟乐灵、在玉米田使用乙草胺，都是在棉花或玉米播前把除草剂喷洒到土壤表面，并拌入土壤中一定深度，以便被杂草幼根、幼芽所吸收，并可防止或减少除草剂的挥发和光解损失。

②播后苗前处理剂　指在作物播种后出苗前进行土壤处理，此法主要用于杂草芽鞘和幼叶吸收向生长点传导的除草剂，对作物幼芽安全。

5. 杀线虫剂

用来防治植物寄生性线虫病害的药剂。如棉隆等。杀线虫剂多具有熏蒸作用。

6.杀鼠剂

用来防治各种鼠类的药剂。如溴敌隆、溴鼠灵、杀鼠灵、敌鼠钠盐等。

7.植物生长调节剂

用于控制或刺激农作物、果树、蔬菜等的生长、发育，并防止其落蕾、落花、落铃和增加结实率的药剂。如矮壮素、缩节胺等。

二、农药剂型

农药剂型是指具有一定组成和规格的农药加工形态。农民使用时所面对的农药都是一些已加工好的剂型，而不是工厂生产的农药原药。

农药的原药呈固体性状的称为原粉，呈液体性状的称原油。原药因有效成分(具有杀虫、杀菌、杀草作用的成分，叫作有效成分)浓度太高，不能直接用在植物上，为了使少量的有效成分均匀地施撒到植物体上，即不浪费农药，又不发生药害，必须通过加工赋予其适宜的剂型才能施用，即使是水溶性原药，如敌百虫、杀虫双等也需要加入必要的助剂制成某种剂型，以充分发挥其药效和便于施用。

1.农药剂型的种类

(1) 粉剂(DP)　将原药加一定量的填充料，经机械混合粉碎制成的粉状制剂。粉剂因黏着力差，易被风吹失或雨水冲刷，故药效期短。粉剂不溶于水，也不易被水湿润，所以，粉剂不能加水喷雾。

(2) 可湿性粉剂(WP)　将原药加填充剂、悬浮剂或湿润剂，经机械混合粉碎而成的能够溶于水的粉剂。如15%三唑酮可湿性粉剂。可湿性粉剂能被水湿润，并形成水的悬浮液，故可加水喷雾使用。

(3)乳油(EC)　由原药溶解在一定量的溶剂中，加入一定量的乳化剂后，互溶而成的均匀一致、透明的油状液体制剂。乳油加水后即成为白色的乳状药液，叫作乳剂。如25%辛硫磷乳油、2.5%溴氰菊酯乳油等。

乳油中除含毒剂外，还混有油类，防治害虫的效果比同种药剂的其他剂型好，残效期长，是目前生产中应用最广的一种剂型。但是，乳油中含有有毒的挥发性有机溶剂，存在安全性和污染环境等问题。因此，以水乳剂和微乳剂替代乳油已成为必然趋势。

(4)超低容量制剂(ULV)　超低容量制剂属油剂，是由原药加油质溶剂和辅助剂后混合制成的。如25%乐果油剂、25%杀螟松油剂等。

超低容量制剂是一种专供超低容量喷雾法使用的剂型，使用时不用兑水，直接用超低容量喷雾器喷雾。由于其组成中有油质溶剂，因此附着力和渗透力都较强，使用不当，会对作物产生伤害。

(5)颗粒剂(GR)　是由原药和载体混合制成的颗粒状制剂。常用的载体是煤渣、陶土、木屑、黏土、树胶等。颗粒直径多在250～600 μm。微粒剂的颗粒直径多在100～300 μm，它兼有粉剂和颗粒剂的特点。

(6)片剂(TA)　是由可溶性粉剂压制成片状的制剂。片剂能供喷雾、涂抹、浸种使用。但生产上常用于仓库、温室、大棚的熏蒸。如52%磷化铝片剂等。

(7)烟剂(FU)　农药的固体微粒分散在空气中的称烟剂。它是由原药和燃料(煤粉、木屑等)、氧化剂或助燃剂(硝酸钾、氯酸钾等)及消燃剂(滑石粉、陶土等)制成的粉状混合物。将此混合物以袋装或罐装后，插入由硝酸钾溶液浸泡过的导火线。用时，点燃导火线，农药受热气化在空气中，遇冷凝固成固体微粒，通过害虫呼吸道致毒。适用于林木、果树、仓库、温室及家庭卫生病虫害的防治。

(8)缓释剂(BR)　是采用化学或物理的方法，将农药贮藏在加工品中，使其有控制地释放出来的剂型。这种剂型具有残效期长、对环境污染小、使用安全等特点。

(9)气雾剂(AE)　气雾剂是利用低沸点发射剂急剧气化时所产生的高速气流将药液分散雾化，靠阀门控制喷雾量的一种罐装制剂。由于药液是靠发射剂在常温下急速气化喷射成雾的，所以需要灌装在特制的耐压罐里，并配有阀门喷嘴，把药液与雾化的手段结合起来，形成一个特殊剂型。使用时不需要另外的药械，也不用加水或其他溶剂稀释。

(10)悬浮剂(SC)　悬浮剂是固体原药分散、悬浮在含有多种助剂的水相介质中，能流动的高浓度黏稠剂型，又名胶悬剂。胶悬剂的固体粒径为 0.1～3 μm，其悬浮率大于 90%。

农药加工剂型种类繁多，除以上所述外，还有混合剂、胶悬剂、微胶囊剂、水剂、糊剂等。

三、农药的毒性

农药毒性是指农药具有使人和动物中毒的性能。不同的农药，由于分子结构组成不同，其毒性大小、药性强弱和残效期也各不相同。根据农药毒性的大小，农药的毒性可分为急性毒性、亚急性毒性和慢性毒性。

1. 农药毒性的类型

(1)急性中毒　指一次服用或接触大量农药后，在短时间内很快出现中毒症状，甚至死亡的现象，称为急性中毒。各种农药能引起人、畜急性中毒能力的大小，称为急性毒性。衡量各种农药急性毒性的大小，常用半数致死量(LD_{50})值作为比较标准。

半数致死量(LD_{50})：在一定条件下杀死供试生物 50%的个体所需要的农药剂量。其单位用 mg/kg 体重来表示。LD_{50} 的数值越小，说明药剂的毒性越大。反之，药剂毒性越小。

急性毒性测定时有三种给药途径：急性经口、急性经皮、急性吸入，因此 LD_{50} 不同的给药途径，数值也不相同。我国农药急性毒性分级标准，如表 4-1 所示。

表 4-1　农药急性毒性分级标准

毒性分级	经口半数致死量/(mg/kg)	经皮半数致死量/(mg/kg)	吸入半数致死浓度/(mg/m^2)
剧毒	≤5	≤20	≤20
高毒	>5～50	>20～200	>20～200
中等毒	>50～500	>200～2 000	>200～2 000
低毒	>500～5 000	>2 000～5 000	>2 000～5 000
微毒	>5 000	>5 000	>5 000

测定农药急性毒性的供试动物多采用大、小白鼠或家兔。由于人类生理反应与供试动物差异较大，故上表中的数值不能机械地折算成人的半数致死量，而只能反映出对人、畜可能的毒性大小，决不能以身试药。

(2)慢性毒性　人、畜长期服用或接触少量药剂后，逐渐表现出中毒症状，称之为慢性中毒。农药引起人、畜慢性中毒能力的大小，称为慢性毒性。

有些化学性质稳定、脂溶性很高的农药，如果污染了生活环境或食物，长期少量地被人、畜摄食，造成农药在人体内的积累，就有可能引起慢性毒害。由于这类农药的毒性来势不猛，又是残留下来的，开始往往不易察觉而被忽视。

食物中农药的残留，一方面来自施药后对作物的直接污染；另一方面来自作物对污染环境中农药的吸收。更值得重视的是，农药通过食物链逐级转移，可使残留的微量农药浓缩数百到数百万倍，即所谓的生物富集。

由农药慢性毒性引起的对人的毒害是多种多样的，其中，人们较为重视的是农药的致畸性、致癌性和致突变性。致畸性是指农药造成胎儿畸形、死亡等。致癌性是指受害人体内细胞突变，产生恶性肿瘤。

四、农药标签辨识

审阅标签和说明书上的农药名称、有效成分及含量、剂型、农药登记证号或农药临时登记证号、农药生产许可证号或者农药生产批准文件号、产品标准号、企业名称及联系方式、生产日期、产品批号、有效期、净含量、产品性能、用途、使用技术和使用方法、毒性及标识、注意事项、中毒急救措施、贮存和运输方法、农药类别、象形图及其他经农业农村部核准要求标注的内容是否符合《农药标签和说明书管理办法》(以下简称为《管理办法》)的相关要求，判断农药的真伪。

1. 标签的样式

(1)两栏板式参考样张

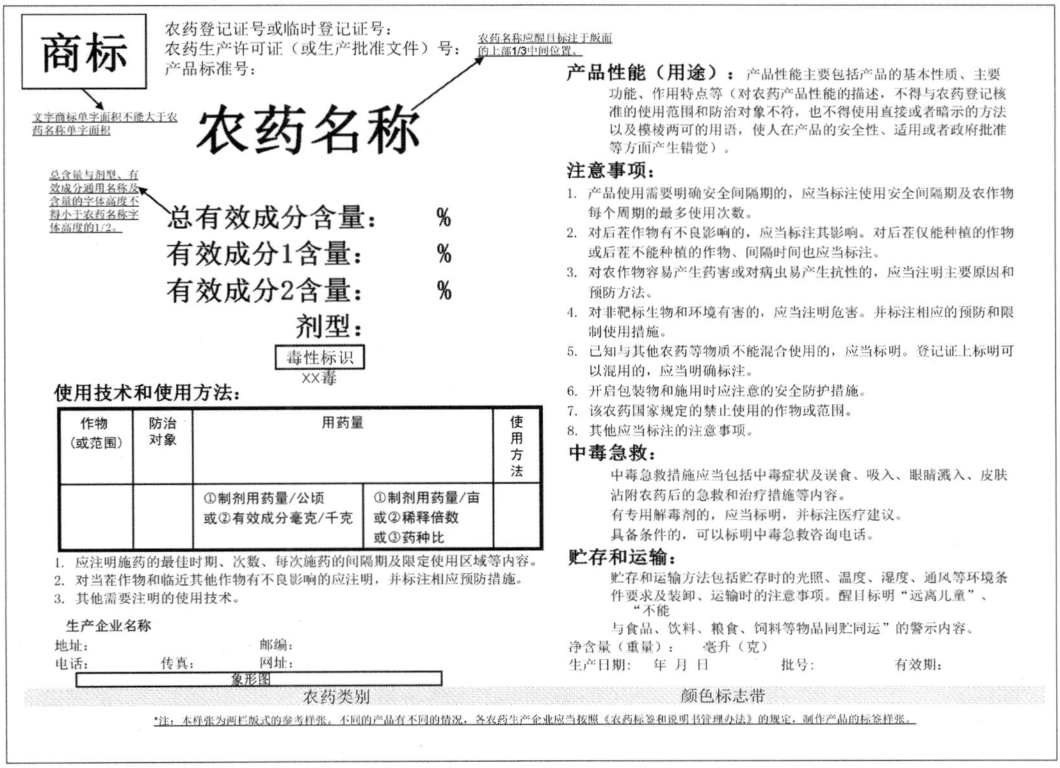

商标

农药登记证号或临时登记证号：
农药生产许可证（或生产批准文件）号：
产品标准号：

文字商标单字面积不能大于农药名称单字面积

农药名称应醒目标注于版面的上部1/3中间位置。

农药名称

总含量与剂型、有效成分通用名称及含量的字体高度不得小于农药名称字体高度的1/2。

总有效成分含量：　　%
有效成分1含量：　　%
有效成分2含量：　　%
剂型：

毒性标识
XX毒

使用技术和使用方法：

作物(或范围)	防治对象	用药量		使用方法
		①制剂用药量/公顷或②有效成分毫克/千克	①制剂用药量/亩或②稀释倍数或③药种比	

1. 应注明施药的最佳时期、次数、每次施药的间隔期及限定使用区域等内容。
2. 对当茬作物和临近其他作物有不良影响的应注明，并标注相应预防措施。
3. 其他需要注明的使用技术。

生产企业名称
地址：　　邮编：
电话：　　传真：　　网址：

象形图

农药类别

产品性能（用途）：产品性能主要包括产品的基本性质、主要功能、作用特点等（对农药产品性能的描述，不得与农药登记核准的使用范围和防治对象不符，也不得使用直接或者暗示的方法以及模棱两可的用语，使人在产品的安全性、适用或者政府批准等方面产生错觉）。

注意事项：
1. 产品使用需要明确安全间隔期的，应当标注使用安全间隔期及农作物每个周期的最多使用次数。
2. 对后茬作物有不良影响的，应当标注其影响。对后茬仅能种植的作物或后茬不能种植的作物、间隔时间也应当标注。
3. 对农作物容易产生药害或对病虫易产生抗性的，应当注明主要原因和预防方法。
4. 对非靶标生物和环境有害的，应当注明危害。并标注相应的预防和限制使用措施。
5. 已知与其他农药等物质不能混合使用的，应当标明。登记证上标明可以混用的，应当明确标注。
6. 开启包装物和施用时应注意的安全防护措施。
7. 该农药国家规定的禁止使用的作物或范围。
8. 其他应当标注的注意事项。

中毒急救：
中毒急救措施应当包括中毒症状及误食、吸入、眼睛溅入、皮肤沾附农药后的急救和治疗措施等内容。
有专用解毒剂的，应当标明，并标注医疗建议。
具备条件的，可以标明中毒急救咨询电话。

贮存和运输：
贮存和运输方法包括贮存时的光照、温度、湿度、通风等环境条件要求及装卸、运输时的注意事项。醒目标明“远离儿童”、“不能与食品、饮料、粮食、饲料等物品同贮同运”的警示内容。

净含量（重量）：　毫升（克）
生产日期：　年　月　日　　批号：　　有效期：

颜色标志带

*注：本样张为两栏版式的参考样张。不同的产品有不同的情况，各农药生产企业应当按照《农药标签和说明书管理办法》的规定，制作产品的标签样张。

(2)三栏板式参考样张

商标

农药登记证号或临时登记证号：
农药生产许可证（或生产批准文件）号：
产品标准号：

文字商标单字面积不能大于农药名称单字面积

产品性能（用途）：产品性能主要包括产品的基本性质、主要功能、作用特点等（对农药产品性能的描述，不得与农药登记核准的使用范围和防治对象不符，也不得使用直接或者暗示的方法以及模棱两可的用语，使人在产品的安全性、适用性或者政府批准等方面产生错觉）。

使用技术和使用方法：

作物（或范围）	防治对象	用药量		使用方法
		①制剂用药量/公顷 或②有效成分毫克/千克	①制剂用药量/亩 或②稀释倍数 或③药种比	

1. 应注明施药的最佳时期、次数、每次施药的间隔期及限定使用区域等内容。
2. 对当茬作物和临近其他作物有不良影响的应注明，并标注相应预防措施。
3. 其他需要注明的使用技术。

净含量（重量）： 毫升（克）
生产日期： 年 月 日
批号： 有效期：

象形图

农药名称应醒目标注于版面的上部1/3中间位置。

农药名称

总有效成分含量： %
有效成分1含量： %
有效成分2含量： %
剂型：

总含量与剂型、有效成分通用名称及含量的字体高度不得小于农药名称字体高度的1/2。

毒性标识

***毒

生产企业名称
地址： 邮编：
电话： 传真：
网址：

注意事项：

1. 产品使用需要明确安全间隔期的，应当标注使用安全间隔期及农作物每个周期的最多使用次数。
2. 对后茬作物有不良影响的，应当标注其影响。对后茬仅能种植的作物或后茬不能种植的作物、间隔时间也应当标注。
3. 对农作物容易产生药害或对病虫易产生抗性的，应当注明主要原因和预防方法。
4. 对非靶标生物和环境有害的，应当注明危害。并标注相应的预防和限制使用措施。
5. 已知与其他农药等物质不能混合使用的，应当标明。登记证上标明可以混用的，应当明确标注。
6. 开启包装物和施用时应注意的安全防护措施。
7. 该农药国家规定的禁止使用的作物或范围。
8. 其他应当标注的注意事项。

中毒急救：

中毒急救措施应当包括中毒症状及误食、吸入、眼睛溅入、皮肤沾附农药后的急救和治疗措施等内容。
有专用解毒剂的应当标明，并标注医疗建议。具备条件的，可以标明中毒急救咨询电话。

贮存和运输：

贮存和运输方法包括贮存时的光照、温度、湿度、通风等环境条件要求及装卸、运输时的注意事项。醒目标明“远离儿童”、“不能与食品、饮料、粮食、饲料等物品同贮同运”的警示内容。

农药类别（文字描述） 颜色标志带

**注：本样张为三栏版式的参考样张。不同的产品有不同的情况，各农药生产企业应当按照《农药标签和说明书管理办法》的规定，制作产品的标签样张。

(3)以氯氰·毒死蜱为例的两栏版式标签

农保®

农药登记证号或临时登记证号：
农药生产许可证（或生产批准文件）号：
产品标准号：

氯氰·毒死蜱

总有效成分含量：522.5克/升
氯氰菊酯：47.5克/升
毒死蜱：475克/升
剂型：乳油

中等毒

使用技术和使用方法：

作物	防治对象	制剂用药量		使用方法
棉花	棉铃虫	1200-1500毫升/公顷	80-100毫升/亩	喷雾

1. 本品应于棉铃虫卵孵盛期至低龄幼虫钻蛀期间施药，注意喷雾均匀，视虫害发生情况，每10天左右施药一次，可连续用药3-4次。
2. 本品对瓜类、莴苣苗期及烟草敏感，施药时应避免药液漂移到上述作物上，以防产生药害。
3. 大风天或预计1小时内降雨，请勿施药。

生产企业名称：四川阿坝农药厂
地址：四川阿坝梁山县沙河镇 邮编：100345
电话：123456 传真： 网址：

产品性能（用途）：
本产品为有机磷类农药与拟除虫菊酯类农药的混剂。具有触杀、胃毒和一定的熏蒸作用。作用于害虫的神经系统，可杀死棉花作物上的棉铃虫幼虫，宜在幼虫早期施药。

注意事项：

1. 产品在棉花作物上使用的安全间隔期为21天，每个作物周期的最多使用次数为4次。
2. 本品由菊酯类农药与有机磷类农药混配而成，建议与其他作用机制不同的杀虫剂轮换使用。
3. 本品对蜜蜂、鱼类等水生生物、家蚕有毒，施药期间应避免对周围蜂群的影响、蜜源作物花期、蚕室和桑园附近禁用。远离水产养殖区施药，禁止在河塘等水体中清洗施药器具。
4. 本品不可与呈碱性的农药等物质混合使用。
5. 使用本品时应穿戴防护服和手套，避免吸入药液。施药期间不可吃东西和饮水。施药后应及时洗手和洗脸。

中毒急救：
中毒症状表现为抽搐、痉挛、恶心、呕吐等。
不慎吸入，应将病人移至空气流通处。不慎接触皮肤或溅入眼睛，应用大量清水冲洗至少15分钟。误服则应立即携此标签将病人送医院诊治。医生应首先判断中毒的主要原因，若判断为毒死蜱中毒为主，可以使用阿托品和解磷定。洗胃时，
应注意保护气管和食管。

贮存和运输：
本品应贮存在干燥、阴凉、通风、防雨处，远离火源或热源。置于儿童触及不到之处，并加锁。勿与食品、饮料、饲料等其他商品同贮同运。用过的容器应妥善处理，不可做他用，也不可随意丢弃。

净含量：100 毫升
生产日期：2008 年 01月 08日 **批号：** **有效期：**2年

杀虫剂 红色标志带

*注：1.本标签为两栏式版式。产品以氯氰·毒死蜱为例，仅供参考。不同的产品有不同的情况，各农药生产企业应当按照《农药标签和说明书管理办法》的规定，制作产品的标签样张。

2. 农药标签说明书要求

(1)农药名称 应当使用通用名称或简化通用名称。农药名称命名规范和名录详见农业农村部公告。

单制剂使用农药有效成分的通用名称;混配制剂使用简化通用名。

农药名称应当显著、突出,字体、字号、颜色应当一致,并符合以下要求:

①对于横版标签,应当在标签上部 1/3 范围内中间位置显著标出;对于竖版标签,应当在标签右部 1/3 范围内中间位置显著标出。

②不得使用草书、篆书等不易识别的字体,不得使用斜体、中空、阴影等形式对字体进行修饰。

③字体颜色应当与背景颜色形成强烈反差。

④除因包装尺寸的限制无法同行书写外,不得分行书写。

(2)有效成分、含量、剂型 单制剂、混配制剂应当标注各种有效成分的通用名称和含量。有效成分含量和剂型应当醒目标注在农药名称的正下方(横版标签)或正左方(竖版标签)相邻位置(直接使用的卫生用农药可以不再标注剂型名称),字体高度不得小于农药名称的 1/2。

农药产品的有效成分含量指产品中各有效成分的总含量,采用质量分数(%)表示,也可采用质量浓度(g/L 或 g/100 mL)表示。特殊农药可用其特定的通用单位表示。

农药产品的剂型按国家有关标准的规定执行;没有规定的,采用备案的建议名称。

(3)农药"三证" 即农药登记证号或农药临时登记证号、农药生产许可证号或者农药生产批准文件号、产品标准号。

进口农药产品直接销售的,可以不标注农药生产许可证号或者农药生产批准文件号、产品标准号。

(4)企业名称及联系方式 企业名称是指生产企业的名称,联系方式包括地址、邮政编码、联系电话等。

进口农药产品应当用中文注明原产国(或地区)名称、生产者名称以及在我国办事机构或代理机构的名称、地址、邮政编码、联系电话。

除《管理办法》规定的机构名称外,标签不得标注其他任何机构的名称。

(5)生产日期及批号 生产日期应当按照年、月、日的顺序标注,年份用四位数字表示,月、日分别用两位数表示。

(6)有效期 有效期以产品质量保证期限、有效日期或失效日期表示。

(7)净含量 净含量应当使用国家法定计量单位表示。液体农药产品也可以用体积表示;特殊农药产品,可根据其特性以适当方式表示。

(8)产品性能 产品性能主要包括产品的基本性质、主要功能、作用特点等,对农药产品性能的描述不得与农药登记核准的使用范围和防治对象不符。

①不得含有不科学表示功效的断言或者保证,如"无害""无毒""无残留""保证高产"等。农药广告不得贬低同类产品,不得与其他农药进行功效和安全性对比。

②不得含有关于有效率及获奖情况的内容。

③不得含有以农药科研、植保单位,学术机构或者专家,用户的名义、形象做证明的内容。

④不得使用直接或者暗示的方法,以及模棱两可、言过其实的用语,使人在产品的安全性、

适用性或者政府批准等方面产生错觉。

⑤不得滥用未经国家认可的研究成果或者不科学的词句、术语。

⑥不得含有“无效退款、保险公司保险”等承诺。

⑦不得出现违反农药安全使用相关规定的用语、画面。

(9)用途、使用技术和使用方法　用途、使用技术和使用方法主要包括适用作物或使用范围、防治对象以及施用时期、剂量、次数和方法。

用于大田作物时，使用剂量采用每公顷使用该产品的制剂量表示，并以括号注明每亩用制剂量或稀释倍数。用于树木等作物时，使用剂量采用总有效成分量的浓度表示，并以括号注明制剂稀释倍数；种子处理剂的使用剂量采用农药与种子质量比表示。

特殊用途的农药，使用剂量的表述应与农药登记批准的内容一致。

(10)毒性及标识　毒性分为剧毒、高毒、中等毒、低毒、微毒五个级别，分别用标识和“剧毒”字样、标识和“高毒”字样、标识和“中等毒”字样、标识和“低毒”字样、“微毒”字样标注。

标识应当为黑色，描述文字应当为红色。

由剧毒、高毒农药原药加工的制剂产品，其毒性级别与原药的最高毒性级别不一致时，应当同时以括号标明其所使用的原药的最高毒性级别。

(11)注意事项应当标注的内容

① 产品使用需要明确安全间隔期的，应当标注使用安全间隔期及农作物每个生产周期的最多施用次数。

②对后茬作物生产有影响的，应当标注其影响以及后茬仅能种植的作物或后茬不能种植的作物。

③对农作物容易产生药害，或者对病虫容易产生抗性的，应当标明主要原因和预防方法。

④对有益生物(如蜜蜂、鸟、蚕、蚯蚓、天敌及鱼、水蚤等水生生物)和环境容易产生不利影响的，应当明确说明，并标注使用时的预防措施、施用器械的清洗要求、残剩药剂和废旧包装物的处理方法。

⑤已知与其他农药等物质不能混合使用的，应当标明。

⑥开启包装物时容易出现药剂洒漏或人身伤害的，应当标明正确的开启方法。

⑦施用时应当采取的安全防护措施。

⑧该农药国家规定的禁止使用的作物或范围等。

(12)中毒急救措施　中毒急救措施应当包括中毒症状及误食、吸入、眼睛溅入、皮肤沾附农药后的急救和治疗措施等内容。有专用解毒剂的，应当标明，并标注医疗建议。具备条件的，可以标明中毒急救咨询电话。

(13)贮存和运输方法　贮存和运输方法应当包括贮存时的光照、温度、湿度、通风等环境条件要求及装卸、运输时的注意事项，并醒目标明“远离儿童”“不能与食品、饮料、粮食、饲料等混合贮存”等警示内容。

(14)农药类别　不同类别的农药采用在标签底部加一条与底边平行的、不褪色的特征颜色标志带表示。

①除草剂用“除草剂”字样和绿色带表示。

②杀虫(螨、软体动物)剂用“杀虫剂”“杀螨剂”或“杀软体动物剂”字样和红色带表示。

③杀菌(线虫)剂用“杀菌剂”或“杀线虫剂”字样和黑色带表示。

④植物生长调节剂用“植物生长调节剂”字样和深黄色带表示。

⑤杀鼠剂用“杀鼠剂”字样和蓝色带表示。

农药种类的描述文字应当镶嵌在标志带上,颜色与其形成明显反差。

(15)象形图　象形图应当根据产品安全使用措施的需要选择,但不得代替标签中必要的文字说明。

象形图应当根据产品实际使用的操作要求和顺序排列,包括贮存象形图、操作象形图、忠告象形图、警告象形图。象形图应当用黑白两种颜色印刷,一般位于标签底部,其尺寸应当与标签的尺寸相协调。

(16)几种特殊情形

①包装尺寸过小的产品,不能标注全部内容的,可附注说明书。说明书应当标注前款规定的全部内容;并注明“详见说明书”字样。

②分装的农药产品,其标签应当与生产企业所使用的标签一致,同时标注分装企业名称及联系方式、分装登记证号、分装农药的生产许可证号或者农药生产批准文件号、分装日期,有效期自生产日期起计算。

3. 农药标签上的象形图示例

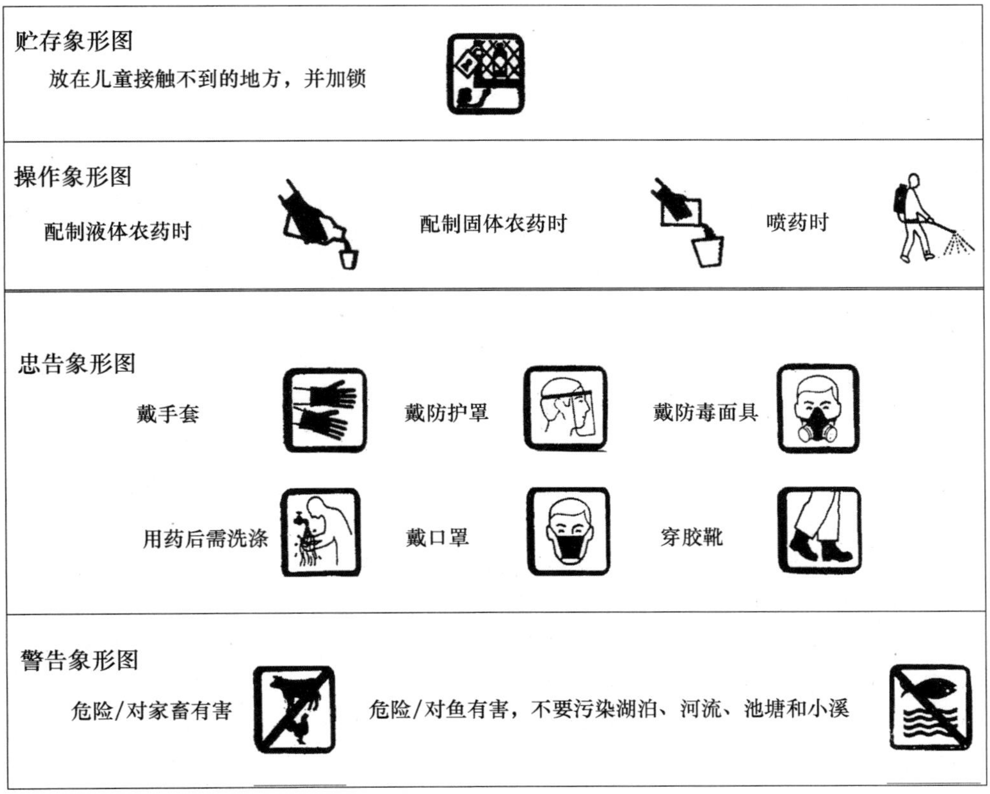

【任务实施】

常用农药辨识

一、目的要求

了解农药剂型的特征和使用方法，观察常见农药的物理性状。

二、仪器和用具

牛角勺、试管、试管架、天平、量筒、烧杯、玻璃棒等。

三、观察材料

当地常用的杀虫剂、杀菌剂和除草剂等，如80%敌敌畏乳油、90%晶体敌百虫。25%杀虫双水剂、2.5%溴氰菊酯、50%敌磺钠可湿性粉剂、20%三唑酮可湿性粉剂、25%三唑酮乳油、50%多菌灵可湿性粉剂、73%炔螨特乳油、10%苯磺隆、6.9%噁唑禾草灵、50%乙草胺、4%烟嘧磺隆等。

四、实施场所

农药销售门店、农药实训室等。

五、内容与方法

1.从农药标签及包装上鉴别真假

农药产品包装必须贴有标签和附说明书，上面应当注明农药名称、企业名称、地址、产品批号和农药登记证号或者农药临时登记证号、农药生产许可证号或者农药生产批准文件号。还应当注明农药的有效成分、含量、净含量、产品性能、毒性、用途、使用技术、使用方法、生产日期、有效期和注意事项等，如上述标志残缺，尤其是农药名称、企业名称和地址、产品批号、有效成分、生产日期缺失或不完整的，可能是假农药。此外，还可检查厂家包装的瓶、包、箱的封口，如有明显的拆封痕迹或现象，其质量就可疑。

2.从农药理化性状上鉴别优劣

(1)常见农药物理性状的观察　观察所给的农药样品的形态和色泽，阅读农药使用说明书，掌握基本使用方法。

(2)粉剂、可湿性粉剂的简易鉴别　取少量药粉轻轻撒在水面上，长期浮在水面的为粉剂，在1 min内粉粒吸湿下沉、搅动可产生大量泡沫的为可湿性粉剂。另取5 g可湿性粉剂盛入200 mL量筒内，轻轻搅动后放置30 min，观察药液的悬浮情况。沉淀越少，药粉质量越高。如有3/4的粉剂颗粒沉淀，表示可湿性粉剂的质量不佳。

(3)乳油质量简易测定　将待测样品2～3滴滴入试管中，加入3～5 mL清水，轻轻摇晃试管，观察油水融合是否良好，稀释液是否成为半透明或乳白色均匀的乳状液，稀释液中有无油层漂浮或沉淀。稀释后油水融合良好，呈半透明或乳白色稳定的乳油状液，表明乳油的乳化性能好。若出现少许油层，表明乳化性尚好。出现大量油层，则乳油被破坏，不能使用。

(4)悬浮剂质量简易测定　悬浮剂应为略带黏稠的、可流动的悬浮液，其黏度非常小，均匀。若因长时间存放出现分层，经手摇动可恢复均匀状态的，仍可视为合格产品。如果不能重新变成均匀的悬浮液，底部的沉淀物摇不起来，悬浮性能就不好。

(5)熏蒸剂质量简易测定　熏蒸用的片剂如呈粉末状，表明已失效。

(6)水剂质量简易测定　水剂应为均相液体，无沉淀或悬浮物，加水稀释后一般不出现混浊沉淀。

(7)颗粒剂质量简易测定　颗粒剂产品应粗细均匀，不应含有过多粉末。

六、作业

将所提供农药的剂型、形态、毒性、作用原理、使用方法填入表4-2中。

表4-2　农药的物理性状观察

序号	药品名称	剂型	形态	毒性	作用原理	使用方法
1						
2						
3						
4						
5						
6						
7						
8						
9						
10						
11						
12						
13						
14						
15						
16						
17						
18						
19						
20						

工作任务 2　农药的使用技术

【任务概述】

通过教材知识传授、观看视频、网络查询、文献查阅以及讨论分析等方法，掌握农药使用的各种方法、合理用药的原则、农药的稀释计算、安全用药、病虫抗药性的产生等知识；通过到实训室及设施基地实训，能够根据生产实际选择合适的用药方法，能够根据说明书，配制各种农药，并且在使用农药时能够做到安全、合理，防止抗药性的产生。

【知识准备】

一、农药的使用方法

农药使用方法是根据作物的种类、形态、发育阶段，病虫、杂草种类、发生规律、危害情况以及气候条件和各种农药的理化性质、加工剂型等决定的。农药的使用，即要达到防治病虫、杂草的危害，又要注意人、畜及有益动物和作物的安全，还要合乎经济、简便的原则。应该针对防治对象的特点，选择药剂的种类和剂型，应用正确的方法进行施药。

1. 喷粉法

用喷粉机械将粉剂农药均匀地直接喷布在作物或病虫体上的方法称喷粉法。喷粉法受气流影响大，由于粉剂黏着力差，所以用药量大、残效期短，降低了药剂的有效利用率，同时加大了环境污染，现已很少使用。但在温室、大棚内选择适宜的药剂使用，则可降低室内的空气湿度，提高防效。

2. 喷雾法

将可湿性粉剂、乳油、水剂或乳粉等，兑水稀释到所需浓度，用喷雾器械将药液均匀喷洒在病、虫、杂草或作物体上的方法称为喷雾法。

喷雾法按喷雾用液量及其他特点分以下几类：

(1)常规喷雾法　常规喷雾法喷出的药液雾滴直径为 100～200 μm，每公顷用药液量 750 kg 左右。

常规喷雾法与喷粉法相比，用药量少，覆盖均匀、药效较持久，特别是在一定面积上喷药后，沉积在作物上的药量占总喷药量的百分率高，故施药效果好。但喷洒效率低，且受水源限制。

(2)低容量喷雾法　也称弥雾法。借助器械的高速气流将药液分散成细小的液滴。雾点直径在 50～100 μm，喷洒的药液量为常规喷雾的 1/20～1/10。它喷洒速度快、省力、省水，适于干旱缺水地区使用。

试验证明，应用等量的农药喷雾，低容量喷雾法在作物上的药剂沉积量与残效均高于常规喷雾法。

(3)超低容量喷雾法　超低容量喷雾法是使用超低容量喷雾器，通过高效能的雾化装置使药液雾化，经飘移而沉降在作物上的方法。其单位面积上喷液量很少，一般每公顷喷液量在 5 000 mL 以下。超低容量制剂是油剂，农药浓度高。因雾滴直径小，覆盖密度高，因而省工、省药、速度快、防治效果好。超低容量喷雾不受水源限制，并能减少环境污染。但药械造价高，喷雾技术要求严格，施药又易受气流影响，且不宜喷洒高毒农药。

3. 熏蒸法

用在常温下能产生有毒气体的药剂，在密闭条件下消灭病菌、害虫的方法，称为熏蒸法。

熏蒸法效率高、作用快。主要用于消灭仓库、温室、大棚或苗木中的病菌、害虫以及土壤熏蒸。

熏蒸法除了要求在密闭条件下进行外，还要求具有一定温度，一般要求室温在 20 ℃以上。若土壤熏蒸时，地温在 15 ℃左右效果最好。

熏蒸剂，如磷化铝等都具有较强的毒性，操作过程中应采取防毒措施。熏蒸完毕，其场所要充分通风换气。

4. 毒谷、毒饵法

将具有胃毒作用的农药，拌入害虫喜食的饵料中，制成毒饵或毒谷，撒在害虫(或鼠类)活动场所，诱其取食而死亡的方法，称为毒谷、毒饵法。这种方法多用来防治地下害虫、蝗虫、鸟类、鼠类。饵料多采用麸皮、米糠、豆渣、鲜草及谷物等。

毒饵法由于药剂集中在饵料上，故省药、杀伤率高、对作物安全。但配制较麻烦，杀虫范围窄，且药效不持久。使用毒饵法时，应于傍晚时将毒饵撒在害虫、害鸟或鼠类活动或聚集地，诱其取食而杀之。次日早晨，收回余饵，放于安全处保存，以防人、畜或其他动物误食。

5. 种苗处理法

种苗处理法包括拌种、浸种、浸苗等。将药粉或药液与种子均匀拌和，用于防治病虫害的方法，称为拌种法；将药剂配成一定浓度的药液，浸渍种子、种苗、种薯至一定时间后，晾干播种，或洗净后另行浸种催芽，以防除病虫害的方法，称为浸种或浸苗。

种苗处理法常用来防除地下害虫、苗期害虫或各种带菌种苗传播的病害及土传病害。

种苗处理法是一种经济、有效、简便易行的方法。其防治效果与药剂同种子拌和的均匀程度、药剂浓度、浸渍时间、堆闷时间等，有密切关系。因此，操作时应严格掌握，不可疏忽大意，以保证药效和避免药害。

6. 土壤处理(土壤消毒)法

将药剂施到土壤表面或土壤中，用以防治土壤中的害虫、土传病害及杂草的方法，称为土壤处理。处理时，可将药剂直接喷洒于土表，然后翻入土中，或采用沟施、犁底施、穴施或与水混合后浇灌，或配制成毒土施用。若将药剂与细土均匀混合，撒入播种沟或穴施于植物根际，或撒入水田，以防除病虫、杂草的方法，有时又称为毒土法。

土壤处理法虽然工效高，易掌握，但用药量大，不经济，有时对土壤会造成污染。这种方法多在蔬菜苗床、林木苗圃和化学除草等方面使用。

7. 涂抹法

涂抹法是将药剂涂抹在植物茎秆上防治病虫的方法。此法多采用内吸性农药。常用于棉田涂茎或用涂白剂于秋季涂于果树或林木树干上，以防治病虫害、冻害或日灼，效果很好。

8. 烟雾法

使用烟剂或雾剂经燃烧后，将药剂在空间分散成极小的烟雾粒子，来防治病虫害的方法。烟雾法多用于防治果树林木害虫及温室病虫害等。此法是一种工效高、扩散力强、可兼治飞行害虫、应用方便又不受水源限制的好方法。但仅适用于密闭的温室、大棚、房舍或隐蔽的林木等处。若在田间使用，因受气流影响，达不到良好的防治效果。

二、农药稀释配制

商品农药为了运输和储存的方便，制成的浓度都很高。在农药使用过程中，除了低浓度的粉剂、颗粒剂和超低容量制剂可直接喷洒使用外，其他制剂都要用稀释物稀释至一定浓度方可使用。稀释农药时，浓度过低，药剂效果发挥不出来，达不到防治效果；浓度过高，既不经济又易使植物产生药害、杀伤天敌或使人、畜中毒，且污染环境，还加速了病、虫抗药性的产生。因此，在生产实际应用中，稀释农药是一项重要的技术。

1. 农药浓度的表示方法

(1)质量分数　质量分数是指农药中有效成分的净含量，如40%乐果乳油，表示100 kg农药中含乐果有效成分40 kg。5%敌百虫粉剂，表示100 kg敌百虫农药中含敌百虫有效成分5 kg。

(2)稀释倍数　指稀释出的农药药液中，稀释剂的用量为原药剂的倍数。如80%敌敌畏乳油2 000倍液，是指1 kg 80%敌敌畏乳油加水2 000 kg稀释。当前，稀释倍数的方法最方便、最常用。

(3)波美度　表示浓度的一种方法，仅用于石硫合剂的浓度表示。在实际应用中，可根据石硫合剂商品农药标签上所示的波美度进行稀释。如果是自己熬制的石硫合剂，需用波美计测得其波美度，然后再稀释。

2. 农药稀释计算的方法

(1)防治小麦白粉病需用20%粉锈宁可湿性粉剂1 000倍液喷雾，问一个可装20 kg水的喷雾器中，需加多少克20%粉锈宁可湿性粉剂？

设需20%粉锈宁可湿性粉剂为x克。则$1:1\,000=x:20\,000$(20 kg=20 000 g)

$$x=\frac{1\times 2\,000}{1\,000}=20(\text{g})$$

答：需加入20 g 20%粉锈宁可湿性粉剂。

(2)现有棉花种子150 kg，需用75%的敌克松可湿性粉剂拌种，用药量为种子质量的0.2%，问共需要75%的敌克松多少克？

设需75%敌克松可湿性粉剂为x克。

用药量为种子质量的0.2%，表示100 kg种子用药量为0.2 kg或200 g。

则$0.2:100=x:150$

$$x=\frac{0.2\times 150}{100}=0.3\text{ kg}=300\text{ g}$$

答：需加入300 g 75%敌克松可湿性粉。

三、农药对生物群落的影响

农药大量使用，除对防治对象及作物有直接影响外，对周围的生物群落也有一定影响。主要是伤害了种类繁多的、大量的有益生物。

1. 农药施用后，杀伤天敌昆虫，引起害虫种群的再猖獗

自从人工合成的广谱性有机杀虫剂大量应用后，在害虫防治方面收到了明显效果。但许多害虫，尤其是螨类、蚜虫、飞虱、叶蝉等繁殖快的害虫，发生了施药后害虫种群再猖獗的现象。一是施药后在防治害虫的同时，药剂也伤害了天敌，对施药后残存下来的害虫，失去了天敌对其自然的控制。经过一个时期，其数量又恢复起来，甚至比原来的虫口密度更大。如棉田防治蚜虫时，杀伤了七星瓢虫、食蚜蝇、草蛉等天敌，结果造成蚜虫再猖獗。二是原来占次要地位的害虫，受农药的刺激，在施药后虫口密度突然大量增加，上升到危害严重的主要地位。

2. 农药施用后，对传粉昆虫和其他有益生物的影响

蜜蜂及其他传粉昆虫，对多种作物增产起着重要作用。但蜜蜂又对许多农药非常敏感，在进行化学防治时，常会引起蜜蜂及其他传粉昆虫的大量死亡。试验证明，农药对蜜蜂的毒性可分为三类：高毒类，对蜜蜂毒性很大，喷药后数天内蜜蜂都不能接触植物，否则，会大量死亡。如有机磷杀虫剂中的大部分品种等。中毒类，对蜜蜂毒性中等，若用药时间及浓度适当，则可安全使用，但不能直接与蜜蜂接触。如内吸磷、乙拌磷等。低毒类，对蜜蜂低毒，可在其活动范围内使用。如杀螨酯、灭蚜松、微生物农药及多种除草剂等。

农药对蜜蜂的毒性与药剂剂型、施药方法和时间也有关。如颗粒剂就相对安全。选用安全农药，选用早、晚蜂群活动少时喷药，或避过盛花期喷药都能减少对蜜蜂的杀伤。但最好还是喷药期不放蜂、转移蜂巢或蜂箱，以免遭到杀伤。

3. 化学防治与生物防治的关系

为避免施用农药时对生物群落、特别是对害虫天敌产生不良影响，应在“预防为主，综合防治”的方针指导下，将化学防治与生物防治适当地配合起来。一般来讲，利用天敌控制病虫时，能避免病虫产生抗药性和污染环境，降低成本。但是在病虫害的大面积防治中，生物防治还有一定的局限性，还不能单纯依靠生物防治。

一是改进施药方法，选择适当的浓度和剂量，并调整施药时间。有的农药，高浓度会杀伤天敌，但较低浓度下，虽然防治效果略差，却有利于保护天敌。而残留的害虫，正好有利于天敌取食和繁殖。防治刺吸式口器害虫时尽量采用内吸剂，变喷雾法为涂抹法、拌种或施撒颗粒剂等，都利于保护天敌。在人工释放天敌前，也可用残效期短的农药先杀死部分害虫后再释放天敌。另外，避免盛花期施药，若非用药不可，应采用低毒药剂于早、晚施用，或加入对蜜蜂的驱避剂，如苯酚、煤焦油等，以减少对蜜蜂的伤害。

二是选用具有选择性或相对安全的农药。防治害虫时，应选用对害虫高毒而对天敌低毒的农药。如用烟碱防治蚜虫时，对蚜虫的捕食性和寄生性天敌均无影响。防治螨类时应选用杀螨剂，再加入适量的洗衣粉，不但防治效果好，对天敌的影响也小。

四、农药的合理使用

合理使用农药的标准：用药少，防治效果好；残留毒性小，不污染环境；对人、畜安全；不伤天敌；作物无药害；能预防或延缓害虫和病菌产生抗药性等。在生产实际中，要从综合防治角度出发，运用生态学的观点来指导使用农药。

1. 对症下药

也就是选择适当的农药。农药的化学性质不同，防治对象和效果也不一样。即使是广谱

性的农药，也不是对所有的病、虫害都有效。因此，要正确选择农药，做到对症下药。

防治蚜虫、飞虱、叶蝉等刺吸式口器害虫，用内吸杀虫剂效果最好，触杀剂次之，胃毒剂则无效；蔬菜、果树上防治病虫不能用剧毒、高残留或有怪味的农药。

2. 适时用药

使用农药防治病虫害，必须抓住有害生物的薄弱环节，才能充分发挥农药的效力，确保作物免遭为害。一般在病虫发生初期施药，效果最好。若防治过迟，不仅病虫为害已造成损失，而且会给防治带来很大困难。但是过早用药，待病虫大量发生时，药已失效，又会造成浪费，还会加重污染环境。要做到适时用药就必须摸清病虫发生规律，及时调查和准确测报，做到心中有数，才不至于盲目用药。

3. 准确掌握用药量

掌握用药量主要是指准确地控制药液浓度、单位用药量和施药次数。只有使用最低有效浓度和最少有效次数，才符合经济、安全、有效的要求，才能省药、省工、省成本，既可避免对作物产生药害，又减少残毒，对保护天敌亦较有利。切忌施药时不称、不量、随手倒，任意加大药剂浓度和用量。要坚决纠正无视病、虫具体情况，主观臆断，有病无病，有虫无虫，隔几天普遍喷一次药的做法。药剂防治还要尽可能地与生物防治等其他防治方法相配合，从而减少施药次数。

4. 讲究施药方法

为了避免对环境的污染，保护天敌和作物安全，还要讲究施药方法。凡种子处理，土壤处理、性诱剂、毒饵诱杀等方式有效的，应尽量采用。大田喷粉、撒毒土、泼浇等方法，往往是所需施药的地方，接收到的药量较少，又易污染环境。除根据病虫发生特点必须采用外，一般应以低容量喷雾、超低容量喷雾或撒施颗粒剂为好。农药的种类和剂型不同，其施药方法也不一样。如触杀剂、胃毒剂不能用于涂茎；可湿性粉剂不能用于喷粉；粉剂也不能用于加水喷雾。农药的兑水量因农药类型和防治对象不同而有所差异。使用保护性药剂或触杀性药剂时，兑水量要大；使用治疗药剂或内吸性药剂时，兑水量可适当少一些。防治蔓延性强的病害或繁殖率高的害虫时，兑水量要大；防治蔓延性弱的病害、繁殖率低的害虫时，兑水量可适当少一些。

5. 看天气用药

气候条件，不仅能影响药剂的理化性质，还能影响防治对象的生理活动，从而影响药效。如气温高一般可以提高药效，但也易产生药害。刮风、下雨可以使喷洒的药剂很快流失，降低药效。所以刮风时、下雨前，应该暂缓用药剂去防治病、虫，特别是虫体微小的害虫。大风后，作物体上伤口较多，施药时应注意防止药害。雨水多、湿度大，利于病害发生，则应该在雨后及时用药。下雨间隙必须要喷药时，最好选用抗雨水冲刷性强的内吸剂或乳剂。

6. 合理混合使用农药

将两种或两种以上农药或农药与化肥混合使用，可以同时兼治几种病虫害，还可和化学除草、施肥结合起来，节省用工，并可防止病虫产生抗药性。但并不是所有的农药都可以任意混合使用。必须根据农药的性质，合理地配合使用。农药混合后，不应产生不良的化学反应和物理变化，使药剂分解失效、乳剂破坏、产生沉淀等；对作物也不应产生药害。大多数农药混合后，互不干扰；有的还可以改善药剂的理化性状或起好的化学反应，有增效作用，但也有混合后起减效作用的。农药与农药、农药与化肥之间能否混合使用，需要通过实验确定。

五、农药的安全使用

1. 引起农药中毒的原因

农药中毒事故的发生，大多是因为使用不当、管理制度不严或不够重视造成的。

(1)误食农药　除少数直接误食农药者外，大多数是吃了拌过农药的种子或被农药污染的瓜、果、蔬菜；或因农药中毒死亡的畜禽、鱼、虾；使用盛放农药的容器存放食物；或长期食用农药污染了的农产品、水及食物而引起的。

(2)滥用农药　如使用剧毒农药消灭卫生害虫；室内喷洒剧毒农药或用其浸泡衣物；用农药防治皮肤病、家畜体外寄生虫而引起中毒。

(3)操作不当　配制和施用农药或检修农用药械时，不按操作规程操作，个人防护不严，人体沾染农药后又不及时清洗而引起中毒。

(4)警惕性不高　对剧毒农药保管不善；喷药时吃东西、抽烟等引起中毒。

2. 农药中毒的预防措施

(1)运输农药时，不得与食品、饲料、日用品等混装混运。搬运过程中，如有包装损坏、农药外露或流溢情况，应重新包装后再搬运，同时要妥善处理被污染的地面、工具或其他材料。

搬运农药时，应轻拿轻放，工作过程中不能吃东西、抽烟、打闹。工作结束后，及时清理药械、用具及衣物。

(2)存放、保管农药时，应单独存放，切忌与粮食、食物、饲料等混放。

(3)使用农药时要严格遵守安全操作规程。按照防护措施，工作人员要戴口罩、橡皮手套、风镜，并不得随意增加用药浓度和药量；严禁喷洒剧毒农药；每天喷药时间不得超过 6 h；连续喷药 3～5 d，应停休 1 d；喷药时，注意隔行、顺风、退走喷洒；喷洒农药后，剩余的药液要妥善存放、剩余的种子不准用水清洗后食用或饲用；空药瓶不能盛装食物；洗刷药械、工具的污水都要深埋土中，不能倒入水渠、河流、池塘及水坝、水库中。施药人员工作完成后，必须用肥皂洗净手、脸等外露部分，污染的衣物、用具可用洗衣粉或碱水浸泡、洗涤干净。

(4)控制高毒农药的使用范围　高毒农药不准用于蔬菜、瓜果、中药材等作物；不准用于防治卫生害虫或人、畜皮肤病；除杀鼠剂外，不准用于毒鼠；其他高毒农药，要按相关规定使用。施过农药的田块要竖立明显标志，在一定时间内，禁止人、畜进入。

(5)严格遵守“安全间隔期”规定　安全间隔期是指最后一次喷药到作物收获期的间隔天数。

六、植物药害的产生及防止措施

1. 植物药害的症状

药害是指农药在使用过程中产生的对植物的不良影响。农药喷洒到植物体上后，一般药剂都可以从叶面的表皮、气孔和叶缘的水孔及各种伤口渗至组织中。药剂施入土壤中，其溶解的部分经根部吸收后，可输导到植物体内各部分。当进入植物体内的药剂的药量过高时，会抑制植物生长或破坏植物的组织，产生药害，甚至导致植物死亡。植物药害的类型主要有急性药害、慢性药害、残留药害三种。

(1)急性药害　施药后仅几小时，或 1～2 d 内即出现受害的现象。其症状是：叶片上出现斑点、穿孔、叶片黄化变形、焦灼、落叶等;果实上则产生果斑、锈果、落果等;花上受害,会引起凋谢、落花;根部受害会引起发育不良、黑根、鸡爪根,甚至全株死亡;种子受害则会降低发芽率。

(2)慢性药害　施药后经过较长时间才表现出受害的现象。症状是:植株生长发育受到抑制,光合作用减弱,花芽形成延迟,落花、落果增多,果实成熟延期,风味、色泽恶化或植株矮化、畸形等。慢性药害一旦发生,很难救治。

(3)残留药害　由残留在土壤中的农药或其分解产物引起的。这一类的药害,主要是有些农药在土壤中残留量高,残留时间长,影响下茬作物生长。如棉花播前用氟乐灵处理土壤,造成后茬玉米、小麦发黄矮小,分蘖减少;用于麦田除草,使后茬玉米植株低矮,叶片变小变薄、呈紫色,不实率高等,这些都是由残留药害造成的。

2.植物药害产生的原因

(1)植物对药剂的忍耐性和敏感性　各种植物对药剂的忍耐性和敏感性不同。如高粱对敌敌畏、杀螟松敏感;双子叶植物对2,4-D类药剂敏感。作物在不同的发育阶段中,以发芽期、苗期、花期、孕穗期及幼叶、幼果对药剂比较敏感,并易产生药害。同时,作物的生理状态不同,耐药力也不同。如果树在休眠期较耐药,而夏季生长发育期耐药力下降。

(2)农药的剂型和质量　一般情况下,乳油易引起药害,可湿性粉剂次之,颗粒剂比较安全。同时,加工质量低劣的农药常会引起药害。如乳油的油水分层、可湿性粉剂在水中大量沉淀都易发生药害。

(3)不恰当的用药量和施药方法　使用农药要依据防治对象的特性、作物耐药力来确定药剂的有效浓度和用量。若用药浓度过高或过量,都会使作物承受不了而发生药害。施药方法不当,也能发生药害。

(4)环境因素　气象及土壤条件,除影响施药效果外,也影响药害的发生概率。高温会增强药剂的化学活性和作物的代谢作用,使药剂极易侵入植物组织而引起药害。所以,夏季高温天气施药,常常需要降低用药浓度或用药量。当气温高于32 ℃时,石硫合剂不能使用;果树休眠期可用3～5波美度的石硫合剂,生长期则只能用0.2～0.5波美度的石硫合剂。

在强日照下,由于植物光合作用增强,增加了气孔的启闭次数,所以,日照强时施药,易产生药害。

土壤的性质和含水量与药害也有关。含有机质少、沙性强的土壤,其上生长的作物易发生药害。因此,用药剂处理土壤或拌种时应引起注意。

3.防止作物产生药害的措施

农药对农作物产生药害的原因很多,除了某些农药对农作物比较敏感和某些专用农药使用不当外,主要是在使用农药时,没有严格按规定的使用方法和使用技术用药或者用药时由于天气条件影响,而发生药害。因此,预防药害发生关键在于科学、正确地掌握农药使用方法。具体的措施是:

(1)在选用农药时,要分析植物的种类和品种对药剂的反应。对某种或某类作物易产生严重药害的农药决不在该作物或该类作物上使用;在某种作物上有可能发生药害的农药,也尽量不在该作物上使用。必须使用时,要注意合理使用。

(2)合理使用农药。

(3)急性药害的补救措施

①排毒洗毒　因用药量过大，对于茎叶喷洒造成的药害，可用水喷洒淋洗受害作物上的残留药物，减少黏附在枝叶上的毒害物质；对于土壤施药产生的药害要立即浇水稀释、冲洗，以减少药剂在土壤中的含量，减轻对农作物的药害。

②加强田间管理　对药害较轻的田块要及时加强肥水管理。

③应用植物生长调节剂和叶面肥　植物生长调节剂可减轻药害，促进受害植物恢复生长。如2016年沙湾县良种场，用二甲四氯进行麦田除草，对邻近沙河子村20余公顷棉花造成较重药害，经3～4次复硝酚钠溶液喷洒，并在此基础上加强肥水促、控管理，3周后基本恢复正常。

七、害虫抗药性的产生及延缓措施

1.害虫抗药性产生的原因

害虫对农药产生抗性的原因主要是两方面：一是害虫本身的原因，二是农药使用技术的原因。生物对外界不良环境逐渐适应，是自然界一切生物的本能。害虫也不例外，施药后，一些残存下来的抗性比较强的个体继续繁殖，会产生抗药性较强的后代，如单一多次使用一种农药，某些害虫对所用农药抗性差的逐渐死亡，抗性强的继续生存，这样病虫的抗性一代比一代增强，时间一久，就会形成新的抗药性很强的害虫群体，对农作物进行大面积为害。同时药剂本身如湿润性不好，或喷洒不均匀，有些耐药力较明显的个体，在这种情况下，容易逃脱而存活下来，较快地繁殖有抗药性的后代。

随着农药的使用，害虫本身在生理上也会发生一些变化，以适宜不良环境，如有些药剂会改变昆虫表皮的生理透性，使药剂越来越不容易透过表皮，使昆虫不容易中毒；有的则会引起体内酶系统的改变，诱发一种解毒酶，使药剂解除毒性，从而失去药效。经常使用同一种农药，会使虫体内某种解毒酶越来越活跃，在解毒酶的作用下，药剂的防治效果会逐渐降低。

2.延缓害虫抗药性产生的措施

(1)综合防治　采取综合防治措施，把农业措施防治、物理防治、生物防治、化学防治等有机地结合起来，克服单一依赖化学农药的防治策略。在充分发挥综合防治措施的基础上，选择适宜的化学农药，抓住防治关键时期，进行药剂防治。这样可以调节化学防治同其他防治措施的矛盾，达到消灭虫害，保护有益生物、减轻污染、预防产生抗药性的目的。

(2)作用机制不同的农药轮换使用　作用机制不同的农药轮换使用，可以延缓有害生物对某类农药产生抗性。

(3)改变使用方法　根据不同的农田和不同的害虫，选用恰当的施药技术，使药剂在作物上沉积分布均匀。

(4)农药中添加增效剂　农药增效剂能抑制病、虫体内解毒酶的活性，从而增加药效，防止或延缓病虫抗药性的产生。不同种类的农药应与不同类型的增效剂相配合，在使用中根据产品介绍选用不同的组合。

【任务实施】

农药使用技术

一、目的要求

正确掌握农药的配制和使用方法。

二、实施条件

(1)实施场所　多媒体实训室、实训基地。

(2)仪器与用具　量杯或量筒、天平、电子秤、背负式手动喷雾器、麦麸(或油渣等)、小麦等种子、水、手套、口罩、记录本等。

(3)药品　敌百虫、辛硫磷、吡虫啉、阿维菌素、苏云金杆菌、白僵菌、印楝素、灭幼脲、扑虱灵、代森锰锌、百菌清、可杀得、粉锈宁、甲霜灵、苯醚甲环唑、普力克、疫霉灵、甲基硫菌灵、杀毒矾、戊唑醇、丙环唑灵等。

(4)其他　教材、相关图书、PPT、视频、影像资料、网上资源等。

三、内容及方法

1. 农药的稀释配置

(1)各小组按照教师指定的农药,认真阅读农药使用说明书。

(2)依照说明书中农药的稀释倍数,计算配制一喷雾器(15 kg)药液需要多少克(或毫升)农药。

(3)精确称量农药。

(4)药液配制:先将总水量2/3(10 kg)的水加入喷雾器中,然后加入农药(如果是液体农药,则需将量杯用清水冲洗3遍),搅拌摇匀,最后将剩余的1/3(5 kg)水量加入,摇匀。

(5)每一位学生轮流进行田间喷雾。

2. 药剂拌种

选用种子质量0.2%～0.3%的15%三唑酮可湿性粉剂等药剂对2 kg小麦种子进行拌种。

(1)称量2 kg小麦种子备用。

(2)计算、称量拌2 kg小麦种子所需15%三唑酮可湿性粉剂。

(3)称量种子质量10%的清水,均匀地喷洒在种子上,拌匀。然后将称量好的农药与小麦种子充分拌匀、阴干。

3. 毒饵配制与使用方法

(1)称量90%晶体敌百虫10 g、炒香的麦麸(或油渣)1 kg。

(2)将90%晶体敌百虫配成30倍液(即10 g药加300 g水)。

(3)将配好的药液拌入1 kg炒香的麦麸中,拌时可加一定量的水,用手一捏成团不散即可。

(4)于傍晚撒施于田间,防治蝼蛄、地老虎等。

4. 糖醋液配制与使用方法

(1)按照糖醋液配方:糖 6 份、醋 3 份、白酒 1 份、水 10 份和 90%敌百虫 1 份配制 500 mL 糖醋液。

(2)在矿泉水瓶侧面开个口(开口尽可能大些,便于气味散发,提高诱杀效果),然后倒入糖醋液 200～300 mL。

(3)将盛有糖醋液的矿泉水瓶悬挂到田间,每 667 m^2 悬挂 8～10 瓶。

5. 注意事项

准确量取农药,量具应专用,使用后要清洗。量取农药后,封闭原农药包装并将其安全贮存、配制现混现用的农药,应按照农药标签上的规定或在教师的指导下进行操作。

6. 写好用药档案记录

每次施药应记录天气状况、作物种类、天敌状况、用药时间、药剂品种、防治对象、用药量、兑水量、喷洒药液量、施用面积、防治效果、安全性。

工作任务 3　常用农药使用方法

【任务概述】

市场销售的农药品种名称繁多,而且每年还有许多新产品上市。在众多的农药品种中,通过对杀虫剂、杀螨剂、杀菌剂、除草剂等代表性农药的学习,掌握明确其防治对象,掌握其使用方法,达到举一反三的目的。

【知识准备】

一、杀虫剂

(一)有机磷杀虫剂

1. 特点

在杀虫剂基本品种中占较大比重,品种最多,例如敌百虫、敌敌畏、氧乐果、辛硫磷等。其特点主要有:

(1)药效高,可稀释几百倍以上。

(2)杀虫作用方式多,具胃毒、触杀、熏蒸、内吸作用等。

(3)杀虫范围广,很多是广谱性杀虫剂,

(4)残效期长短不一。残效期短的品种,适于防治蔬菜、果树、药材等作物害虫。

(5)在生物体内易降解,对人、畜无累积毒性。

(6)遇碱多数分解失效。

(7)高毒品种多,贮藏和使用过程中易发生中毒事故。

2. 常用品种介绍表 4-3

表 4-3　常用有机磷杀虫剂品种介绍

通用名	作用方式及防治范围	使用方法	注意事项
敌百虫	低毒、广谱性；胃毒和触杀作用。 对蝇类、菜青虫、地老虎等咀嚼式口器害虫有效，对半翅目椿象类具有特效，表现有较好的触杀作用。对螨类及蚜虫等刺吸式口器害虫防效差。也适用于防治水稻、麦类、蔬菜、果树等作物的多种鳞翅目幼虫和椿象类害虫，及家畜寄生虫，卫生害虫等	1. 喷雾：90%的原液，500～1 000 倍液喷雾 2. 毒饵：90%的敌百虫 1 kg 加饵料 100 kg，诱杀地老虎、蝼蛄等地下害虫 3. 毒土：每 667 m^2 用 90% 敌百虫 150～200 g，拌细土 20 kg，撒施可防治稻水蝇蛆	敌百虫对高粱极易产生药害
敌敌畏	触杀、胃毒和熏蒸作用。 敌敌畏的蒸气压较高，对害虫有极强的击倒力，对一些隐蔽性的害虫如卷叶蛾幼虫也具有良好防治效果。持效期短，适用于防治棉花、果树、蔬菜、甘蔗、烟草、茶、桑等作物上的多种害虫，对蚊、蝇等卫生害虫以及米象、谷盗等有良好防治效果	1. 80%敌敌畏乳油兑水 800～1 500 倍喷雾可防治水稻、棉花、果树、蔬菜等作物上的多种害虫 2. 80%乳油空仓杀虫防治米象、谷盗、大谷盗、长角谷盗、麦蛾等仓库害虫，用 1 000 倍液喷洒，施药后密闭时间为 2～3 d，效果显著。温度高时，挥发快，药效迅速	敌敌畏在一般浓度下对高粱、玉米易发生药害，苹果开花后喷施浓度高于 1 200 倍时，易发生药害
丙溴磷	具有触杀和胃毒作用。 作用迅速，对其他有机磷、拟除虫菊酯产生抗性的棉花害虫有较好的防治效果。适用于防治棉铃虫、棉蚜等	1. 棉铃虫的防治　每 667 m^2 用 44%乳油 60～100 mL，兑水 60～100 kg 喷雾 2. 棉蚜的防治　每 667 m^2 用 44%乳油 30～60 mL，兑水 30～60 kg 喷雾	严禁与碱性农药混合使用。中毒后治疗药剂为阿托品或解磷啶。该药对苜蓿和高粱有药害
辛硫磷	低毒、广谱；具触杀和胃毒作用；易光解，但在暗处稳定。 对土壤害虫有较长持效，叶面施用持效期短，无残留。可用于棉花、谷物、果树、蔬菜、大豆、茶、桑、烟、林木等作物，防治蚜虫、蓟马、叶蝉、飞虱、粉虱、介壳虫、叶螨及多种鳞翅目幼虫，对大龄鳞翅目幼虫也有效	1. 土壤浇灌，防治地老虎、金针虫等土壤害虫 2. 对小麦、玉米进行种子处理，防治蝼蛄、蛴螬、金针虫等土壤害虫。持效期 25 d 左右 3. 制成颗粒剂灌心叶，防治玉米螟 4. 粮食拌药后堆放，可防治米象、谷盗等贮粮害虫	一般对作物安全，黄瓜、菜豆、高粱较敏感，喷雾慎用

(二)氨基甲酸酯类杀虫剂

1. 特点

其是一类含氮元素并具杀虫作用的化合物。其选择性相对较强、毒性较低、无残留毒害对植物及鱼类较安全,是一类较重要的农药。如异丙威、灭多威、双氧威等,其特点有:

(1)在自然界和进入生物体内易分解,在常用剂量下不残留、不污染。

(2)杀虫谱没有有机磷广,有一定选择性。

(3)对咀嚼式和刺吸式口器害虫均有效。

2. 常用品种介绍(表 4-4)

表 4-4　常用氨基甲酸酯类杀虫剂品种介绍

通用名	作用方式及防治范围	使用方法	注意事项
异丙威	具有强触杀作用,并兼有一定的熏蒸和胃毒作用,药效迅速,但持效期短。 主要用于水稻、蔬菜、棉花等害虫防治。防治稻田飞虱和叶蝉,兼治稻蓟马;也可防治蔬菜、棉花蚜虫和叶蝉	1. 喷粉:2%异丙威粉剂可用喷粉器直接喷粉 2. 拌毒土:每 667 m^2 用 20%异丙威乳油 2 kg 拌过筛细土 15～20 kg 3. 喷雾:20%异丙威乳油兑水稀释 1 000 倍喷雾防治水稻叶蝉、飞虱;400～500 倍防治水稻蓟马、瓜类蓟马、果树潜叶蛾、木虱等	不宜与碱性农药混施;不能与除草剂敌稗同时使用或混用,否则易发生药害,使用这两种农药间隔期应在 10 d 以上
速灭威	中等毒性杀虫剂。对鱼有毒,对蜜蜂高毒。 具有触杀和熏蒸作用,击倒力强,持效期较短。 速灭威对稻飞虱、稻叶蝉、稻蓟马有特效。对稻田蚂蟥有良好的杀伤作用	1. 水稻害虫的防治:每 667 m^2 用 20%乳油 125～250 mL,或 25%可湿性粉剂 125～200 g,兑水 100～150 kg 喷雾 2. 棉花害虫的防治:棉蚜、棉铃虫每 667 m^2 用 25%可湿性粉剂 200～300 倍液喷雾	1. 不能与碱性农药混用 2. 解毒药为阿托品、葡萄糖醛酸内酯及胆碱 3. 在部分范围禁止使用,如蔬菜、瓜果等
灭多威	杀虫广谱剂,有内吸、触杀和胃毒作用。用于果树、蔬菜、棉花、苜蓿、烟草、草坪、观赏植物等。对水稻螟虫、飞虱及果树害虫等都有很好防效	叶面持效期短,其半衰期小于 7 d。防治黄曲条跳甲、蚜虫、鳞翅目昆虫使用剂量为有效成分 300～600 g/hm^2	1. 灭多威不可与碱性农药混用 2. 在部分范围禁止使用,如蔬菜、瓜果等
双氧威	具保幼激素(JH)活性的昆虫生长调节剂。能抑制卵的发育、幼虫的蜕皮和成虫的羽化。可有效地防治果树上的木虱、蚧和多种鳞翅目害虫,也可用于防治仓储害虫和卫生害虫	25%双氧威可湿性粉剂 3 000～6 000 倍喷雾,防治果树害虫和谷象、米象、杂拟谷盗、印度谷螟等仓库害虫	

(三)拟除虫菊酯类杀虫剂

1. 特点

野生菊科植物除虫菊,它的花内含有 1.5%的杀虫有效成分,称为除虫菊素。除虫菊素对多种害虫具有高效毒性,但对哺乳动物无任何毒害。到20世纪70年代初,人工合成了溴氰菊酯等拟除虫菊酯农药。其毒理是:对神经系统的影响,昆虫中毒后由兴奋逐渐麻痹,最后死亡。长期使用,害虫极易产生抗药性。常见的种类有氯氰菊酯、氰戊菊酯、甲氰菊酯、氟氯氰菊酯、氯菊酯等,其特点是:

(1)广谱。这类杀虫剂对绝大多数农林害虫、仓储害虫、畜牧害虫、卫生害虫都有良好防效。但大多数品种,对植食性螨类以及介壳虫类防效较差。

(2)高效、速效。这类杀虫剂的毒力比常用杀虫剂提高1～2个数量级,是目前毒力最高的一类杀虫剂。有些品种如溴氰菊酯,大田用量仅为15 g/hm^2,而且作用迅速,击倒快。

(3)对哺乳动物毒性低,加之单位面积用药量小,因而使用安全。但这类杀虫剂的大多数品种对蜜蜂、鱼类及天敌昆虫毒性大。

(4)具有强大的触杀和胃毒作用,无内吸作用。因此,以叶面喷洒为主,很少用于土壤处理或种子处理。

(5)由于其结构大多属酯、醚,在生物体内及环境中易降解,加之单位面积用药量小,正常使用情况下不致污染环境。

2.常用品种介绍(表4-5)

表4-5 常用拟除虫菊酯类杀虫剂品种介绍

通用名	作用方式及防治范围	使用方法	注意事项
溴氰菊酯	亲脂性强,极易侵入昆虫体壁,也易侵入植物表面的角质层中,故耐雨水冲刷;高效、中毒、广谱性;具有强烈的触杀作用 除对螨类、蚧类和甲虫效果不理想外,几乎可以防治各种植物上的害虫	喷雾	对蜜蜂和鱼类高毒;稻田和蜜源植物花期禁用;不能与碱性农药混用
氰戊菊酯	高效、低毒、广谱;具有触杀作用和有一定的胃毒、拒食作用;还具有杀卵作用;用于棉花、果树、蔬菜等多种作物的害虫防治	喷雾	对螨类无效。对眼睛有刺激作用
氯氟氰菊酯	具有杀虫广谱、高效、速度快、持效期长的特点 对害虫和螨类具有强烈的触杀和胃毒作用,有渗透性而无内吸作用。可有效地防治鳞翅目、鞘翅目、半翅目和螨类害虫	喷雾	对鱼虾、蜜蜂、家蚕高毒;禁止在水田使用;收获前21 d停用

(四)生物源杀虫剂

1.生物源农药的特点

(1)大多数生物源天然产物农药对哺乳动物毒性较低,使用中对人畜比较安全。

(2)防治谱较窄,甚至有明显的选择性。以印楝素为例,鳞翅目昆虫对印楝素最敏感,1～50 μg/g的浓度就有很高的拒食效果,鞘翅目、半翅目、同翅亚目昆虫对印楝素相对不敏感。

(3)对环境的压力较小,对非靶标生物比较安全。许多生物源天然产物农药作用方式是非毒杀性的,包括调节生长发育、引诱、驱避、拒食等,因而对非靶标生物,特别是对鸟类、兽类、蚯蚓、害虫天敌及有益微生物影响较小。例如田间喷洒印楝制剂,并不影响果蝇寄生蜂羽化,羽化的寄生蜂能正常交配,寻找新的果蝇寄主。天然产物农药的这一特点不仅有利于保持生态平衡,而且有利于有害生物综合治理(IPM)方案的实施。

(4)大多数生物源天然产物农药作用较慢，对环境温湿度要求高，需要在害虫低龄期使用，在遇到有害生物大量发生、迅速蔓延时，往往不能及时控制为害。

2. 常用品种介绍(表 4-6)

表 4-6 常用生物源杀虫剂品种介绍

通用名	作用方式及防治范围	使用方法	注意事项
阿维菌素	杀虫、杀螨、杀线虫的生物源农药 对昆虫和螨类具有触杀和胃毒作用，并有微弱的熏蒸作用，无内吸作用。但它对叶片有很强的渗透作用，可杀死表皮下的害虫，且残效期长。不杀卵 广泛用于防治果树、蔬菜、棉花等作物上的螨类、多种鳞翅目害虫、蚜虫、粉虱、木虱及部分种类介壳虫等多种害虫	1. 防治小菜蛾、菜青虫，在低龄幼虫期使用 1 000～1 500 倍 2% 阿维菌素乳油 2. 防治金纹细蛾、潜叶蛾、潜叶蝇、美洲斑潜蝇和蔬菜白粉虱等害虫，在卵孵化盛期和幼虫发生期用 3 000～5 000 倍 1.8% 阿维菌素乳油；防治果树、蔬菜、粮食等作物的叶螨、瘿螨、茶黄螨和各种抗性蚜虫，使用 4 000～6 000 倍 1.8% 阿维菌素乳油喷雾	1. 不能与碱性农药混用 2. 夏季中午时间不要喷药 3. 收获前 20 d 停止施药 4. 避免药剂与皮肤接触或溅入眼睛，如遇此情况立即用清水冲洗，并请医生诊治
苏云金杆菌	它是包括许多变种的一类产菌体的芽孢杆菌。为低毒杀虫剂。对动物、鱼类和蜜蜂安全。主要是胃毒作用，可用于防治直翅目、鞘翅目、膜翅目，特别是鳞翅目的多种幼虫。苏云金杆菌可产生两大类毒素：内毒素（即伴孢晶体）和外毒素	1. 防治棉铃虫：每 667 m^2 用 200～300 g 8 000 IU/mg 可湿性粉剂，兑水 50～100 kg 喷雾 2. 防治菜青虫、玉米螟：每 667 m^2 用 8 000 IU/mg 可湿性粉剂 100～200 g，兑水均匀喷雾	1. 施用期比使用化学农药提前 2～3 d；25～30 ℃ 施药效果最好 2. 不能与内吸性有机磷杀虫剂或杀菌剂混合使用
苦参碱	它是由中草药植物苦参的根、植株、果实经乙醇等有机溶剂提取制成的天然植物性农药。对人畜低毒，是广谱杀虫剂，具有触杀和胃毒作用。对各种作物上的黏虫、菜青虫、蚜虫、红蜘蛛有明显的防治效果	1. 防治菜青虫：在成虫产卵高峰后 7 d 左右，幼虫处于 2～3 龄时施药防治。每 667 m^2 用 0.3% 苦参碱水剂 500～700 mL，兑水 40～50 kg 进行喷雾 2. 防治蚜虫：2.8～18 g/hm^2（有效成分）喷雾 3. 防治红蜘蛛：7.5～22.5 g/hm^2（有效成分）喷雾	严禁与碱性药混用，本品速效性差，应搞好虫情预测预报，在害虫低龄期施药防治。本品对低龄幼虫效果好，对 4～5 龄幼虫防效差
烟碱	三大传统植物性杀虫剂之一。具有胃毒、触杀和熏蒸作用，无内吸性。主要作用于神经系统。烟碱的蒸气可从虫体任何部位侵入虫体而发挥毒杀作用。易挥发，持效期短 对蚜虫有特效，对斑潜蝇等有较好的防治效果	1. 防治蚜虫：防治棉花上的蚜虫，使用 10% 烟碱乳油 75～105 g/hm^2（有效成分），喷雾 2. 防治斑潜蝇：使用 30% 增效烟碱乳油 75～105 g/hm^2（有效成分）喷雾 3. 在稀释药液时，加入一定量的肥皂或石灰，能提高药效	1. 易挥发，贮存时应密封 2. 配成的药液应立即使用 3. 对蜜蜂有毒，使用时应远离养蜂场所

（五）其他种类杀虫剂

包括特异性杀虫剂类、油乳剂杀虫剂等。例如，灭幼脲、除虫脲、氟虫腈、矿物油乳剂、胶体硫油乳膏和植物性油乳膏等(表 4-7)。

表 4-7 其他种类杀虫剂品种介绍

通用名	作用方式及防治范围	使用方法	注意事项
噻虫嗪	高效低毒杀虫剂。对害虫具有胃毒、触杀及内吸活性,用于叶面喷雾及土壤灌根处理。持效期长:叶面喷雾持效期可达 20～30 d,土壤处理持效期可达 60 d 以上 防治对象:可有效防治同翅亚目、鳞翅目、鞘翅目、缨翅目等害虫。其中对同翅亚目有特效,如各种蚜虫、叶蝉、粉虱、飞虱等	可以用于叶面喷雾,也可用于拌种、灌根和土壤处理等多种施法 1. 防治蚜虫 用 25% 噻虫嗪 5 000～10 000 倍液进行叶面喷雾 2. 防治瓜类白粉虱 用 25% 噻虫嗪 2 500～5 000 倍,进行喷雾	本药杀虫活性很高,用药时不要盲目加大用药量
氯虫苯甲酰胺	对鳞翅目害虫的幼虫活性高,杀虫谱广,持效期 15 d 防治对象:对鳞翅目的夜蛾科、螟蛾科、菜蛾科、麦蛾科、细蛾科等有较好的控制效果。对鞘翅目的象甲科、叶甲科和双翅目的潜蝇科、叶甲科和双翅目的潜蝇科、烟粉虱等多种非鳞翅目害虫也有较好的防效	1. 用于防治蔬菜小菜蛾,每亩使用 5%氯虫苯甲酰胺悬浮剂 30～55 mL,兑水对蔬菜均匀喷雾 2. 用于防治果树金纹细蛾,可以使用 35%氯虫甲酰胺水剂,兑水稀释 17 500～25 000 倍对果树均匀喷雾	当气温高、田间蒸发量大时,施药时间尽量在早晨或者傍晚时
灭幼脲	灭幼脲是通过抑制昆虫体内几丁质的形成,导致鳞翅目幼虫不能正常蜕皮而死亡。具有胃毒兼触杀作用,其作用特点是只对蜕皮过程的虫态起作用,幼虫接触后,并不立即死亡,表现拒食、身体缩小,待发育到蜕皮阶段才致死,一般需经过 2 d 后开始死亡,3～4 d 达到死亡高峰。成虫接触药液后,产卵减少,或不产卵,或所产卵不能孵化。残效期长达 15～20 d	1. 防治苹果、梨等果树的舞毒蛾、刺蛾、卷叶蛾等害虫,可在害虫卵孵化盛期和低龄幼虫期,喷布 25%灭幼脲 3 号胶悬剂 1 500～2 000 倍液 2. 防治棉铃虫、桃小食心虫、梨小食心虫,可在成虫产卵初期,幼虫蛀果前,喷布 25%灭幼脲 3 号胶悬剂 800～1 000 倍液	1. 此药在 2 龄前幼虫期进行防治效果最好,虫龄越大,防效越差 2. 本药施药 3～5 d 药效才明显,忌与速效性杀虫剂混配 3. 灭幼脲类药剂不能与碱性物质混用
除虫脲	低毒杀虫剂。主要是胃毒和触杀作用。害虫接触到药剂后,昆虫的几丁质合成被抑制,使幼虫在脱皮时不能形成新表皮,虫体成畸形而死。防治对象:对鳞翅目害虫有特效,对鞘翅目、双翅目多种害虫也有效。对有益生物、天敌等无明显不良影响	1. 防治菜青虫、小菜蛾、夜蛾,在幼虫发生初期,每 667 m^2 用 20%悬乳剂 15～20 g 兑水喷雾 2. 防治斜纹夜蛾,在产卵高峰期或孵化期,用 20%悬乳剂 400～500 mg/kg 的药液喷雾,可杀死幼虫,并有杀卵作用	1. 施用该药时应在幼虫低龄期或卵期 2. 施药要均匀叶背也要喷雾 3. 施用时注意安全,避免眼睛和皮肤接触药液
吡虫啉	吡虫啉具有内吸、触杀和胃毒多重药效。具有广谱、高效、低毒、低残留,害虫不易产生抗性,对人、畜、植物安全等特点,残留期长达 25 d 左右。温度高,杀虫效果好。主要用于防治刺吸式口器害虫	防治绣线菊蚜、苹果瘤蚜、桃蚜、梨木虱、卷叶蛾、粉虱、斑潜蝇等害虫,可用 10%吡虫啉乳油 4 000～6 000 倍液喷雾,或用 5%吡虫啉乳油 2 000～3 000 倍液喷雾	1. 本品不可与碱性农药或物质混用 2. 适期用药,收获前 1 周禁止用药

续表4-7

通用名	作用方式及防治范围	使用方法	注意事项
磷化铝	广谱性熏蒸杀虫剂。磷化铝分解产生的磷化氢气体能杀死害虫。除粉螨外，对其他仓储害虫都有效，如大米、大麦、小麦、玉米、豆类等谷物中的米象、谷象、豆蛾、锯谷盗、杂拟谷盗、长角谷盗、烟草甲、谷蠹等多种粮仓害虫的成虫、蛹、幼虫及卵。磷化氢渗透力强，无药害，在粮仓中残留毒性低	密闭仓库熏蒸，用56%磷化铝片剂6～12 g/m^3。可用探管及投药器投药，也可在粮面上施药，还可将药装入布袋，均匀分布在粮堆表面或放在粮面各层间，在局部粮食发生虫害时，可在粮面上用塑料薄膜或篷布覆盖，进行局部施药	属控制使用药剂。毒性大，磷化氢对人有剧毒，且无特效解毒药剂，使用安全。 受潮时毒饵放出气体，逐渐失效，1～2 d变质，最好现配现用

二、杀螨剂

许多杀虫剂既有杀虫作用又具有杀螨作用，如阿维菌素、甲氰菊酯、三唑磷等，但一般不把它们称为杀螨剂。常见的杀螨剂种类及其用途见表4-8。

表4-8　常见的杀螨剂种类及其用途

通用名	作用方式及防治范围	使用方法	注意事项
炔螨特	广谱性，胃毒和触杀作用，对成螨。若螨均有良好的防治效果，对螨卵防治效果差。对天敌安全。残效期3～5周。用于防治棉花、果树、蔬菜上的螨虫	一般使用1 500～3 000倍液喷雾	不能与强酸和碱性农药混用，对鱼类毒性大。安全间隔期15 d以上
哒螨灵	广谱性，具触杀作用，杀螨迅速，药效残留期达40～50 d。对卵、幼螨、若螨和成螨均有很好的防效。对全爪螨、叶螨、始叶螨、跗线螨等防效显著	一般使用20%可湿性粉剂1 500～2 000倍液或15%乳油1 500～2 000倍液喷雾。该药剂不受温度影响，无论在高温还是低温条件下，哒螨灵都具有同样的效果	采果前30 d停用。对鱼、蜜蜂、家蚕有毒。不能与碱性农药混用或接近使用
噻螨酮	对植物表皮具有较好的穿透性，但无内吸传导作用。强烈杀卵、杀幼若螨的特性，对成螨无效。残效期长，药效期50 d。 用于防治棉花、蔬菜、花卉等作物上的害螨	防治蔬菜花卉叶螨5%乳油或5%可湿性粉剂1 500～2 000倍液；防治棉花朱砂叶螨、截形叶螨，5%噻螨酮乳油60～100 mL或5%可湿性粉剂60～100 g，兑水75～100 L	与四螨嗪存在交互抗性。可与哒螨灵等农药混用
螺螨酯	低毒，具触杀作用，没有内吸性。主要抑制螨的脂肪合成，阻断螨的能量代谢，对螨的各个发育阶段都有效，包括卵	药剂兑水喷雾时，要尽可能喷雾均匀，确保药液喷施到叶片正反两面及果实表面。使用34%螺螨酯悬浮剂4 000～5 000倍液喷施1次，可控制红蜘蛛50 d左右	与速效性好、残效短的杀螨剂，如阿维菌素等混合使用。在一个生长季的使用次数最多不超过2次。避开果树开花期用药
四螨嗪	低毒杀螨剂。较强的渗透力，穿入螨的卵巢内使其产的卵不能孵化，并抑制幼、若螨的蜕皮过程。适用于防治多种果树、蔬菜及棉花上的主要害螨。对幼、若螨有较好的活性，但对成螨无效。持效期长达50～60 d	防治苹果叶螨，用50%四螨嗪悬浮剂5 000～6 000倍液，20%四螨嗪悬浮剂2 000～2 500倍液，喷雾，一般使用1次	药效慢，施药后10～15 d才可获得显著效果。可与多种杀螨剂混用，提高速效性和防效。在苹果上安全间隔期21 d

三、杀菌剂

(一)无机杀菌剂

无机杀菌剂指以天然矿物质为原料的杀菌剂和人工合成的无机杀菌剂(表 4-9)。

表 4-9 常见的无机杀菌剂种类及用途

通用名	作用方式及防治范围	使用方法	注意事项
波尔多液	碱性。对人中毒。对金属有腐蚀作用,是一种古老的保护性杀菌剂,残效期长。对多数气流传播的真菌有效,特别是喜水性的真菌,如由霜霉菌、腐霉菌、疫霉菌等,但对白粉病、锈病防效差	倍量式、等量式、半量式和少量式。在发病之前进行喷洒预防	放置会有沉淀,必须现配现用。不得与其他农药混用
石硫合剂	强碱性,有腐蚀作用。具有杀菌、杀螨作用,对介壳虫及一些虫卵也有效。尤其对锈病、白粉病效果显著	夏季 0.2～0.3 波美度稀释液防治棉花红蜘蛛、白粉病等病虫。冬季及早春果树休眠期可用 3～5 波美度稀释液	不得与其他农药混用
硫黄	传统的无机硫杀菌剂,具有杀菌、杀螨作用。对白粉病、苹果腐烂病、枸杞锈螨有良好的防效	防治白粉病采用喷雾或喷粉;防治果树腐烂病,先刮除腐烂病病疤后,用原液均匀涂抹在病疤处	早、晚施药,避免中午高温施药;黄瓜、大豆、葡萄等对硫黄敏感
氢氧化铜	广谱性保护性无机铜杀菌剂,对真菌、细菌病害有效。主要防治黄瓜细菌性角斑病、叶枯病,番茄早疫病、晚疫病、溃疡病、软腐病,辣椒疮茄病、青枯病,甘蓝、西瓜等的细菌性病害	将药剂稀释 500～750 倍,充分混合均匀后叶面喷雾使用。施药时期应为发病前或发病初期。一般每隔 7～10 d 喷 1 次,共喷 3 次	不能与石硫合剂混用。阴雨、雾天及作物花期易产生药害,不宜使用

(二)有机杀菌剂

有机杀菌剂指人工合成的有机杀菌剂,按其化学结构又可分为多种类型:有机硫类、有机砷类、有机磷酸酯类、有机锡类、苯类、杂环类等(表 4-10)。

表 4-10 常见的有机杀菌剂种类及用途

通用名	作用方式及防治范围	剂型及使用方法	注意事项
代森锰锌	广谱性保护剂。能防治多种真菌性病害,但对白粉病作用很差。在蔬菜上可防治多种病害的霜霉病、早疫病、晚疫病及各种真菌性病害	80%、65%可湿性粉剂。在果树上用 65%可湿性粉剂 400～500 倍液喷雾,防治苹果锈病、褐斑病、桃树缩叶病和穿孔病、葡萄霜霉病和黑痘病等	不与碱性药剂、铜制剂混用

续表4-10

通用名	作用方式及防治范围	剂型及使用方法	注意事项
戊唑醇	高效、广谱、内吸性三唑类杀菌农药，具有保护、治疗、铲除三大功能。杀菌谱广、持效期长。主要用于种子处理和叶面喷雾 防治对象：主要用于防治小麦、水稻、蔬菜、苹果、梨以及玉米等的多种真菌病害	1. 小麦拌种：每 100 kg 种子用 2%的戊唑醇干拌剂或湿拌剂 100～150 g(有效成分 1.8～2.7 g)拌种 2. 在发现病害的初期进行喷施治疗。一般使用 43%悬浮剂 3 000～4 000 倍液，或 25%可湿性粉剂 2 000～2 500 倍液均匀喷雾	茎叶喷雾时，在蔬菜幼苗期、果树幼果期应注意使用浓度，以免造成药害
百菌清	非内吸性广谱杀菌剂，对多种作物上的真菌病害具有预防作用。没有内吸传导作用，不能被根吸收。具有良好的黏着性，不易受雨水冲刷	蔬菜霜霉病、炭疽病、早疫病等 75%可湿性粉剂 600～800 倍液，在发病初期喷雾，残效期 7～10 d。能与石硫合剂、波尔多液等碱性农药混用。可与多种杀菌剂混用	在梨、桃和苹果等使用浓度偏高会发生药害。对鱼毒性大，施用时要远离鱼塘
丙环唑	具体杀菌谱广、活性高、杀菌速度快、持效期长、内吸传导性强等特点，是一种具有保护和治疗双重作用的内吸性三唑类杀菌剂 防治对象：对子囊菌，担子菌和半知菌等大多数高等真菌引起的病害，特别是对小麦全蚀病、白粉病、锈病、根腐病等具有较好的防治效果	1. 防治葡萄炭疽病：在发病前，用于保护性防治，可用 20%丙环唑乳油 2 500 倍液喷雾 2. 防治西瓜蔓枯病：在西瓜膨大期，用 25%丙环唑乳油 5 000 倍液喷雾 3. 防治草莓白粉病：在发病初期，用 25%丙环唑乳油 5 000 倍液喷雾	1. 在农作物的苗期、幼果期、嫩梢期，严格按照说明书稀释倍数用药，避免浓度过高造成药害 2. 贮存温度不得超过 35 ℃
嘧菌酯	嘧菌酯是新型高效、广谱、内吸性杀菌剂，它对几乎所有真菌纲(子囊菌纲、担子菌纲、卵菌纲和半知菌类)病害，如白粉病、锈病、颖枯病、网斑病、霜霉病、稻瘟病等均有良好的活性，且与目前已有杀菌剂无交互抗性。用于谷物、水稻、葡萄、马铃薯、蔬菜、果树及其他作物，对这些作物安全	25%嘧菌酯悬浮剂 1 000～2 500 倍液，可有效防治锈病、白粉病、全蚀病、红丝病等多种病害，对园林植物的白粉病、黑斑病、锈病、叶枯病、炭疽病、立枯病和叶斑病等都有一定防治效果。每 7～10 d 喷 1 次，连喷 3 次，能有效控制病害发展	1. 不能与其他药剂混用 2. 喷雾时，必须加足水量 3. 眼睛溅药后，立即将眼睑翻开，用清水冲洗 10～15 min，再请医生治疗
甲基硫菌灵	高效、低毒、低残留、广谱性内吸杀菌剂。广泛地用于防治粮、棉、油、蔬菜、果树等作物的多种病害	喷雾：蔬菜、瓜果白粉病、炭疽病、灰霉病等，用 500～800 倍液。瓜菜拌种：用药量为种子质量的 0.2%～0.3%	本剂可与其他农药混用，但不能与铜制剂混用。安全间隔期 14 d
氟硅唑	保护和治疗作用，渗透性强。高效、低毒、内吸性广谱杀菌剂。防治由子囊菌、担子菌及部分半知菌病原引起的病害	防治梨黑星病、苹果白粉病、葡萄白腐病、炭疽病，用 40%乳油 8 000～10 000 倍液，在发病初期喷雾。防治蔬菜黑星病、白粉病，在田间初发现病害时，立即用药。病情严重的田块 7～10 d 再施药 1 次	对砀山梨产生药害，慎用 提倡与其他杀菌剂轮换使用，避免产生抗药性

续表4-10

通用名	作用方式及防治范围	剂型及使用方法	注意事项
烯酰吗啉·锰锌	烯酰吗啉与代森锰锌混配而成。烯酰吗啉内吸性较强，引起霜霉菌、疫霉菌死亡。与具有触杀作用的代森锰锌混配可延长药效期，具有内吸治疗和预防保护作用	防治黄瓜、十字花科蔬菜霜霉病，69%水分散粒剂 100～133 g，喷药量 60～80 kg，每隔 7～10 d 喷 1 次，连续喷 3～4 次。 防治辣椒疫病，应使药液沿茎基部淋溶到根际周围的土壤里，每隔 7～10 d 防治 1 次，连防 3 次	黄瓜、辣椒、十字花科蔬菜等幼苗期，喷液量和药量宜低
盐酸吗啉胍	稀释后药液喷施到植物叶片后，药剂通过水孔和气孔进入植物体内，抑制或破坏核酸和脂蛋白的形成，阻止病毒的复制过程，起到防治病毒的作用。低毒，可用来防治多种作物病毒病	防治番茄病毒病，黄瓜苗期猝倒病、黄瓜花叶病、大白菜病毒病等，用量(有效成分)30～60 g/667 m^2。 可与多种无机盐混用，以增效或扩大杀菌谱，分别与乙酸酮、醋酸酮、植物细胞分裂素等混用	使用时稀释度不低于 300 倍，否则易产生药害

(三)生物杀菌剂

生物杀菌剂主要是细菌、真菌及抗生素类的微生物杀菌剂，主要有农用抗生素、细菌杀菌剂、真菌杀菌剂和病毒杀菌剂等类型。微生物杀菌剂主要抑制病原菌能量产生、干扰生物合成和破坏细胞结构，内吸性强、毒性低，有的兼有刺激植物生长的作用。当前，生产上应用的微生物杀菌剂，有井冈霉素、赤霉素、春雷霉素、农抗 120、农抗 5102、中生菌素、大蒜素、哈茨术霉菌、枯草芽孢杆菌等(表 4-11)。

表 4-11 常见的生物杀菌剂种类及用途

通用名	作用方式及防治范围	剂型及使用方法	注意事项
大蒜素	本品为植物源杀菌剂，兼具杀菌和抑菌功能 可用于防治黄瓜细菌性角斑病、甘蓝软腐病	防治黄瓜细菌性角斑病、甘蓝软腐病，应于发病初期使用，施药 3 次，注意喷雾均匀	1. 建议与其他作用机制不同的杀菌剂轮换使用，以延缓抗性产生 2. 本品对鸟类、蜜蜂、鱼类等水生生物有毒
枯草芽孢杆菌	枯草芽孢杆菌属于芽孢杆菌细菌，可分泌抗菌物质抵制病原菌生长，并使菌丝发生断裂、解体并溶解病原菌细胞壁，以致病原菌失去扩散能力 枯草芽孢杆菌不仅能防治多种病害，还可调节作物生长，是一种无毒无残留无污染的生物杀菌剂	1. 拌种使用：在西瓜、黄瓜、番茄、茄子等蔬菜播种前，用 300 亿芽孢/mL 枯草芽孢杆菌悬浮种衣剂按照药种比 1∶(50～100)的比例进行拌种，可以抵制枯萎病、根腐病等土传病害 2. 喷雾：防治黑胫病、枯萎病、黄萎病等病害，可在发病初期，用枯草芽孢杆菌 2 000 亿 CFU/g 枯草芽孢杆菌可湿性粉剂 7.5～10 g/667 m^2，兑水 30 kg 均匀喷雾，每 7 d 喷 1 次，连喷 2～3 次	1. 尽量单独使用不要与杀菌剂、杀虫剂、除草剂混合使用，也不要在使用后用杀虫杀菌剂在对土壤消毒 2. 大风天或预计 1 h 内降雨，请勿施用

续表4-11

通用名	作用方式及防治范围	剂型及使用方法	注意事项
哈茨木霉菌	微生物、广谱性杀菌剂。通过营养竞争、重寄生、细胞壁分解酵素以及诱导植物产生抗性等多重机制，对多种植物病原菌产生拮抗作用，具有保护和防治双重功效。可有效防治土传性真菌病害，如由灰霉菌、腐霉菌、丝核菌、炭疽菌、镰刀菌等引起的根腐病、立枯病、猝倒病、枯萎病、菌核病等土传病害	1. 本品应于番茄灰霉病发病初期使用，按推荐剂量兑水喷雾 2. 本品防治小白菜根肿病，于小白菜播种时兑水喷雾 1 次，出苗后 7 d 灌根 1 次，每 667 m^2 用药 400～600 g	水产养殖区、河塘等水体附近禁用

四、除草剂

除草剂具有工效高、节省劳力、增加产量的作用，但使用时必须准确掌握浓度、用量和施药时间。常见除草剂种类及其用途见表 4-12。

表 4-12　常见除草剂种类及其用途

通用名	作用方式及防治范围	使用方法	注意事项
精喹禾灵	选择性内吸传导型茎叶处理低毒除草剂。主要用于阔叶作物防除一年生、多年生禾本科杂草，如稗草、狗尾草、野燕麦、牛筋草、雀麦、千金子、画眉草、狗牙根、芦苇、匍匐冰草等，对阔叶杂草无效	防除一年生禾本科杂草，在杂草 3～6 片叶时，每 667 m^2 用 5%乳油 40～60 mL，兑水 40～50 kg 进行茎叶喷雾处理。防除多年生禾本科杂草，在杂草 4～6 片叶时，每 667 m^2 用 5%乳油 130～200 mL，兑水 40～50 kg 进行茎叶喷雾处理	对禾本科作物敏感，喷药时应注意勿飘移到禾本科作物田，以免造成药害
异丙甲草胺	选择性芽前除草剂。主要通过杂草幼芽基部和芽吸收。对一年生禾本科杂草的效果优于阔叶杂草。适用于玉米、大豆、高粱、甜菜、蚕豆、棉花、油菜、向日葵等作物田，防除稗草、马唐、狗尾草及荠菜、马齿苋、苋、蓼、藜等阔叶杂草也有一定的防除效果	播后苗前土壤封闭处理，土壤湿度是充分发挥药效的关键，适宜的土壤湿度有利于药效发挥。用于玉米、大豆、花生等作物，于播种前或播种后至出苗前，每亩用 72% 乳油 100～150 mL，兑水 50 kg，均匀喷雾于土表。如果土壤表层干旱，最好喷药后实行浅混土，以保证药效	对萌发而未出土的杂草有效，对已出土的杂草无效。只用于土壤处理
高效氟吡甲禾灵	选择性输导型茎叶除草剂，根、茎、叶皆可吸收。应用于大豆、花生、棉花、油菜、亚麻、西瓜、甘薯、蔬菜等阔叶作物田，防除一年生和多年生禾本科杂草	从禾本科杂草出苗到抽穗均可施药。最好在杂草 3～5 叶期施药。用药量：防除一年生禾本科杂草，用 10.8%的乳油 375～450 mL/hm^2。防除多年生禾本科杂草为 900～1 000 mL/hm^2，喷液量 450 kg/hm^2	1. 施药应避开中午高温 2. 杂草密度过大或草龄偏大、干旱应加大药量和水量，或浇水后喷药

续表4-12

通用名	作用方式及防治范围	使用方法	注意事项
氟乐灵	选择性触杀型土壤处理剂。单子叶植物的主要吸收部位为胚芽鞘，双子叶植物的吸收部位为下胚轴 适用于大豆、棉花、花生、部分蔬菜、苜蓿、向日葵、果树等作物田，防除一年生禾本科杂草和部分阔叶杂草（苋菜、灰藜、芥菜等）	播种或移栽前，48%氟乐灵做土壤混土处理。混土深度2～5 cm。具体方法为在阴天或傍晚用药（每667 m^2）：棉花150～200 mL；向日葵80～120 mL；蔬菜地75～150 mL。兑水喷洒土表，然后立即耙耱	氟乐灵易挥发光解，覆膜栽培也应混土。一些覆膜田由于没有混土，氟乐灵挥发到膜上，然后随水滴滴到幼芽顶梢，易产生药害
乙草胺	选择性芽前除草剂。对一年生禾本科和阔叶杂草有效，持效期60 d。可用于大豆、玉米、花生、棉花、油菜、西瓜田防除马唐、稗草、狗尾草、看麦娘、画眉草、牛筋草、硬草、牛繁缕、苋藜、雀舌草、马齿苋等一系列杂草	在大豆田使用：地整好后，播前用50%乙草胺乳油100～200 mL/667 m^2，兑水50 kg喷雾地表。混土2～3 cm后播种，可播种后出苗前，用50%乳油100～150 mL/667 m^2，兑水50 kg均匀喷布土表。 玉米、花生田使用：于玉米、花生播后出苗前，用50%乳油100～150 mL/667 m^2，兑水50 kg，均匀喷雾于土表	乙草胺只对萌芽出土前的杂草有效，只能作土壤处理剂使用 沙质土壤用药量要低一些，否则易出现药害，含有机质多的黏土用药量要适当增加，否则不能保证药效
精噁唑禾草灵	低毒。茎叶吸收传导至分生组织及根的生长点，作用迅速，是选择性极强的茎叶处理剂。适于双子叶作物如大豆、花生、油菜、棉花、甜菜、亚麻、马铃薯、蔬菜田及果园等防除单子叶杂草	1. 小麦田：防禾本科杂草，春小麦3叶期至拔节前，10%精噁唑禾草灵乳油30～40 mL/667 m^2，兑水40 kg，茎叶喷雾 2. 大豆田：大豆2～3片复叶、杂草2叶期至分蘖期前，春大豆用69 g/L精噁唑禾草灵水乳剂50～60 g/667 m^2，兑水30 kg，茎叶喷雾。 3. 油菜田：油菜3～5叶期，杂草3～5叶期施药，69 g/L精噁唑禾草灵水乳剂50～60 g/667 m^2，兑水30 kg茎叶喷雾	该药施用时应尽量早用，杂草分蘖后耐药性增强，防效差。用药时遇低温，小麦叶片会轻微发黄，以后随其生长恢复正常 环境相对湿度大、温度适宜时，除草效果好。在高温、低温、干旱条件下，防效稍差，应使用推荐剂量的上限

【任务实施】

一、常用农药品种市场调查

(一)目的要求

通过调查，熟悉掌握当前常用农药品种。

（二）材料用具

笔、笔记本。

（三）实施场所

农资市场、种植大户、专业化合作社、统防统治组织。

（四）内容与方法

1. 分组进行，每组 3～5 人；选择 8～10 家农药经销店或 2～3 个农业种植大户、专业化合作社、统防统治组织进行调查。

2. 设计好调查方案、调查表格。

3. 到农药销售店、公司开展调查了解，做好调查纪录。

4. 按作物病、虫、草害的类别，归纳整理列出防治各种作物病、虫、草的农药品种。

（五）任务

填写表 4-13。

表 4-13　农药品种市场调查表

项目	农药名称	作用原理	用量	毒性	使用方法	主要适用对象
杀虫剂						
杀菌剂						

续表4-13

项目	农药名称	作用原理	用量	毒性	使用方法	主要适用对象
除草剂						
其他						

二、波尔多液、石硫合剂配制

(一) 目的要求

掌握波尔多液、石硫合剂的配制和鉴定其质量优劣的方法。

(二)仪器和用具

烧杯、量筒、试管、试管架、天平、玻棒、研钵、试管刷、石蕊试纸、铁锅(1 000 mL 烧杯)、灶(电炉)、木棒、波美密度计等。

(三)使用材料

硫酸铜、生石灰、风化石灰、硫黄粉和水等。

(四)实施场地

农药实训室。

(五)石硫合剂的熬制和浓度测定

1. 配方

生石灰 1 份、硫黄粉 2 份、水 10 份。

2. 熬制方法

称取硫黄粉 100 g、生石灰 50 g、水 500 mL。先将硫黄研细,用少量水调成糊状。再用少量水将石灰化开,倒入锅中,加入剩余的水,煮沸后慢慢把硫黄糊倒入石灰乳中,做一标记,记下水位线,匀火熬煮沸腾后开始计时间,经过 45～60 min,药液由浅黄色变为赤褐色,药渣呈豆绿色时停火,静置冷却即成原液。熬制过程中应注意,随时用热水补充蒸发掉的水分(在结束熬制前 15 min 停止加水)。

石硫合剂冷却后将澄清液倒入量筒,插入波美密度计测量其浓度,药液的深度应大于密度计的长度，使密度计能漂浮在药液中。

(六)波尔多液的配制及鉴别

1. 配方

硫酸铜 1 份、生石灰 1 份、水 100～200 份。

2. 配制方法

(1)用 1/2 的水溶解硫酸铜，另用 1/2 的水溶化生石灰，然后将硫酸铜溶液和石灰乳同时倒入第三容器中，边倒边搅拌即成。

(2)用 4/5 的水溶解硫酸铜，另用 1/5 的水溶化生石灰，将硫酸铜溶液倒入石灰乳中，边倒边搅拌即成。

(3)用 1/5 水溶解硫酸铜，用 4/5 的水溶化生石灰，然后将稀石灰乳倒入浓硫酸铜溶液中，边倒边搅拌即成。

(4)用风化已久的石灰代替生石灰，配制方法同(1)。

配制中注意事项：少量配制波尔多液时，硫酸铜和生石灰要研细。要慢慢将水滴入，使石灰逐渐化开。

3. 质量鉴别

(1)用石蕊试纸测定不同方法配置的波尔多液的酸性，并观察其颜色。

(2)将铁钉插入波尔多液片刻，观察铁钉上有无镀铜现象。

(3)将制好的波尔多液分别装入试管中静置 30 min，比较沉淀情况，沉淀越慢越好，过快者不采用。

(七)任务

1. 比较不同方法配制成的波尔多液的质量优劣。

2. 假设有 29 波美度的石硫合剂，要稀释为 0.2 波美度，防治棉花叶螨 10 hm^2，每公顷用药液 900 kg，问需要多少毫升原液？

【知识拓展】

一、绿色食品使用农药的准则

绿色食品生产应优先采用农业措施，通过选用抗病虫品种、非化学药剂种子处理、培育壮苗、加强栽培管理、中耕除草、秋季深翻晒土、清洁田园、轮作倒茬、间作套种等一系列措施防治病虫草害。还应尽量利用灯光、色彩诱杀害虫，机械捕捉害虫，机械和人工除草等措施，防治病虫草害。特殊情况下，必须使用农药时，应遵守以下准则。

(一)生产 AA 级绿色食品的使用农药准则

1. 允许使用 AA 级绿色食品生产资料农药类产品。

2. 在 AA 级绿色食品生产资料农药类不能满足植保工作需要的情况下，允许使用以下方法。

(1)中等毒性以下植物源杀虫剂、杀菌剂、拒避剂和增效剂。如除虫菊素、鱼藤根、烟草水、大蒜素、苦楝、川楝、印楝、芝麻素等。

(2)释放寄生性、捕食性天敌动物，昆虫、捕食螨、蜘蛛及昆虫病原线虫等。

(3)在害虫捕捉器中使用昆虫信息素及植物源引诱剂。

(4)使用矿物油和植物油制剂。

(5)使用矿物源农药中的硫制剂、铜制剂。

(6)经专门机构批准，允许有限度地使用活体微生物农药，如真菌制剂、细菌制剂、病毒制剂、放线菌、拮抗菌剂、昆虫病原线虫等。

(7)经专门机构批准，允许有限度地使用农用抗生素，如春雷霉素、多抗霉素、井冈霉素、农抗 120、中生菌素、浏阳霉素等。

3. 禁止使用有机合成的化学杀虫剂、杀螨剂、杀菌剂、杀线虫剂、除草剂和植物生长调节剂。

4. 禁止使用生物源、矿物源农药中混配有机合成农药的各种制剂。

5. 严禁使用基因工程品种(产品)及制剂。

(二)生产 A 级绿色食品的使用农药准则

1. 允许使用 A 级和 AA 级绿色食品生产资料农药类产品。

2. 在 AA 级和 A 级绿色食品生产资料农药类产品不能满足植保工作需要的情况下，允许使用以下农药及方法：

(1)中等毒性以下植物源杀虫剂、动物源农药和微生物农药。

(2)在矿物源农药中允许使用硫制剂、铜制剂。

(3)有限度地使用部分有机合成农药，但要求按国家有关技术要求执行，并需严格执行以下规定：①应选用国家有关标准中列出的低毒农药和中等毒性农药。②严禁使用剧毒、高毒、高残留或具有三致毒性(致癌、致畸、致突变)的农药。③每种有机合成农药在一种作物的生长期内只允许使用一次。

(4)严格按照国家有关标准的要求控制施药量与安全间隔期。

(5)有机合成农药在农产品中的最终残留应符合国家有关标准的最高残留限量要求。

3. 严禁使用高毒高残留农药防治贮藏期病虫害。

4. 严禁使用基因工程品种(产品)及制剂。

二、国家禁用和限用农药名录

按照《农药管理条例》，任何农药产品都不得超出农药登记批准的使用范围。剧毒、高毒农药不得用于防治卫生害虫，不得用于蔬菜、瓜果、茶叶、菌类、中草药材的生产，不得用于水生植物的病虫害防治(表 4-14，表 4-15)。

表 4-14 国家禁用和限用的农药名单(66 种)

农药名称	禁/限用范围	备注
氟苯虫酰胺	水稻作物	自 2018 年 10 月 1 日起禁止使用
涕灭威	蔬菜、果树、茶叶、中草药材	
内吸磷	蔬菜、果树、茶叶、中草药材	
灭线磷	蔬菜、果树、茶叶、中草药材	
氯唑磷	蔬菜、果树、茶叶、中草药材	
硫环磷	蔬菜、果树、茶叶、中草药材	
乙酰甲胺磷	蔬菜、瓜果、茶叶、菌类和中草药材作物	自 2019 年 8 月 1 日起禁止使用(包括含其有效成分的单剂、复配制剂)
乐果	蔬菜、瓜果、茶叶、菌类和中草药材作物	自 2019 年 8 月 1 日起禁止使用(包括含其有效成分的单剂、复配制剂)
丁硫克百威	蔬菜、瓜果、茶叶、菌类和中草药材作物	自 2019 年 8 月 1 日起禁止使用(包括含其有效成分的单剂、复配制剂)
三唑磷	蔬菜	
毒死蜱	蔬菜	
硫丹	苹果树、茶树	
	农业	自 2018 年 7 月 1 日起,撤销含硫丹产品的农药登记证;自 2019 年 3 月 26 日起,禁止含硫丹产品在农业上使用
治螟磷	农业	禁止生产、销售和使用
蝇毒磷	农业	禁止生产、销售和使用
特丁硫磷	农业	禁止生产、销售和使用
砷类	农业	禁止生产、销售和使用
杀虫脒	农业	禁止生产、销售和使用
铅类	农业	禁止生产、销售和使用
氯磺隆	农业	禁止在国内销售和使用(包括原药、单剂和复配制剂)
六六六	农业	禁止生产、销售和使用
硫线磷	农业	禁止生产、销售和使用
磷化锌	农业	禁止生产、销售和使用
磷化镁	农业	禁止生产、销售和使用
磷化铝(规范包装的产品除外)	农业	①规范包装:磷化铝农药产品应当采用内外双层包装。外包装应具有良好密闭性,防水防潮防气体外泄。内包装应具有通透性,便于直接熏蒸使用。内、外包装均应标注高毒标识及“人畜居住场所禁止使用”等注意事项。②自 2018 年 10 月 1 日起,禁止销售、使用其他包装的磷化铝产品

续表4-14

农药名称	禁/限用范围	备注
磷化钙	农业	禁止生产、销售和使用
磷胺	农业	禁止生产、销售和使用
久效磷	农业	禁止生产、销售和使用
甲基硫环磷	农业	禁止生产、销售和使用
甲基对硫磷	农业	禁止生产、销售和使用
甲磺隆	农业	禁止在国内销售和使用(包括原药、单剂和复配制剂);保留出口境外使用登记
甲胺磷	农业	禁止生产、销售和使用
汞制剂	农业	禁止生产、销售和使用
甘氟	农业	禁止生产、销售和使用
福美胂	农业	禁止在国内销售和使用
福美甲胂	农业	禁止在国内销售和使用
氟乙酰胺	农业	禁止生产、销售和使用
氟乙酸钠	农业	禁止生产、销售和使用
二溴乙烷	农业	禁止生产、销售和使用
二溴氯丙烷	农业	禁止生产、销售和使用
对硫磷	农业	禁止生产、销售和使用
毒鼠强	农业	禁止生产、销售和使用
毒鼠硅	农业	禁止生产、销售和使用
毒杀芬	农业	禁止生产、销售和使用
地虫硫磷	农业	禁止生产、销售和使用
敌枯双	农业	禁止生产、销售和使用
狄氏剂	农业	禁止生产、销售和使用
滴滴涕	农业	禁止生产、销售和使用
除草醚	农业	禁止生产、销售和使用
草甘膦混配水剂(草甘膦含量低于30%)	农业	2012年8月31日前生产的,在其产品质量保证期内可以销售和使用
苯线磷	农业	禁止生产、销售和使用

续表4-14

农药名称	禁/限用范围	备注
百草枯水剂	农业	禁止在国内销售和使用
胺苯磺隆	农业	禁止在国内销售和使用（包括原药、单剂和复配制剂）
艾氏剂	农业	禁止生产、销售和使用
丁酰肼（比久）	花生	
灭多威	柑橘树、苹果树、茶树、十字花科蔬菜	
水胺硫磷	柑橘树	
杀扑磷	柑橘树	
克百威	蔬菜、果树、茶叶、中草药材	
	甘蔗作物	自2018年10月1日起禁止使用
甲基异柳磷	蔬菜、果树、茶叶、中草药材	
	甘蔗作物	自2018年10月1日起禁止使用
甲拌磷	蔬菜、果树、茶叶、中草药材	
	甘蔗作物	自2018年10月1日起禁止使用
氧乐果	甘蓝、柑橘树	
氟虫腈	除卫生用、玉米等部分旱田种子包衣剂外	禁止在除卫生用、玉米等部分旱田种子包衣剂外的其他方面使用
溴甲烷	草莓、黄瓜	
	除土壤熏蒸外的其他方面	登记使用范围和施用方法变更为土壤熏蒸，撤销除土壤熏蒸外的其他登记；应在专业技术人员指导下使用
	农业	自2019年1月1日起，将含溴甲烷产品的农药登记使用范围变更为“检疫熏蒸处理”，禁止含溴甲烷产品在农业上使用
氯化苦	除土壤熏蒸外的其他方面	登记使用范围和施用方法变更为土壤熏蒸，撤销除土壤熏蒸外的其他登记；应在专业技术人员指导下使用
三氯杀螨醇	茶树	
	农业	自2018年10月1日起禁止使用
氰戊菊酯	茶树	

表 4-15 其他 3 种采取管理措施的农药名单

农药名称	管理措施
2,4-D 丁酯	不再受理、批准 2,4-D 丁酯(包括原药、母药、单剂、复配制剂)的田间试验和登记申请;不再受理、批准其境内使用的续展登记申请。保留原药生产企业该产品的境外使用登记,原药生产企业可在续展登记时申请将现有登记变更为仅供出口境外使用登记
百草枯	不再受理、批准百草枯的田间试验、登记申请,不再受理、批准其境内使用的续展登记申请。保留母药生产企业该产品的出口境外使用登记,母药生产企业可在续展登记时申请将现有登记变更为仅供出口境外使用登记
八氯二丙醚	撤销已经批准的所有含有八氯二丙醚的农药产品登记;不得销售含有八氯二丙醚的农药产品

三、农业植保无人机概况

随着科学技术的进步,经济的发展,无人机的应用范围越来越广,使用数量越来越多,如我们所熟知的航拍无人机、军用民用无人机、商业无人机和农用植保无人机等。其中,植保无人机作为近年来大受欢迎的一款农用产品,受到广泛关注。农业植保无人机相较于常规的农业植保器械具有很多优势。

1. 植保无人机采用的是远距离遥控操作和飞控导航自主作业,只需在喷洒作业前,将农田里农作物的 GPS 信息采集到,并把航线规划好,输入到地面站的内部控制系统中,地面站对飞机下达指令,飞机就可以载着喷洒装置,自主将喷洒作业完成,完成之后自动飞回到起飞点。而在飞机喷洒作业的同时,还可通过地面站的显示界面做到实时观察喷洒作业的进展情况。

2. 植保无人机喷药的药效远远高于人工喷洒。这是因为植保无人机作业在农作物上方 0.5～3 m 处,飞机螺旋桨产生的气流将作物茎秆吹斜 70°左右,而且可以将作物叶片翻转过来,这样药液就可以随着气流进入作物的不同部位、叶子的正反面,使作物各部位都可以接触到药剂。同时,飞机喷药雾化程度更高,雾滴更小,可以更加牢固地附着到作物表面,不易造成浪费,使用率很高。

3. 采用的是低容量喷雾,而且属于高浓度细喷雾的方式,雾滴更小,在作业过程中通过喷头的压力和飞机螺旋桨现象的强大气流将药均匀地洒到作物上面,可提高农药利用率 30%以上。而且每亩施药仅需 400～600 mL,节水环保,符合我国绿色农业的发展方向。

4. 植保无人机体形小而功能强大,可负载 8～10 kg 农药,在低空喷洒,每分钟可完成一亩地的作业,其喷洒效率是传统人工的 30 倍。一架小型植保无人机一天可以喷洒 500 亩左右。

(一)植保无人机的分类

1. 按动力系统分类

(1)电动植保无人机　通常利用锂电池提供动力,日常维护比较简单,容易掌握,对飞行员的操作水平要求不高。电池可重复使用,比较环保低碳。但抗风能力比较弱,续航能力需再提升。

(2)油动植保无人机　以燃油发动机提供动力,具有较好的抗风能力,载重量比较大。但是不易掌控,对飞行员的操作能力要求高,振动也比较大,控制精准度比较低。

(3)油电混合型植保无人机　即油动植保无人机和电动植保无人机的结合版,规避前两者的风险，同时又具备前两者的优点，是很有发展前景的一款植保无人机产品。

2. 按机型结构分

(1)单旋翼植保无人机 单旋翼植保无人机有双桨、三桨两种型号。抗风性比较强、药剂雾化效果比较好。但是价格高，回报周期长；飞手培训难，风险高。单旋翼植保无人机飞手培训周期正常需要 2～3 个月，售后及维护成本高。

(2)多旋翼植保无人机 多旋翼植保无人机又分为：四旋翼、六旋翼、六轴十二旋翼、八旋翼、八轴十六旋翼等机型。采用模块化设计，使用与维护极其方便，多旋翼植保无人机采用锂电池作为飞行动力，平均每组电池可连续工作 15 min，喷幅宽度和飞行高度可自由调整。是具有整体尺寸小、重量轻、效率高等优点的植保无人机。

(二)农药的用量与配制

植保无人机喷洒药液属于超低容量的喷洒方式，药液浓度高，雾滴直径小，覆盖密度高，便于作物对药的液吸收，减少药液流失污染土壤，提高农药利用率，减少喷洒用水，节约水资源。

1. 适用的农药剂型

植保无人机采用超低容量喷雾方式进行作业，药液浓度较高，所以应首先选用水基化剂型，如悬浮剂、微乳剂、水乳剂、乳油、水剂等。

2. 每亩用药量

这是一个独立的参数，根据不同作物、生长阶段、病虫害程度确定，或根据产品说明或当地植保机构的推荐每亩使用量确定。

3. 每亩用水量

根据作物高度、密度以及病虫草害防治的要求，确定每亩药液(混好后)的使用量。

4. 配制飞防用药

一定要做到二次稀释，否则容易引起原药之间的化学反应造成药效不佳或结晶，甚至产生药害。先将每种农药以 5～10 倍稀释，然后混配在一起加水至适量后搅拌均匀使用。

5. 药剂加入顺序

叶面肥、水分散粒剂、悬浮剂、微乳剂、水乳剂、水剂、乳油依次加入。药液必须充分混匀，尽量避免使用可湿性粉剂和不易溶解的叶面肥等。

6. 注意事项

抗病毒类和杀菌类农药在高浓度施药过程中容易造成药害，如戊唑醇、嘧菌酯等，杀虫类的农药如虫螨腈也容易造成药害，这类农药绝对禁止按常规施药用量使用，建议按常规用量减量 20%～30%施用。

(三)植保无人机飞行作业要求

1. 飞行作业要低

飞行作业高度应离作物叶尖 2 m 左右距离。

2. 飞行作业直线度要高

植保无人机作业必须保持直线飞行，以确保不漏喷、不重喷。

3. 飞行作业速度要均匀

植保无人机作业效果与飞行速度关系密切，切不可过快，应慢速匀速飞行，一般作业时应保持在 4～6 m/s 的匀速飞行。

4. 飞行作业距离要确定

无人机的一个起落最好是飞行一个往返，回到起点换电池和加药，应根据田块大小确定。

5. 确定起降地点

植保无人机飞行作业要选好起降地点，起降地点要平，地面要实，以防起降时损坏机器。

【案例】

2007 年 6 月 2 日 11 时 40 分，家住老山林场某村二组的许某及妻子和儿子邀请其岳父母、亲戚共 10 人在其家中共进午餐。下午 12 点 50 分左右，张某首先出现恶心、呕吐、头痛、头昏、腹部持续性剧痛伴阵发性加剧，连续腹泻并渐重，呼吸急促、出汗、视物模糊等症状，随后余某、许某、董某等 6 人也出现上述类似症状，于下午 14 时 20 分被送往区中心医院抢救。

疾控中心、卫生监督所及公安部门相应的工作人员迅速驱车来到许某居住处，根据病人家属提供的基本情况，工作人员随即在其贮藏屋发现了食用大米与大量的空农药瓶(甲胺磷、草甘膦等农药瓶子)混合存放。工作人员根据有关国家标准对现场采集的大米、呕吐物等进行了检测，结果均检出甲胺磷，其中大米中甲胺磷的浓度高达 588.7 mg/kg。

根据现场调查和实验室检测结合临床资料分析，确认本次事故是一起甲胺磷农药污染引起的食物中毒，中毒的根本原因是将大米与空的农药瓶混合存放。甲胺磷易挥发，加之气温高，通风差，更易被大米吸收。

【常见技术问题处理】

1. 农药稀释的注意事项

(1)以水为稀释物　喷洒药液防治病、虫、草时，需要以水为稀释物来稀释农药。稀释时，首先，要注意水的水质，水质好坏以其 pH 和硬度为指标。其 pH 以中性为宜；水的硬度在 10 度以上的称为硬水，10 度以下的为软水。用硬水稀释农药会降低可湿性粉剂的悬浮性，或破坏乳油的乳化性能，因而降低药效，或产生药害，所以要选用软水来稀释。一般情况下，未被污染的河水、渠水、湖水或雨水均为软水。其次，用来稀释农药的水，应该干净，无漂悬杂物。

(2)以土为稀释物　以土为稀释剂时，所选用的土应是不含盐碱的潮湿细土。土的质地不应太黏重，以细壤土较好。其湿度以用手捏成团，站立撒手，土团自由落地后松散为宜。

(3)稀释时，药剂、稀释物的用量，一定要称量准确，决不可随意估计。

(4)稀释时，稀释物和药剂一定要充分搅拌，拌和均匀。

2. 农药使用时的注意事项

(1)配药时，配药人员要戴胶皮手套，必须用量具按照规定的剂量称取药液或药粉，不得任意增加用量。严禁用手拌药。

(2)拌种要用工具搅拌，用多少，拌多少，拌过药的种子应尽量用机具播种。如手撒或点种时必须戴防护手套，以防皮肤吸收中毒。剩余的毒种应销毁，不准用作食粮或饲料。

(3)配药和拌种应选择远离饮用水源、居民点的安全地方，要有专人看管，严防农药、毒种丢失或被人、畜、家禽误食。

(4)使用手动喷雾器喷药时应隔行喷。手动和机动药械均不能左右两边同时喷。大风和中午高温时应停止喷药。药桶内药液不能装得过满，以免晃出桶外，污染施药人员的身体。

(5)喷药前应仔细检查药械的开关、喷头等处螺丝是否拧紧，药桶有无渗漏，以免漏药污染。喷药过程中如发生堵塞时，应先用清水冲洗后再排除故障。绝对禁止用嘴吹喷头和滤网。

(6)施用过高毒农药的地方要竖立标志，在一定时间内禁止放牧、割草，以防人、畜中毒。

(7)用药工作结束后，要及时将喷雾器清洁干净，连同剩余药剂一起交回仓库保管，不得带回家去。清洗药械的污水应选择安全地点妥善处理，不准随地泼洒，防止污染饮用水源和养鱼塘。盛过农药的包装物品，不准盛粮食、油、酒水等食品和饲料。装过农药的空箱、瓶、袋等要集中处理。浸种用过的水缸要洗净后集中保管。

3.如何选择农药剂型

选择时首先要考虑作物的防治对象、施药的机具和使用的条件。目前，我国农药的剂型大多是适合于喷雾的剂型，其中以乳油和可湿性粉剂为主，还有一种是悬浮剂。这3种剂型的主要差别如下：

第一，杀虫剂中乳油效力要显著高于悬浮剂和可湿性粉剂，同类农药以选用乳油为好。叶面喷雾用的杀菌剂，一般以油为介质的剂型对杀菌作用的发挥并无好处，所以宜选择悬浮剂或可湿性粉剂。叶面喷洒用的除草剂，因杂草叶片表面有一层蜡质层，含有机溶剂的乳油、浓乳剂、悬浮剂等剂型都可以选用。施用于水田或土壤中的除草剂、颗粒剂和其他能配制毒土的剂型用得比较多。

第二，作为乳油的替换剂型，悬浮剂的药效虽次于乳油，但显著高于可湿性粉剂，其所含的多种助剂有利于药剂颗粒黏附在生物体表面，从而提高药效。与乳油相比，浓乳剂和微乳剂不用或少用有机溶剂，使用比较安全，药效也很好，但制造成本略高，价格也略贵。

第三，从施药人员的安全考虑，炎热天气下喷药，以油为介质的乳油易引发人员中毒，最好选用同类的以水为介质的剂型，如可湿性粉剂、悬乳剂、可溶性粉剂、水分散粒剂等。

第四，国内目前存在着同一种有效成分农药的同一种剂型却有许多含量不同的制剂的情况。选购时应选择高含量的制剂，从单位面积用药量来计算，可以相对降低使用成本。

4.农药使用技术发展趋势

(1)改进农药包装材料和包装技术　开发可溶性包装袋及一次性小包装，使用时只需把装有药的包装袋投入一定量的水中，包装袋可溶解，药剂即可分散于水中，使用时既方便，又安全。

包装瓶内置计量器，使用时只需用手挤压药瓶，使一定量的药液通过导管上升进入计量器中，打开计量器把药剂倒入水中，完全避免了药剂与皮肤的接触，保证了操作者安全。

(2)农药喷雾新技术与新设备

①低量喷雾技术：指单位面积上施药量不变的情况下，将农药原液稍微稀释，用水量相当于常规喷雾技术的1/10～1/5。这种施药技术提高了作业效率，在大棚温室中得到广泛应用。

②静电电动喷雾技术：这种施药技术是通过高压静电发生装置使雾滴带电喷施的方法，可以改变药滴大小和使用的比例。药液滴在叶片表面的沉积量显著增加，覆盖性能好，可以将农药的有效利用率提高到80%以上，特别对低剂量杀菌剂的使用尤为理想。不足之处是带电雾滴对植株冠层的穿透能力较弱。

③泡沫喷雾施药技术：它是在药液中加入药液容量1%的特定表面活性剂。经喷头喷雾产生大量泡沫，泡沫喷雾雾滴飘移率极低，如果不要求药剂在作物或目标物上密集分布，而药剂性质又允许，使用此法更有效。

④丸粒化施药技术:对于在田中使用的水溶性强的药剂,可以采用丸粒化施药技术。只需用手把药丸均匀撒于农田中即可,工效提高 10 多倍,且没有农药飘移,不污染邻近作物。此技术在我国南方应用较多。

⑤防飘喷头:国外公司相继设计制造了“少飘”或“防飘”喷头,这样的喷头能较少产生小于 50 μm 的雾滴,而这些雾滴易于飘移,目前这种喷头在生产中已大量使用。此外,药液飘移控制剂有效地控制了雾滴飘移。这些新技术的发展都减少了农药对环境造成的危险。

⑥复合喷头喷雾技术:复合喷头也称为双喷头,一个喷头喷出粗大的清水雾滴,另一个喷头把药液以细小的雾滴喷入清水雾滴中。两种雾滴融汇既提高了有效成分分散度,又避免了对环境的飘移,不仅对环境安全,而且大大地提高了农药的利用率。

⑦智能对靶喷雾:利用现代信息识别技术确定有害生物靶标位置,通过控制技术把农药准确地喷撒到靶标上的施药方法。这种施药技术目前尚处于发展期。

项目五

粮食作物病虫害识别与综合防控

工作任务1　小麦病虫害识别与综合防控

【任务概述】

小麦整个生长阶段，植株各器官均可遭受病原和害虫的侵害。据统计，全国每年小麦生长及贮藏期间因病虫草为害而造成的损失，约占总产量的20%。

新疆小麦虫害主要有麦蚜、蓟马、麦秆蝇、黑森瘿蚊、冬麦地老虎、金针虫等。其中，以小麦蚜虫为害为主，小麦皮蓟马次之(但昌吉市与全疆的情况有所不同，麦蚜从1999年以来一直为轻发生，皮蓟马上升为主要害虫)。小麦黑森瘿蚊在博乐、温泉局部地区时有发生。麦秆蝇、冬麦地老虎、金针虫等在全疆各地均有发生，但不同年份、不同地区发生危害差异很大。

新疆小麦病害以小麦锈病、白粉病、根腐病、散黑穗病、全蚀病、细菌性条斑病、雪腐病为主。其中，小麦锈病在伊犁和阿克苏地区(如新源、昭苏、温泉、拜城、库车、轮台、塔什库尔干等)的部分春麦区发生较重，北疆其他地区和南疆巴州、喀什地区一般发生较轻；小麦白粉病在全疆范围内普遍发生。小麦全蚀病、雪腐病、细菌性条斑病、散黑穗病在北疆部分麦区发生较重。

新疆小麦生产区生态状况比较复杂，麦田杂草种类庞杂，分布和发生范围十分广泛。近年来，新疆麦田杂草的发生与危害呈上升态势，麦田草害已成为影响新疆小麦产量和品质的突出问题之一。新疆麦田杂草约有107种，以播娘蒿、灰藜、萹蓄、田旋花、野燕麦、稗草和狗尾草等为优势种群。麦田杂草群落因连年大量使用2,4-D丁酯等苯氧羧酸类除草剂导致萹蓄、播娘蒿、田旋花、荞麦蔓等恶性杂草比例上升，传播和蔓延较快。盆地、河谷区域和平原区麦田杂草总体上以双子叶杂草为主；高海拔山地麦区以单子叶杂草为主；山地与海拔相对低的绿洲平原之间的过渡麦区，单、双子叶杂草危害程度基本相同。一般春麦区杂草危害重于冬麦区。

因此，在生产上应通过准确及时测报，采用农业防治措施(如抗性品种、精细栽培、科学肥水管理、控制和减少传染源等)，配合以高效、低毒、低残留专用化学农药，适时精确防治，将病虫草的危害控制在经济允许水平以下，确保小麦优质、高产、稳产，增加小麦产量和农民收益，并减少环境污染。

【知识准备】

一、麦蚜

1. 分布与为害

麦蚜属于同翅亚目蚜科。新疆已知有 15 种以上，通常以麦长管蚜、麦二叉蚜和麦双尾蚜(新疆特有种，1975 年被发现)较为普遍。常见的寄主有小麦、高粱、大麦以及野燕麦、玉米、芦苇等。

新疆冬、春小麦种植区均有发生。麦蚜的成虫和若虫是以刺吸式口器刺入植物组织内吸取寄主养分，轻者植株发育延迟，籽粒不饱满；重者叶片干枯，麦穗瘦弱，甚至造成白穗。麦二叉蚜主要在孕穗期前后为害，在麦株下部叶片的背面刺吸汁液，造成黄色枯斑，引起叶片黄化枯死。麦长管蚜在穗期为害麦穗，也可在叶片正面刺吸为害。麦双尾蚜喜食幼嫩叶片，常聚集在幼苗和新叶上为害。该蚜虫还能分泌毒素，受害叶片沿叶脉出现白色、黄色或紫红色条斑；幼叶卷缩成筒状，失绿变红变黄；旗叶受害后，褪绿卷缩，包裹麦穗，使麦穗不能正常抽出，麦穗呈扭曲状，千粒重明显下降，对产量影响极大。

麦蚜除直接为害作物外，还传播作物病毒病，其中以麦二叉蚜和麦双尾蚜传毒能力最强。

2. 形态特征

三种小麦蚜虫孤雌胎生有翅蚜形态识别见表 5-1。

表 5-1　三种小麦蚜虫孤雌胎生有翅雌蚜形态识别

种类	麦二叉蚜	麦长管蚜	麦双尾蚜
体形	卵圆形	长卵圆形	纺锤形
体色	淡绿色或黄绿色	淡绿色至绿色	黄绿色至灰绿色，具腊粉
复眼	漆黑色	红色	黑色
翅中脉	2 分岔	3 分岔	3 分岔
腹管	短圆管形，淡绿色，端部暗黑色	长圆管形，黑色	极短，宽大于长，灰色
尾片	长 0.16 mm，毛 7～8 根	长 0.22 mm，毛 6 根	毛 6 根
上尾片	无	无	有，为尾片的一半

3. 发生规律

(1)生活史　麦蚜 1 年发生 20 代左右，多者可达 30 代。以卵在冬麦地、枯枝落叶以及田间晚熟的玉米、高粱秸秆、禾本科杂草上越冬。在新疆 1 年大约有如下 3 个阶段：

①以冬麦为主的发生阶段　越冬卵在早春旬平均气温 5.6 ℃时孵化为干母，然后以孤雌生殖方式繁殖为害麦苗。5 月份蚜量迅速上升，冬麦灌浆期出现为害高峰。

②以高粱、春麦和禾本科杂草为主的过渡阶段　6 月下旬随着冬麦的成熟，麦蚜从冬麦田迁入高粱和部分春麦、禾本科杂草上繁殖为害。

③以秋播冬麦为主的越冬阶段　9 月冬麦播种出苗，麦蚜从高粱、禾本科杂草上迁飞而来，9 月下旬至 10 月在冬麦苗上也出现 1 次为害高峰，随即产生性蚜进行交尾产卵越冬。1 头雌蚜产卵量 1～15 粒，平均 5.5～6.3 粒。

麦蚜在冬麦上的两个发生为害高峰，是防治的关键时期。

(2)生活习性 麦蚜的耐旱性较强，适宜相对湿度为35%～80%。有翅蚜可迁飞扩散为害，也可随气流做远距离飞迁。麦蚜的繁殖能力很强，1头蚜虫可存活30多天，平均每天可产若蚜2～5头，环境适宜时，若蚜经4～6 d又能繁殖后代。

麦蚜喜中温、低湿的环境，当气温超过28～30 ℃以上，麦蚜生育即停滞。冬麦地适时灌好越冬水，可降低麦蚜虫口数量61.1%～84.6%。一般早播的冬麦地和晚播的春麦地受害较重。麦蚜对黄色有很强的趋性，对银灰色有较强的负趋性（拒避性）；喜食嫩叶和幼穗，常聚集在心叶和幼穗叶片的正面为害。

二、小麦皮蓟马

1.分布与为害

小麦皮蓟马属缨翅目皮蓟马科，遍布全疆各地，北疆虫害重于南疆。以成虫和若虫的锉吸口器，锉破寄主表皮，吮吸汁液。可破坏花器，影响授粉，造成白穗；也可破坏颖壳，使之发黄以至枯萎，还能为害籽粒，形成秕粒。据调查，小麦每穗有若虫10～15头时，穗重减少11%，千粒重减少3%～6%。

小麦皮蓟马还可为害大麦，多种禾本科杂草、苜蓿、向日葵以及苏丹草等。

2.形态特征

(1)成虫 体长1.5～2 mm，黑色。头略成长形，触角8节，缨翅。

(2)卵 长椭圆形，0.2 mm×0.45 mm，乳黄色，一端较尖。

(3)若虫 初孵化为淡黄色，以后逐渐变为橙黄至鲜红色，但触角及尾管始终为黑色，触角7节，共5龄。

(4)前蛹及伪蛹 出现翅芽的若虫叫前蛹，末龄不吃少动的若虫叫伪蛹，淡红色，着生白色绒毛，触角紧贴于头部的两侧。

3.发生规律

小麦皮蓟马1年1代，以红色若虫在麦茬、麦根、麦场等处的土下1～5 cm深处越冬。春季日平均气温15 ℃时，进入盛蛹期。在天山北麓，5月上中旬开始羽化出成虫。在冬麦上，小麦皮蓟马出现的高峰一般在5、6月之交，而春麦上则在6月中旬。从小麦皮蓟马整体羽化高峰来看，常与春麦抽穗期吻合，所以春麦受害往往重于冬麦。

成虫羽化后，相继飞往麦株上，首先集中在上部叶片的叶耳、叶舌处活动。因此，小麦孕穗始期成虫尚未潜入麦穗前，是药剂防治的一个有利时机。

成虫羽化后7～15 d即可产卵，产卵期较长，其高峰总是出现在冬麦和春麦抽穗扬花时，产卵部位比较固定，均在小穗基部和左右两护颖尖端内侧。

初孵化的若虫在穗部表面暴露活动3～5 d，然后潜入颖壳内。此时是药剂防治的第二个有利时机。若虫在麦穗中出现的高峰，都在小麦的灌浆期。麦收时，部分若虫自黄熟的穗内爬出或在割麦时被震落，爬入地下裂缝、麦丛或叶鞘中，也有部分若虫随麦捆运到麦场，爬到附近的麦糠堆或杂草、土壤中潜伏越夏、越冬。

连作田和未进行秋翻冬灌的麦田发生较重。

三、小麦雪腐病

1. 分布与为害

小麦雪腐病广泛发生于北疆，凡积雪厚度在 15 cm 以上，积雪时间长达 100 d 以上，春季气温回升缓慢的年份发生较重。

2. 为害症状

小麦雪腐病发生于冬麦苗期，为害根、叶和叶鞘。病苗在积雪下腐死，似开水烫过，柔软、色深。受害部位上生有灰白色的松软菌丝体。积雪融化后，病苗呈枯死状，病部可见许多大小、形状不等的黑色小菌核。

3. 病原

小麦雪腐病菌属担子菌亚门核瑚菌属；由菌核繁殖；菌核小型，球形或不规则形；初为黄褐色，后为灰褐色或黑色。菌核多生于须根和分蘖处，菌核周围有菌丝缠绕。菌核可以产生子实体和担子，担子呈棍棒形，顶生 4 个小梗，每个小梗着生 1 个担孢子，担孢子无色，肾脏形。

4. 发病规律

小麦雪腐病菌以菌核在土壤中越夏，秋冬温度较低时，菌核直接产生菌丝侵染麦苗。菌丝也可产生子实体，在子实体上产生担子和担孢子，落在麦苗上的担孢子萌发出芽管入侵。一般以菌核产生菌丝入侵为主，担孢子很少产生。

在积雪初期病菌侵染为害，以后由于地温及雪层下温度降到 0 ℃以下，病菌进入越冬状态。次年融雪开始，气温逐渐上升，病菌再次扩展，大量为害麦苗。

小麦雪腐病菌发育适温为 4～10 ℃，随着温度上升到 15 ℃以上时，发育渐趋停止。凡降雪早、积雪厚、融雪慢、融雪后积水的低洼麦田以及连茬、播种偏早的冬麦发病都比较重。

四、麦类锈病

1. 分布与为害

麦类锈病是世界性病害。我国各产麦区均有发生。麦类锈病有条锈病、叶锈病、秆锈病等三种。在新疆以条锈病发生较为普遍和严重，叶锈病次之。条锈和叶锈常混合发生，秆锈病仅在阿勒泰等局部地区发生。

锈病对麦类的为害，主要是病原菌大量孢子堆破坏寄主表皮，使水分大量丧失，其次是病原菌掠夺寄主营养和形成孢子堆影响光合作用，从而使产量降低，品质变劣。

2. 为害症状

三种锈病的共同特征是在寄主发病部位产生锈色夏孢子堆和深色冬孢子堆（表 5-2）。

3. 病原

小麦条锈病菌、小麦叶锈病菌和小麦秆锈病菌均属于担子菌亚门冬孢纲双胞锈菌属。除条锈病菌外，其他两种锈病菌都可以产生 5 种孢子。发生在小麦上的是夏孢子和冬孢子。

三种锈病菌都是专性寄生菌，有明显的生理专化现象，我国目前已发现的条锈病菌生理小种有 29 个，叶锈病有 10 多个，秆锈病菌有 12 个。

叶锈病菌和秆锈病菌都有转主寄生现象。但在小麦上都是以夏孢子完成传播，转主寄主对病害侵染循环没有实际意义。

表 5-2　三种锈病症状比较

特征		条锈病	叶锈病	秆锈病
发生时间		早	中	晚
发病部位		叶为主,其他次之	叶为主,叶鞘、茎秆较少	秆及叶鞘为主,其他次之
夏孢子堆	大小、形状	小,卵圆形,排列成行	中等,圆形,排列乱	大,圆或棱形,排列乱
	颜色	鲜黄	赤褐	铁锈
	位置	从叶面发生,不穿透叶片	从叶面发生,常不穿透叶片	从叶背生出,穿透叶片
	表皮破裂	不显著	破裂一圈	破裂显著,向外翻
冬孢子堆	颜色	黑褐	黑褐	黑
	位置	叶鞘、叶正面	多在叶片正面	秆及叶鞘
	表皮破裂	不破裂	不破裂	易破裂

4.发病规律

小麦锈病夏孢子萌发入侵需要一定的温湿条件:条锈病菌 9～13 ℃,叶锈病菌 15～20 ℃,秆锈病菌 18～22 ℃,叶面湿润,尤其是叶面结露时,夏孢子很快萌发并从寄主气孔入侵。夏孢子量多而轻,可随气流和雨水在田间蔓延。在适宜条件下,3～8 d 即可完成 1 代,产生新的夏孢子堆。1 个孢子入侵后可产生 100 个夏孢子堆,而 1 个孢子堆内约有 3 000 个夏孢子。

新疆主要发生的是小麦条锈病。以小麦条锈病为例介绍其发病规律。

(1)越冬　夏孢子不能自然越冬,以菌丝潜伏于冬麦叶片组织内越冬。

(2)春季发病　气温上升至 2～3 ℃时,病害开始发展。3 月中旬出现病叶,4 月上旬出现发病点。4 月下旬为扩展盛期,形成发病中心。

(3)越夏　夏孢子不耐高温,36 ℃以上只能存活 2 d,一般旬平均温度超过 23 ℃即不能存活。因此,平原麦区夏收季节,夏孢子随气流传播至山区晚熟麦区越夏,或在自生麦苗上越夏。待秋收季节,山区小麦上的夏孢子又随气流传回平原麦区入侵当年的冬麦秋苗,并在其内越冬。

五、小麦白粉病

1.分布与为害

小麦白粉病在新疆各地均普遍发生,一般为害较重。但不同年份、不同栽培技术和水肥条件,发病程度又有所不同。主要在叶片、叶鞘、茎秆上发生,严重时穗部的颖片及芒也可受害。小麦白粉病发病后叶片畸形、干尖等,但一般并不立即死亡,只是生长势明显减弱,呼吸作用加快,养分大量消耗,代谢作用失调,从而导致麦粒变小而减产。

2.为害症状

小麦白粉病发病初期在病部产生绒状白色霉层,这是病原菌的菌丝体,逐渐扩展成近圆形。以后霉点上产生灰白色以致淡褐色的粉状物,这是病原菌的分生孢子。发病后期在病斑上产生黑色小颗粒,这是病原菌的闭囊壳。

3. 病原

小麦白粉病菌属于子囊菌亚门核菌纲白粉菌属，为专性寄生菌。菌丝体着生于小麦体表，以吸器伸入寄主表皮吸取养分。吸器椭圆形，两端有枝状分枝。分生孢子梗直立，从菌丝直接长出，顶端串生10～20个分生孢子。闭囊壳球形，黑褐色，外有菌丝状的附属丝。闭囊壳内有9～30个圆形或椭圆形子囊。子囊内含有4～8个单胞、长圆形、无色的子囊孢子。

4. 发病规律

小麦白粉病菌以菌丝体在麦苗、自生麦苗上和以闭囊壳在病残体上越夏越冬，以子囊孢子和分生孢子随风传播侵染。小麦生长季节，病菌主要靠分生孢子借助风力而多次再侵染，从而形成病害流行。

小麦白粉病菌对温度和湿度的适应范围较广。菌丝体在0～40 ℃范围内可以存活，但最适温度为14～20 ℃。分生孢子在相对湿度0～100%和温度0～18 ℃的条件下均可萌发，但在水滴中萌发不良。因此，在不同的温湿度条件下均有此病发生，以低温、高湿、光照不足、通风不良、不利于小麦生长的情况下，此病发生严重。在新疆，凡春季阴雨，4月份温度上升快，5～6月份温度偏高，降水偏少的年份有利于病菌孢子在田间随风传播，发病较重。此外，氮肥过多，密度过大，小麦生长柔嫩及低洼倒伏麦田发病都很严重。

六、麦类黑穗病

1. 分布与为害

麦类黑穗病是世界性病害，我国各产麦区均有发生。黑穗病主要破坏小麦的穗部和籽粒，造成直接损失。还能污染产品、降低品质、误食可引起过敏反应。

新疆小麦黑穗病主要有散黑穗病、光腥黑穗病和网腥黑穗病，后两种合称为普通腥黑穗病，并以光腥黑穗病为主。

2. 为害症状

小麦黑穗病的共同症状是在小麦受害部位产生很多颜色略有差异的黑褐色粉状物，这就是病原菌的冬孢子。

(1)小麦散黑穗病　穗完全变形，破坏。子房也完全变形，子房壁变成白色薄膜，易破裂。病株稍矮，旗叶有时发黄，病穗比健穗早出1～2 d，抽穗后，黑粉被风吹散，仅留穗轴。

(2)小麦普通腥黑穗病　穗变形不显著。子房保留原形，子房壁变成较厚的灰白色膜，不易破裂。病株稍矮，病穗轻而直立，颜色较深，颖壳略向外张开，露出部分病粒。黑粉黏结较紧，不易被风吹散，因含有三甲胺，有鱼腥味。

(3)小麦矮腥黑穗病　除与普通腥黑穗病相同之处外，还有以下特点：

①病株特别矮，只及健株高的1/3～1/2。

②分蘖特别多，比健株分蘖多1倍以上。

③病穗紧密，小穗及花均多。

④病粒球形、坚硬、不易压破。

3. 病原

小麦黑穗病菌均属于担子菌亚门冬孢纲。其中小麦散黑穗病菌属于黑粉菌属，小麦光腥黑穗病菌、小麦网腥黑穗病菌和小麦矮腥黑穗病菌均属于腥黑粉菌属。

四种病原菌都在寄主受害部位产生黑褐色粉状物，为冬孢子。冬孢子均为单胞。4种黑穗病冬孢子比较见表 5-3。

四种病原菌都必须经过两性结合形成双核侵染丝才能入侵引起发病。腥黑穗病菌有生理分化现象。我国目前已有光腥黑穗病菌 9 个生理小种、网腥黑穗病菌 4 个生理小种。国外有研究报道矮腥黑穗病菌有 17 个生理小种。

表 5-3　4 种黑穗病冬孢子比较

特征	散黑穗病菌	光腥黑穗病菌	网腥黑穗病菌	矮腥黑穗病菌
形状	球形,孢子分散	球形,孢子分散	球形,孢子分散	球形
颜色	褐色	青褐色	褐色或黄褐色	淡褐或黄褐色
表面状态	有细刺	光滑	有网纹	有网纹
萌发条件	最适 23 ℃, 最低 5～11 ℃, 最高 30～35 ℃	最适 16～20 ℃, 最低 5 ℃, 最高 20～21 ℃	最适 16～20 ℃, 最低 5 ℃, 最高 20～21 ℃	最适 3～8 ℃, 最低 0.2 ℃, 最高 10～13 ℃
气味	无腥味	有腥味	有腥味	有腥味

4. 发病规律

(1)小麦散黑穗病　属于花期侵染型。病菌菌丝体潜伏在寄主种子胚内,播种后当种子萌发时休眠菌丝同时萌动。麦苗发育至 2～3 节时,菌丝进入穗原基。孕穗期间菌丝在小穗内迅速扩展,破坏花器,产生冬孢子。病穗抽出后冬孢子随风飞散,落在正在开花的健株花器柱头上。当柱头刚刚裂开并有湿润的分泌物时,冬孢子能在 24 h 内萌发并生成侵染丝,到柱头稍稍萎蔫时,侵染丝最易侵入,到达子房后,菌丝潜伏在胚内休眠。受侵染的子房仍可发育形成正常的麦粒。当年不产生新的发病植株。

小麦抽穗扬花期间的气候,对散黑穗病的侵染有很大的影响。微风有利于孢子的传播,温暖多雾或经常下小雨,有利于孢子的萌发入侵,使当年种子带菌率增高,次年发病重。

(2)小麦腥黑穗病　3 种腥黑穗病都属于幼苗侵染型。病菌孢子附着在寄主种子表面或落入土壤、粪肥中休眠。小麦播种后,种子萌发时,冬孢子也萌发并产生双核侵染丝从麦苗芽鞘入侵,随即进入生长点随寄主生长而扩展。小麦抽穗前不表现症状。孕穗至抽穗时,菌丝进入幼穗子房并形成冬孢子。抽穗后表现症状。小麦收获脱粒时,菌瘿破裂散出黑粉,冬孢子即附着于种子表面或落入土壤、粪肥中。

小麦播种后至出苗前这一阶段的土壤温湿条件对冬孢子的萌发入侵关系很大。冬麦晚播,春麦早播或播种过深,都延缓了小麦的出土时间,增加了病菌侵入的机会,从而加重病害的发生。

七、小麦细菌性条斑病

1. 分布与为害

小麦细菌性条斑病又称小麦黑颖病。该病遍布全疆,以天山北麓一带发生为害较重。

2. 为害症状

小麦整个生育期均可发病。为害部位主要是叶片,其次是叶鞘、茎秆和穗。被害叶片初呈水浸状半透明斑点或短条斑,并沿叶脉扩展而连接成较长的黄褐色条斑,边缘有黄晕圈。病斑多时，各条斑可合并成褐色枯斑，使叶片组织大片死亡，但病叶枯死速度一般较慢。湿度大时，病部分泌大量黄白色菌脓，干缩后成黄色菌胶粒。

此病在小麦抽穗期和扬花期为重，使被害植株提前枯死，穗形变小、籽粒干秕。

3. 病原

小麦细菌性条斑病菌属于细菌中的黄单胞杆菌属。菌体单胞，短杆状，极生1根鞭毛，革兰氏染色呈阴性。

4. 发病规律

小麦细菌性条斑病菌在种子内外及病残物上潜伏，以种子内部潜伏为主。带菌种子播种后即可引起苗期感染，形成发病中心，并通过流水灌溉和雨水滴溅而扩大再侵染，5月上旬至6月下旬田间病情最重。病菌从伤口和气孔入侵。

一般情况下，冬麦发病重于春麦。小麦生长期间气候温暖、多雨，特别是暴风雨过后发病重，主要是由于病菌从暴风雨造成的伤口入侵。连作地块，施用过量氮肥，浇水过多，种植过密，发病严重。

八、小麦全蚀病

1. 分布与为害

小麦全蚀病是一种毁灭性病害。近年在小麦上的发生为害越来越严重。小麦全蚀病是一种典型的根部病害，病菌侵染的部位只限于小麦根部和茎基部。由于根及茎基部受害常引起植株早衰形成“白穗”。小麦感病后分蘖减少，成穗率降低，千粒重下降，轻者减产10%～20%，重者减产50%以上，甚至绝收，对小麦产量和品质影响很大。小麦整个生育期均可感病。

2. 为害症状

(1)幼苗期　幼苗感病后，初生根茎变为黑褐色，次生根上也有很多病斑，严重时病斑连在一起，使整个根系变黑死亡。发病轻的麦苗即使不死亡，也表现为地上部叶色变黄，植株矮小，生长不良，类似干旱缺肥状。病株易从根茎部拔断。

(2)分蘖期　地上部分无明显症状，仅重病植株表现稍矮，基部黄叶多。拔出麦苗，用水冲洗麦根，可见种子根与地下茎都变成了黑褐色。

(3)拔节期　病株返青迟缓，黄叶多。拔节后期重病植株矮化、稀疏，根部变黑加重。叶片自下而上变黄，似干旱缺肥状。麦田出现矮化发病中心，生长高低不平。

(4)抽穗灌浆期　在潮湿情况下，根茎变色部分形成基腐性的“黑脚”症状。这是全蚀病区别于其他根腐病的典型症状，最后造成植株枯死，形成“白穗”。剥开有病部位基部叶鞘，可以看到全蚀病特有的“黑膏药”状物。近收获时，在潮湿条件下，根茎处可看到黑色点状突起的子囊壳。但在干旱条件下，病株基部“黑脚”症状不明显，也不产生子囊壳。严重时全田植株枯死。

3. 病原

禾顶囊壳，属子囊菌亚门顶囊壳属；自然条件下仅产生有性态，但在培养基中发现属于根瓶霉属的无性孢子。

4. 发病规律

主要以菌丝体随病残体土壤或未腐熟有机肥中越冬越夏为主，或寄生于禾本科作物或杂草，成为第二年的初侵染源。

(1)传播 为典型的土传病害，以土壤传播为主，也可经过粪肥传播、种子传播(种子中混杂病残体)。以寄生方式在自生麦苗、杂草或其他作物上的全蚀病菌也可以传染下一季作物。子囊孢子落入土壤后，也可侵染小麦，但作用不大。田间浇水、翻耕犁耙等导致病菌在较近的距离扩散。关于种子传病及新病区发病的初传染原，一直存在争议。

(2)侵染 病菌由麦苗的种子根、次生根及根颈下的节间侵入根组织，也可由胚芽鞘与外胚叶侵入。以初侵染为主，再侵染不重要。因此，土壤中的初侵染菌源量是当年发病轻重的主要决定因素。

(3)两个发病高峰，即秋苗期和返青拔节期。

(4)小麦全蚀病菌为土壤寄居菌，病原在土壤中存活年限从1～2年至3～5年不等。

(5)秋冬气温高，春季湿度大，发病重。小麦一玉米连作，发病重；麦一棉(烟，油料等)连作，发病轻。沙质土发病重，黏土发病轻。目前无抗病品种。

【任务实施】

小麦病虫害识别与综合防控

一、小麦病虫害诊断、识别

(一)目的要求

正确识别当地小麦主要害虫形态特征和病害症状特点。

(二)仪器和用具

显微镜、体视显微镜、手持式放大镜、镊子、挑针、培养皿等。

(三)观察材料

小麦长管蚜、麦二叉蚜、麦秆蝇、小麦皮蓟马、冬麦地老虎等害虫和小麦条、叶、秆锈病材料及切片，小麦白粉病材料及切片，小麦丛矮病、小麦黑穗病、小麦细菌性条斑病，小麦雪霉、雪腐病等当地常见麦类病虫害标本、挂图、影像资料、PPT等。

(四)实施场所

实训室、多媒体教室、麦田等。

(五)内容与方法

1.用体视显微镜观察麦类蚜虫的前翅翅脉的区别，体色、腹管、尾片等特征，观察麦秆蝇成虫、幼虫的形态特征及为害状特点，观察皮蓟马的成虫、若虫的形态特征及为害特点。

2.仔细比较观察三种麦锈病的盒装标本，指出冬孢子堆、夏孢子堆的着生位置、形状大小、颜色特点、排列方式及表皮破裂等有什么区别。

3.仔细观察小麦散黑穗病、小麦腥黑穗病的为害部位、麦粒被破坏的程度、黑粉的特征。指出菌瘿和虫瘿在大小、形状、硬度及内容物上有什么区别。

4.观察小麦白粉病，注意其为害部位、白粉斑的特点及后期灰褐色粉斑中的黑色小颗粒。

5.观察小麦全蚀病的根茎基形成的“黑脚”特征，观察小麦丛矮病，注意分蘖、株高、叶形与健株有什么不同，观察比较小麦雪腐病与雪霉病在症状表现上有什么不同。

6. 选择典型症状特征的小麦叶(条、秆)锈病的材料，用挑针挑取少量夏孢子堆、冬孢子堆分别制成两张临时装片，注意观察夏孢子的形态、色泽、大小。观察冬孢子的形态、色泽以及柄的形状等。

7. 取所给黑粉菌材料，用挑针取少许黑粉制成临时装片，进行镜检，注意观察比较各种厚垣孢子在形态、色泽、大小、微刺等特征上有什么不同。

8. 取小麦白粉病材料，用挑针挑取少许白粉制成临时装片，注意观察分生孢子梗在菌丝上着生位置，有无分枝，以及顶端分生孢子是串生还是单生，形态是怎样的。挑取材料上黑色小颗粒制片，观察闭囊壳的形态，附属丝与菌丝有什么区别。用挑针轻压盖玻片，观察闭囊壳破裂后有多少个子囊放出，呈什么形态。

9. 展示挂图、影像资料、PPT 等。

(六)任务

1. 绘麦长管蚜和麦二叉蚜前翅图。

2. 试述小麦三种锈病之间，散黑穗病与腥黑穗病之间，雪霉病与雪腐病之间有何异同点。

二、职业岗位能力训练

(一)播前准备

1. 职业岗位工作任务与要求

按照小麦丰产技术要求，根据当地小麦一生中常见病虫害种类及发生发展规律，在播前检查、督促土地选择和种子处理，避免重茬种植；制定播前病虫害防治技术措施；严格按照农药使用技术要求开展药剂处理等播前预防工作。

2. 工作程序与操作技术(表 5-4)

表 5-4 播前准备工作程序与操作技术

工作环节	工作程序与操作技术
信息搜集	1. 主动请教当地县、乡农技部门的技术专家了解当地往年小麦病虫害的发生种类、危害情况以及综合防控技术经验。 2. 通过网络、图书等了解、学习小麦病虫害综合防控的相关内容，做好防治工作的前期准备。 3. 信息汇总整理，制订小麦病虫害综合防控计划
土地准备	1. 轮作倒茬：采用合理的轮作和间作，切断病、虫的寄主供应；恶化病虫发生环境，减少田间病、虫的积累。如小麦与豌豆、苜蓿等作物轮作 2 年以上，小麦全蚀病发病轻，或不发病。 2. 整地质量要求达到“齐、平、松、碎、净、墒”六字标准。 3. 化学除草防治野燕麦 (1)播前土壤处理：常用的除草剂有燕麦畏等。整地后按要求配制药液，用喷雾器均匀喷洒地面，也可毒土撒施，施药后耙耱，将药剂混入 5～10 cm 的土层中，然后播种小麦； (2)播后芽前土壤处理：常用的药剂有燕麦畏等。在小麦播种后出苗前，将药剂加水进行地面喷雾或拌毒土撒施

续表5-4

工作环节	工作程序与操作技术
种子准备与处理	1. 选用抗病虫品种。 2. 精选种子。 3. 适时调整播期。小麦锈病、白粉病常年发病较重的地区，冬麦应尽量晚播，春麦尽量早播。 4. 将10%吡虫啉可湿性粉剂200 g兑水5 kg稀释后，均匀喷洒在100 kg麦种上，并充分搅拌，堆闷12 h，于阴凉处晾干后播种。可有效地预防小麦蚜虫、叶蝉、黑森瘿蚊和地下害虫等害虫为害。 5. 用种子质量0.2%～0.3%的戊唑醇或苯醚甲环唑等拌种，可有效防治小麦锈病、小麦白粉病、小麦黑穗病和雪腐病等病害。 6. 种衣剂包衣。选择小麦专用种衣剂，按照使用说明进行包衣，要做到拌种均匀

3. 常见技术问题处理

[**案例**] 新疆奇台总场有一位农工急急忙忙找到奇台县农业技术推广中心，反映他种植的20亩冬小麦出苗情况很差，不知是什么原因。经过技术人员的仔细询问和田间调查，发现这位农工在小麦播种前使用燕麦畏进行土壤处理防除野燕麦，播种量符合高产栽培技术要求，但除草剂的用药量偏高，再加上播种后出现连续降雨，药液下渗，致使小麦种子大面积接触到药剂，抑制了"麦芽"的生长发育，从而造成出苗不足、苗情差。

(二)冬麦冬前病虫害综合防控(冬麦出苗至降雪)

1. 职业岗位工作任务与要求

根据小麦病虫害发生规律，及时开展越冬前麦田病虫害调查，检查、指导越冬前小麦病虫害防治措施的实施，做好病虫害的预防工作，为翌年小麦丰收奠定基础。

2. 工作程序与操作技术(表5-5)

3. 常见技术问题处理

采用杀虫剂如吡虫啉、辛硫磷等进行药剂拌种，可有效防治地下害虫和苗期害虫。采用杀菌剂如醚菌酯或丙环唑等，可有效防治小麦黑穗病、小麦锈病、全蚀病、白粉病、雪腐病等多种病害的发生和危害，减少越冬菌量。但在药剂拌种时要注意以下几点：

(1)杀菌剂与杀虫剂混合使用时，先拌杀虫剂，将杀虫剂用喷雾器喷洒均匀，堆闷3～4 h，摊开晾干后播种或再拌杀菌剂。

(2)如果加拌微肥等，可与杀菌剂同拌，但要随拌随种。

(3)使用药剂混合拌种，一般只用杀菌剂、杀虫剂两种，混合多种药剂拌种，易产生药害。

(4)要严格按照拌种操作规程，防止人、畜中毒。

表 5-5 冬麦冬前病虫害综合防控工作程序与操作技术

工作环节	工作程序与操作技术		
	病虫害田间识别	病虫害田间调查	防治技术
三点斑叶蝉防控	叶片出现零星至密集程度不等的小白点。成、若虫在叶片上横走爬行。成、若虫中胸盾片上有3个黑斑	调查时间：10月5日左右开始调查。 调查方法：每3 d调查一次，每次随机选取5点，每点0.5 m^2，调查记载害虫数量	此阶段以化学防治为主。 可选用溴氰菊酯（敌杀死）、吡虫啉、啶虫脒、辛硫磷等药剂喷雾防治
小麦雪腐、雪霉病防控	冬前症状不明显	冰雪消融后立即进行	小麦雪腐、雪霉病经常发生较重的地块，一定要进行药剂拌种。可选用9%的氟环咯·苯醚甲环唑（健壮）等进行拌种
小麦全蚀病防控	叶色变黄，植株矮小，生长不良。拔出幼苗可见根茎为黑褐色。病株易从根茎部拔断	调查时间：出苗后开始 调查方法：低头慢步踏查，发现叶色变黄，植株矮小麦苗时，拔出检查根茎部是否变黑。确诊后，5点取样调查，统计发病率	冬前为小麦全蚀病的第1个发病高峰期，可选用三唑酮（粉锈宁）、三唑醇或苯丙咪唑类等杀菌剂喷施。可兼治小麦锈病和小麦白粉病
小麦锈病防控	基部叶片正面出现铁锈色凸起病斑及粉疱	调查时间：小麦出苗后开始。 调查方法：低头慢步踏查和蹲下细查（每个点细查的面积不少于2 m^2）相结合	喷施三唑类杀菌剂1次即可
小麦白粉病防控	基部叶片正面出现近圆形白色粉斑	与小麦锈病同时进行调查	喷施三唑类杀菌剂1次即可

(三)返青至孕穗期病虫害防控(3月下旬至5月初)

1. 职业岗位工作任务与要求

根据小麦生长进程和病虫害发生规律，正确识别病虫害种类，及时开展田间杂草、小麦锈病、白粉病等病虫害调查，分析预测病虫害的发生动态和薄弱环节，制定有效的综合防治技术措施，指导、检查防治工作的实施，将麦田病虫害控制在经济允许水平以下，保证小麦丰产丰收。

2. 工作程序与操作技术(表 5-6)

表 5-6　返青至孕穗期病虫害防控工作程序与操作技术

工作环节	工作程序与操作技术		
	病虫害田间识别	病虫害田间调查	防治技术
双子叶杂草防除	播娘蒿、灰藜等	调查时间:北疆 4 月 10～25 日;南疆 3 月 20 日至 4 月 5 日。 调查方法:5 点随机取样。每点查 0.67 m^2。 调查记载:小麦生育期和杂草的数量、生长情况	可选用二甲四氯或氟草烟(使它隆)、苯磺隆等在小麦 4～5 叶以上,杂草达到 3～5 片真叶时,开始防治。其中氟草烟(使它隆)对田旋花、荞麦蔓、猪殃殃防效优于其他同类药剂。苯磺隆无飘移药害
单子叶杂草防除	野燕麦等	与双子叶杂草调查同时进行	可选用野燕枯、精噁唑禾草灵(骠马)、15% 炔草酸可湿性粉剂(麦极)等在小麦春生 2～3 叶,杂草达到 3～4 片真叶时喷雾防治
小麦锈病防控	叶片或茎秆上表面出现褪绿黄斑,不久产生鲜黄色或锈色凸起病斑。病斑形状"条锈成行,叶锈乱,秆锈是个大红斑"	调查时间:北疆于 4 月下旬至 5 月上旬;南疆于 4 月中、下旬。 调查方法:低头慢步踏查和蹲下细查(每个点细查的面积不少于 2 m^2)相结合。 如发现锈病,从发病之日起,每隔 5 d 调查 1 次	凡锈病在田间出现发病中心,且病叶率达到 2%～3%时,就要立即喷药防治。突出"早"字,防止锈病蔓延流行。 1. 出现发病中心,可选用三唑酮(粉锈宁)、烯唑醇等药剂喷雾,喷洒范围要大于发病中心 3 倍以上。 2. 病情扩散后,用戊唑醇、烯唑醇全田喷雾。7～10 d 喷施 1 次,连喷 2～3 次。可兼治白粉病。 3. 及时灌水,施肥
小麦白粉病防控	叶片正面出现白色粉状物	与锈病调查同时进行	同上
小麦全蚀病防控	重病植株稍矮,基部黄叶多。拔出麦苗,用水冲洗麦根,可见种子根与地下茎都变成了黑褐色。麦田出现矮化发病中心	调查时间:返青后开始。 调查方法:与越冬前的调查方法相同	返青拔节期为小麦全蚀病的第 2 个发病高峰期,可选用三唑酮(粉锈宁)、三唑醇或苯丙咪唑类等杀菌剂喷施。可兼治小麦锈病和小麦白粉病

3. 常见技术问题处理

(1)麦田喷施除草剂前,为什么要调查小麦的生育期和杂草的生长情况?

小麦和杂草都是植物,只是它们因生理、结构的不同,对除草剂的抗性也不相同。麦田除草的最佳时间在小麦 4～5 叶期(冬小麦春生 2～3 叶期),过早,小麦的抗性较弱,容易产生药害;过迟,小麦植株密闭性增强,药剂难以打到目标杂草上,并且杂草抗性增强也将使除草效果下降。因此,在麦田喷施除草剂之前,一定要对小麦和杂草的生长情况进行调查,在最佳时期进行施药,达到既不伤害小麦又能发挥最大防效的目的。

(2)春季麦田除草注意事项

①2,4-D丁酯乳油对棉花、向日葵、瓜类等双子叶作物极易产生药害,甚至用过此药后具有残留的药械再喷棉花等作物也有药害发生,因此最好在棉花等双子叶作物未出苗前使用(此时,麦田阔叶杂草已出苗,且未开花结果,是最佳防治时期)。或者在棉区、单双子叶作物混作区,尽量不用2,4-D丁酯乳油除草。

②对于野燕麦及其他单子叶杂草和阔叶杂草混生的麦田,可在苯磺隆(杜邦巨星)药液中加入精噁唑禾草灵(骠马)乳油,则两类杂草均可被防除。

③药量要合理。用量过小,影响除草效果,药量过大,残留毒副作用强,有时还会对下茬作物产生药害。严格按照农药使用说明用药,不能随意减少或加大剂量。

④温度、湿度要合适。麦田除草宜在土壤湿润和天气晴朗、无风的上午10点至下午6点用药。气温高、光照足,能增强杂草吸收药液的能力,风大易造成喷药不均匀,并易使药液飘移到相邻地块而对其他作物造成药害。

⑤喷施要均匀。稀释除草剂最好用二次稀释法,喷施要均匀,每667 m^2 用水量不少于30 kg,切不可漏喷或重复喷施。

⑥选用适当的喷药器械。最好选用手动压缩式喷雾器,不宜用机动喷雾器。避免药液飘移浪费及造成相邻作物药害。

[案例] 玛纳斯县北五岔乡一农民来到县农技站反映问题说,他家的150余亩棉田可能受到麦田除草剂2,4-D丁酯的危害,但周围没有麦田,没有人使用2,4-D丁酯,他本人也没有在田间喷过任何药剂。因此,他怀疑是有人故意破坏,让我们帮助鉴定。

我们到达现场,棉田受害状也确实是2,4-D丁酯所致。再观察了周围的环境,确如农民所说。百思不得其解之时,我们爬上了棉田北面的一道沙梁,向北望去,四五百米之外隐隐约约像是有一片麦田,待到现场调查,发现田间的阔叶杂草已被2,4-D丁酯杀得奄奄一息。原来这块麦田是另一生产队的,由于面积大、杂草较多,周围又没有看见棉田,所以就用机动喷雾机在田间喷施了2,4-D丁酯。喷药当时有风,但风不是很大。原因找到了,棉田药害是麦田喷施2,4-D丁酯造成的,不是人为破坏。

以此案例说明:

①棉花对2,4-D丁酯非常敏感。

②2,4-D丁酯能随风飘移很远。

③2,4-D丁酯在麦田除草效果虽然很好,但棉区棉花出苗后,最好不要在麦田使用2,4-D丁酯除草,以免造成不必要的民事纠纷。

(四)抽穗灌浆期病虫害综合防控(5月上旬至6月底)

1.职业岗位工作任务与要求

根据小麦生长进程和病虫害发生规律,正确识别病虫害种类,继续开展小麦锈病、白粉病的田间调查的同时,做好麦田蚜虫、皮蓟马和细菌性条斑病、黑穗病等病虫害的调查,确定最佳防治时期和防治方法,实施防治措施。将麦田病虫害控制在经济允许水平以下,保证小麦丰产丰收。

2. 工作程序与操作技术(表 5-7)

表 5-7　抽穗灌浆期病虫害综合防控工作程序与操作技术

工作环节	工作程序与操作技术		
	病虫害田间识别	病虫害田间调查	防治技术
麦田蚜虫防控	麦长管蚜、麦二叉蚜、麦双尾蚜等。叶片上有蜜露,幼叶卷缩成筒状,失绿变黄;植株瘦弱,形成白穗	调查时间:5 月初开始。 调查方法:系统调查,每 3～5 d 到麦田随机取 50～100 株(麦蚜量大时可减少株数),调查记载蚜量和天敌数量	当每百株(茎)蚜量超过 500 头,天敌单位与蚜虫比在 1∶150 以上时,即需防治。 可选用啶虫脒、吡虫啉等杀虫剂田间喷施。施药时,尽量选用对天敌杀伤力小的农药,以保护利用天敌的防控作用
小麦皮蓟马防控	在穗部表面或颖壳内黑色细小的成虫或红色细小的若虫	调查时间:5 月初于蚜虫调查同时进行。 调查方法:选择代表性麦田 2～3 块,每 3～5 d 调查 50～100 个麦穗,并记载害虫发生情况	当平均每穗有虫 2 头以上时,即需开展防治。 在小麦出穗前防治成虫;在扬花至灌浆初期防治初孵若虫。先防冬麦,后防春麦。 可选用吡虫啉或啶虫脒等药剂喷施
小麦细菌性条斑病防控	叶片初呈水浸状斑点或短条斑,并沿叶脉扩展而连接成较长的黄褐色条斑,边缘有黄晕圈。病斑不凸起	调查时间:5 月上旬开始。 调查方法:选择代表性麦田 2～3 块,每 5～7 d 调查 1 次。并记载发病情况	发现病斑后,结合当地常年发生情况和当年气象条件分析,如果往年发病重,当年低温多雨,则应及早防治。 发病初期喷洒氢氧化铜等。隔 7～10 d 喷洒 1 次,连喷 2～3 次。药剂应轮流交替使用
小麦黑穗病防控	小麦穗部散出黑粉或籽粒变黑,用手掐破后,黑粉有鱼腥味	调查时间:6 月上旬至 6 月中旬。 调查方法:随机 5 点取样,每点查 50～100 个麦穗。只调查 1 次即可。统计黑穗病发病率	主要以选留无病种子和药剂拌种等种子处理措施为主,田间一般不进行药剂防治

3. 常见技术问题处理

麦田芦苇如何防治?

芦苇是麦田恶性杂草之一,以匍匐状的根状茎在土壤中越冬。3 月下旬至 4 月上旬芦苇生长缓慢,株高 10～30 cm,一般不高于麦苗。小麦孕穗前后,芦苇迅速生长,通常在小麦抽穗期,株高超过小麦,上部 6～8 片叶片遮挡阳光影响小麦生长。同时,在风中摇摆的芦苇,不断碰撞周围即将成熟的麦穗,造成麦粒脱落而减产。小麦收割时芦苇的地上部分虽被割掉,但并不影响地下根茎的存活。如果不耕翻土壤,芦苇则会继续生长。如果耕翻土壤,被折断地下根茎四处扩散,在以后土壤温、湿度合适时,会萌发产生更多的芦苇。

芦苇和小麦同属禾本科，因而在芦苇和小麦混生的田块，目前很难使用选择性除草剂消灭芦苇。灭生性内吸除草剂草甘膦能通过芦苇的茎叶吸收，传导到地下根茎，使根茎腐烂死亡，同时也能使小麦死亡。但由于小麦从蜡熟中期到蜡熟末期一般需 4～5 d，此阶段的灌浆速度已经很慢，而在蜡熟中期施用草甘膦，从施药到芦苇心叶枯黄和小麦枯死要 4～5 d，与小麦从蜡熟中期自然过渡到末期所需的时间基本吻合，所以蜡熟中期施药对小麦灌浆无明显不良影响。因此，防治麦田芦苇可采取以下方法：

①在芦苇分布较少的田块，于 6 月下旬用 10%草甘膦水剂 100 mL 或 41%农达（进口草甘膦）水剂 25 mL 兑水 5 kg 再加洗衣粉 5 g 溶解，用注射器逐株注射药液 5～10 mL，或将配制好的除草剂放入塑料瓶内，然后用海绵封好瓶口，用绳子或铁丝扎好。使用时，将杂草从距地面 2～3 cm 处剪断，将瓶倒置，用瓶口的海绵触及杂草的断口处，使药液直接由断口处吸收。如药液量过少，可适当挤压瓶子，使药液渗透量增大。也可在芦苇幼苗期用草甘膦涂抹叶片。

注意事项：用药时要防止小麦植株接触到药物，否则会产生药害。

②在芦苇分布较稠密的农田，可于小麦收割前 7～10 d，或者收割后，待芦苇等重新长到 15 cm 左右高时，每 667 m^2 用 10%草甘膦水剂 1～1.5 kg 或 41%农达水剂 250～400 mL 兑水 20～30 kg 均匀喷雾。

注意事项：配药时不能用混浊水；药后 12 h 内无雨方能保证药效；药后一周不要割草、放牧、翻地；不能用金属器具装药。

三、病虫害田间调查与防控记载表

病虫害田间调查与防控记载见表 5-8 至表 5-12。

表 5-8　小麦锈病田间调查记载表

调查日期	地点	调查田基本情况				锈病种类	调查点数	每点面积 m^2	总叶数	病叶数	病情指数	备注
		品种	面积/667 m^2	播期	小麦生育期							

表 5-9　小麦白粉病田间调查记载表

调查日期	地点	调查田基本情况							调查点数	每点面积/m^2	发病点数	总叶数	病叶数	病叶率/%	病情指数	备注
		品种	面积/667 m^2	播期	肥水情况	地势	植株密度	小麦生育期								

表 5-10　麦蚜虫口消长调查表

调查日期	品种	生育期	取样点数	总株数	有蚜株数	有蚜株率	长管蚜		二叉蚜		其他		合计	百株蚜量	备注
							有翅	无翅	有翅	无翅	有翅	无翅			

表 5-11　麦蚜天敌调查表

调查日期	取样点数	调查面积	天敌种类与数量					每平方米天敌数	备注
			草蛉	瓢虫	食蚜蝇	食蚜蜘蛛	其他		

表 5-12　病虫害防治情况记载表

病虫害名称	作物生育期	病虫害发生情况	防治措施		防治效果	分析总结
			时间	方法		

工作任务 2　玉米病虫害识别与综合防控

【任务概述】

玉米是新疆主要农作物之一，据统计，全疆玉米常年播种面积 50 万 hm^2 左右，占粮食总播种面积的 30％～40％。新疆是全国重要的玉米制种基地之一，每年玉米制种面积在 2 万 hm^2 左右。近些年，随着新疆玉米生产的发展，由于各地作物布局、耕作制度、玉米种植模式、农区气候等多种因素变化，使得新疆玉米害虫种类和为害特点有较大的变化，而且玉米害虫的发生与危害呈逐年上升的态势。目前，新疆玉米产区玉米螟、玉米叶螨、三点斑叶蝉等害虫普遍发生较重，地老虎类在不同地区、不同年份也有大发生的现象。南疆棉铃虫在玉米上的为害也比较突出，自 2001 年在新疆新发现的白星花金龟甲也有危害越来越严重的趋势。上述害虫已成为新疆玉米生产稳步发展的主要制约因素之一。

据调查统计，玉米螟发生极为普遍，其中北疆玉米产区发生较重，尤其昌吉、塔城等地玉米产区受害最重。通常玉米被害株率在30%以上，导致玉米减产15%以上，严重者可达30%以上。玉米叶螨以往属次要害虫，仅在玉米灌浆中后期发生，为害相对较轻，但是自20世纪90年代以来，玉米叶螨已上升为玉米的主要害虫，而且表现出发生早、危害重、范围广的特点，玉米三点斑叶蝉是近年来玉米上出现的一种为害较重的新害虫，主要在北疆各地发生较重。玉米叶螨和玉米三点斑叶蝉的危害常造成玉米中后期叶片早衰黄枯，导致籽粒干瘪，千粒重下降3%～30%。

玉米病害主要为玉米瘤黑粉病，新疆各地均有发生，但危害相对较轻。玉米锈病在北疆地区7—8月份雨水较多的年份时有发生。

【知识准备】

一、地老虎类

1. 分布与为害

地老虎俗称土蚕、地蚕、切根虫等，属鳞翅目夜蛾科。新疆地老虎种类很多，包括黄地老虎、警纹地老虎、显纹地老虎、八字地老虎和冬麦地老虎等。其中黄地老虎是新疆的优势种，冬麦地老虎则是新疆的特有种。

黄地老虎遍布全疆，并以南疆虫害较重。对春播作物为害最大，夏播的玉米及秋播的大白菜受害也很重，常造成缺苗断垄现象。警纹地老虎常与黄地老虎混合发生，在焉耆盆地的个别县，发生数量大于黄地老虎，并有继续扩大的趋势，为害与黄地老虎相同。显纹地老虎和冬麦地老虎主要分布于北疆地区，前者主要为害春麦和蒿草，后者主要为害冬麦，二者都是间歇性大发生的害虫。地老虎对玉米的为害时期主要是幼苗期，幼虫从幼苗根茎处蛀入，常把幼茎基部内部吃空，造成“枯心苗”。低龄幼虫也可直接在心叶内为害。

2. 形态特征（表5-13）

表5-13 新疆常见地老虎形态比较表

种类	成虫	幼虫
黄地老虎	体长15～18 mm，前翅灰黄、灰褐至灰黑色。内横线、中横线不明显，肾状纹、楔状纹边缘色深，环状纹中央有一粗大黑点。后翅白色	体长43～45 mm，额区直达颅顶，体灰黄色，有光泽，第一对腹足趾沟10～17根
警纹地老虎	体长16～20 mm，前翅灰褐色，楔状纹黑色，粗而长，肾状纹较环状纹色深，与楔状纹配成叹号状。后翅白色	体长38～42 mm。体灰黄色，无光泽，体表颗粒大小不一
显纹地老虎	体长19～22 mm，前翅除楔状纹不明显外，内横线、外横线、肾状纹、环状纹都很明显，故名显纹地老虎	体长55 mm。前额上有两个大斑。体浅土灰色
冬麦地老虎	体长16～22 mm，前翅灰色，内横线、外横线均为双条断续的黑褐色波状纹。肾状纹褐环状纹不很明显。后翅黄褐色	体长35～38 mm。背中线和亚背线灰色而明显。1～8腹节在亚背线处，各有一明显的“八”字形褐纹
八字地老虎	体长16～20 mm，前翅灰褐色带紫灰色，楔状纹小，肾状纹褐色，外缘黑色，前方有二黑斑，环状纹前缘呈倒三角形灰白斑。后翅灰黄色	体长40 mm。体表较光滑，黄褐色、无颗粒。背线灰色，亚背线由断续黑褐斑纹组成“八”字形

3. 发生规律

(1)黄地老虎　在南疆1年发生3～4代，在北疆1年发生2～3代。以老熟幼虫在土壤中越冬，越冬深度因土壤紧密程度而异，一般以7～8 cm深处最多。越冬虫口密度大的场所是早播冬麦地、冬菜地、苜蓿地、马铃薯地，其次是玉米地、棉花地。田埂上的虫口密度大于田块中间。

越冬幼虫早春开始活动，上升到土壤表层3～5 cm处，筑土室化蛹。从物候上看，菜粉蝶初现为其化蛹初期，榆钱盛开为化蛹盛期，榆钱败落为羽化初期，洋槐盛花为羽化盛期。掌握物候与虫态的关系，有利于准确预报和防治。

越冬代成虫羽化后，其生殖器官尚未成熟，需取食花蜜补充营养。蜜源植物主要有大葱、马兰、洋槐、沙枣等。成虫对糖醋液及黑光灯有强烈的趋性，可利用其进行诱杀。

1头雌虫产卵千粒左右。卵多散产于湿润的土缝、土表及作物残茬、须根、多种杂草上。幼虫6龄。1～2龄幼虫常在作物幼苗心叶为害，3龄以后隐居于土中，昼伏夜出，咬伤或咬断作物近地面的茎部，造成缺苗断垄。第1代幼虫为害春播作物，北疆第2代幼虫和南疆第3代幼虫则为害大白菜、冬麦、冬油菜和马铃薯等。以春播作物受害最重。

(2)警纹地老虎　1年发生2～3代。以老熟幼虫在土中5～7 cm处越冬。其越冬代幼虫化蛹、羽化和第1代发生时间较黄地老虎为早。第一代幼虫一般生活在苜蓿和灰藜科杂草丛中，第二代幼虫则集中在苜蓿、甜菜和马铃薯地中取食为害。

(3)显纹地老虎　1年发生1代。以卵在杂草下的土表越冬。4月下旬即有初孵幼虫活动取食，5月中旬是为害盛期，6月下旬为羽化盛期，成虫滞育越夏，秋季产卵越冬。

(4)冬麦地老虎　1年发生1代。多以2龄幼虫在冬麦田中越冬。3月下旬至4月上旬是为害盛期，5越上旬化蛹，5月下旬羽化并越夏，9月下旬为产卵盛期，幼虫孵化后经短期活动取食，随即越冬。

(5)八字地老虎　1年发生2代。以初龄幼虫在苜蓿及杂草根际附近越冬。3月中旬活动取食。第1代幼虫主要为害酒花及各种蔬菜、苗木等。第2代幼虫则为害酒花、冬菜以及苜蓿等。

二、玉米螟

1. 分布与为害

玉米螟属鳞翅目螟蛾科，是世界性玉米害虫，几乎遍及全球。在我国除西藏、青海未见报道外，其他各地均有分布。

玉米螟在新疆原不严重，报道不多，20世纪70年代在伊犁地区为害渐重，20世纪80年代在昌吉又趋猖獗。经中国农业科学院植物保护研究所鉴定，伊犁地区玉米螟为欧洲玉米螟，乌苏以东地区为亚洲玉米螟。目前，玉米螟也已成为喀什等地的主要玉米害虫。

玉米螟以幼虫钻蛀玉米心叶、雌雄穗及茎秆。在心叶上，初见白色不规则半透明斑或小孔洞，后见横列的排孔。雄穗未抽出前，咬食穗部，致使黄白枯死，抽穗后，多数下移蛀入穗柄，使穗柄易遭风折，影响授粉。雌穗抽丝期，幼虫咬断花丝，食害籽粒，以后蛀入穗轴及茎部；在茎部则多在雌穗着生节及其附近各节蛀入，阻碍养分输送，影响雌穗生育，并易折倒。玉米螟钻蛀穗轴和茎秆，在蛀孔外均有粪屑堆积。为害严重的地块，玉米被害率高达100%。

玉米螟除为害玉米外，还可为害麦类、高粱、谷子、豆类、棉花、麻类、马铃薯等200多种植物。

2. 形态特征(亚洲玉米螟)

(1)成虫　体长 13～15 mm,翅展 22～34 mm,体色淡黄褐色。雄虫前翅内外横线及其间 2 斑明显,外横线与外缘线间有一褐色带。雌虫内外横线及其间 2 斑不明显。后翅中部有暗色弧线。

(2)卵　扁椭圆形,常由数十粒或数百粒集成卵块,排列成鱼鳞状,卵面有大小不同的多角形网纹。

(3)幼虫　老熟幼虫体长 25 mm,污白色。头褐色,胸腹部各节毛片显著,中后胸节各 4 个横列成行,腹部 1～8 节各 6 个,前 4 后 2、前大后小。腹足趾钩 3 序缺环。

(4)蛹　长纺锤形,黄褐色,长 15～19 mm。腹部腹面 5～6 节各有腹足痕迹 1 对。臀棘较长,末端有钩刺 5～8 根,常垂连于丝茧上。

3. 发生规律

玉米螟 1 年 2 代,以老熟幼虫在玉米茎秆内、果穗、残茬和土壤中越冬,其中玉米茎秆内约占 80%。5 月上旬开始化蛹,5 月中下旬为盛蛹期。5 月下旬开始羽化,6 月上旬为羽化盛期并交尾产卵。6 月下旬第 1 代幼虫大量出现,正值玉米喇叭口后期,幼虫在心叶筒内蛀食。随着玉米生长抽雄,幼虫分散在茎叶间、叶鞘内、雄花上为害,主要在果穗部位以上,尤其以雄花受害最重。7 月下旬至 8 月上旬为羽化盛期并交尾产卵,8 月上旬出现第 2 代幼虫,此时正值玉米结穗期。为害在果穗部位以下,先为害叶鞘,而后蛀茎至玉米成熟。以第 2 代幼虫为害造成的损失最重。成虫羽化后不经补充营养即可交尾产卵。1 头雌虫产卵约 500 粒,多者可达 1 000 粒。卵多产于叶背中肋两旁。以植株高大、生长茂密的玉米中部着卵较多。成虫昼伏夜出。趋光性大于趋化性。

初孵幼虫群集卵块附近啃食叶肉。能吐丝下垂,随风扩散。幼虫迁移觅食频繁。幼虫一般 5 龄,少数 6 龄。老熟幼虫化蛹前,常在茎秆内从里向外咬 1 个直径 2～3 mm 的孔洞,外有秆皮掩盖,然后吐丝把碎屑缚成 1 个茧垫,将茎内通道堵塞做成一室,在内化蛹。

三、玉米三点斑叶蝉

1. 分布与为害

玉米三点斑叶蝉属同翅亚目叶蝉科小叶蝉亚科。该虫 1982 年开始在新疆发生。1986 年以来,玉米三点斑叶蝉在新疆北部地区危害日趋严重。现已成为北疆各地玉米的重要害虫。

玉米三点斑叶蝉主要危害玉米,其次是小麦、水稻、高粱,果园、农田内外的多种禾本科杂草均为该虫的寄主。成虫、若虫聚集叶背刺吸叶片汁液,破坏叶绿素,初期沿叶脉吸食汁液,叶片出现零星小白点,以后随受害不断加重,斑点密集并遍及整个叶片,6 月下旬以后被害叶片严重焦枯,部分组织呈紫红色条斑,7 月下旬大部分叶片干枯死亡,轻者影响光合作用,阻碍玉米生长发育,重者影响玉米抽穗,千粒重下降,产量显著降低。

2. 形态特征

(1)成虫　灰白色。体长 2.6～2.9 mm,复眼黑色,无单眼。头冠向前呈钝圆形突出,头顶前缘还有淡褐色斑纹,成倒"八"字形,冠缝明显较短。前胸背板革质透明。中胸盾片上有 3 个大小相等的椭圆形黑斑。小盾片末端亦有一相同形状的黑斑。前后翅白色、透明,后翅无缘脉,共有 3 条翅脉伸达翅的边缘,有 2 条横脉。腹部背面具黑色横带。

(2)卵　白色,较弯曲,长 0.6～0.8 mm,表面光滑。

(3)若虫　共5龄。1龄体长1.0 mm,淡白色,复眼黑色。2龄1.4 mm,淡白色,初现翅芽。3龄体长约1.9 mm,灰白色,翅芽伸达第一节末;4龄体长约2.2 mm,灰白色,翅芽伸达腹部第3节。

3.发生规律

玉米三点斑叶蝉成虫寿命长,产卵期也长,田间世代重叠。一年发生3代,以成虫在冬麦地及林带、果园、田埂渠边的禾本科杂草上越冬。成虫4月下旬出蛰,首先在冬、春麦田及其他禾本科杂草取食为害,随之交尾产卵。第1代若虫发生盛期在5月中旬至6月中旬,成虫羽化后迁出麦田。5月下旬玉米出苗后即有部分成虫迁入。成虫迁入玉米田即交尾产卵。多数卵集中产于玉米3片叶以内,而以第二片叶居多。6月中旬在玉米田成虫产卵达高峰,6月下旬发现少量若虫。7月中旬为第2代若虫高峰期。此时,有部分第二代成虫羽化,于植株上部嫩绿叶片上产卵。8月上中旬为第3代若虫严重为害期。9月玉米收获,部分成虫迁回到冬麦秋苗地再次为害,10月在冬麦田及其他禾本科杂草下越冬。

玉米三点斑叶蝉主要在杂草上完成周年循环。第1代各虫态和越冬成虫在麦田里有发生,但数量少;第2代和第3代均发生于玉米田且数量大,为害重。从各代发生量看,以第3代数量最大,第2代次之,第1代较少。杂草上1年可发生3代,是重要的虫源地。

若虫孵化于夜晚,初孵若虫白色,集中于叶背中脉附近,2～3 d蜕皮为2龄。取食后消化道为深褐色,并随着龄期增加逐渐分散于整个叶片背面取食为害。若虫不太活动,受到惊扰时,迅速横走爬行。

四、玉米叶螨

1.分布与为害

玉米叶螨又名玉米红蜘蛛。通常为几种叶螨混合为害玉米。截形叶螨是新疆玉米叶螨的优势种,土耳其斯坦叶螨和朱砂叶螨在北疆各地玉米田发生为害较普遍。冰草叶螨、敦煌叶螨则在南疆玉米田发生较普遍。

近几年来,玉米叶螨发生面积逐年扩大,为害加重,损失增加,现已遍布新疆各玉米产区。玉米叶螨食性较杂,除为害玉米外,还为害小麦、棉花、瓜类、菜类作物等。其幼螨、成螨集聚叶背主脉两侧,以口针刺入玉米叶肉组织,吸取细胞汁液,并吐丝拉网,导致叶片积尘覆土。受害部位初期呈针头大小的褪绿斑,甚至失绿。植株受害后,同化作用受阻碍,呼吸作用加剧,代谢过程严重失调,生长受到抑制,同时蒸腾作用加剧,耐旱力减弱。为害严重的玉米田螨株率可达70%～100%,单株螨量几百至千头,重者上万头,玉米植株大片枯死,空穗率高,即使结实者,籽粒秕瘦,给玉米生产造成了严重的损失。

2.形态特征(截形叶螨)

(1)成螨　雌成螨深红色,体两侧有黑斑,椭圆形。

(2)卵　越冬卵红色,非越冬卵淡黄色。

(3)幼螨　越冬代幼螨红色,非越冬代幼螨黄色。越冬代若螨红色,非越冬代若螨黄色,体两侧有黑斑。

3.发生规律

玉米叶螨1年发生10～15代,以雌成螨在作物、杂草根际或土缝中越冬。春季气温达到10 ℃以上时,即4月中旬前后,越冬成螨开始出蛰活动,先在杂草上取食、繁殖;5月中旬在杂草上为害的玉米叶螨通过爬行、风吹、水流和机械携带等方式陆续向玉米田转移，先是在地头点片发生，遇适宜的气候条件迅速蔓延全田甚至猖獗为害。一般情况下害螨数量在7月初上升较快，7月底至8月底达到高峰。

害螨为害部位是从下部叶片逐步向中、上部叶片转移。害螨严重发生时叶片正面也受到害螨为害，造成叶片干枯。8月底至9月初，玉米生长发育后期，营养状况变差，害螨开始逐渐向杂草上转移。

适温干旱年份发生重，越是干旱越利于其猖獗，7、8月的小雨对其发生和扩散有利，但大雨、暴雨或过高的气温将抑制其繁衍为害；地膜覆盖田比露地发生重；沙质土玉米田较其他土质的玉米田发生重。玉米品种间以Sc-704发生重。玉米制种田由于7—8月份的抽雄等农事操作活动，叶螨发生较重。

五、白星花金龟

1. 分布与为害

白星花金龟又称白斑花金龟、白斑金龟甲，属鞘翅目金龟甲科，是一种食性很杂的金龟甲，寄主有苹果、梨、桃、杏、葡萄、柑橘、榆树、柳树、栎树，也为害茄果类蔬菜如番茄、辣椒等。成虫主要为害将近成熟的果实，大量个体群聚在果实上取食，果实受害后极易腐烂脱落。

该虫近两年在昌吉地区发展蔓延很快，除在上述寄主上为害外，对玉米的为害也很重。常以群聚形式从玉米的雌蕊处钻入苞叶内取食玉米籽粒。

2. 形态特征

成虫体长20～24 mm，宽13～15 mm，略上下扁平，全体古铜色，带有绿紫色金属光泽。中胸后侧片发达，顶端外露在前胸背板与翅鞘之间。前胸背板有斑点状斑纹，鞘翅表面有云片状由灰白色鳞片组成的斑纹。老熟幼虫体长约50 mm，头较小，褐色，胴部粗胖，黄白或乳白色。胸足短小，无爬行能力。覆毛区有两短行刺毛列，每列由15～22条短而钝的刺毛组成。

3. 发生规律

一年发生1代，以幼虫在土中越冬。来年5月下旬成虫出土，并一直可延续到9月中、下旬，但以6—7月数量较多。成虫喜食成熟的果实，常数头或十数头群聚一起在果实上为害，或在树干的烂皮、凹穴处取食汁液。成虫白天活动，7月以后开始产卵。成虫将卵产在腐殖质、烂草或粪堆中，幼虫营腐生生活，不造成危害。幼虫老熟后，在生活处做一蛹室越冬，翌年5月在其中化蛹。该虫发生数量的多少，受环境影响很大，环境中腐殖质多，该虫发生严重。

六、双斑萤叶甲

1. 分布与为害

双斑萤叶甲又称玉米双斑长跗萤叶甲，属鞘翅目叶甲科，主要为害玉米、棉花、谷子、高粱、大豆、花生、马铃薯和杂草等。该虫于2012年开始在新疆玉米上大面积为害，在玉米田主要以成虫为害叶片、花丝、嫩穗，常集中于一棵植株，自上而下取食，中、下部叶片被害后，残留网状叶脉或表皮，远看呈小面积不规则白斑。玉米抽雄吐丝后，该虫喜取食花药、花丝，影响玉米正常扬花和授粉。

2. 形态特征

成虫体长3.6～4.8 mm，宽2～2.5 mm，长卵形，棕黄色，具光泽，它的显著特征是成虫两个鞘翅基部各有一个大的淡色斑，四周黑色，鞘翅端半部黄色。触角 11 节，丝状，端部色黑，长度为体长 2/3；前胸背板宽大于长，表面隆起，密布很多细小刻点；小盾片黑色，呈三角形；后足胫节端部具 1 长刺；腹管外露。

3. 发生规律

1 年生 1 代，以卵在表土下越冬，翌年 5 月上中旬孵化，幼虫一直生活在土中食害禾本科作物或杂草的根，经 30～40 d 在土中做土室化蛹。蛹期 7～10 d。成虫刚羽化出土时，不具有迁飞能力，主要集中在玉米田边杂草上取食为害，随后进入玉米田为害。成虫羽化期长，从 6 月中旬到 8 月中旬都有成虫羽化。7 月上旬田间数量开始增多，7 月中、下旬进入成虫盛发期，此后一直持续为害到 9 月份。成虫善飞跳，飞行距离 3～5 m，喜在 9～11 时和 16～19 时飞翔取食，白天在玉米叶片和穗部活动，早晚或中午藏在叶子背面或者心叶及土缝中。

春季湿润、秋季干旱的年份发生较重；种植密度过大、田间郁闭时发生重；管理粗放、田间地边杂草多时发生重。

七、玉米蚜虫

1. 分布与为害

玉米蚜虫俗称腻虫，是新疆地区近几年来玉米田的主要害虫之一，玉米蚜虫主要发生在 7 月中下旬至 8 月中旬，常发生在玉米果穗以上所有叶片、叶鞘及苞叶上，玉米蚜虫分泌大量蜜露，使叶面形成一层黑霉，在博州、昌吉、塔城地区、伊犁玉米种植区每年都有不同程度的发生，重发生年可造成玉米减产 3%左右，并严重影响玉米的质量。

2. 形态特征

玉米蚜虫主要吸食玉米汁液，严重阻碍玉米的正常发育。常见病虫为胎生、带翅，雌体常 2.5 mm 左右，头胸常见发黑，腹部呈灰绿色并伴有暗色侧斑。共 6 节触角，呈黑色。孤雌蚜虫没有翅，为长卵形，常见深绿色活体，附肢为黑色，复眼呈红褐色。

3. 发生规律

在新疆地区，玉米田蚜虫主要以玉米蚜和禾谷缢管蚜为优势种群，一年可发生 10～20 代，主要以成、若蚜在麦类及早熟禾等禾本科杂草的心叶里越冬，到 6 月中、下旬到 7 月上旬小麦陆续黄熟后，玉米蚜虫产生大量有翅蚜，迁飞到玉米、高粱等作物上，集中在心叶为害；7—8 月玉米抽穗后，群集到剑叶正、反面和穗部的穗苞或花丝上取食；到玉米扬花期，蚜虫大量发生，进入一年之中的为害盛期。

八、玉米瘤黑粉病

1. 分布与为害

玉米瘤黑粉病又叫灰包，是我国玉米的重要病害，发生很普遍。玉米瘤黑粉病对玉米的影响与受害部位有关，雌穗受害可使穗的一部分或全部不实。茎叶和其他部位受害，影响植株正常发育而减产。

2. 为害症状

玉米整个生育期和所有地上部位均可发病，是典型的局部侵染性病害。受害部位生出大小不等、形态各异的病瘤。病瘤外部被有白色或粉红色的被膜，或稍着红、紫杂色，后变灰色。成熟前压之能出水，成熟后内部是片状物和黑粉，病瘤破裂散出大量黑粉即病菌冬孢子。

玉米幼苗发病，茎叶扭曲畸形，茎基生小瘤。以后在其他部位相继感染发病。叶片上的病瘤多生于叶基近中脉两侧，小而多，成串或成堆，不易破裂，很少有黑粉。茎秆上的病瘤多生于各节基部，由腋芽受侵染后增生而成，含有大量黑粉。雄穗上的部分小花感病长出囊状或角状小瘤。雌穗多在上半部受害，个别小花受害产生病瘤，其他小花尚能结籽，个别雌穗可全部受害形成大病瘤，不结实。

3. 病原

玉米瘤黑粉病菌属担子菌亚门冬孢纲黑粉菌属。冬孢子茶褐色，单胞，球形或椭圆形，表面有细刺。萌发时产生有隔担子，侧生 4 个担孢子。担孢子无色，纺锤形。担孢子还能以芽殖方式产生很多次生小孢子。担孢子和次生小孢子都能萌发，结合后产生双核侵染丝侵入寄主，发病后形成病瘤。单核菌丝也可侵入寄主，但只出现小斑点而不形成病瘤。

病菌能分泌吲哚乙酸，刺激玉米细胞膨大、增生，形成病瘤。

4. 发病规律

病菌以冬孢子在病残体和土壤中越冬，春季玉米出苗后，冬孢子萌发产生担孢子和次生小孢子随风雨传播到玉米幼嫩组织上，在适宜条件下萌发产生双核侵染丝从寄主表皮或伤口侵入。侵入的菌丝只在侵染点附近扩展。玉米感病后形成病瘤，病瘤内的孢子又可传播进行再侵染。玉米抽穗、开花期蔓延最快，此时潜伏期仅 7～10 d。玉米老熟后停止侵害。

玉米瘤黑粉病菌冬孢子无明显休眠期，遇到适宜环境条件即可萌发。其冬孢子萌发适温为 26～34 ℃。冬孢子在水滴中或相对湿度 98%～100%时都可萌发。在新疆，玉米抽穗前后正值高温季节而且多风，植株创伤多，有利于冬孢子的萌发和入侵。连茬、高肥密植、偏施氮肥、杂交制种田的去雄所造成的伤口，都能加重病害的发生。玉米螟发生较重的玉米田，玉米瘤黑粉病发病也较重。

【任务实施】

玉米病虫害识别与综合防控

一、玉米病虫害诊断、识别

（一）目的要求

正确识别当地玉米主要害虫形态特征和病害症状特点。

（二）仪器和用具

显微镜、体视显微镜、手持式放大镜、镊子、挑针、培养皿等。

（三）观察材料

黄地老虎、警纹地老虎、八字地老虎、蝼蛄、金针虫、蛴螬、玉米螟、玉米三点斑叶蝉、玉米叶螨为害状、白星花金龟、双斑萤叶甲等当地常见玉米病虫害标本、挂图、影像资料、PPT 等。

（四）实施场所

实训室、多媒体教室、玉米田间等。

（五）内容与方法

1. 观察比较各种地老虎成虫前翅斑纹和幼虫腹节、臀板毛片和斑纹的主要区别。重点观察当地优势种各虫态形态特征和为害特点。

2. 观察比较当地常见的金龟甲成虫的大小、体色、腹部末节、前足及幼虫的形态特征。

3. 观察蝼蛄成虫、若虫的形态特征，注意成、若虫有什么区别。

4. 观察玉米螟成虫、幼虫的形态及为害状，注意成虫前翅的斑纹。

5. 观察玉米瘤黑粉病病瘤及黑粉的特征。

6. 展示挂图、影像资料、PPT 等。

(六)任务

绘出黄地老虎前翅特征图。

二、职业岗位能力训练

(一)播前准备

1. 职业岗位工作任务与要求

按照玉米丰产技术要求，根据当地玉米常见病虫害种类及发生发展规律，在播前检查整地质量，实行轮作倒茬；制定播前病虫害防治技术措施；严格按照农药使用技术开展种子处理等播前预防工作。

2. 工作程序与操作技术(表 5-14)

表 5-14　播前准备工作程序与操作技术

工作环节	工作程序与操作技术
信息搜集	1. 主动请教当地县、乡农技部门的技术专家了解当地往年玉米病虫害的发生种类、为害情况以及综合防控技术经验。 2. 通过网络、图书等查阅了解、学习玉米病虫害综合防控的相关内容，做好防治工作的前期准备。 3. 信息汇总整理，制订玉米病虫害综合防控计划。 4. 通过现代化通信工具和网络教学平台与学院教师建立互动交流
土地准备	1. 轮作倒茬：采用合理的轮作和间作，切断病虫的寄主供应；恶化病虫发生环境，减少田间病虫的积累。 2. 整地质量要求达到“齐、平、松、碎、净、墒”六字标准
种子处理与播期选择	1. 选用抗病虫品种。 2. 精选种子。 3. 适时调整播期。地老虎常年发生较重的地区，应适时早播或采用地膜覆盖栽培。 4. 种衣剂包衣。选择玉米专用种衣剂，按照使用说明进行包衣。要做到拌种均匀

3. 常见技术问题处理

(1)种子包衣技术应注意的问题

种衣剂是一类根据作物或其他植物种子、种苗的生理特性，以农药、肥料、激素等为活性成分，成膜剂、乳化剂等为非活性成分加工而成的种子处理剂。其具有成膜性能，包衣后能立即固化成膜成为种衣，在土中遇水几乎不被溶解。包衣的种子透水、透气，能保证种子正常发芽生长和药肥缓慢释放。种衣剂用于种子包衣，使种子标准化、商品化。目前，种子包衣技术已广泛应用于农业生产，在促进作物生长发育、防治病虫害、提高作物产量等方面收到良好的效果。为提高种子包衣质量，充分发挥种衣剂的功效，减轻环境污染，种子包衣应注意以下问题。

①选择适宜的种衣剂剂型　国产种衣剂类型比较多，但多数属专用种衣剂，是根据不同地区、不同作物、病虫害的防治对象、生态条件的差异研制生产的。有针对作物种类的、有针对病害的、有针对虫害的、有解决重茬的，并且还有混合型的。要求使用者在种衣剂的选择上要有针对性，以保证使用效果。

种衣剂的有效成分含量必须符合规定。同时检查药液是否有沉淀、异变等情况，如有沉淀，可搅拌、摇匀，加温后再使用。种衣剂为固定型号，除个别产品注明要加水调试外，一般不用加水，更不能再添加其他药肥，否则引起沉淀，无成膜性，无效或增加毒害。

②包衣的种子要达到良种标准　包衣的种子必须是经过机械加工精选，通过纯度和发芽率的检验，达到良种标准的当地优良品种。陈种子要先试验后包衣，发芽率、含水量、破损率、净度4项指标应严格掌握。特别要注意种子含水量，要求包衣种子含水量必须低于国标1.0%～1.5%（因为包衣后种子含水量要增加0.5%～1.0%），包衣后水分要达到安全贮存标准，以防药害。

③种子包衣要掌握适宜的药种比例　种衣剂中含有杀虫剂、杀菌剂和微肥等活性成分，使用过程中，如浓度过高，就会对作物生长起抑制作用，甚至造成药害和肥害；如浓度过低，则达不到预期效果。种子包衣时，一定要按照种衣剂使用说明，严格执行药种比例，以免造成不利后果。

④种子包衣要坚持安全第一　种衣剂的主要成分是农药，具有一定的毒性。为保证操作人员安全，包衣场地应通风良好，连续工作1～2 h，应到通风处休息片刻。按农药安全规则进行操作、戴口罩和手套、穿工作服，如溅到脸上立即用肥皂水洗干净，如不慎溅入眼内或出现其他中毒病状应立即就医。包衣后的种子要妥善保管，严禁人、畜食用，以防人、畜中毒。种衣剂包装不能乱丢、乱放，要妥善处理，以免造成环境污染。经过包衣的种子不要再浸种或用其他方法处理，否则起不到包衣效果。

⑤选择正确的包衣方法

机械包衣：包衣种子量大时，应采用机械包衣。使用机械包衣具有生产效率高和包衣效果好等特点。种子公司或者是用种量较多的生产单位多采用机械包衣。

手工包衣：包衣种子量小时，可采用手工包衣。依种子量选择大小合适的容器，要求内壁光滑，将按比例称好的种子及种衣剂依次倒入容器中，用木锹快速搅拌或手摇振荡容器搅拌，均匀后即置通风干燥处阴干，切忌在太阳下暴晒，防止种子破裂及温度过高而使种衣剂失效，存放7～10 d待药膜固化后即可使用。

⑥几种简易的人工包衣技术

塑料袋包衣技术：把备用的两个大小相同的塑料袋套在一起，取一定数量的种子和相应数量种衣剂（参照包衣剂说明内容，确定包衣剂的种类和品种）放进里层的塑料袋内，扎好袋口，然后用双手快速揉搓，直到拌匀为止，倒出即可备用。

大瓶或小铁桶包衣技术：准备有盖的大玻璃瓶或小铁桶，装入1 kg种子和相应数量的种衣剂，立即快速摇动，拌匀为止，倒出即可使用。

圆底大锅包衣技术：先将大锅固定、清洗晒干，然后称取一定数量的种子倒入锅内，再把相应数量的种衣剂倒在种子上，用铁铲或木棒快速搅拌均匀，待种衣剂在种子表面均匀、迅速地固化成膜时取出，装入聚丙烯双层编织袋内，妥善保存备用。

(2)使用种衣剂包衣后，还需要用杀虫剂或杀菌剂拌种吗？

种衣剂组成中包括杀菌剂、杀虫剂、微量元素、激素和成膜剂、稳定剂、防腐剂等。选择专用种衣剂进行包衣处理后，能直接杀灭种子所带病菌，防止土壤带菌传播和地下害虫、苗期害虫的为害，同时对作物的生长发育也有促进作用。因此，使用种衣剂包衣后，不需要再用杀虫剂或杀菌剂拌种了。否则会因为药量过大而产生药害，影响作物出苗。

同样，用杀虫剂或杀菌剂拌种处理过的种子，也不需要再用种衣剂包衣。

使用种衣剂包衣还应注意以下事项：

①种衣剂为固定型号，除个别产品注明需加水稀释外，一般不需加水，更不能添加其他药肥，包衣的种子不可浸种；

②种衣剂是高毒农药，严禁用作常规农药喷洒作物；

③含有克百威的各种型号种衣剂，都不能在瓜果、蔬菜上应用；

④药肥型种衣剂不能与碱性的农药和肥料同时使用，也不宜在重碱性的土壤上应用。

(二)玉米苗期病虫害综合防控

1. 职业岗位工作任务与要求

根据玉米幼苗期病虫害发生特点，及时开展田间病虫害调查，正确识别病虫害种类，分析预测病虫害的发生动态，在病虫害最薄弱环节实施有效的综合防治措施。

2. 工作程序与操作技术(表 5-15)

表 5-15 玉米苗期病虫害综合防控工作程序与操作技术

工作环节	工作程序与操作技术要求		
	病虫害田间识别	病虫害田间调查	防治技术
地老虎防控	苗期玉米心叶出现小排孔或花叶；玉米心叶枯黄，形成枯心苗或倒伏，拨开茎基部土层，可见地老虎幼虫	调查时间：5 月上旬开始。 调查方法：用黑光灯、糖醋液、杨枝把诱测或物候法推测成虫出现的时间，然后立即开展田间卵和幼虫调查。选择有代表性农田 2～3 块，3 d 调查 1 次，随机取样，1 次 5 个点，每个样点为两行平行线，每行取 50 株。 防治指标：当卵孵化率达 70%或玉米定苗前 10 d，植株叶片上出现虫孔株率超过 10%时应进行防治	1. 清除田间杂草。 2. 使用频振式杀虫灯、糖醋液、黑光灯诱杀地老虎的成虫。 3. 毒饵诱杀　90%敌百虫晶体 1 kg，兑水 10 kg，加饵料(如麸皮、油渣)90 kg，或将青草切碎，用 50%辛硫磷 100 g 加水 2～2.5 kg，喷在 100 kg 草上，制成毒饵于傍晚分成小堆放置田间。每 667 m^2 施毒饵 4～5 kg。 4. 人工捕捉　适于大发生年代。 5. 灌水灭虫　水源条件好的地区，在地老虎发生后及时灌水淹杀，可收到明显的效果。 6. 田间喷药　在地老虎卵孵化盛期或幼虫 3 龄前进行最好。常用农药吡虫啉、氰戊菊酯、溴氰菊酯、辛硫磷等。 7. 根部灌药　苗期害虫猖獗时，可用 90%晶体敌百虫 800 倍液或 50%辛硫磷乳油 500 倍液，任选其一。每株灌药液 300～400 mL。还可兼治蛴螬和金针虫等地下害虫

续表5-15

工作环节	工作程序与操作技术要求		
	病虫害田间识别	病虫害田间调查	防治技术
玉米叶螨防控	此时叶螨主要在杂草上繁殖为害，还未进入玉米田内	调查时间：5月上旬开始。 调查方法：在玉米田周围的杂草上随机取样调查，发现杂草上有叶螨后，立即针对杂草开展前期预防工作	1.使用灭生性除草剂杀灭或人工铲除田边、渠埂及周围林带中的杂草。 2.在杂草上喷施杀螨剂以消灭杂草上的叶螨，降低虫源，减少传入玉米田的数量
白星花金龟防控	老熟幼虫体长约50 mm，头较小，褐色，胴部粗胖，黄白或乳白色	此时白星花金龟以幼虫状态生活在粪堆中，还未羽化，进行粪堆处理是最行之有效的方法	在秋末和开春后至4月底之前，将粪堆翻动1～2次，捡拾粪土交界处的白星花金龟幼虫集中消灭。翻粪堆时，最好边翻捡幼虫边打药，将幼虫彻底消灭干净

3.常见技术问题处理

(1)如何有效防治地老虎？

防治地老虎的关键时期在地老虎幼虫3龄之前。因为3龄之前的地老虎幼虫昼夜都在地面上活动，食害幼苗心叶，食量小，抗药性弱。此时用药量少，防效高。3龄之后地老虎幼虫便钻入表土层下，夜晚出土扩散为害，同时食量增加，体形增大，抗药性显著增强，给防治带来很大的困难。因此，做好发生期预测预报，在害虫3龄之前采取有效措施，则能达到理想的防治效果。

(2)如何应用物候法预测黄地老虎的为害时间？

黄地老虎以老熟幼虫在土壤中越冬，随着气温和地温的升高，逐渐化蛹和羽化。同时我们周围很多显而易见的植物也开始发芽生长。根据细心的观察可以发现，周围许多植物的不同生长阶段与黄地老虎的发育阶段非常吻合，如榆钱败落为羽化初期，洋槐盛花为羽化盛期。也就是说当我们看到榆钱败落的时候，田间就有黄地老虎成虫出现了；当洋槐花盛开的时候，就是黄地老虎成虫大量出现的时间。黄地老虎羽化为成虫后，先在蜜源植物上取食花蜜，1 d后开始交配，3～4 d产卵，卵经过5～10 d即可孵化出幼虫，幼虫开始为害。从成虫出现到幼虫为害需要10～15 d的时间。因此，当我们看到周围的榆钱败落时，就可推测出10～15 d及以后，幼虫开始为害我们的作物了；当我们看到当洋槐花盛开的时候，就可推测出10～15 d及以后，必须对黄地老虎进行防治了。

(三)玉米穗期病虫害综合防控(5月下旬至6月下旬)

1.职业岗位工作任务与要求

根据玉米穗期病虫害发生特点，及时开展田间病虫害调查，正确识别病虫害种类，分析预测病虫害的发生动态，制定有效的综合防治措施，在病虫害最薄弱环节进行防治。

2. 工作程序与操作技术(表 5-16)

表 5-16　玉米穗期病虫害综合防控工作程序与操作技术

工作环节	工作程序与操作技术		
	病虫害田间识别	病虫害田间调查	防治技术
玉米叶螨防控	玉米下部叶片背面主脉两侧出现如粉尘状物,用手持放大镜仔细观察,可见微小淡黄色若螨个体在移动	调查时间:5 月中旬开始。 调查方法:随身携带放大镜,随机取样,观察中下部叶片背面,发现叶螨危害中心株后,要及时开展喷药	1. 采取区域性综合治理的对策,在抓好玉米叶螨防治工作的同时,必须兼顾菜园、果园、棉花等其他作物上叶螨的发生和有效防治。 2. 加强玉米田间管理,合理及时灌水,改善田间小气候。 3. 发现有叶螨迁入玉米地头为害时,对中心株和玉米地头进行"封控",喷施"隔离带",切断其进一步扩散的途径,将叶螨控制在点片发生阶段。 4. 6 月中下旬田间人工释放捕食螨,实行以螨治螨。 5. 保护利用天敌　选择对天敌影响小的、持效期长的专用杀螨剂如克螨特、达螨灵、四螨嗪(阿波罗)等每 7～10 d 喷施 1 次,连喷 2～3 次。 注意事项:(1)药剂轮换使用,延缓叶螨抗药性产生。(2)人工释放捕食螨后,不能再喷施杀螨剂
玉米螟(第 1 代)防控	叶片背面中脉附近有乳白色鱼鳞状卵块。玉米心叶出现花叶或成排孔洞	调查时间:5 月中旬开始。 调查方法:先于 5 月中旬剥查冬贮玉米秸秆,从发现新鲜蛹壳或黑光灯诱测到成虫时起,在代表性田块内,每点 20 株,每 3 d 一查,发现卵块后随即记载并做好标记。 防治指标:当 70% 的卵块开始孵化时,开始药剂防治	1. 在 5 月中旬前,将所有玉米秆、穗轴、残茬处理完毕。可以沤肥、焚烧、碾压、粉碎等,以消灭潜伏其中的越冬幼虫。 2. 5 月中旬至 6 月中旬,在成虫羽化期利用频振式杀虫灯、黑光灯或性诱剂诱杀。 3. 通过调查达到防治指标后开展药剂防治。重点在玉米大喇叭口期对第 1 代幼虫的防治。可选用辛硫磷颗粒剂或 Bt 乳剂在玉米喇叭口内撒施
玉米三点斑叶蝉防控	叶片出现零星至密集程度不等的小白点或成、若虫在叶片上横走爬行	调查时间:5 月中旬开始。 调查方法:5 d 调查 1 次,每次随机选取 5 点,每点 0.5 m^2,调查记载害虫数量	1. 加强田间管理,人工铲除或化学防除田间和农田周围的禾本科杂草。 2. 于 6 月中下旬结合防治玉米螟撒施颗粒剂。 3. 喷施吡虫啉、溴氰菊酯、辛硫磷等药剂

(四)玉米中后期病虫害综合防控(7 月上旬至 9 月中旬)

1. 职业岗位工作任务与要求

根据玉米中后期病虫害发生特点,及时开展田间病虫害调查,正确识别病虫害种类,分析预测病虫害的发生动态,制定有效的综合防治措施,在病虫害最薄弱环节进行防治。

2. 工作程序与操作技术(表 5-17)

表 5-17 玉米中后期病虫害综合防控工作程序与操作技术

工作环节	工作程序与操作技术		
	病虫害田间识别	病虫害田间调查	防治技术
玉米螟(第2代)防控	玉米茎秆、雄穗、雌穗等部位有虫孔,孔口有粪便	调查时间:从黑光灯诱测到第2代成虫,或于7月中旬开始。 调查方法:定期调查田间玉米螟产卵情况	由于本阶段玉米生长茂盛,常规喷施药剂的方法难以实施。因此,释放赤眼蜂是最佳方法。成虫产卵初期是释放赤眼蜂防治的最佳时期。每3~5 d释放一次,共放3~4次,每667 m^2 放蜂1万~2万头,卵盛期放蜂量应大些。或采用植保无人机进行田间施药
白星花金龟防控	以成虫从田外迁入危害。害虫个体较大,便于直接辨认识别	调查时间:从7月中旬开始。 调查方法:5 d调查1次,定期调查。顺行慢步行走,目视两侧玉米雌蕊花丝处。发现成虫危害时停下细查,并记录害虫数量	1. 于6—8月对没有处理的粪堆,用棚膜封闭,阻止白星花金龟成虫进入粪堆产卵。 2. 毒饵诱杀:将西瓜切成两半,留部分瓜瓤,其中撒上20 g敌敌畏或敌百虫等杀虫剂,放在农田和果园地四周,每667 m^2 放置40~50个,可有效诱杀成虫。 3. 挂瓶诱杀:5月下旬,成虫初发期,在作物田和果园地四周距地面1~1.5 m处挂瓶,每667 m^2 挂瓶40~50个。瓶内放入50 mL糖醋液(糖:醋:水=3:2:1)。1周补充1次。诱满后要将瓶中的成虫收回集中处理,瓶内再重新加入糖醋液诱杀。 4. 人工捕捉:5—9月成虫发生期,利用成虫有群聚为害的习性,在早晚气温低、(18 ℃以下)、成虫活动较弱时,采取套袋人工捕捉,集中消灭。 5. 驱避成虫:将捕捉到的成虫捣烂,用水浸泡2~3 d,滤出过滤液或加水稀释成50倍液,在果实将要成熟时喷在各种寄主作物上,可起到驱避成虫的作用。 6. 药剂防治:成虫发生期,在大田作物上喷施氯氟氰菊酯(功夫)或溴氰菊酯等,可有效控制白星花金龟的危害
双斑萤叶甲防控	玉米上部嫩叶上出现不规则的白色网状斑和孔洞,并有成虫为害或飞行。成虫个体较大,易辨识	调查时间:6月底。 调查方法:5 d调查1次,定期调查。田间观察和网捕相结合	在成虫盛发期,可选用噻虫嗪·高效氯氟氰菊酯微囊悬浮剂、菊酯类等药剂防治。 施药时间选择在9~11时和16~19时害虫飞翔或取食的活跃时间为好
玉米瘤黑粉病防控	初呈银灰色瘤状突起	调查时间:7月中旬。 调查方法:只查1次即可。顺行行走,目视两侧玉米茎秆	1. 割除病瘤并带出地外销毁。 2. 主要以药剂拌种防治为主,田间一般不再进行药剂防治

3. 常见技术问题处理 P

如何防治制种田玉米瘤黑粉病？

玉米瘤黑粉病是玉米上普遍发生的一种病害，植株地上幼嫩组织和器官均可发病，病部的典型特征是产生大小不等的病瘤。制种玉米由于人工抽雄等工作，给玉米造成的伤口较多，而容易感染病菌。防治制种田玉米瘤黑粉病应采取以下措施：

(1)减少病源　彻底清除田间病株残体，带出田外深埋；进行秋翻冬灌，把地面上的菌源深埋地下，减少初侵染源；避免用病株沤肥，粪肥要充分腐熟。

(2)选育抗病亲本　利用抗病自交系配制杂交种用于生产，同时加强品种抗病性鉴定工作。积极选育抗病良种，马齿型玉米较甜玉米抗病，早熟种较晚熟种发病轻。

(3)农业措施　与非禾谷类作物轮作 2～3 年，加强栽培管理，合理密植，避免偏施、过施氮肥，灌水及时，特别是抽雄前后易感染期必须保证水分充足；及时彻底防治玉米螟等害虫，尽量减少虫伤和耕作机械损伤，人工去雄不要造成大伤口，均可减轻病害。

(4)化学防治　播前 10～15 d，用种衣剂包衣。可选用 2%戊唑醇(立克锈)干粉种衣剂包衣，药种比(0.4～0.5)∶100，或用 3%恶醚唑(敌萎丹、世高)包衣，药种比 0.2∶100。在玉米小喇叭口期和大喇叭口期每 667 m^2 喷施 43%戊唑醇(立克锈、好力克)3～5 g，可较好地预防玉米瘤黑粉病。

三、病虫害田间调查与防控记载表

病虫害田间调查与防控记载表见表 5-18 至表 5-20。

表 5-18　黄地老虎卵、幼虫和为害情况田间调查表

调查日期	地点	作物	卵			幼虫						被害株			防治情况	备注
			卵数	卵壳数	孵化率/%	一龄虫	二龄虫	三龄虫	四龄虫	五龄虫	六龄虫	总株数	被害枯心苗数	被害枯心苗率/%		

表 5-19　玉米田间玉米螟卵、幼虫调查表

调查日期	地点	作物	卵			幼虫						被害株			防治情况	备注
			卵数	卵壳数	孵化率/%	一龄虫	二龄虫	三龄虫	四龄虫	五龄虫	六龄虫	总株数	被害株数	被害株率/%		

表 5-20 病虫害防治情况记载表

病虫害名称	作物生育期	病虫害发生情况	防治措施		防治效果	分析总结
			时间	方法		

【知识拓展】

水稻病虫害综合防控

水稻是我国栽培面积最大、总产量最多的粮食作物。水稻从播种、出苗到成熟，均可受不同病虫害为害。在我国正式登记的水稻病害有 60 多种，其中具经济重要性的 20 余种，主要包括稻瘟病、纹枯病、白叶枯病、恶苗病、稻曲病、细菌性条斑病和病毒病等；水稻虫害近 80 种，重要的有稻飞虱、稻螟虫、稻纵卷叶螟等；稻田杂草 200 多种，常见的有禾本科、莎草科及阔叶杂草。

新疆水稻种植面积约 7 万 hm^2，只占全国水稻种植面积的 0.2%。由于新疆为单季稻区，加之气候干燥、水稻种植制度单一等原因，水稻病虫害发生的相对较少，主要有稻水蝇、稻灰飞虱、二化螟和稻瘟病、恶苗病等。

一、稻水蝇

1. 分布与为害

稻水蝇属双翅目水蝇科，又称水稻夹根虫，是盐碱土稻区的主要害虫之一。

国外分布于欧洲，国内主要分布于新疆、宁夏、河北、辽宁等地。主要为害水稻，幼虫蛀入稻种，稻种被蛀后丧失发芽生根能力。或虽能发芽，但由于稻种内营养大部分被蛀食，秧苗长势也极其衰弱，因而造成严重缺苗。水稻初生根和次生根长出之后，蝇蛆咬伤或咬断幼根，使幼秧扎根不牢，经风一吹，稻苗即漂到稻田一角，造成水稻漂秧。幼虫化蛹时，多夹在稻根及茎叶上，阻碍秧苗生长发育。

2. 形态特征

(1)成虫 体长约 6 mm，复眼红褐色至黑褐色，有眼缘毛，头顶有金绿色光泽。触角芒基部羽毛状，但端部无毛。胸部背面有紫蓝色光泽。平衡棒及 3 对胸足均为黄色。腹部蓝灰色，无光泽。

(2)卵 长椭圆形，长 0.5～0.7 mm，乳白色，有光泽。

(3)幼虫 老熟幼虫约 12 mm，灰白色，共 11 节。头尖，内藏黑色口钩 1 对。第 4～11 节腹面均有 1 对突起的伪足，末端有较整齐的小爪 3 排。尾端呼吸管分叉状。

（4）蛹　长约 10 mm，淡黄褐色。化蛹时，由第 9 节与第 11 节的伪足合成环状，从而固定在水稻根系或其他漂浮物上，其余伪足均萎缩不见，仅留下小爪痕迹。

3. 发生规律

在中亚地区，1 年可发生 3～4 代。在新疆 1 年也可发生数代，世代重叠，以成虫在沟沿、田埂缝隙、排水渠、碱皮、芦苇及杂草落叶层下越冬。4 月初当排水渠、死水坑解冻后，成虫即在上面活动，追逐交尾产卵。稻田灌水后，成虫则迁往稻田，聚集在漂浮物、烂草上面交尾产卵。1 头雌虫产卵 100～150 粒。卵历期 4～5 d。

孵化出的幼虫，在水底爬行，为害稻种、稻根。为害盛期在 5 月下旬至 6 月上旬，此时正值水稻苗期。7 月以后直至 11 月，排水渠和碱水坑中也可见到各虫态，但虫口密度远小于春季。9 月以后，成虫寻找越冬场所越冬。

成虫有趋光性。喜欢取食水面上漂浮的腐败有机物残屑，并在其上产卵。因此，漂浮物多，产卵也多，发生为害重。幼虫适于生活在 pH 为 7.5～9 的碱性水质环境中。

4. 综合防治措施

（1）改水直播为旱直播，或插秧，以减少蝇蛆为害机会。

（2）改进稻田管理，排水要畅通。6 月上旬适当落干晒田 1～2 d，既利于水稻扎根，又恶化蝇蛆生态环境。应及时捞除水面漂浮物。

（3）5—6 月利用成虫的趋光性，使用频振式杀虫灯、黑光灯等进行诱杀。或人工水面网捕成虫。

（4）药剂防治。

对稻田附近的死水坑、排水渠，喷洒 2.5%敌百虫。

稻田可用 90%敌百虫 100～150 g/667 m^2 或用 50%辛硫磷 70～80 g/667 m^2，拌细土 15～20 kg，制成毒土撒施，保持水层 3 cm。还可兼治在稻田中混合发生的稻摇蚊的幼虫。

二、灰飞虱

1. 分布与为害

灰飞虱属同翅亚目飞虱科。遍布新疆各地，以成虫和若虫在稻丛茎部刺吸汁液，被害部出现长形棕色斑，严重时下部茎秆变黑，全株枯死。成虫产卵时，因产卵器刺破叶鞘组织，造成直接伤害。

灰飞虱除为害水稻外，还可为害小麦、玉米、谷子、高粱以及多种禾本科杂草。灰飞虱还能传播小麦丛矮病等病毒病。

2. 形态特征

（1）成虫　体长 2～4 mm。触角 3 节，基部两节膨大。后足胫节末端有 1 个大距。有长翅型与短翅型之分，长翅型的翅长超过腹末，短翅型的翅长不超过腹末。

（2）卵　香蕉形，长约 1 mm，初产时乳白色，后变淡黄色。通常 3～5 粒或 20 余粒排列成串。

（3）若虫　初孵若虫白色，后变灰色，5 龄若虫灰褐色，第 3～4 腹节背面有 2 灰白纹，前翅翅芽伸达第 3 腹节后缘。

3. 发生规律

灰飞虱在南疆 1 年 4～5 代，世代重叠。以 3～4 龄若虫在禾本科杂草上越冬。3 月下旬越冬若虫在杂草上活动取食，4 月中旬为羽化盛期。成虫先为害冬麦和春麦，夏收前迁往水稻、玉米、糜子甚至亚麻、绿豆等作物上。6 月中旬在玉米地内第 1 代的虫口密度最大。7 月下旬在水稻田内第 2 代虫口密度最大，这与稻田中混生大量稗草有关。各地段上的稗草，因其不断生长繁殖，所以自始至终是灰飞虱的繁殖基地。

成虫产卵于寄主叶鞘、叶片中脉或茎秆内，常 5～6 粒组成 1 块，呈双行排列，有时也成簇，有 1 个突出的卵帽微露于外。

灰飞虱长翅型与短翅型的出现与消长，与营养和温度、湿度条件密切相关。在温度较低、湿度大、禾苗生长柔嫩、食料充足时，短翅型成虫出现多。反之，则长翅型成虫出现多。短翅型成虫寿命一般比长翅型成虫长 3～5 d，雌雄比例高，抱卵量多，繁殖力强。因此，短翅型成虫出现多时，是稻灰飞虱大发生的预兆，可作测报的依据。

4. 综合防治措施

（1）大力清除禾本科杂草，特别是稗草比较集中的发生地，可利用化学除草剂进行大面积化学除草。

（2）保护利用自然天敌，特别是稻田中的蜘蛛。

（3）药剂防治　药剂防治灰飞虱可用喷雾或撒施等办法。喷雾常用叶蝉散可湿性粉剂、吡虫啉可湿性粉剂、速灭威乳油、马拉硫磷乳油等，在药液中加 0.2% 中性洗衣粉可提高防效。

三、二化螟

1. 分布与为害

二化螟属鳞翅目螟蛾科，俗名钻心虫，是一种世界性水稻害虫，遍布我国南北各稻区。新疆原无此虫，1981 年首先发现于米泉区稻区。

二化螟以幼虫为害水稻。初孵幼虫在叶面顺叶脉啃食，被啃食部分变干后呈白条状。此后蛀入稻株内为害，造成枯心苗或不能抽穗，也可造成白穗。1 株茎秆有幼虫 10～20 头，最多可达 54 头。二化螟除为害水稻外，还可为害玉米、高粱、稗草、芦苇等。

2. 形态特征

（1）成虫　体长 10～15 mm，翅展 20～30 mm。头胸部黄褐色。雌虫触角丝状，雄虫触角末端栉齿状，其余部分为丝状。前翅略呈长方形，黄褐色或淡黄褐色，外缘有 7 个小黑点。雄虫翅色较深，中央有紫黑色斑点，其下方有 3 个斜黑点。后翅略呈三角形，白色，有绢丝光泽。

（2）卵　椭圆形，扁平。初产时白色，渐变黄褐色，将要孵化时为灰黑色。卵壳上有细小网纹。卵多呈块状，长带形，鱼鳞状排列。

（3）幼虫　老熟时体长 18～30 mm。头部褐色。体背有棕黑色纵纹 5 条。腹足趾沟 3 序排列或环状。

（4）蛹　圆筒状，长 10～14 mm，外有白色薄茧包围。初淡黄色，背部可见 5 条纵纹，后变为棕褐色，翅色更深，纵纹渐不明显。臀棘扁平，有 1 对刺毛，背面有 2 个角质小突起。

3. 发生规律

北疆地区 1 年 2 代，以不同龄期幼虫在稻根或根际处越冬。4 月中下旬化蛹，5 月下旬为羽化盛期。因越冬幼虫龄期不一，故羽化期长达 50 多天，出现世代重叠现象。

羽化多在夜间。成虫昼伏夜出，有趋光性，喜在叶色浓绿、粗大的稻株上产卵。1 头雌虫产卵约 200 粒。1 个卵块有卵 60～80 粒。第 1 代幼虫 6 月间为害水稻。初孵幼虫多群聚于叶鞘为害，造成枯鞘。2 龄后蛀茎。分蘖期为害，轻者造成叶面排孔，重者造成枯心苗。第 2 代幼虫于 8 月中下旬至 9 月上旬为害水稻。初孵幼虫也多群聚为害，2～3 龄分散为害。孕穗期造成枯穗，抽不出来；在抽穗期则造成白穗；成熟期多造成虫伤株。此后，即进入越冬状态。幼虫有吐丝和迁移为害习性。

温度和湿度正常，有利于二化螟发生，如 35 ℃以上持续数天则不利于其发生。水稻的早熟和晚熟品种受害轻，中熟品种受害重。粗秆品种受害又重于细秆品种。

4. 综合防治措施

(1)水稻收割后，妥善处理稻草和稻茬，并深翻稻田进行冬灌。

(2)成虫羽化期利用黑光灯诱杀，并结合进行人工摘除卵块。

(3)二化螟多在靠近水面的稻茎或叶鞘内化蛹，可先将稻田水放至 3 cm 左右，诱使其降低化蛹位置。当化蛹达高峰期时，及时灌水至 15～18 cm 深，保持 3～5 d，灭蛹效果可达 70%～90%。

(4)生物防治。保护利用天敌或用微生物农药杀螟杆菌进行防治。

(5)药剂防治。重点是防治第 1 代二化螟造成的枯心和枯鞘。防治适期为 6 月中下旬第 1 代幼虫孵化盛期，即初见枯心、枯鞘时用可选用三唑磷、哒嗪硫磷、溴氰菊酯等农药喷雾防治。

四、稻瘟病

1. 分布与为害

稻瘟病又称稻热病，是世界性水稻病害，遍布我国南北各稻区，在新疆也广泛发生。水稻叶片受害严重时，成片枯死，有的虽不枯死，但心叶不易伸展，稻株萎缩，不能抽穗或穗短小。穗茎受害则造成大量白穗和秕粒。对产量影响很大。各地在一般流行年份，减产 10%～20%。

2. 为害症状

水稻在整个生长期各地上部位都可以发病，依发病时期和部位不同，可分为下列几种类型。

(1)苗瘟　由种子带菌引起，常发生在 3 叶期之前。一般不形成明显的病斑，茎基变灰黑色，叶鞘及叶变黄褐色，幼苗很快枯死。

(2)叶瘟　一般在分蘖盛期发生。叶部产生病斑，严重时病斑迅速扩大并连成片，使叶片变红褐色，枯死。又可分为：

①慢性型　病斑梭形，边缘红褐色，中间灰白色，外围有黄色晕圈。潮湿时病斑周缘或背面可产生少量青灰色霉层。

②急性型　病斑椭圆形或不规则形，暗绿色，水浸状，病斑正反面均产生大量灰绿色霉层。急性型病斑出现，表明稻瘟病即将流行。

③白点型　小型白色近圆形的病斑，多发生于感病品种的嫩叶上。当条件适宜时，可转变为急性型病斑。

④褐点型　小型褐色病斑，发生于抗病品种和稻株下部的叶片上，不产生霉层。条件适宜时，可转变为慢性型病斑。

(3)节瘟　一般发生于近地面的节上，初为褐色小点，渐环状发展，最后全节或节的一部分变为黑褐色、凹陷、弯曲、容易折断倒伏形成白穗。

(4)穗颈瘟　发生于穗颈上,产生淡褐色边缘有水浸状褪绿现象的不规则病斑。发生早的形成白穗,发生晚的谷粒不饱满。

(5)谷粒瘟　谷粒发病早时,病斑呈椭圆形,边缘褐色,中央灰白色,以后可延及整个谷粒,形成秕谷。发病迟的形成椭圆形或不规则的褐色斑点,严重时谷粒不饱满,米粒变黑,护颖变成灰色或灰黑色。

3.病原

稻瘟病菌属半知菌亚门丝孢纲梨形孢属。菌丝无色有隔,多分枝。分生孢子梗成束或单根从寄主气孔伸出,顶端着生分生孢子。分生孢子梨形、无色、初无隔,成熟时多有2隔,群集时呈灰绿色。病菌可产生毒素。有不同的生理小种。

4.发病规律

稻瘟病以菌丝体在病草、病谷上越冬。5月中、下旬当气温上升到20 ℃左右时,病草上的菌丝产生分生孢子,借气流、雨水、昆虫等传播引起叶瘟。病斑上的分生孢子引起再侵染。

分生孢子萌发产生芽管及附着孢,生出侵染丝,直接穿透表皮或从伤口入侵引起发病。稻瘟病扩展很快,1个急性病斑每天可产生分生孢子2 000～6 000个,能连续产孢14 d。分生孢子多在夜间12时至早晨6时产生。传播范围一般半径10 m左右,30 m以外很少。

菌丝发育适温26～28 ℃,分生孢子形成适温25～28 ℃。分生孢子在相对湿度90%以上并有水滴或水膜存在时才萌发。相对湿度小于80%时不能形成分生孢子。

水稻不同品种以及同一品种的不同生育期,抗病力有明显差异。长期深灌、冷浸、地下水位高、土质黏重的稻田,发病较重。偏施氮肥能降低抗病性。当气温在20～30 ℃,田间湿度在90%以上,稻株体表保持水膜6～10 h的条件下,稻瘟病容易发生。如旬平均气温在24～28 ℃,有一昼夜以上为饱和湿度,稻瘟病就容易发生。

5.综合防治措施

(1)选育抗病品种。

(2)消灭越冬菌源

①收获时,应将病草、病谷分别堆放,尽量在翌年春播前处理完毕。

②种子可用2%福尔马林浸种3 h,浸后均用清水冲洗干净。

(3)加强栽培管理

①施足基肥,早施追肥,合理配合氮、磷、钾肥。后期控制氮肥,防止徒长。

②合理灌水,采用勤灌,适时适量烤田,避免长期深灌和冷浸。

(4)药剂防治　抓好叶瘟初发期的防治,并在孕穗、抽穗和灌浆期视情况进行防治。可选用戊唑醇、甲基硫菌灵(甲基托布津)、稻瘟净等进行田间喷雾。

五、恶苗病

1.分布与为害

水稻恶苗病又称徒长病,全国各稻区均有发生。水稻从秧苗期到抽穗期都有发生,发病秧苗常枯萎死亡。重茬育苗的秧苗发病率明显高于新苗床,尤其是旱育秧田和软盘育秧田,病害呈上升趋势。一般发病率在3%～5%,严重田块发病率达30%～50%。

2. 为害症状

水稻恶苗病的症状典型明显。

(1)苗期症状　从2叶期开始显症。发病病苗比健苗高1/2～2/3,叶片叶鞘细长,叶色淡黄,根系发育不良,部分病苗在移栽前死亡。在枯死苗上有淡红或白色霉粉状物,即病原菌的分生孢子。

(2)本田期症状　病株多在移栽后10～30 d或直播后60 d左右显症。节间明显伸长,节部常弯曲露于叶鞘外,下部茎节逆生多数不定须根,分蘖少或不分蘖。剥开叶鞘,茎秆上有暗褐条斑,剖开病茎可见白色菌丝,以后植株逐渐枯死。湿度大时,枯死病株表面长满淡褐色或白色粉霉状物。

3. 病原

属半知菌亚门真菌串珠镰孢菌。病菌有性阶段产生球形子囊壳,深蓝色,表面粗糙,子囊圆筒形,含4～8个子囊孢子,子囊孢子椭圆形有一个分隔。无性阶段为镰刀菌,产生分生孢子有大、小两种,大孢子镰刀形,有3～5个分隔,小孢子卵形或椭圆形,无色单胞,间或双胞。

4. 发病规律

病菌以分生孢子和菌丝体在种子内外及稻草上越冬,带菌种子是恶苗病发生的主要初侵染来源。病稻草用于催芽、扎秧把等也可引起初侵染。带菌稻种播入秧田后,潜伏在种子内的菌丝或附着在种子上的分生孢子萌发活动,如稻芽受伤,病菌很容易侵入。田间病株上形成分生孢子,可借风雨传播,引起再浸染。当水稻扬花时,分生孢子萌发侵染花器,严重时造成秕谷和畸形,轻的侵入颖壳和种皮组织内,可使种子带菌。水稻收获时,病株上的分生孢子也能黏附于稻谷表面。

恶苗病是一种在高温下发生的病害,当气温降至20 ℃,即使感染,也不表现病状。另外,水稻品种间抗病性也有一定的差异,一般粳稻较籼稻抗病。

凡种子带菌率高或种谷未经消毒处理、浸种时间长、拔秧时伤根都能诱发此病害。另外,旱育秧和软盘秧发病重;长期灌深水,导致生长衰弱,有利于发病;偏施氮肥,也有利于此病害的发生。

5. 综合防治措施

(1)建立无病留种田　选栽抗病品种,避免种植感病品种。

(2)加强栽培管理　催芽时间不宜过长,拔秧要尽可能避免伤根。做到"五不插",即不插隔夜秧,不插老龄秧,不插深泥秧,不插烈日秧,不插冷水浸的秧。

(3)清除病残体　及时拔除病株并销毁,病稻草收获后作燃料或沤制堆肥。

(4)种子处理　一般用2%福尔马林浸种或闷种3 h,气温高于20 ℃用闷种法,低于20 ℃用浸种法。或用25%咪鲜胺乳油3 000～4 000倍液,或用50%甲基硫菌灵可湿性粉剂1 000倍液浸种2～3 d,每天翻种子2～3次。

项目六
经济作物病虫害识别与综合防控

工作任务 1　棉花病虫害识别与综合防控

【任务概述】

新疆得天独厚的水土光热资源，孕育了新疆的棉花产业，使之成为全国最大的优质商品棉生产基地。目前，新疆棉花总产已达全国棉花总产的 90%。

随着新疆棉花种植面积逐年扩大、重茬时间延长、品种的更换和耕作制度的改变等，新疆棉花病虫害的发生数量和危害情况也日趋严重。

立枯病等烂根病为害逐年加重，为害期明显延长。特别在有“倒春寒”的年份，常发生大量烂种死苗的现象。有些条田烂种后“重播重烂”现象屡有发生。

枯萎病迅速扩展，黄萎病日渐加重，严重威胁新疆棉花生产。北疆棉区 1985 年前没有发生过枯萎病。近 30 年来由于从疫区大量调种引种，病区每年都以几倍、甚至十几倍的速度迅速扩展，大片枯死的重病田随处可见。其扩展速度之快、危害之重已远远超过了黄萎病。过去新疆枯萎病的发生是南疆重于北疆，现在已是同样严重。

黄萎病的发生比枯萎病更为普遍，北疆重于南疆，有些条田发病率高达 50%～70%。近年来，棉花枯、黄萎病如此迅速扩展和逐年加重的原因：一是忽视产地检疫，盲目从病区大量调种引种。各单位对枯萎病的发生情况互相封锁，有时供种单位明明知道种子来自病田，但为了将种子推销出去，却不以实情相告，更促进了病害的迅速传播和蔓延。二是培育的棉花主栽品种抗病性不能满足生产需要。三是棉花连作年限延长，尤其是病田秸秆还田，使棉花枯、黄萎病菌在病田越积越多，加之棉花枯、黄萎病菌在土壤中的存活年限都较长，并可随种子、土壤、流水等传播，很易使病田发病越来越重、病田越来越多。

棉铃病害有逐年加重的迹象。新疆属典型的大陆性气候，铃病历来发生不重。但由于“矮、密、早”种植模式的普及，种植密度增加，特别是 7、8 月份降雨增加、低温高湿的年份，在一些中后期发育较旺、通风透光较差的棉田易引起大量烂铃。

棉蓟马是棉花苗期的主要害虫之一，常常造成“无头棉”或“多头棉”。随着棉花播种密度的大幅度提高，棉蓟马的危害性呈逐渐下降的趋势。但不同的年份和不同的地块，也会形成严重危害。

棉叶螨发生有早而重的趋势。由于棉花栽培采取“早、密、矮”模式，尤其北疆棉区为了实现早播的目的，对部分棉田采用“带茬灌”的耕作方式，茬灌后秋翻。这样，土壤比耕后冬灌疏松、通气性好，有利于叶螨越冬，使越冬虫口基数增加，有时苗期就全田发生。尤其在茬灌地表现更为明显。

棉蚜是我区棉花上最重要的害虫，全疆各地都有因棉蚜大发生而导致棉花遭受严重损失的教训。如1994年棉蚜在北疆各地暴发成灾，造成棉花产量大幅度下降。近年来，广大技术人员和种植户已深深体会到若滥用农药，棉蚜则“越打越重”。大量事实说明，棉蚜大发生主要是生态平衡遭到破坏所致。若不加选择地使用广谱性农药进行大面积喷雾防治，势必杀伤大量天敌。一旦抗性蚜虫形成较大数量，而又失去天敌这一自然抑制因素，棉蚜势必将暴发成灾。故对棉蚜必须坚持以“生态调控”为主的防治思路。

在20世纪80年代之前，棉铃虫是新疆棉区最重要的害虫；自80年代中期以来，北疆各地发生普遍较轻，但南疆各地棉铃虫仍然是棉田最重要的害虫之一，在个别年份、局部地区有大发生而造成严重危害。目前，棉铃虫在南疆普发、东疆成灾、北疆也有卷土重来之势，这主要是因为作物品种和布局发生的改变；气候条件有利于棉铃虫发生；耕作和栽培管理不当；越冬基数增大、越冬死亡率减少和世代重叠、为害历期延长等。

【知识准备】

一、棉蓟马

1. 分布与为害

棉蓟马属缨翅目蓟马科，又叫烟蓟马、葱蓟马，遍布全疆各棉区，北疆重于南疆。以成虫和若虫锉吸棉花汁液，破坏棉苗生长点、子叶、真叶和嫩芽，导致形成无头棉、多头棉、破碎叶。除为害棉花外，还可为害玉米、小麦、甜菜、烟草、向日葵、大葱等。

2. 形态特征

(1)成虫　体长约1.1 mm，黄褐色。头部淡黄色，复眼紫红色，单眼3个，触角7节。腹部2～8节背面前缘各有紫色横纹1条。

(2)卵　肾形，长约0.3 mm，乳白色。

(3)若虫　体形与成虫相似、无翅、淡黄色，触角6节。腹部各节有明显的刺毛。

(4)伪蛹　形似若虫，但不活动，触角披在头上，翅芽明显。

3. 发生规律

棉蓟马1年6～10代，在新疆主要以伪蛹越冬，少数以若虫和成虫越冬。越冬场所主要是在葱、蒜叶鞘里或地下约2 cm的土层中，其他如苜蓿地、菜地、棉田、杂草等处也可越冬。春季首先在葱、蒜及杂草上活动取食，棉苗出土后即大量迁入棉田为害。南疆在4月中下旬和5月上旬，北疆在5月上旬到5月下旬，当棉苗处在子叶期到1～2片真叶时，棉蓟马主要为害生长点，是造成棉花减产的关键期。之后的为害主要造成烂叶和功能下降的银斑叶，推迟棉花的生育期。棉田灌水后棉蓟马大部迁出棉田，转移到越冬寄主上活动取食并繁殖，天气转凉后，陆续进入越冬场所越冬。

棉蓟马多行孤雌生殖，产卵于叶背的叶肉或叶脉里。1头雌虫产卵10～30粒。雄虫极少见到。

二、棉蚜

1. 分布与为害

新疆棉田的蚜虫有棉蚜、棉黑蚜、棉长管蚜等。但近年来，则主要以棉蚜为害最严重。棉蚜属同翅亚目蚜科。棉蚜为害的主要特点：一是降低光合作用及干物资积累，以刺吸式口器插入棉叶背面或嫩头部分组织内吸食汁液，破坏正常代谢，唾液能刺激棉叶畸形生长，受害叶片向背面卷缩，使植株矮小，叶片变小，叶数减少，根系缩短，推迟现蕾、开花。伏蚜发生严重时，会引起幼蕾脱落，造成减产。二是蚜虫分泌的蜜露使叶片表面诱发产生腐生性霉菌，影响棉株光合、呼吸作用。三是在吐絮期，以秋蚜为害，污染棉纤维，增加棉纤维含糖量，不利于纺纱。

2. 形态特征

棉蚜是多型性的，生活在越冬寄主和侨居寄主上以及不同季节里的棉蚜在形态上有明显的差别。棉蚜有卵、无翅胎生雌蚜、有翅胎生雌蚜、无翅产卵雌蚜，有翅雄蚜、无翅若蚜、有翅若蚜等虫态。无翅胎生雌蚜体长 1.5～1.9 mm，体色有黄、青、深绿、暗绿等色。体表被很薄的白蜡粉。腹管黑色。有翅胎生雌蚜大小与无翅胎生雌蚜相近，体黄色、浅绿至深绿色，头胸部黑色，两对翅透明。无翅若蚜共 4 龄，夏季黄色至黄绿色，春、秋季蓝灰色，复眼红色。有翅若蚜也是 4 龄，夏季黄色，秋季灰黄色，2 龄后现翅芽（图 6-1）。

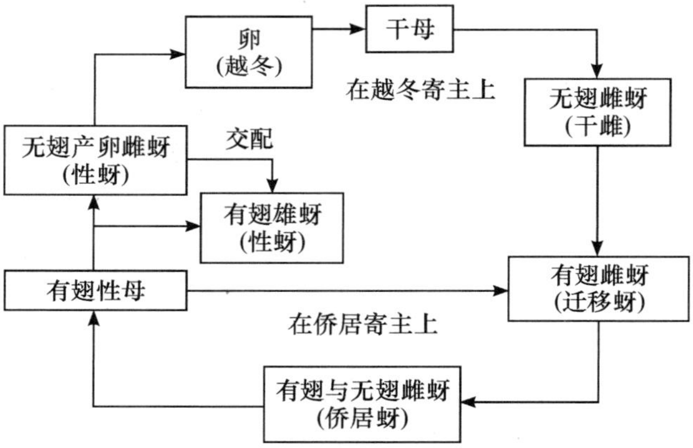

图 6-1 棉蚜周年循环示意图

3. 发生规律

新疆棉蚜在室内、温棚的花卉、温棚蔬菜上以有翅胎生雌蚜和无翅胎生雌蚜越冬，特别是以扶桑、石榴、花椒、木槿等盆栽花卉和黄瓜、西葫芦等蔬菜上最多。

南疆棉蚜以卵在室外的黄金树、榆叶梅、石榴、木槿、核桃、花椒、葡萄等多种寄主上越冬，尤其是城区和居民庭院寄主上越冬成活率高，但春季一般只能在石榴、花椒、木槿等少数寄主上正常繁殖。

棉蚜每年发生代数因地区及气候条件不同而有差别，在新疆一般全年可发生 30～40 代。棉蚜生长繁殖的适温为 20～25 ℃，当日均温高于 30 ℃时，虫口数量开始减退。大雨对棉蚜抑制作用明显，多雨的年份或季节不利于其发生，但时晴时雨的天气利于伏蚜迅速增殖。一般伏蚜4～5 d就增殖1代，苗蚜需10多天繁殖1代，田间世代重叠。有翅蚜对黄色有趋性。冬季气温高，越冬卵孵化率高。

新疆棉蚜在一年中有4次迁飞：第1次约在4月下旬到5月上旬，由越冬寄主陆续迁入棉田为害（在棉花出苗期），刚开始往往形成点片发生；第2次约在棉花现蕾前后（6月上中旬），主要是由早受蚜害棉田向一般棉田迁飞，此后往往形成大面积发生；第3次迁飞约在棉花开花前后（6月底至7月上旬），有翅蚜迁飞达高峰，也是为害最严重的阶段，随着麦收后天敌大量迁入棉田，棉田蚜虫数量在一定时期后大幅度下降，及至9月才恢复上升；第4次迁飞约在棉花吐絮末期（9月下旬至10月上中旬），此时棉株枯老，气温降低，不适棉蚜生活，棉蚜由棉田向越冬寄主迁飞。

天敌主要有寄生蜂、瓢虫、草蛉、蜘蛛、食蚜蝇类等。其中七星瓢虫、多异瓢虫、草蛉控制作用较大。生产上施用杀虫剂不当，杀死天敌过多，会导致棉蚜猖獗为害。

三、棉叶螨（棉红蜘蛛）

1. 分布与为害

棉叶螨属蛛形纲蜱螨目叶螨科。新疆为害棉花的叶螨有多种，其中土耳其斯坦叶螨为北疆棉田的优势种，敦煌叶螨为南疆棉田的优势种。棉叶螨以成螨和若螨在寄主叶背吐丝结网，在网下刺吸汁液，严重时全株会被丝网所盖。被害棉叶最初在叶面现出许多针头大小的黄白色小斑点，以后这些斑点逐渐连接成片，继而变成红色斑块，甚至全部变红，最后焦枯脱落，变成"光秆棉株"。幼铃不能成熟，严重影响产量和质量。

棉叶螨除为害棉花外，还为害玉米、高粱、豆类、甜菜、瓜类、蔬菜、酒花、林木和杂草等。

2. 形态特征

以土耳其斯坦叶螨为例。

（1）成螨　雌螨体长0.45 mm，宽0.26 mm，椭圆形，4对足。黄绿、黄褐、淡黄或墨绿色，越冬时为橘红色。

（2）卵　圆球形，初产卵光亮透明，呈珍珠状，近孵化时颜色加深，呈灰黄色。

（3）幼螨　体圆形，乳白色，长0.15 mm，宽0.12 mm，足3对。

（4）若螨　体似成螨，体形小，有4对足。

3. 发生规律

土耳其斯坦叶螨在新疆1年9～11代，世代重叠。以橘红色雌螨在杂草根际疏松土壤、土缝中，枯枝落叶下或在蔬菜地菜架裂缝处越冬。次年春季气温升到8 ℃左右时出蛰，一般年份4月初先在刺儿菜、独行菜、田旋花等杂草上取食，繁殖后代。待田间棉花现行、菜园现绿时转移到棉田和菜园。6月底至7月初在棉花、黄豆、刀豆田内出现第一个发生高峰，7月下旬至8月上旬出现第二个发生高峰。8月下旬后田间数量开始下降。

系统观察表明，土耳其斯坦叶螨在棉苗出土至棉株封垄前，是以在单株自上而下和株间爬行扩散为主，在株间的扩散速度大于行间。棉株封垄后，叶螨在株间和行间的扩散速度趋于平衡，随着螨虫密度的增大和气温的增高，叶螨扩散速度加快。扩散蔓延的规律是先点片发生，然后不规则地向田内扩散，呈嵌纹型分布。

传播方式主要是借大风远距离传播，棉田灌水、大雨造成地面径流时，叶螨可随水漂流。另外，人们在田间操作时，衣物亦可携带传播扩散叶螨。

四、棉铃虫

1. 分布与为害

棉铃虫属鳞翅目夜蛾科，又名玉米穗虫、番茄青虫，是新疆棉花蕾铃期的重要害虫。幼虫钻蛀棉花蕾铃和棉花生长点。幼虫喜食花粉、柱头。受害棉蕾的苞叶变黄张开，大量脱落。较大青铃受蛀后虽不脱落，但易形成烂铃或僵瓣。1 头幼虫可为害多个蕾铃，造成严重减产。

棉铃虫寄主很多，除棉花外，还有玉米、麦类、高粱、豆类、胡麻、啤酒花、番茄、向日葵、辣椒、茄子等数十种作物。

2. 形态特征

(1)成虫　体长 16～17 mm，翅展 27～38 mm。雌虫淡红褐色，雄虫淡青灰色。前翅环状纹和肾状纹黑色，反面更明显。外横线与亚外缘线波状，两线间色深，形成一褐色宽带，外缘有一列 7～8 个小黑点。后翅灰黄色，外缘有黑褐色宽带，其内有两个相邻的白斑。后翅中部有一个褐色月牙形斑纹。

(2)卵　馒头形，0.4～0.5 mm。卵壳表面有纵横隆纹。初产时乳白色，孵化前为紫褐色。

(3)幼虫　老熟幼虫体长 35～40 mm，头黄褐色，腹足趾钩为双序中带。体色变化大，有绿色、淡绿色、淡红色和黄褐色。背线和亚背线淡褐或淡绿色。气门线乳白色至淡黄色，各体节上有 12 个黑色或淡绿色的毛瘤。

(4)蛹　长 18～20 mm，纺锤形，赤褐色，尾端有两根并列的臀棘。

3. 发生规律

棉铃虫 1 年发生 3～4 代，以蛹在土中 3～5 cm 土室内越冬。5 月上、中旬为成虫羽化盛期。第 1 代幼虫于 6 月上中旬为害番茄、棉花、玉米、小麦等。第 2 代幼虫于 7 月中下旬为害棉花，第 3 代幼虫于 9 月上中旬为害大白菜等。

成虫昼伏夜出，取食花蜜和交尾产卵，1 头雌虫产卵 1 000～2 000 粒，卵散产，成虫飞翔力强，对杨枝把和黑光灯有较强的趋性，对糖醋液趋性很差。凡是水肥多、长势旺的棉田，着卵量多。产卵适宜温度为 25～28 ℃。

幼虫共有 6 龄，初孵幼虫吃尽卵壳后，即可咬食嫩叶，亦可吐丝下垂，扩散转移。2 龄时便可为害蕾、花、幼铃及青铃。幼虫食量大，有转移为害习性。3 龄以后有互相残杀习性。

五、棉花立枯病

1. 分布与为害

棉花立枯病又名烂根病，是新疆各棉区广泛分布的苗期病害。发病率常达 30%～90%，往往造成缺苗断垄，甚至改种重播。

2. 为害症状

从棉花播种到 3～4 片真叶期均可发病。棉种发病，造成烂籽和烂芽。幼苗发病，多在靠近地面的幼茎部位出现黄褐色、水浸状斑点，以后病斑逐渐扩大，凹陷呈黑褐色，并环绕幼茎造成溃烂，使幼苗枯死，但枯死后棉苗并不倒伏。有的病斑上还有明显的纵裂。病轻的棉苗当环境适宜时又恢复生长。一般出苗 40 d 后的棉苗，因为茎已木栓化，加上地温上升，很少发病。

3. 病原

棉花立枯病菌属半知菌亚门丝胞纲丝核属。丝核菌在自然条件下只有菌丝，不产生孢子。初生菌丝无色、有隔，分枝与主枝呈锐角。老熟菌丝褐色，粗短，隔膜处溢缩，分枝与主枝呈钝角。菌丝体聚集成团，初疏松，后紧密，形成菌核。

4. 发病规律

棉花立枯病菌是土壤习居菌，除可在土中的病残物上存活外，还能混入未腐熟的粪肥中存活。土壤中的病原菌是直接侵入幼芽、幼茎基部和根部的重要菌源。它们只侵害棉花幼苗而不为害成株。

病菌活动的最适温度为 18 ℃，一般在土壤板结，地下水位高，土壤含水量过多，播种偏早或偏深，均易发病。特别在播种后遇低温阴雨天气，发病更重。随着地温上升，土壤湿度降低和棉花茎部木栓化，病害就逐渐停止发生。

六、棉花枯萎病

1. 分布与为害

棉花枯萎病是我国棉花生产上为害最严重的病害之一，新疆棉区也普遍发生。枯萎病主要造成死苗和成株期大量蕾铃脱落而减产，为害严重的地块减产可达 50% 以上。随着新疆棉花种植面积不断扩大，连茬增多，棉花枯萎病有日益加重的趋势。棉花枯萎病菌在自然条件下只侵染棉花、秋葵、红麻等少数植物，在温室或病圃接种条件下，可侵染麦类、豆科、茄科、瓜类、烟草等多种植物。

2. 为害症状

棉花枯萎病菌能在棉花整个生长期间侵染为害，是典型的维管束病害。在自然条件下，枯萎病一般在播后一个月左右的苗期即出现病株。根据受害时期和严重程度，常见的症状类型有以下 5 种：

(1) 黄色网纹型　叶脉变黄，叶肉部分保持绿色，叶片局部或全部呈黄色的网纹状。

(2) 紫红型　子叶和真叶变紫红色或出现紫红色斑块，略呈萎蔫状。

(3) 黄化型　子叶或真叶出现黄色或淡黄色斑块，随后逐渐变褐枯死。

(4) 青枯型　叶片急性失水，青枯萎蔫致死，有时仅半边植株青枯萎蔫。

(5) 皱缩型　植株节间缩短，株型矮小，叶片深绿变厚、皱缩不平。

枯萎病株的共同特征是根、茎内部的导管变黑褐色。

3. 病原

棉花枯萎病病原为半知菌亚门镰刀属真菌尖镰孢萎蔫专化型。菌丝多隔，初无色，后黄色。分生孢子有大、小两型。大型分生孢子镰刀形，无色透明。小型分生孢子卵圆形或肾形，无色，单胞，少数为双胞。

4. 发病规律

病菌以菌丝体、分生孢子和厚垣孢子在棉籽、棉籽壳、棉饼、病残体或病田土壤中越冬。第二年棉花播种后，当环境条件适宜时，病菌开始萌发，从棉株根部伤口或直接从根的表皮及根毛侵入，在寄主维管束组织内繁殖扩展，直至进入枝叶、铃柄和种子等部位，棉花收获后病菌随病残体在土壤、种子等场所越冬，成为次年的初侵染源。

土壤温度达 20 ℃左右时田间开始发病，达 25～30 ℃时形成发病高峰，升高到 33～35 ℃时病害停止发展。土壤湿度大有利于病害发生。

棉田连作年限越长，土壤中病菌积累越多，病情会逐年加重。地势低洼、整地粗放、排水不良，有利于病害的发生发展。

棉花不同品种间抗病能力有明显差异性。土壤黏重、低洼积水、连作等发病重。夏季高温时，出现隐症现象。

七、棉花黄萎病

1. 分布与为害

棉花黄萎病也是我国棉花生产上的为害最严重的病害之一。棉花黄萎病和棉花枯萎病常常在同一棉田或同一棉株上混合发生，成并发症。

棉花黄萎病主要在现蕾期之后表现症状，造成叶片和蕾铃脱落。黄萎病为害严重的地块减产可达 50%以上。随着新疆棉花种植面积不断扩大，连茬增多，棉花黄萎病有日益加重的趋势。棉花黄萎病菌除棉花外，还可侵染茄科、豆科及锦葵科等植物。

2. 为害症状

整个生育期均可发病。自然条件下幼苗发病少或很少出现症状。一般在 3～5 片真叶期开始显症，棉花现蕾后田间大量发病，初在植株下部叶片上的叶缘和叶脉间出现浅黄色斑块，后逐渐扩展，叶色失绿变浅，主脉及其四周仍保持绿色，病叶出现掌状斑驳如“西瓜皮”状，最后病叶的边缘及斑驳变褐枯死。

3. 病原

棉花黄萎病菌为真菌半知菌亚门大丽轮枝孢。黄萎病菌菌丝多隔，初无色，后褐色。分生孢子梗轮状分枝，1 根主轴上有 2～4 层轮枝，每层轮枝有 3～5 根，顶生单胞、无色、椭圆形的分生孢子。有时产生小菌核。

4. 发病规律

菌体附着在枯枝落叶、种子、粪肥、土壤中，可长期存在。依靠田间操作、水流、风、地下害虫等近距离传播。

病菌主要从棉花根部入侵，各种伤口更有利于入侵，并通过表皮、皮层和内皮层进入导管。在导管内，菌体向上发展，随液流扩散而成系统侵染，从而在各个部位表现症状。病菌可分泌毒素，并以菌丝阻塞导管，使棉株水分的输送受阻表现出萎蔫症状。黄萎病发病最适温度为 25～28 ℃，低于 22 ℃或高于 30 ℃发病缓慢。夏季多雨水，而温度略低时，有利于发病。高于 35 ℃时，症状暂时隐蔽。一般在 6 月间，当棉苗 4、5 片真叶时开始发病，田间出现零星病株；现蕾期进入发病适宜阶段，病情迅速发展；到 7、8 月份花铃期达到发病高峰。

【任务实施】

棉花病虫害识别与综合防控

一、棉花病虫害诊断、识别

1. 目的要求

正确识别当地棉花主要害虫形态特征和病害症状特点。

2. 仪器和用具

体视显微镜、手持式放大镜、镊子、挑针、培养皿等。

3. 观察材料

棉蓟马、棉蚜、棉叶螨、棉铃虫、棉花立枯病、棉花枯萎病、棉花黄萎病等当地常见棉花病虫害标本、挂图、影像资料、PPT 等。

4. 实施场所

实训室、多媒体教室、棉花生产田等。

5. 内容与方法

(1)使用体视显微镜或放大镜观察棉铃虫成虫、蛹的形态特征;棉花立枯病、棉花枯萎病、棉花黄萎病的症状特点。

(2)通过挂图、PPT 观察棉蚜、棉叶螨、棉蓟马的形态特征。

(3)观察棉立枯病,注意观察发病部位,病斑形状。病斑是否环绕茎基部,呈什么状态,子叶是否有病斑。

(4)观察棉黄萎病,注意观察叶脉间产生淡黄色不规则块斑,叶脉绿色呈掌状花斑,观察斜切茎,可见导管呈褐色条纹状。

(5)枯萎病的观察,注意观察叶片呈黄色网纹,黄化。观察斜切茎,可见导管呈黑褐色条纹。

(6)观察角斑病,认真观察茎及叶受害症状,注意暗绿色水渍状病斑的形状,真叶上病斑的形状、色泽、分布有什么特点。

(7)通过挂图、影像资料、PPT 等观察棉花病虫害的形态特征和症状特点、为害状等。

6. 任务

(1)绘棉铃虫前翅特征图。

(2)棉花枯萎病和棉花黄萎病的症状比较。

二、职业岗位能力训练

(一)棉花播前准备

1. 职业岗位工作任务与要求

根据棉花病虫草害发生发展规律和综合防控技术要求,检查、指导种植者认真进行轮作倒茬等土地准备工作,正确选择药剂和方法进行种子处理和化学除草,保质保量做好病虫草害的预防工作。

2. 工作程序与操作技术(表 6-1)

表 6-1 棉花播前工作程序与操作技术

工作环节	工作程序与操作技术
1. 信息搜集	(1)主动请教当地县、乡农技部门的技术专家了解当地棉田病虫草害的发生种类、为害情况以及综合防控技术经验。 (2)通过网络、图书等查阅了解、学习棉花病虫草害综合防控的相关内容,做好防治工作的前期准备。 (3)将搜集到的相关信息及时汇总整理,或制成卡片,形成病虫害综合防控计划,并在工作中检验、补充和完善
2. 土地准备	(1)选择秋翻冬灌地为宜 秋耕深翻可以改善土壤中的水、气、温、肥和生态环境,有利于培养健壮的作物,提高作物对病、虫的抵抗和耐受能力。同时,可以使土壤表层的病、虫深埋,使土壤深处的暴露,破坏其适宜的生存、生活条件。此外,秋耕深翻还会因机械作用,直接杀伤害虫,或破坏害虫的巢室而使其致死,最终减轻病虫的为害。 (2)轮作倒茬 采用合理的轮作和间作,切断病、虫的寄主供应;恶化病虫发生环境,减少田间病、虫的积累。如麦、棉轮作等,可以有效地控制棉叶螨、棉铃虫、地老虎、棉枯萎病及阔叶杂草等病虫草害的发生为害
3. 化学除草	新疆棉田杂草主要有稗草、芦苇、苋菜、灰藜、芥菜等。可选用的药剂有: (1)48%氟乐灵乳油 播种前作土壤混土处理。具体方法为在阴天或傍晚每 667 m^2 用药 100~120 mL,兑水 40 kg,均匀喷洒于土表,然后立即耙耱,使氟乐灵与表土混合,混土深度 2~5 cm,12 h 后即可播种。可防除稗草、马唐、狗尾草等禾本科及藜、苋、蓼等阔叶杂草。 注意事项:氟乐灵易光解,喷药后应立即混土;用药量严格按照说明使用,用量过大会促使棉花形成畸形根;喷雾作业时,严禁重喷;对已出土的杂草无效。若多年连续使用 48%氟乐灵乳油,易影响下茬作物生长。 (2)33%二甲戊灵乳油 播种前作土壤混土处理。具体方法为棉花播前用 33%的二甲戊灵乳油 150~20 mL/667 m^2,兑水 40 kg,均匀喷于土表,喷后浅混土 3~5 cm,随后覆膜播种
4. 种子准备	(1)选择抗性品种 棉花枯萎病防治的有效途径是选用抗病品种,在发生较重地区和田块,以种植抗病品种为宜。 (2)检查种子质量 对已购的棉种进行检查,将其中的瘪籽和破损种子人工剔除,以保证棉苗出土整齐,减少棉花苗期病害的发生。 (3)种衣剂包衣 种衣剂组成中包括杀菌剂、杀虫剂、微量元素、激素和成膜剂、稳定剂、防腐剂等等。选择专用种衣剂对棉种进行包衣处理,能直接杀灭种子所带病菌,防止土壤带菌传播和地下害虫、苗期害虫的为害,同时对棉花的生长发育也有促进作用。优先选用卫福种衣剂,按药种比为 1∶(150~200)进行包衣

3. 常见技术问题处理

(1)药剂拌种时应注意哪些问题?

①拌种所用的药剂浓度一般都比较高,用药量一定要准确。使用药剂拌种时,一定要认真阅读农药使用说明,严格按照说明书中的说明及当地植保部门的指导意见使用农药。药量不

能过大，否则会抑制发芽。用药量过小则影响防治效果。

②保证药剂均匀附着于种子表面，并要求做种子发芽试验，以确保用药安全。

③堆闷应在阴凉处进行，如果在阳光下堆闷，则易引起烧种现象。

④拌种用水量要适中，依据所拌种子的吸水性确定适宜的用水量，用水量过大、过小时都容易造成拌种不均匀，影响防治效果。

⑤种衣剂为固定型号，除个别产品注明需加水稀释外，一般不需加水，更不能添加其他药肥，包衣的种子不可浸种。

⑥种衣剂是高毒农药，严禁作常规农药喷雾使用。

(2)将氟乐灵喷施到土面后，为什么要立即与土壤混合？

氟乐灵蒸气压高，喷施到土面后，容易挥发，见光容易分解，因此在田间施药时要立即进行混土翻土，把药液翻入土中防止挥发和光解，以保证除草效果。

(二)棉花苗期病虫害综合防控(棉花出苗至5月中旬)

1. 职业岗位工作任务与要求

根据棉花生长和病虫害发生发展规律，按照病虫草害的调查方法，认真做好病虫草害田间调查，分析预测病虫害的薄弱环节，制定有效的综合防治措施，指导农民开展防治工作，将棉田病虫草害控制在经济允许水平以下，保证棉花丰产丰收。

2. 工作程序与操作技术(表6-2)

表6-2　棉花苗期病虫害防控工作程序与操作技术

工作环节	工作程序与操作技术		
	病虫草害田间识别	病虫草害田间调查	防治技术
棉花立枯病防控	出苗前烂种、烂芽；出苗后幼茎基部出现水浸状病斑，严重的幼苗枯死，但不倒伏	调查时间：播种5 d之后，根据天气情况，开展调查。 调查方法：拨土查种。出苗后，选取每穴有2株以上幼苗的，拔出其中1株，查看根茎部的症状	主要措施是加强栽培管理：要早中耕、勤中耕，特别是下雨之后，要立即中耕松土，降低湿度、提高地温，即播种机出地中耕机进地，一般中耕3次以上，深度15～20 cm
棉蓟马防控	无头棉、多头棉、破碎叶或叶背面出现银灰色的斑点，并有土黄色线状的细小物在叶片上移动，可初步确定为棉蓟马，再用放大镜观察确认	调查时间：棉花出苗后立即开始。 调查方法：采用随机取样法，开展定点调查和普查相结合。点片发生后，则要定时定点进行调查，掌握发生动态，达到防治指标时，即刻开展防治	防治指标：3片真叶前，百株有虫10头；4片真叶前，百株有虫20～30头。 防治方法： 1. 可选用吡虫啉、啶虫脒等杀虫剂喷雾防治。 2. 药剂涂茎或摘心。 3. 棉花达6片真叶后，一般不用再进行防治

续表 6-2

工作环节	工作程序与操作技术		
	病虫草害田间识别	病虫草害田间调查	防治技术
棉蚜防控	点片发生，个别棉株上蚜虫聚集，棉株中下部叶片发亮或叶片向下卷曲	调查时间：5 月初开始调查 调查方法：从棉苗出土后开始，每 5 d 调查 1 次。选择有代表性的不同类型田块，如丰产田、一般田、靠近村庄和历年蚜虫发生严重的棉田 3～4 块。掌握田间虫害消长动态	棉花出苗前，消灭越冬虫源： 1. 对在室内越冬蚜虫，花房、温棚可用敌敌畏进行熏蒸，300～400 m^2 的温棚，每棚用 100 g 左右，与锯末混匀，放在炭火上点燃，熏烟，密闭 3～4 h(注意不要起明火)。 2. 秋季或春季，对石榴树、黄金树等越冬寄主，喷施石硫合剂等药剂。 3. 在棉田四周种植油菜、苜蓿等植物，以此招引和培养天敌，达到增益控害的作用
棉花叶螨防控	此阶段为棉田红蜘蛛发生的初期，症状不明显，主要是在棉花叶片基部背面出现黄白斑点。观察时应携带手持放大镜	调查时间：棉苗出齐后开始调查。 调查方法：每 5 d 调查 1 次。选择有代表性的各类型棉田各 1 块，以 5 点取样法，定点调查。在定苗前每块田查 200 株，定苗后查 100 株；分别检查其上的成虫、若虫数量及天敌数量，将结果填入记载表中	棉红蜘蛛的防治指标：一旦发现红蜘蛛若虫或成虫，立即采取防治措施。棉红蜘蛛防治策略是："拒于田外、封锁地边、田内挑治、控制点片、严防蔓延"。 1. 棉花出苗前和棉花生长期及时将棉田四周的杂草消灭。 2. 在棉叶螨迁入棉田之前，在棉田四周的渠埂、林带中的杂草上喷施杀螨剂。 3. 棉田发生红蜘蛛后，立即对棉田四周封锁，尽量减少人员进出棉田，以防止红蜘蛛人为地在田间传播。 4. 在棉田棉叶螨出现中心株时，及时投放捕食螨，10 袋/667 m^2 左右，挂在中心株背阴面，可控制棉叶螨的扩散。投放捕食螨的棉田禁止打药。或者用杀螨剂对中心株进行挑治

(三)棉花蕾期病虫害综合防控(5 月下旬至 6 月中旬)

1. 职业岗位工作任务与要求

根据棉花生长和病虫害发生发展规律，按照病虫草害的调查方法，认真做好病虫草害田间调查，分析预测病虫害的薄弱环节，制定有效的综合防治措施，指导农民开展防治工作，将棉田病虫草害控制在经济允许水平以下，保证棉花丰产丰收。

2. 工作程序与操作技术(表 6-3)

表 6-3　棉花蕾期病虫害综合防控工作程序与操作技术

工作环节	工作程序与操作技术		
	病虫草害田间识别	病虫草害田间调查	防治技术
棉蚜防控	点片发生，个别棉株上蚜虫聚集，棉株中下部叶片发亮或叶片向下卷曲	调查时间：与前期的调查连续进行。 调查方法： 1. 定点调查，并注意有翅蚜的出现时间。 2. 田间普查，采取顺着行间行走的平行线抽样调查法，边走边目视两侧，当发现由于棉蚜密集在棉株上使棉株油黑发亮形成点片为害时，及时开展防治	现阶段棉田的蚜虫，主要是从越冬寄主上迁入棉田的，由于田间天敌数量少和棉蚜主要是集中在个别棉株上为害的规律，可采取： 1. 拔除有虫株，即用一塑料袋从棉株顶端向下将整个棉株套住，在棉株茎基部将塑料袋口扎住，然后将棉株拔出，带出地外。 2. 点片喷施吡虫啉等杀虫剂防治。将有翅蚜控制在迁飞之前。 3. 当棉蚜在棉田点片发生时，可采用药液涂茎法、药液滴心法或使用尿洗合剂进行防治。 4. 棉花生育期 3 片真叶以后，棉蚜为害率达到 15%～20%时，可以进行化学防治，选用高效氯氰菊酯、吡虫啉等药剂进行喷雾防治。由于棉蚜大多集中在叶背面，所以喷雾时，喷头要朝上，向叶背面喷雾。 注意：此时不宜在田间大面积施药
棉叶螨防控	叶片基部背面出现黄白斑点，严重时形成细密的丝网。对应的叶片正面出现红色斑点	调查时间：与前期的调查连续进行。 调查方法：现蕾后，以上、中、下三片叶取样，查 50 株；开花后查 25 株。其他与前期相同	秋耕冬灌，消灭越冬虫源。棉田及棉叶螨其他主要寄主田，如玉米田进行秋翻冬灌，可消灭大部分越冬虫源，并可兼治棉铃虫、黄地老虎越冬虫源。 1. 保护、利用天敌。在棉田早期害虫防治中，尽量避免全田喷施化学农药，注意保护棉田自然天敌，充分利用其控制叶螨为害。 2. 封锁田边地埂。在棉田四周及田埂喷施杀虫剂，消灭杂草上的害螨，封锁田边地埂的害螨扩散到棉田。 3. 药剂防治。在特早熟和早熟棉区棉叶螨点片发生时，进行点片防治，控制害虫进一步蔓延和为害，应使用专用杀螨剂。棉叶螨发生严重的地块应可选用尼索朗、哒螨灵、克螨特等专用杀螨剂喷雾防治，喷药时应注意棉叶正、背面均要喷到，方可取得较好的效果。避免用广谱性杀虫剂，以免大量杀伤天敌

续表 6-3

工作环节	工作程序与操作技术		
	病虫草害田间识别	病虫草害田间调查	防治技术
棉铃虫防控	叶片形成缺刻，花蕾被蛀食形成孔洞或脱落	调查时间：5 月下旬开始。 调查方法：当黑光灯诱到成虫以后，或根据历年发生期，选择有代表性田块各 1 块，5 点取样，每点顺行调查 20 株，每 2 d 调查 1 次，检查记载卵、幼虫、天敌以及被害的蕾、花和铃的数量。 注：(1) 发现棉铃虫卵后，做好明显标记，每天观察卵的变化，当卵开始孵化并达到防治指标时，立即采取防治措施。 (2) 春季气温偏高的年份，调查时间也要相应提前	棉铃虫幼虫与其他鳞翅目幼虫的共同特点是 3 龄前抗药性差，使用杀虫剂防治效果好。但 3 龄之后，随着虫体的迅速增大，抗药性也显著增强。虫龄越大杀虫剂防效越差，以致无效。因此，在棉铃虫 3 龄之前采取防治措施，是保证防治效果的关键。 1. 植物诱杀和灯光诱杀。一是在棉田四周边缘种植玉米诱集带，50～100 株/667 m^2，条播或分散点播，于 1 代成虫发生期每天早晨人工捕杀心叶里的成虫，及时对玉米诱集带进行防治，减少虫源和棉田药剂防治；二是每 667 m^2 棉田插 4～10 把杨树枝，枝把高于棉株 15～30 cm，每天早晨日出前将成虫抖到地面杀死；三是用频振式杀虫灯。杀虫灯能大量诱杀棉铃虫，大幅度降低害虫虫口密度，减少化防次数及用药量，减轻环境污染，延缓棉铃虫等主要害虫抗药性的发展，是一项贯彻“预防为主、综合防治”植保方针经济、有效、简便易行的重要物理防治措施，也是农药残留治理的有效途径之一。 2. 在棉铃虫产卵初期，喷施 1% 过磷酸钙液，减少棉铃虫产卵。 3. 利用生物制剂 Bt 制剂防虫，每 3 d 喷施 1 次，效果很好。 4. 在棉铃虫初龄幼虫期可采用“带状”喷药。可选用氯氟氰菊酯（功夫）、灭多威等杀虫剂。 5. 加强棉田水肥管理，及时化控，防治棉株徒长，在棉花生长后期，打顶整枝，集中于田外处理。 6. 科学使用药剂防治。依据虫情监测和防治指标，对虫量较大的棉田实行药剂挑治。注意适期用药。正确选择对路农药，交替、轮换用药。慎用或不用复配制剂农药。大田化防可选择 Bt、阿维菌素、5% 除虫菊素乳油、0.3% 印楝素乳油、10% 烟碱乳油等低毒高效农药

续表 6-3

工作环节	工作程序与操作技术		
	病虫草害田间识别	病虫草害田间调查	防治技术
棉花枯萎病防控	叶变小，多枯焦，网状斑，易落，有时皱缩，凹凸不平，深绿，变厚。剖开茎秆检查可见维管束变黑	调查时间：6 月棉花现蕾期开始。 调查方法：5 点取样，每点调查 100 株，每 10 d 调查 1 次。统计发病株率	采用秋耕冬灌、晒种、中耕松土等措施，可以预防枯萎病和黄萎病的发生，同时，根据枯萎病和黄萎病的发病特点，还可以采用以下措施。 1. 种植抗(耐)病品种。选用抗病耐病品种是防病夺高产的根本途径，是防治枯、黄萎病，提高棉花产量最为经济有效的措施。 2. 叶面喷肥。棉花是吸钾作物，喷施钾肥可以增强棉株抗病性，提高秋桃结铃率，增加产量；选用高效钾硼等优质叶面肥在花铃期叶面喷施，对于防治枯萎病和黄萎病有较好的效果。 3. 及时清除棉田病株。病株少的棉田，将病株及时拔除，可有效减少菌源，防止病害蔓延，减少枯萎病和黄萎病的发病率。 4. 使用枯草芽孢杆菌拌种、滴灌。每亩用枯草芽孢杆菌 100 g 拌种，于棉花第一水时随水滴施枯草芽孢杆菌 250 g/亩，盛花期随水滴施枯草芽孢杆菌 250 g/亩
棉花黄萎病防控	掌状斑、边缘枯焦，不落。剖开茎秆检查可见维管束不变黑	调查时间：7 月初开始。 调查方法：5 点取样，每点调查 100 株，每 10 d 调查 1 次。统计发病株率	同枯萎病

(四)棉花花铃期病虫草害综合防控(6 月下旬至 9 月上旬)(表 6-4)

表 6-4　棉花花铃期病虫害综合防控工作程序与操作技术

工作环节	工作程序与操作技术		
	病虫草害田间识别	病虫草害田间调查	防治技术
棉蚜防控	点片发生，个别棉株上蚜虫聚集，棉株中下部叶片发亮或叶片向下卷曲	调查时间：与前期的调查连续进行。 调查方法：与前期相同	棉蚜化学防治指标：百株蚜量 12 000 头或卷叶株率 5%～10%，益害比超过 1：(200～300) 1. 保护利用天敌 (1)尽量减少田间喷药和改进施药技术，充分发挥瓢虫、草蛉、蜘蛛等天敌抑制蚜虫的作用。 (2)棉区麦田尽量不喷杀虫剂，非得用药时，应选择不杀伤天敌或对天敌影响较小的选择性杀虫剂。如吡虫啉、抗蚜威等，以保护天敌向棉田转移。 2. 减少化学农药的使用和改进施药技术，保护利用自然天敌。 3. 黄板诱蚜

续表 6-4

工作环节	工作程序与操作技术		
	病虫草害田间识别	病虫草害田间调查	防治技术
棉叶螨防控	叶片基部背面出现黄白斑点，严重时形成细密的丝网。对应的叶片正面出现红色斑点	调查时间：与前期的调查连续进行。 调查方法：与前期相同	防治方法与前期相同
棉铃虫防控	花蕾、棉铃被蛀食形成孔洞或脱落	调查时间：与前期的调查连续进行。 调查方法：与前期相同	1.2 代棉铃虫发生期打顶尖和边尖，并带出田外，可大大减少田间落卵量。 2.释放人工繁殖天敌(赤眼蜂)。从第 2 代卵初期开始，隔 2 d 放 1 次赤眼蜂，1 万～2 万头/667 m^2，共放 4～5 次。 3.棉铃虫化学防治指标。南疆百株卵 60 粒或低龄幼虫 30 头，北疆百株卵 30 粒或低龄幼虫 5 头时，进行化学防治

3.常见技术问题处理

(1)棉花枯萎病和黄萎病的区别见表 6-5。

表 6-5 棉花枯、黄萎病症状比较表

种类	枯萎病	黄萎病
发病时期	子叶期开始发病，苗期可成片死亡，现蕾前后症状最明显，夏季高温时症状隐蔽，9 月后病势又渐重	3～5 片真叶时开始发病，现蕾后迅速发展，花铃期达高峰
大量发生时期	6 月现蕾期前后大发生	7～8 月大量发生
株形	节间短，矮化，常半边枯死或顶端枯死	一般不矮化
叶片	叶常变小，多枯焦，网状斑，易落，有时皱缩，凹凸不平，深绿，变厚	掌状斑、边缘枯焦，不落
落叶	常早期落叶成光秆	落叶少，多在后期发生
内部病变	根茎木质部变黑褐色	变色较浅
病症	潮湿时茎秆的节部有粉红色霉层	潮湿时叶片有白粉状霉层

(2)案例一

在一连片的棉田中，其中有两家农户的棉田相连，只有一条渠埂相隔。一位户主是 50 多岁的勤恳踏实的农民，另一位是乡小学的民办教师。当我们路过此棉田时，勤恳踏实的农民正满头大汗的在田间喷药，地头放置有氧化乐果、溴氰菊酯和克螨特等农药。再看棉田，棉叶发黄、叶背棉蚜、红蜘蛛密集，部分棉株下部叶片脱落。在与农民的交谈中，农民透露出疑惑："隔壁的李老师，因为学校忙，很少到地里来，更不要说打药了，可他家地里的蚜虫、红蜘蛛比我家少多了，他的运气真好。”

我们走到李老师的棉田仔细查看，棉花叶片浓绿，七星瓢虫、草蛉等天敌随处可见。我们把农民叫过来，指着田间的七星瓢虫说：“不是李老师的运气好，而是他地里的天敌好，是它们把蚜虫、红蜘蛛吃光了。他没有打药是保护了天敌，你经常打药，而且药量很大，把天敌都杀光了”。

以此案例说明保护利用自然天敌是防治棉田害虫的有效方法。

(3)案例二

2008年7月，新疆昌吉佃坝、滨湖等乡的部分棉花田中棉铃虫大发生，农民选用了各种各样的、市场中能够买到的杀虫剂，包括禁止喷雾使用的甲胺磷、克百威等剧毒农药，多次在田间喷施，有的农户每隔3～5 d就喷施1次，棉花叶片不同程度地出现了药害，但仍然没有能够将棉铃虫控制在经济允许水平以下。最后不得已，到处招聘临时工，在田间人工捕捉棉铃虫幼虫。农户按每头棉铃虫0.1元计算付给临时工报酬。花费了大量的人力、物力，还给棉花的产量和品质造成了严重的损失。为什么会出现这种情况？难道棉铃虫没有更有效的方法防治吗？但在这两个乡也有不少农户的棉田并没有受到棉铃虫的严重危害，说明在这些棉田中，棉铃虫被控制住了。这主要是对棉铃虫防治时间的差异造成的。因为棉铃虫的幼虫随着虫龄增长，抗药性快速增强。棉铃虫等鳞翅目昆虫幼虫在3龄前体形较小，抗药能力也较弱，是最佳防治时期，多种杀虫剂均能起到良好的防治效果。但当幼虫长到3龄之后，抗药性显著增强，杀虫剂则显得无能为力了。所以对棉铃虫等鳞翅目害虫的幼虫进行防治时，必须进行田间调查和预测预报，在害虫3龄之前这段薄弱环节实施防治措施，才能达到应有的防治效果。

(4)棉田红蜘蛛为何如此难防？

防治棉田红蜘蛛的关键措施是预防，因为当气温达到10 ℃时，红蜘蛛就开始在杂草上取食繁殖，当棉苗出土后，便从田外的杂草上向棉田迁移。由于红蜘蛛非常小，肉眼不易观察，在这段时间，很多农民没有去考虑红蜘蛛的防治问题，因而错过了红蜘蛛的最佳防治时期。当棉田中，棉花叶片因为红蜘蛛为害而发红时，人们才意识到田间有红蜘蛛了，但此时棉田中的红蜘蛛已经相当多了，防治起来也就比较困难了。再加上大量喷洒杀虫剂，杀伤了大量的天敌，形成恶性循环，造成红蜘蛛泛滥成灾。

(5)什么是转Bt基因抗虫棉？种植转Bt基因抗虫棉就不用再防虫了吗？

转Bt基因抗虫棉是利用现代生物技术将Bt(苏云金杆菌)的毒蛋白基因转入棉花中，棉体内能够产生这种毒蛋白，分布在棉株的叶蕾铃等部位，棉铃虫等鳞翅目昆虫幼虫吃了抗虫棉这些部位后，引起肠道和口腔麻痹，从而减少和停止进食，最后导致死亡。

转Bt基因抗虫棉只能杀死棉铃虫、红铃虫等鳞翅目害虫的幼虫，对棉蚜虫、棉红蜘蛛、盲椿象等害虫无毒杀作用。所以，种植抗虫棉后，仍然需要进行田间调查和防治。

三、病虫害田间调查与防控记载表

病虫害田间调查与防控记载表见表6-6至表6-10。

表 6-6　棉田蚜虫调查表

调查日期	地点	棉田类型	棉株生育期	调查株数	有蚜株数	蚜虫数量				防治情况	气象要素	备注
						有翅蚜	无翅蚜	总蚜数	百株蚜量			

表 6-7　棉田天敌调查表

调查日期	地点	棉田类型	调查株数	百株蚜量	天敌种类及数量									备注
					七星瓢虫		多异瓢虫		食蚜蝇		草蛉		其他	
					成虫	幼虫	成虫	幼虫	成虫	幼虫	成虫	幼虫		

表 6-8　棉田红蜘蛛调查表

调查日期	地点	棉田类型	调查株数	有虫株数	红蜘蛛发生情况					防治情况	备注
					有虫株率	成虫数	幼虫数	红蜘蛛总数	百株虫数		

表 6-9　棉铃虫田间卵、幼虫、被害和天敌调查表

调查日期	地点	调查株数	卵		幼虫数							被害率							防治情况	备注
			卵量	百株卵量	1龄	2龄	3龄	4龄	5龄	6龄	合计	蕾数	蕾被害率	花数	花被害率	铃数	铃被害率	蜘蛛类		

表 6-10　棉田枯、黄萎病田间调查表

调查日期	调查地点	棉花生育期	调查株数	枯萎病病株数	黄萎病病株数	发病株率

表 6-11　病虫害防治情况记载表

病虫害名称	作物生育期	病虫害发生情况	防治措施		防治效果	分析总结
			时间	方法		

工作任务 2　甜菜病虫害识别与综合防控

【任务概述】

新疆是我国重要的甜菜糖产区，也是我国制糖业的四大基地之一。其甜菜平均单产水平已超过世界平均水平，在我国糖业生产中发挥着举足轻重的作用。但是，随着甜菜种植面积的扩大，种植年限的增加，甜菜病害和虫害问题也日渐突出，如甜菜立枯病、甜菜白粉病、甜菜褐斑病、甜菜根腐病、甜菜丛根病和甜菜象甲、地老虎、甘蓝夜蛾、三叶草夜蛾以及多种杂草等，尤其是在甜菜的苗期，如象甲类、地老虎类等在大发生的年份可造成缺苗断垄，甚至毁种，严重制约了新疆甜菜产量和品质提高。因此，识别病、虫、草种类，探索发生规律，制定正确的防治对策，减少病、虫、草害造成的损失是提高甜菜产量、质量，促进制糖业可持续发展的重要技术措施。

【知识准备】

一、甜菜象甲

1. 分布与为害

甜菜象甲属鞘翅目象甲科。新疆为害甜菜的象甲主要有普通甜菜象甲和黑甜菜象甲。前者为北疆优势种，后者为南疆优势种。甜菜象甲以成虫咬食刚出土的甜菜幼苗，有的从子叶下咬断嫩茎，造成缺苗断垄，严重时毁种重播。甜菜象甲幼虫可为害甜菜主根和侧根，造成块根畸形，地上叶丛生，绿色减退，外叶凋萎，内叶发黄，边缘卷曲。甜菜象甲还可为害玉米、烟草、向日葵、菠菜及藜科、苋科杂草。

2. 形态特征

两种象甲形态比较见表6-12。

表 6-12 两种象甲形态比较

种类	普通甜菜象甲	黑甜菜象甲
成虫	体长 12～14 mm，长椭圆形，黑色，喙长而直，端部略下弯。小盾片三角形。鞘翅前、中、后部各有向后斜行的黑色条纹，翅后端黑纹前有1个白瘤点	体长 10.5～18.5 mm，长椭圆形，黑色。喙短于前胸，端部微膨大。小盾片略三角形
卵	长 1.3～1.5 mm，长椭圆形，米黄色	长 1.46～1.7 mm，椭圆形，乳白色
幼虫	长 10～15 mm，宽 5～6 mm，无足、肥胖，乳白色，肛孔两侧各有刚毛1根	基本同左，但肛孔四裂，左右二裂片上各生有刚毛5对
蛹	长 11～14.5 mm，乳白色至黄色，各节后缘有横列背刺	长 12～18 mm，腹部 3～7 节，背面各有背刺 6～7 对

3. 发生规律

甜菜象甲均为1年1代，多以成虫在地下 15～30 cm 处越冬。越冬场所除甜菜地外，在藜科、苋科杂草生长茂密的盐碱荒滩上虫口最多，比甜菜地多数十倍。此外，其在苜蓿、苦豆子、甘草、骆驼刺、蒿类等草的根际也可越冬。除成虫以外，尚有少数幼虫在甜菜母根上越冬。

北疆地区越冬成虫一般4月上旬出土。因其越冬深度不同，故出土参差不齐，有延至7月下旬出土者。出土成虫先在杂草上取食，甜菜出苗后，大量迁入为害，5月上旬是为害盛期。出土成虫最喜取食刚出土的甜菜幼苗，2片真叶前是甜菜受害的敏感期。

成虫取食后 8～9 d 开始产卵，此时约为4月下旬至5月上旬。1头雌虫产卵 70～200 粒。卵多产土中 1～4 cm 深处或附着在枯枝落叶上。5月上旬开始孵化。初孵幼虫常潜伏于表土层为害接触地面的叶片，咬出圆形小孔。低龄幼虫常取食为害幼根。随着块根的生长，高龄幼虫一般在 20～30 cm 处化蛹。当年秋季大部分羽化为成虫留在土室中越冬。

甜菜象甲成虫取食与温度有关，气温低于 8 ℃或高于 32 ℃，停止取食，隐藏于土缝中。气温 18～20 ℃时，飞翔求偶并大量取食为害。成虫飞翔力不强，多靠爬行，停食后可存活 60～70 d。

二、甘蓝夜蛾

1. 分布与为害

新疆天山南北均有分布。为多食性害虫，主要为害甜菜、甘蓝，也为害禾本科、茄科、豆科、十字花科等作物。以幼虫取食甜菜、蔬菜等的叶片，大发生时能将田间作物吃成光秆，以至毁种。甜菜受害后，产量一般下降 10%～20%，含糖量下降 0.8%～1%。

2. 形态特征

(1)成虫　体长 18～20 mm，翅展 40～50 mm。全体灰褐色，而略呈微红。肾状纹外缘白色，并有小白点，各横线均较明显。前翅前缘在外缘线及缘线区，有3个互为等距的小白点。

(2)卵　半球形，直径为 0.6mm，卵纵脊之间，有短小横脊 12～14 条，初产的卵为黄白色，

2～3 d 变灰黑色，顶端深红色，在卵的中上部显出一红褐色圆圈，至孵化前卵全部变为紫黑色。

(3)幼虫 老熟幼虫体长 45～50 mm，体色及腹足随龄期的增大而发生变化，初孵化时体色微黑，取食后逐渐变为棕色，此后背部体色逐渐加深，至老熟时，背面灰黑色，甚至有变为黑褐色的，但腹面仍为黄褐色。有少数幼虫长大以后腹、背体色基本一致。一般背面有三条淡色纹，3 龄以前，前两对腹足不发达。

(4)蛹 纺锤形，体长 20～24 mm，初化蛹时为淡黄色，然后转为鲜褐色，最后变为深棕色。末端有臀刺 2 根，其末端膨大。

3. 发生规律

新疆 1 年 2～3 代，一般年份发生 2 代。

各地均以蛹在土中越冬，有明显的滞育现象。越冬蛹多分布于寄主作物本田中，或田边杂草、土埂下。入土深度以 7～10 mm 处最多。

越冬代成虫出现的时间为 5 月中、下旬，一般气温 15～16 ℃时越冬蛹开始羽化出土。成虫昼伏夜出，晚上 9～11 时活动最盛，具强趋光性和趋化性。成虫羽化后隔 1～2 d 即可交配，交配后 2～3 d 产卵，卵多产在叶背，成块，但不重叠。每头雌虫平均产卵 4～5 块，每块卵数 500 余粒。单雌产卵量 500～1 000 粒，最多可达 3 000 粒。成虫产卵有一定的选择性，喜产卵于生长高大、茂密的作物田中。

初孵幼虫集中在叶背取食，2 龄开始分散，3 龄以前，幼虫均不隐蔽取食，3 龄以后，昼伏夜出，白天多隐伏在心叶、叶背或寄主根部附近表土中，夜间出来取食。6 龄食量最大，为害最烈，常致成灾。食物缺乏时，可成群迁移。

甘蓝夜蛾是一种间歇性和局部大发生的害虫。其大发生主要受气候条件的制约。平均温度 18～25 ℃，相对湿度 70%～80%，对该虫生长发育最为有利，温度低于 15 ℃或高于 30 ℃和湿度低于 68%或高于 85%均有不利影响。当室温达 25 ℃以上时，饲养的幼虫食量减退，身体变软，发育不正常，大批感病。高温低湿也不利于蛹的发育，会形成大量的“束翅蛾”。

三、三叶草夜蛾(旋幽夜蛾)

1. 分布与为害

主要分布在新疆、内蒙古、宁夏、山西等地，在新疆南、北疆均有分布。寄主范围广泛，喜食藜科植物的甜菜、菠菜等，还为害棉花、甘蓝、白菜、大豆、豌豆和胡麻等作物。野生寄主植物主要为田旋花、灰藜和独行菜等。幼虫蚕食寄主植物叶片，多在叶片背面取食，初龄幼虫常取食叶片背面的叶肉仅留下上表皮呈窗膜状，1～3 龄幼虫常将棉叶片咬成缺刻，4～6 龄幼虫可将植株叶片咬成大型孔洞或食尽整个叶片，仅剩叶柄和茎秆。

2. 形态特征

(1)成虫 体长 15～19 mm，翅展 34～40 mm。身体和前翅黄褐色或暗灰色，略具光泽。前翅外缘线有 7 个近三角形黑斑，亚缘线黄白色呈波状。肾型斑较大，深灰色。环型斑黄白色较小。楔形斑呈灰黑色。后翅淡灰色，近外缘具较宽的暗褐色条带。

(2)卵 半球形，直径 0.56～0.7 mm；卵面具有放射状纵脊 15 条，两长脊间有一条短脊，脊间有横隔。

(3)幼虫 1 龄幼虫体色为绿色，仅有第 3 和第 4 对腹足和一对臀足；2 龄幼虫体色为草绿色，第 2 对腹足长出较小；3 龄幼虫可见第 1 对腹足，大龄幼虫体色多变，绿色至黑褐色，背线和亚背线黄白色，各体节在亚背线处有黑色短直纹。

（4）蛹　体长 13～14 mm，赤褐色，腹末有臀刺 2 根，短刺 6 根。

3. 发生规律

三叶草夜蛾在北疆 1 年发生 2 代，以蛹在土中越冬。越冬代成虫出现在 4 月中、下旬，5 月上、中旬或迟至下旬为盛发期；4 月底 5 月初开始产卵，卵期 5～10 d，当平均温度在 18.5 ℃以上时一般为 5 d。5 月上旬第 1 代幼虫孵化，中旬开始大量孵化，下旬数量增多达高峰期，幼虫期 15～20 d，严重为害棉株。此时部分幼虫开始在植株周围土表 5～7 cm 深处做一土室，在内化蛹，蛹期 8～15 d。6 月中旬在田边及田间的藜科杂草上可见卵粒，卵期 4～5 d。第 2 代幼虫 6 月底出现，7 月中旬至下旬猖獗为害，7 月下旬以后，2 代幼虫开始陆续入土化蛹，以蛹越冬。

三叶草夜蛾成虫昼伏夜出，对黑光灯及糖醋液有较强的趋性。成虫产卵前需要取食花蜜补充营养，然后才能交尾产卵。经饲养如不吃糖水，则不产卵，饲以糖水平均产卵达 657.4 粒，最高可达 2 000 粒以上。产卵前期 2～3 d，卵散产于甜菜、灰藜、旋花、独行菜等植物的叶片背面，以叶脉及其附近较多。根据调查棉田周围或田间灰藜、旋花等杂草多的地方为害重。

幼虫惧怕阳光，喜隐蔽，有假死现象，幼虫共 5～6 个龄期，初龄幼虫有吐丝下垂习性，分散性强，1～2 龄幼虫行动如尺蛾，3 龄后食量大增，一般 2～4 龄幼虫几乎整天活动，仅下午 1～3 点躲在叶片隐蔽处，5～6 龄白天潜入土缝，黄昏后出来觅食。

四、甜菜立枯病

1. 分布与为害

甜菜立枯病也叫黑脚病、猝倒病、苗腐病等，是苗期的主要病害，在我国各甜菜产区均有发生，一般发病率为 20%～40%，严重的地块常缺苗断垄，甚至毁种。除为害甜菜外，还可为害烟草、黄麻、棉花及禾本科、豆科、茄科、十字花科等多种植物。

2. 为害症状

甜菜立枯病是由多种真菌引起的甜菜苗期病害的总称。症状因病原种类不同而异。立枯丝核菌引起苗病：多在幼苗出土后显症，初病部为柠檬色，病斑褐色，呈凹陷斑痕，子叶下胚轴至根部逐渐变细，幼苗生长慢、矮化。黄色镰孢引起根病：病菌由主根下部或侧根侵入，初呈浅褐色至浅灰色，后整个根系呈丝线状黑褐干腐，引致幼苗萎蔫或猝倒。甜菜茎点霉引起黑脚病：多发生在幼苗近土表或土表以下部位，造成幼苗出土前腐烂或出土后猝倒，病组织呈暗褐色或黑色干腐。

发病轻微的幼苗，病菌只侵入幼苗的表皮或初生皮层，后经幼根皮层脱落，幼苗仍可恢复正常，不致大量死亡。甜菜生长中期，往往形成裂根。

3. 病原

我国常见的有 3 种：立枯丝核菌、黄色镰孢菌和甜菜茎点霉，均属半知菌亚门真菌。东北以丝核菌、镰刀菌为主，华北、内蒙古及新疆则以甜菜茎点霉（或称甜菜蛇眼病菌）为主。

4. 发病规律

甜菜立枯病常在甜菜种子发芽出土到 2～3 对真叶期发病，一般 1～2 对真叶时发病重，4 对真叶时基本停止。丝核菌、镰刀菌为主的东北甜菜产区，病原主要以菌核、菌丝体在土壤及病残体中越冬。甜菜茎点霉为主的内蒙古甜菜区，病原主要以分生孢子器和菌丝体附着在种球表面越冬，翌年种球上的病菌在条件适宜时，释放出器孢子或直接由菌丝体侵染。

立枯病发生与土壤温湿度有密切的关系。一般在土壤温度较低、湿度较大的条件下，立枯病发生较重。特别是苗腐病菌与土壤水分的关系更为密切。猝倒病菌与土壤湿度关系不大，而与土壤温度关系较密切。这些病菌在 20 ℃左右生长较好，如土壤温度低、出苗日期延长，可增加病原菌侵染的机会，则发病重。甜菜较适宜在微碱性的土壤中生长。丝核、猝倒和苗腐病菌等，一般在酸性土壤内发生较多，且发病较重。排水不良的低湿地，土壤黏重和易板结土壤，不利于甜菜幼苗生长，抗病力弱，发病重。播种前整地粗放，土壤瘠薄，种子质量差等都能引起发病。

五、甜菜白粉病

1. 分布与为害

甜菜白粉病是新疆甜菜生产上一种普遍、为害严重的病害，发病株率一般 40%～82%，最高可达 100%。块根一般减产 10%～20%，含糖量下降 1°～1.2°，种子减产 12%～15%。在新疆 7～8 月末是甜菜白粉病流行高峰期，是甜菜生育后期的重要病害。

2. 为害症状

甜菜白粉病多发生于叶片及叶柄上，在采种株的茎秆和种球上也易发生。病部形成白粉状霉层，为菌丝体、分生孢子梗及分生孢子，后期产生小黑点，为病菌的闭囊壳。

病害先在叶背出现，以后蔓延至叶面和叶柄。病部逐渐萎缩、干枯，甚至死亡。病害严重干扰甜菜的光合作用，从而影响甜菜的产量和质量。

3. 病原

甜菜白粉病菌属子囊菌亚门核菌纲白粉菌属，为外寄生菌。

菌丝有隔，以吸器从寄主表皮细胞内吸收养分。以后形成分生孢子梗，在其顶端串生分生孢子。后期产生闭囊壳，闭囊壳球形、初为黄褐色，后为黑色，表面不光滑，生有不分枝的菌丝状附属丝。

4. 发病规律

甜菜白粉病菌以闭囊壳、菌丝在病残物、母根、种球上越冬。春季闭囊壳破裂放出子囊孢子，借助风雨、昆虫传播，进行初侵染。以菌丝越冬者，春季可直接产生分生孢子进行初侵染。在甜菜整个生育期内，以分生孢子进行多次再侵染。

干燥炎热的气候有利于甜菜白粉病的发生。在新疆，7—8 月气温多在 20～25 ℃及以上，相对湿度在 65%以下，有利于病害的发生流行，因此病害发生最重。

六、甜菜褐斑病

1. 分布与为害

甜菜褐斑病俗称叶斑病、斑点病等，在世界各地甜菜产区均有发生，严重损害甜菜产量质量，一般可使甜菜块根减产 10%～20%，含糖量降低 1°左右，在高温多雨地区发病严重。我国东北甜菜产区发病严重，新疆因气候干燥，发病一般较轻，但在石河子、伊犁部分地区发病较重，严重地块发病率可达 100%，到甜菜生长后期，叶片大多枯黄，对块根产量和含糖量均有较大影响。

2. 为害症状

甜菜褐斑病可发生于甜菜所有地上部位，以成长叶片为主。成长叶片发病初期，有许多小圆斑，以后扩大为直径 2～4 mm 的圆斑。病斑红色，褐色至紫色，中央灰褐色，边缘紫褐色。潮湿时病斑上产生大量灰白色霉状物。多雨、高温条件下，病斑小而密，后期很多病斑融合成片。每叶病斑数可多达 400～1 000 个，布满全叶。病叶渐黄，以至枯死。一般由外层叶先发病，渐向中层和内层叶扩展。重病地块的病株外叶平摊于地，大部分趋于死亡，中层叶片布满褐斑，而内层叶片多保持鲜嫩健康状态。

叶柄上发病，多呈卵形或梭形病斑，略下陷。花药和种球发病能产生大量灰色霉状物，可使种球带菌。

3. 病原

甜菜褐斑病菌属半知菌亚门丝孢纲尾孢属。

菌丝橄榄绿色，有隔膜，生于寄主细胞间隙，并在寄主表皮细胞下集结成垫状菌丝，并由此丛生分生孢子梗。分生孢子梗基部暗褐色，顶端灰色或透明，多不分枝，数十根丛生，伸出寄主气孔外。分生孢子梗顶端着生分生孢子。分生孢子鞭状，无色透明，由基部向上渐细，顶部微弯。分生孢子幼小时无隔或 1 个分隔，成熟后一般有 6～11 个分隔。

病菌发育适温 25～28 ℃，高于 37 ℃或低于 5 ℃，即停止发育。菌丝在低湿条件下能忍耐 －30～－20 ℃的低温。

4. 发病规律

病菌以菌丝和分生孢子在病残体、种球、母根上越冬。种球上的病菌可存活 1 年以上，土壤表层 20 cm 内病残体上的病菌可存活一年半。在未腐熟的粪肥中和野生寄主上，病菌也可越冬而成为初侵染来源。

春季菌丝产生分生孢子，借助风雨、灌水、昆虫等进行初侵染和再侵染。

病害的发生流行主要决定于温湿度。病害发生的早晚依温度而定，流行程度则决定于湿度。多雨露、昼暖夜凉的气候，有利于发病。地下水位高，土壤黏重，土壤湿度大的地块发病也重。高温、高湿可使甜菜叶片气孔开张，便于病菌入侵。重茬、肥水管理不当的地块，发病都比较重。抗病性强的甜菜品种，可使病害潜育期延长，发病期推迟，病害的发展也就比较慢。

七、甜菜根腐病

1. 分布与为害

甜菜根腐病是根部腐烂的总称，我国各甜菜产区都有发生，以新疆、吉林、黑龙江等地发生较重。南疆甜菜根腐病发生盛期在 7 月中、下旬，北疆在 8 月上、中旬，一般减产 10%～30%，个别地区个别年份可达 60%以上，带病块根还可引起贮藏期烂窖和采种株发病，是新疆甜菜生产上急待解决的病害之一。

2. 为害症状

甜菜根腐病由多种真菌和细菌分别侵染或混合侵染引起。在我区，目前已知有镰刀菌根腐、丝核菌根腐和细菌性根腐三种类型。

(1)镰刀菌根腐病　又称干腐病。幼苗受害后引起苗立枯，即幼根导管变褐，幼苗萎蔫干枯死亡。8—9 月份，病菌从块根伤口侵入，病部变为黑褐色至红褐色，因水分输送受阻，最后块根发干成干腐状，病根内部形成空腔，腔穴处充满白色至淡红色菌丝体。

(2)丝核菌根腐病 又称根颈腐烂病。幼苗及幼株期均有发生,8—9月才显现症状。发病部位先从根尾开始,逐渐向上蔓延到根头和叶柄基部。病部初生褐色病斑,迅速扩大后出现组织腐烂和下陷(深度0.5～1 cm),呈黑褐色,有裂痕,表面密生浅褐色菌丝体。高温、高湿下,病斑可扩展到整个块根和叶柄,引起烂根和叶片枯萎。后期病根易被细菌感染,使块根腐败并有恶臭。

(3)细菌性根腐病 又称尾腐病。病部先从块根尾部开始发生,然后向下蔓延,造成块根腐烂。病组织黑褐色,严重时,除根茎部外,块根全部腐烂,变软,呈水渍状,并有黏液溢出,发出酸臭味。最后根尾仅残留纤维状的导管。

3.病原

本病由半知菌亚门真菌的镰刀菌、丝核菌和多种病原细菌寄生所致。

4.发生规律

(1)侵染循环 上述三种病原菌都是土壤习居菌,腐生性很强。病菌都能在种根、病组织内及随病残体在土壤中越冬,成为来年初侵染源,主要靠伤口侵入。

(2)发病时期 甜菜根腐病发生时期,在一般年份中,大多在6—7月份幼根形成期出现病株,南疆7月中、下旬为发病盛期,北疆则在8月上、中旬为发病盛期。严重时块根腐烂。

(3)发病条件 病原菌侵染是在根系发生生理性病变的基础上形成的。土地湿度与根腐病发生关系很密切。在6—7月份块根形成期,土温高、降雨多的年份里均发病重;凡是地势低洼,排水不良,地下水位高,土地黏重,连作以及地下害虫多的田块也发病重。当天气干旱,土地水分少,特别是甜菜生育后期出现土地干旱时,根部容易受伤,可促进根腐病严重发生。

八、甜菜丛根病

1.分布与为害

甜菜丛根病是世界范围分布的一种毁灭性病害。新疆于1981年发现此病害后,现南、北疆甜菜产区均有不同程度的发生。病害从点片发生到大面积发生,严重发病的地块几乎绝收。该病侵染甜菜后,可造成块根损失30%～60%,含糖量降低2°～4°,品质差,失去加工价值。

2.为害症状

甜菜丛根病上部叶丛出现多种症状:

(1)叶脉黄化坏死型 是丛根病的典型症状。

(2)叶片黄化型 叶边缘出现波状褶皱、褪绿黄化、变薄变窄,植株矮化。

(3)黑色焦枯型 叶片出现环状褐斑,扩大成不规则黑色斑块,叶片焦枯、内卷,最后全叶变黑枯死。此症状田间分布广、数量多,占丛根病的80%以上。

根部症状比较一致:基本症状为根毛坏死,次生侧根、根毛异常增多或陆续坏死,大量次生侧根和根毛成团集结,维管束变褐、变硬、木质化。

3.病原

甜菜丛根病病原主要有甜菜黄脉坏死病毒和番茄黑环病毒。

4.发生规律

甜菜丛根病是土壤传染性病毒病害,可通过土壤、农家肥、浇水、风等多种途径传播。甜菜丛根病发生、扩展、蔓延与气象条件、土壤环境和病原的寄主等有密切关系。土壤湿度60%以上、10 cm土层温度在22～26 ℃时发病迅速。一般在高温、多雨或灌溉质量不良的条件下,甜菜丛根病发生面积大，为害亦重。重茬是引起发生和致病的主要因素，瘠薄的沙土地、沙壤地以及排水不畅、有效磷低、硝态氮高的地块发病比较严重。甜菜丛根病一般 6 月上、中旬出现病株，7—8 月呈发病高峰期。植株感病先从根部开始，幼苗侧根变褐、变细、脱落，8 月上旬侧根周围长出大量侧根，形成丛根状，呈点片发生或集中发生。发病后期极易被镰刀菌、腐霉菌等病菌复合侵染，使甜菜发生根腐，造成地上部枯萎死亡，为害程度加重。

九、甜菜杂草

杂草是新疆甜菜生产的一大灾害，已成为甜菜高产的一个制约因素。对甜菜田杂草的防除，各产区每年都要投入大量的人力、物力。人工除草不仅效率低，而且劳动强度大。因此，积极推广以化学除草为中心的综合防治措施，对提高劳动生产率、增加甜菜产量和产糖量，提高经济效益都有十分重要的意义。

1. 杂草种类

新疆甜菜田杂草群落一般由耐旱、耐盐的杂草组成，如稗草、狗尾草、芦苇、野燕麦、灰藜、萹蓄、田旋花、苍耳、龙葵、野葡萄、小蓟、苦蒿、野苋菜、苘麻等。

2. 杂草的为害

甜菜田杂草挤占空间，与甜菜争光、争水、争肥，严重影响甜菜生长发育。有些杂草为甜菜病虫害的寄主，如甜菜丛根病的传毒媒介多黏菌寄生在藜科植物的根表皮内，在风干土壤中能存活 10 年之久。黄化病毒、花叶病毒寄主有藜科、苋科、蓼科等 20 多种杂草，并可在藜科、苋科、蓼科等杂草上越冬。甜菜象甲以成虫在灰藜、骆驼刺、苦豆子、碱蒿等寄主根际土壤中越冬，早春这些杂草又是甜菜象甲取食的活动场所。藜花瓢虫也以成虫在藜科杂草的枯枝落叶下越冬，早春先在藜科杂草上取食，以后转移到甜菜地为害。

杂草不但繁殖力强，而且对不良环境条件有极强地适应能力，较耐瘠薄、干旱，有的耐涝、耐盐碱。当干旱时，甜菜已萎蔫，而芦苇、马齿苋、狗尾草等却能正常生长、开花、结实。此外，由于耕翻土壤，杂草种子埋入不同的土层，发芽有早有晚，从出苗到成熟各个生育期往往同时存在。有些杂草正在开花，而另一些才出苗，有些种子已散落，另一些尚未成熟，使杂草防除更加困难。

3. 杂草消长规律

这些杂草种类和群落，随着耕作制度、轮作方式以及使用的化学除草剂种类不同而有所变化。如常用甜菜宁或甜安宁除草剂，一年生灰藜、龙葵等阔叶杂草减少，而稗草、田旋花、狗尾草等禾本科杂草增多。常用异丙甲草胺(都尔)除草剂，一年生禾本杂草明显减少，而阔叶杂草发生量增多。另外，土壤含盐量的不同也能引起甜菜田杂草群落结构的变化，当土壤含盐量达 0.3%以上时，灰绿藜、碱蓬为优势种；当土壤含盐量为 0.1%左右时，藜科杂草数量下降，狗尾草、芦苇等数量上升；当土壤含盐量为 0.04%～0.05%时，甜菜田中则以禾本科稗草为优势种。

甜菜地膜覆盖栽培，播种后一年生阔叶杂草与禾本科杂草伴随甜菜种子一起发芽出土，在墒情好的情况下，20 d 左右即形成第一次出土高峰，与露地甜菜相比，杂草出草早且集中。但由于此时土表干燥，加之中耕作业，杂草出土生长受到一定的抑制。6 月中旬灌水后，由于土壤湿润，到 7 月中旬至 8 月上旬形成第二次杂草出土高峰。这些杂草生长较快，特别是一些缺苗断垄、密度稀的甜菜田，杂草在立秋后短时间很快开花、结籽，成为翌年草源。

【任务实施】

甜菜病虫害识别与综合防控

一、甜菜病虫害诊断、识别

1. 目的要求

正确识别当地甜菜主要害虫形态特征和病害症状特点。

2. 仪器和用具

显微镜、体视显微镜、手持式放大镜、镊子、挑针、培养皿等。

3. 观察材料

甜菜象甲、甘蓝夜蛾、三叶草夜蛾、甜菜立枯病、甜菜白粉病、甜菜褐斑病、甜菜根腐病、甜菜丛根病等当地常见病虫害标本、挂图、影像资料、PPT 等。

4. 实施场所

实训室、多媒体教室、甜菜生产田等。

5. 内容与方法

(1)使用体视显微镜或放大镜观察甜菜象甲、甘蓝夜蛾、三叶草夜蛾成虫的形态特征，以及甜菜立枯病、甜菜白粉病、甜菜褐斑病、甜菜蛇眼病、甜菜根腐病、甜菜丛根病的症状特点。

(2)通过挂图、影像资料、PPT 等观察病虫害的形态特征和症状特点、为害症状等。

(3)观察对比甜菜褐斑病和甜菜蛇眼病症状的不同之处。

6. 任务

绘制甘蓝夜蛾成虫前翅特征图。

二、职业岗位能力训练

(一)甜菜播前准备

1. 职业岗位工作任务与要求

根据甜菜病虫草害发生发展规律和综合防控技术要求，检查、指导种植者认真进行轮作倒茬等土地准备工作，正确选择药剂和方法进行种子处理和化学除草，保质保量做好病虫草害的预防工作。

2. 工作程序与操作技术(表 6-13)

表 6-13　甜菜播前准备工作程序与操作技术

工作环节	工作程序与操作技术
1. 信息搜集	(1)主动请教当地县、乡农技部门的技术专家了解当地往年甜菜病虫草害的发生种类、为害情况以及综合防控技术经验； (2)通过网络、图书等查阅了解、学习甜菜病虫草害综合防控的相关内容，做好防治工作的前期准备； (3)信息汇总整理，制订甜菜病虫草害综合防控计划

续表6-13

工作环节	工作程序与操作技术
2. 土地准备	(1)轮作倒茬:甜菜生长过程中的多种病虫草害都是土壤传播的,因此,甜菜种植严禁重茬、迎茬。宜选择小麦、玉米等禾本科作物作前茬,不宜用豆类、油葵、瓜菜等作物为前茬,更不能与甜菜重茬,轮作周期必须在4～5年及以上。 (2)选择秋翻冬灌地为宜:秋耕深翻可以改善土壤中的水、气、温、肥和生态环境,有利于培养健壮的作物,提高作物对病、虫的抵抗和耐受能力。同时,可以使土壤表层的病、虫深埋,使土壤深处暴露,破坏其适宜的生存、生活条件,减轻病虫的为害
3. 化学除草	新疆甜菜田杂草群落一般由耐旱、耐盐的杂草组成,如稗草、狗尾草、芦苇、灰藜、灰绿藜、萹蓄、田旋花、苍耳、蟋蟀草、龙葵、野葡萄、小蓟、苦蒿、野苋菜、苘麻等。采用科学、合理轮换施用除草剂方法，可有效地控制杂草危害。 (1)播种前土壤封闭处理:可选用环草特、异丙甲草胺(都尔)等除草剂进行土壤封闭处理。对于以野燕麦杂草为主的地块,可选用燕麦畏进行播前土壤封闭处理。 (2)播后苗前土壤处理:在甜菜播种后、出苗前,用异丙甲草胺(都尔)或丁草胺进行土表处理。 注意事项:喷雾要均匀周到,不漏喷,不重喷;药量要准,不可过量;用药后不可灌水
4. 种子准备	(1)选择优良抗性品种。 (2)药剂拌种: ①播种前将甜菜种子先浸泡12 h,然后用福美双、敌磺钠等药剂进行拌种,对甜菜立枯病、菌核病、根腐病、褐斑病等均有较好的防治效果,对于以向日葵锈病、白锈病发生为主的可选用甲基硫菌灵、三唑酮等药剂拌种。 ②在甜菜苗期地下害虫或甜菜象甲为害重的地区,可选择甜菜专用种衣剂包衣

3. 常见技术问题处理

甜菜田怎样进行化学除草?

防治荠菜、灰藜、酸模叶蓼、萹蓄、龙葵、苦苣菜、荨麻、曼陀罗、苍耳、野荞麦、野油菜、马齿苋等阔叶杂草,每667 m^2 用16%甜安宁(苯草敌和异苯草敌的混合剂)除草剂乳油333～400 mL,兑水均匀喷施,杂草小、土壤水分大时用低量,杂草大及土壤水分小时用高量;防除恶性阔叶杂草刺儿菜、苦苣菜、野豌豆、曼陀罗、龙葵、卷茎蓼、豚草、苍耳、自生油葵、自生苜蓿、自生豆类等杂草,也可选用75%龙拳水(二氯吡啶酸)溶性粒剂,每667m^2 用量10～12 g,兑水均匀喷施;防治野燕麦、狗尾草、稗草等一年生禾本科杂草,可每667m^2 用10.8%高效盖草能(高效吡氟甲禾灵)乳油30～40 mL,或6.9%威霸(精噁唑禾草灵)浓乳剂60～70 mL,兑水均匀喷施。当阔叶杂草与禾本科杂草混合发生时,可将上述两类除草剂按各自用量混合后均匀喷施。喷施除草剂,一般应在甜菜4～5片真叶期,并且中耕和人工间苗后进行。背负式手压喷雾器每667 m^2 地用水20～30 kg,背负式机动喷雾器每667 m^2 地用水10～15 kg,四轮拖拉机牵引式机动喷雾器每667 m^2 地用水20～25 kg。施药后应保持6 h无雨。气温25 ℃以上时停止施药,选早晚气温低、风小时施药安全性高。

(二)甜菜苗期病虫害综合防控(4月中旬至5月下旬)

1. 职业岗位工作任务与要求

根据甜菜苗期病虫害发生发展规律,按照病虫草害的调查方法,认真做好病虫草害田间调查，分析预测病虫草害的薄弱环节，制定有效的综合防治措施，指导农民开展防治工作。

2. 工作程序与操作技术(表 6-14)

表 6-14　甜菜苗期病虫害综合防控工作程序与操作技术

工作环节	工作程序与操作技术		
	病虫草害田间识别	病虫草害田间调查	防治技术
杂草防除	双子叶杂草 单子叶杂草	调查时间：甜菜 2 对真叶期。 调查方法：田间 5 点取样，每点查 0.67 m^2，调查甜菜田杂草的种类、生育期及数量	甜菜田双子叶杂草以藜科、蓼科为主的地块可选用氨基甲酸酯类除草剂苯草敌（甜菜宁）进行茎叶喷雾处理，防除效果明显。 若甜菜田杂草以单子叶杂草为主，可选用精噁唑禾草灵(威霸)或高效吡氟禾草灵(高效盖草能)进行茎叶处理。 或用氨基甲酸酯类除草剂苯草敌（甜菜宁）＋精噁唑禾草灵(威霸)进行茎叶处理，可同时防治单、双子叶杂草(用量为两者单独用药量的 2/3)
甜菜立枯病防控	1～2 对真叶期幼苗地下根变细、褐色或环状缢缩。严重时，幼苗地下部分变黑腐烂、干枯死亡	调查时间：甜菜出苗后至 2 对真叶期。 调查方法：5 点取样，每点查 20～30 株。拨土查苗。出苗后，选取每穴有 2 株以上幼苗的，拔出其中 1 株，查看地下根部的症状	1. 加强栽培管理。要早中耕、勤中耕，特别是下雨之后，要立即中耕松土，降低湿度、提高地温。 2. 采用 75%敌磺钠 800 倍液灌根。 3. 使用恶霉灵喷雾
甜菜根腐病防控	老叶的脉间出现淡灰色的黄化；心叶向内卷缩，叶丛逐渐枯死。地下部分根头、根体或根毛褐色腐烂	调查时间：甜菜出苗后至 2 对真叶期。 调查方法：5 点取样，每点查 20～30 株，查看地下根部的症状	由于甜菜根腐病是土传病害，主要发生于不良土壤及不适宜的气候条件，故采取预防为主，综合防治才可避免或减轻病害的发生。 在药剂拌种的基础上，可采取：(1)中耕除草，提高地温；(2)增施磷肥；(3)防治地下害虫，保护根系等措施；(4)叶丛期喷施缩节胺，以减轻病害发生
甜菜象甲防控	甜菜子叶从下方被咬断，造成缺苗断垄或真叶形成缺刻	调查时间：甜菜出苗时，20 cm 土层温度稳定在 10 ℃以上时开始田间定点调查和普查。 调查方法：5 点取样，每点查 1 m^2。 防治指标：当每平方米有成虫 0.1 头时，开始进行防治	甜菜象甲的防治以药剂拌种为主，田间喷药为辅的防治策略。此阶段措施为： 1. 清除田间、田边的藜科、苋科杂草。 2. 在甜菜播种前用 50%辛硫磷乳油与水和种子按 1∶30∶(400～500)的比例拌种；或用种子质量 0.2%的 10%吡虫啉拌种，还可兼治其他地下害虫。 3. 在甜菜幼苗期用 50%辛硫磷乳油 200～250 mL/667 m^2，兑水 10 倍喷施到 400～450 kg 细黄沙上，然后拌匀制成毒沙，穴施壅根。 4. 在成虫出土为害盛期用 4.5%高效氯氰菊酯乳油或 50%辛・氰乳油 2 000～3 000 倍液喷洒或浇灌播种穴，防虫效果非常明显。注意轮换交替用药

续表 6-14

工作环节	工作程序与操作技术		
	病虫草害田间识别	病虫草害田间调查	防治技术
地老虎防控	甜菜心叶出现缺刻	同玉米病虫草害防控中的调查方法	同玉米病虫草害防控中地老虎防治方法
三叶草夜蛾防控	幼龄幼虫分散取食甜菜的心叶，生长点被破坏，植株枯死；老龄幼虫取食叶片，可把叶片吃光，仅剩下叶脉和叶柄	调查时间：5月上旬第1代幼虫开始孵化，所以，4月下旬开始调查。 调查方法：同棉铃虫。 防治指标：当田间有虫株率达10%，幼虫在3龄之前，开始施药防治	1.在卵孵化高峰期前，及时铲除田内和田边的苘麻、灰藜等杂草，带出田外集中处理，可以起到诱杀作用。 2.利用频振式杀虫灯、糖浆盘或杨枝把诱杀。 3.做好虫情预报，加强虫情调查。低龄幼虫盛期进行药剂防治，要求点片发生点片防治。可选用药剂有：1.5%甲氨基阿维菌素2 000倍液。 4.当幼虫在田内量少面小时，也可利用其吐丝下垂及假死习性，人工捕捉

(三)甜菜中后期病虫害综合防控(6月上旬至9月中下旬)

1.职业岗位工作任务与要求

根据甜菜生长和病虫害发生发展规律，按照病虫草害的调查方法，认真做好病虫草害田间调查，分析预测病虫草害的薄弱环节，制定有效的综合防治措施，指导农民开展防治工作，将甜菜病虫害控制在经济允许水平以下。

2.工作程序与操作技术(表6-15)

表6-15　甜菜中后期病虫害综合防控工作程序与操作技术

工作环节	工作程序与操作技术		
	病虫草害田间识别	病虫草害田间调查	防治技术
甘蓝夜蛾防控	初孵幼虫集中在叶背取食叶片，只剩下叶脉，大发生时常把叶片吃光	调查时间：第1代从5月中下旬、第2代从7月下旬开始调查。 调查方法： 黑光灯、糖醋诱蛾器诱测成虫。发现成虫后开始查卵或幼虫。 卵、幼虫调查。第1代在6月上旬、第2代在8月上旬，每隔3～5 d调查1次。选附近长势好的甜菜地2～3块，5点取样，定点调查。每点两垄，取10颗菜样	1.安装频振式杀虫灯或使用糖醋液诱杀成虫。 2.人工摘除卵块和捕捉幼虫。卵块产于叶背，其上有白色鳞毛，易于识别。3龄后幼虫集中在产卵叶上或附近叶片上，采用人工摘除卵块和捕捉幼虫，能减轻危害。 3.采用Bt乳剂、青虫菌或杀螟菌剂等常规喷雾防治。 4.当90%以上卵已孵化，幼虫多在2～3龄之间，马上喷洒溴氰菊酯等杀虫剂。 应注意交替用药，防止害虫产生抗药性

续表 6-15

工作环节	工作程序与操作技术		
	病虫草害田间识别	病虫草害田间调查	防治技术
三叶草夜蛾防控	（同苗期）	调查时间：6 月中旬开始对第二代成虫进行调查。 调查方法：（同苗期）	同第 1 代综合防治措施
甜菜褐斑病防控	植株发病后在成熟叶片上出现具有红褐色边缘的小圆灰斑，而后逐渐扩散直至叶片枯萎	调查时间：7 月上旬开始。 调查方法：每天到田间观察甜菜中下部叶片，当发现病斑，即刻采用 5 点取样，做好病情调查	发病初期即开始喷药。 可选用代森锰锌、氢氧化铜、甲基硫菌灵等，每隔 7～10 d 喷 1 次，连喷 2～3 次
甜菜白粉病防控	甜菜的外层叶片先长出白色粉状物，后可见褐色至黑色小颗粒，叶片逐渐枯死	在进行甜菜褐斑病调查时，同时开展白粉病的调查	当田间病株率达 5%时，开始进行药剂防治。 可选用丙环唑、烯唑醇、戊唑醇、甲基硫菌灵、百菌清等，每隔 7～10 d 喷 1 次，连喷 2～3 次。上述药剂在使用时也可结合起来同时用于防治甜菜褐斑病的发生

三、有害生物田间调查与防控记载表

有害生物田间调查与防控记载格式见表 6-16，表 6-17。

表 6-16　甘蓝夜蛾田间卵、幼虫调查记载表

调查日期	地点	卵			幼虫						被害株			备注
		卵块数	卵壳数	孵化率	一龄	二龄	三龄	四龄	五龄	六龄	总株数	被害株数	被害株率	

表 6-17　病虫害防治情况记载表

病虫害名称	作物生育期	病虫害发生情况	防治措施		防治效果	分析总结
			时间	方法		

工作任务3　油用向日葵病虫害识别与综合防控

【任务概述】

油葵又叫油用向日葵，是世界上重要的油料作物之一，也是我国四大油料作物之一。我国的油葵种植主要分布在西北和东北地区。以油葵为原料制成的葵花籽油具有降低血脂的保健作用，被称为“保健营养油”，很受消费者的欢迎。

由于油葵具有耐寒、耐旱、耐盐碱、耐瘠薄、适应性强等特点，非常适合在新疆大面积种植。向日葵生产中经常受到多种病虫草害的侵害，全世界报道的向日葵病害有90种，我国有31种，其中真菌性病害23种，列当5种，细菌、病毒和根结线虫各1种。

新疆油葵主要害虫有：苗期害虫普遍有地老虎、叩头甲（幼虫又名金针虫）、象鼻虫等，个别地区会受到蟋蟀、棉蓟马等的为害。苗期害虫主要为害油葵的嫩芽、幼根、叶片和生长点，造成缺苗断垄。生长期主要有为害花盘籽实的向日葵螟、甜菜三叶草夜蛾、棉铃虫和白星花金龟甲等。一般以苗期为害较普遍。特别是晚播或复播油葵受害较重。

新疆油葵主要病害有：向日葵菌核病对油葵生产影响最大，常因该病的猖獗为害造成油葵大面积枯死，不仅产量大幅度下降，而且油葵的含油量和油的品质也明显降低；近年来，向日葵白锈病在伊犁、博州和昌吉的奇台县等地为害越来越重；向日葵锈病、向日葵霜霉病和向日葵褐斑病也是新疆油葵生产中常见的病害。

检疫性杂草——列当则是油葵生产中的恶性杂草。

【知识准备】

一、向日葵螟

1.分布与为害

向日葵螟主要为害向日葵和野生菊科植物的花盘和种子。向日葵螟以1～2龄幼虫啃食筒状花，3龄后幼虫蛀食种子，吃掉种仁，形成空壳，在花盘上蛀成隧道，并吐丝结网。被害葵盘多因粪便、残渣等污染而腐烂发霉，严重影响向日葵的产量和品质。向日葵的花盘被害率一般在20%～50%，重者达100%；籽实的被害率，轻者一般在10%以下，重者可达80%以上，造成严重减产，甚至绝收。

2.形态特征

(1)成虫　灰褐色，体长8～12 mm，前翅狭长，近中央处有4个黑斑，灰褐色，后翅浅灰褐色，具有暗色脉纹和边缘，成虫静止时，前后翅紧贴体两侧，与向日葵种子很相似。

(2)卵　乳白色，椭圆形，长0.8 mm，宽0.4 mm左右，卵壳有光泽，具有不规则的浅网纹，有的卵粒在一端尚有1圈立起的褐色胶膜圈。

(3)幼虫　体长约18 mm，淡黄灰色，腹面浅黄绿色，背面有3条暗色或淡棕色纵带，头部淡褐色，前胸盾板淡黄色，气门黑色，腹足趾钩为双序整环，易与桃蛀螟和玉米螟相区别。

(4)蛹　长10～12 mm，黄褐色，羽化前呈暗褐色，腹部背面1～10节都有圆刻点。

3.发生规律

一年发生1～2代，为害向日葵的主要是第1代。以老熟幼虫在土中15～25 cm处做茧或种子内滞育越冬。石河子地区5月上、中旬越冬代成虫开始羽化，6月下旬至7月上旬为羽化盛期，卵期5～7 d，7月上中旬为幼虫为害盛期，幼虫期20 d左右，共4龄。8月上、中旬大部分老熟幼虫脱盘落地潜土做茧越冬，少部分幼虫当年化蛹并羽化。在8～9月出现第1代成虫盛期。新羽化的成虫取食、产卵，产生第2代幼虫。第2代幼虫也只有少数可以老熟结茧越冬，大部分尚未老熟就随向日葵收获脱粒而死亡。

卵多散产在葵花花盘上的开花区内，在花药圈内壁最多，其次是花柱和花冠上。产卵盛期在8月上旬，卵期3～5 d。幼虫有4个龄期，1～2龄幼虫啃食筒状花，3龄后沿着葵花子实的排列缝隙蛀食种子，将种仁局部或全部吃掉，形成空壳或深蛀花盅，把花盘咬出很多隧道。幼虫为害时，在花盘籽实上吐丝结网粘连虫粪及碎屑，状如丝毡，据此可识别葵螟为害。被害花盘遇雨后多腐烂发霉，严重降低产量和品质。

二、向日葵菌核病

1.分布与为害

向日葵菌核病，又叫白腐病，俗称烂盘病。北疆油葵种植区菌核病以立枯型为主。近几年来，这种病害在向日葵主产区里每年都有程度不同的发生，发病率一般都在50%左右，严重时可达80%以上，对向日葵的产量和品质都有很大影响。

2.为害症状

向日葵菌核病在向日葵整个生育期间都能发生，根据其侵染和发病部位不同可分为根腐型、盘腐型、茎腐型、叶腐型4种，新疆主要以根腐型、盘腐型为主。

(1)根腐型　根腐型从苗期至收获期均可发生，苗期染病时幼芽和胚根生水浸状褐色斑，扩展后腐烂，幼苗不能出土或虽能出土，但随病斑扩展萎蔫而死。成株期染病根或茎基部产生褐色病斑，逐渐扩展到根的其他部位和茎，后向上或左右扩展，长可达1 m，有同心轮纹，潮湿时病部长出白色菌丝和鼠粪状菌核，重病株萎蔫枯死，组织腐朽易断，内部有黑色菌核。

(2)盘腐型　这种病症主要在谢花期以后最重，当花盘受害时，在其背面出现水浸状病斑，花托变成褐色且软化。遇到多雨天气，病斑开始迅速扩大，可穿透花盘，由背面转向正面，并长出一种白色菌丝，造成花盘腐烂，使籽粒不能成熟，严重时可造成籽仁腐烂或籽粒自行脱落。

(3)茎腐型　主要发生在茎的中上部，初生椭圆形褐色斑，后扩展，病斑中央浅褐色具同心轮纹，病部以上叶片萎蔫，病斑表面很少形成菌核。

(4)叶腐型　主要发生在7—8月份，降雨量多的天气，叶片病斑褐色椭圆形，稍有同心轮纹，湿度大时迅速蔓延至全叶，天气干燥时病斑从中间裂开穿孔或脱落。

3.病原

病原称核盘菌，属子囊菌亚门真菌。菌丝体绒毛状白色，菌核初期白色渐变为浅灰绿色或灰黑色，形状各异。菌核萌发形成子囊盘，子囊盘褐色，圆形。盘内列生子囊和侧丝。子囊棍棒形，无色，内生子囊孢子8个。子囊孢子，单胞，无色，椭圆形。

4.发病规律

病菌以菌核状态在土壤、病残组织及种子中越冬，在土壤中一般可生活2～5年。其侵染方式有二：一是菌核萌发后产生一种菌丝，当它与寄主相接触后即直接侵入，苗期和成株期发病就是这种侵染方式；二是菌核可产生子囊盘，子囊孢子成熟由子囊内弹射出去，经过风雨或昆虫传播到寄主作物上，子囊孢子发芽后即侵入寄主内，向日葵烂盘就是子囊孢子侵染后引起的。一般当气温在 20 ℃、相对湿度达 80%时，最适于菌核的萌发，也是花盘发病最严重的时期。尤其是在多雨之年，在一些低洼排水不畅、通风透光不良和连年重茬或迎茬的地块上发病率最高。7—8 月份如果遇到多雨低温时，发病率也最高。

三、向日葵白锈病

1. 分布与为害

向日葵白锈病为害向日葵于 1992 年首先在美国被发现和报道。现已分布在美国、阿根廷、澳大利亚及地中海部分国家和地区。国内目前只在我国新疆伊犁、博乐和昌吉的奇台县发生分布，是新疆油葵生产的一种新的严重病害。

2. 为害症状

向日葵白锈病主要为害叶片和茎秆，叶部病害症状比较明显，多发生在中下部叶片上，严重时可蔓延至上部叶片。叶正面病斑呈淡黄色斑点，叶背面产生白色疱状突起，后期渐变为微淡黄色，内有白色粉末状的孢子囊和孢囊梗。病斑多时可连接成片，造成叶片发黄而枯死，对产量影响很大。茎部被害后形成肿大，并在病茎肿大部分产生白色粉末状孢子囊。

3. 病原

向日葵白锈病病原是鞭毛菌亚门卵菌纲霜霉目白锈菌属。孢子堆 0.5～1 mm，孢子囊椭圆形或近球形，无色。孢囊梗 25～53 μm，短棍棒形，不分枝，单层排列。卵孢子 14～23 μm，深褐色，有网状棱纹。

4. 发病规律

向日葵白锈病以卵孢子在病株残体上、土壤中和种子上越冬，卵孢子萌发后，菌丝从气孔入侵，寄生于寄主细胞间，以吸器穿透寄主的细胞壁，在寄主表皮下形成孢子堆，破表皮而外露，病斑上产生孢子囊，又随雨水传播再侵染。病斑上的孢子囊借风、雨传播而反复再侵染。病害流行与雨量、低温有关。低温、湿度大是它的发病条件，发病适宜温度 11～26 ℃。同时该病可由种子带菌，造成远距离传播。

一般向日葵白锈病在 6 月初开始发病，6—7 月为发病高峰期，8 月以后由于雨量减少发病轻。田间再侵染频繁，借气流和雨水传播。低温多雨和湿度大的地区，发病重。

四、向日葵褐斑病

1. 分布与为害

向日葵褐斑病是世界广泛分布的重要病害之一。以前，该病主要发生在我国的东北和内蒙古地区。近 10 年来，随着新疆向日葵种植面积的不断扩大，菌核病的发生呈明显上升的趋势。2007 年奇台县油葵褐斑病的平均发病率在 70%以上。

2. 为害症状

向日葵褐斑病又称斑枯病。苗期、成株期均可发病。子叶和幼苗叶片上病斑近圆形，褐色，外围有黄色晕圈，病斑背面灰白色。成株叶片病斑多角形，褐色，有黄色晕圈，后期在病斑上长有许多小黑点，即病菌的分生孢子器。多雨潮湿时病斑可脱落穿孔。严重时病斑可融合，整个叶片枯死。茎和叶柄上病斑狭长条状，褐色。

3. 病原

为半知菌亚门真菌向日葵壳针孢。分生孢子器球形或近球形，暗褐色，分生孢子鞭状，无色透明，微弯，基部钝圆至圆锥形，顶端略尖，2～5 个隔膜。

4. 发生规律

病菌主要以菌丝和分生孢子器在病残体上越冬，翌春温湿度条件适宜，分生孢子从分生孢子器中逸出，借风雨传播蔓延进行初侵染和再侵染，扩大为害。

病害发生与降雨密切相关，7—8 月上旬，平均温度 21～23 ℃，降雨量大，夜间露水大，叶面较长时间保持有水滴，病害发展快、危害重。重茬地、低洼地发病重。

五、向日葵霜霉病

1. 分布与为害

分布在我国东北、西北、华北和西南局部地区，是重要的检疫性病害。向日葵苗期、成株期均可发生向日葵霜霉病，造成植株矮化，不能结盘或死亡。新疆南、北疆向日葵种植区都有发病，但以伊犁地区发病较重。

2. 为害症状

苗期染病 2～3 片真叶时开始显症，叶片受害后叶面沿叶脉开始出现褪绿斑块，叶背可见白色绒状霉层，即病菌的孢囊梗和孢子囊。病株生长缓慢或不长。成株染病，初期近叶柄处生淡绿色褪色斑，沿叶脉向两侧扩展，后变黄色并向叶尖蔓延，出现褪绿黄斑，湿度大时叶背面沿叶脉间或整个叶背出现白色绒层，厚密。后期叶片变褐焦枯，茎顶端玫瑰花状，病株较健株矮，节间缩短，茎变粗，叶柄缩短，随病情扩展，花盘畸形，失去向阳性能，开花时间较健株延长，结实失常或空秆。

3. 病原

属鞭毛菌亚门霍尔斯轴霜霉或向日葵单轴霉真菌。孢子囊梗单梗近直角分枝，上部小梗顶端钝圆，无色，梗基部膨大。孢子囊近椭圆形，顶端有乳突。游动孢子单细胞，球形，双鞭毛。卵孢子球形，黄褐色，外壁有皱褶或网状突起。

4. 发生规律

病菌以卵孢子在病株上越冬和种子带菌越冬。第二年春季温湿度合适时卵孢子萌发形成孢子囊，带菌种子也可形成孢子囊，再产生游动孢子，可以侵染幼苗根部或下胚轴而向上延伸，直接产生病苗，菌丝在向日葵组织内发育到达各部分，形成系统发病症状，并直接破坏输导系统，使全株发育不良，最终死亡。部分再侵染植株在叶片上产生大量孢子囊，反复再侵染直到秋末，形成卵孢子越冬。发病最适温度为 16～26 ℃，一般早播发病轻，旱地发病轻。向日葵播种后遇有低温高湿条件，容易引起幼苗发病；气候温暖潮湿地区发病重；半干旱、干旱地区如果密植、浇水多，土壤湿度大发病也重。连作、施氮肥过多、晚播、播种过深均加重发病。向日葵进入成株期以后抗病性明显增强。

六、向日葵锈病

1. 分布与为害

世界各地普遍发生，是向日葵重要病害。叶片、叶柄、茎秆、葵盘等部位染病后都可形成铁锈色孢子堆。2007 年新疆奇台县向日葵锈病大流行，造成 1 300 hm^2 食葵减产 70%～80%，6 000 hm^2 油葵减产 20%～30%。

2. 为害症状

叶片染病，初在叶片背面出现褐色小疱是病菌夏孢子堆，表面破裂后散出褐色粉末，即病原菌的夏孢子，后病部生出许多黑褐色的小疱，即病菌冬孢子堆，散出黑色粉末，即冬孢子，发生严重的致叶片早期干枯。

3. 病原

属担子菌亚门真菌向日葵柄锈菌。性孢子器生于叶两面，圆形，黄色群生。锈子器杯状，群生于叶背。夏孢子堆主要生在叶背，圆形至椭圆形。冬孢子堆在叶背面形成，褐色至黑褐色。

4. 发生规律

向日葵锈菌无转主寄生现象，各种孢子类型均在向日葵叶上产生。锈菌以冬孢子在病残体上越冬，来年 5 月，向日葵刚出苗，冬孢子便可萌发产生担孢子，侵染幼苗（子叶及真叶）经 7～10 d，产生性孢子器和锈孢子器，锈孢子随气流传播，发芽侵入向日葵叶片，经 7～10 d 形成夏孢子堆，夏孢子飞散传播蔓延，在适宜条件下经 5～7 d 可再形成夏孢子，反复再侵染，造成 7、8 月份的锈病流行。8 月末开始形成冬孢子堆越冬。降水量是锈病流行的主导因素，特别是向日葵开花期（7 月下旬到 8 月）雨量多，雨日多，湿度大有利于锈病流行。

七、向日葵列当

1. 分布与为害

检疫性杂草列当是油葵生产中的恶性杂草。向日葵列当又称毒根草，是一年生草本植物，属双子叶植物，列当科。国内分布在河北、北京、新疆、山西、内蒙古、黑龙江、辽宁、吉林等地。主要为害向日葵、西瓜、甜瓜、豌豆、蚕豆、胡萝卜、芹菜、烟草、亚麻、番茄等。寄生在根部，致植株矮小、瘦弱，不能形成花盘，最后全株枯死。

2. 为害症状

被寄生的植株，如早期寄生则植株矮小，逐渐枯死，花盘不能形成或形成后枯死；后期被寄生则籽粒不饱满，多空秕。在植株周围长出 1 根、几根以至几十根的列当花茎，如刨开土层可见到列当的花茎都长在向日葵的根上。

3. 病原

列当科的寄生植物，茎直立、单生、肉质、被有细毛，无叶绿素，呈浅黄至紫褐色，无真正的根，有吸根呈短须状，伸入寄主植物的根内吸取营养，叶退化成鳞片状，无叶柄，螺旋状排列在茎秆上，花穗浅紫色，为穗状花序。种子初为黄色，柔软，后为黑褐色，坚硬，种子表面凹凸不平，构成较规则的网纹。

4. 发生规律

以种子在土壤中或混在向日葵种子中越冬。落入土中的种子接触寄主植物的根时，受根部分泌物的刺激而萌发，形成幼芽，下部形成吸盘，深入寄主根内吸取养分和水分。当列当种子落入土中后没有与寄主植物接触，在土中仍能保持 5～10 年发芽力。列当发生期不整齐，7 月初至 9 月中旬，每天均有列当出土、开花、结实。列当在土内 5～10 cm 处最多，1～5 cm 次之，最深 10～12 cm，在向日葵 5～10 cm 处的侧根上寄生的居多，受害重，主根或深根处寄生的幼芽、幼苗不易出土。

【任务实施】

油用向日葵病虫害识别与综合防控

一、向日葵病虫害诊断、识别

1. 目的要求

正确识别当地向日葵主要害虫形态特征和病害症状特点。

2. 仪器和用具

显微镜、体视显微镜、手持式放大镜、镊子、挑针、培养皿等。

3. 观察材料

向日葵螟、向日葵菌核病、向日葵锈病、向日葵白锈病、向日葵褐斑病、向日葵霜霉病、向日葵列当等当地常见病虫害标本、挂图、影像资料、PPT 等。

4. 实施场所

实训室、多媒体教室、向日葵生产田等。

5. 内容与方法

(1)使用体视显微镜或放大镜观察向日葵螟成虫的形态特征。

(2)观察向日葵病害症状,观察霜霉在叶背面所产生的霉层有什么特点。

(3)观察向日葵白锈病,注意观察受害的叶片背面乳白色隆起疱斑。

(4)向日葵菌核病症状观察,注意叶片及叶柄上的症状有什么不同,茎内外生有白色丝状物的为菌丝,黑色似鼠粪的为菌核。

(5)向日葵锈病、向日葵褐斑病、向日葵列当的症状特点。

(6)通过挂图、影像资料、PPT 等观察病虫害的形态特征和症状特点、为害症状等。

二、职业岗位能力训练

(一)向日葵播前准备

1. 职业岗位工作任务与要求

根据油用向日葵病虫草害发生发展规律和综合防控技术要求,指导种植者认真进行轮作倒茬等土地准备工作,正确选择药剂和方法进行种子处理和化学除草,保质保量做好病虫草害的预防工作。

2. 工作程序与操作技术(表 6-18)

表 6-18　向日葵播前准备工作程序与操作技术

工作环节	工作程序与操作技术
信息搜集	1. 主动请教当地县、乡农技部门的技术专家,了解当地往年油葵生产中病虫草害的发生种类、为害情况以及综合防控技术经验。 2. 通过网络、图书等查阅了解、学习油葵病虫草害综合防控的相关内容,做好防治工作的前期准备。 3. 信息汇总整理,制订油葵病虫草害综合防控计划

续表6-18

工作环节	工作程序与操作技术
土地准备	土壤是油葵菌核病、锈病等多种有害病原的栖息场所和侵染来源。防治油葵病虫草害为害，土壤处理是重要的环节之一。 1.选择秋翻冬灌地为宜。对列当发生重的油葵地进行深翻，把列当种子深埋入 25 cm 以下，阻止其发芽，减轻为害程度。 2.轮作倒茬。油葵前茬以小麦、玉米等禾谷类作物为最好，切忌选用向日葵重茬地种植油葵。豆类、油菜等易感染菌核病的作物，不宜作为油葵的前作。油葵轮作周期应在 4 年以上
化学除草	新疆油葵田杂草主要有灰藜、稗草、狗尾草等，可选用 48%氟乐灵乳油播种前作土壤混土处理。具体方法为：在阴天或傍晚每亩用药 100～120 mL，兑水 30 kg，均匀喷洒于土表，然后立即耙耱，使氟乐灵与表土混合，混土深度 2～5 cm，12 h 后即可播种。也可选用地乐胺（仲丁灵）、乙草胺、异丙甲草胺等进行播前土壤处理。 掌握好使用剂量，不能随意加大用量，以免造成药害
种子处理	1.选择抗性品种。 2.检查种子质量。对已购的种子进行检查，将其中的瘪籽和破损种子人工剔除，以保证出苗整齐，减少苗期病害的发生。另外，从向日葵列当发生重的地区调种，还应检查种子中是否带有列当种子。检查方法：取检疫样品 1 000 g，重复过筛，把筛下的杂质于双目显微镜下检查，若发现列当种子，则这批向日葵不得做种子用，杜绝列当种子从为害区传入。 3.药剂拌种 (1)苗期和地下害虫防治　播前每 100 kg 种子选用 50%辛硫磷乳油 300 g，兑水 5 kg 进行拌种，然后堆闷 4 h，晾干后再拌杀菌剂。 (2)病害防治　油葵常见病害如菌核病、锈病、褐斑病、霜霉病等种子带菌是病害的重要侵染来源，种子消毒处理是防治油葵病害的重要措施之一。针对这些病害，可选用种子质量 0.2%～0.3%的 50%多菌灵或 70%的敌磺钠或 70%的甲基硫菌灵可湿性粉剂（不同有效成分含量的杀菌剂，其使用量参看农药使用说明）等杀菌剂。 (3)种子包衣：选择油葵专用种衣剂进行包衣。使用种衣剂包衣后，不能再使用杀虫剂或杀菌剂拌种。否则因为药剂过量而产生药害。同样，按照(1)和(2)操作完成后，也不能再使用种衣剂包衣

(二)向日葵苗期病虫害综合防控(4 月下旬至 5 月下旬)

1.职业岗位工作任务与要求

认真开展油用向日葵苗期田间调查，掌握病虫害发生的种类、始期和发展动态，根据病虫害的发生规律，制订综合防治计划，在病虫害的最薄弱环节开展防治工作并检查防治效果。

2.工作程序与操作技术(表 6-19)

表 6-19　向日葵苗期病虫害综合防控工作程序与操作

工作环节	工作程序与操作技术		
	病虫草害田间识别	病虫草害田间调查	防治技术
苗期害虫防控	黄地老虎、蟋蟀、烟蓟马等。幼苗出现缺刻、无头或近地茎被咬断等状	调查时间：出苗后即进行田间调查。 调查方法：见玉米田黄地老虎调查方法	1.可用吡虫磷、溴氰菊酯等喷雾防治。 2.用 50%辛硫磷乳油，兑水 30 倍与 300 倍沙土均匀混合制成毒土，撒在幼苗周围地面上

续表 6-19

工作环节	工作程序与操作技术		
	病虫草害田间识别	病虫草害田间调查	防治技术
向日葵霜霉病防控	苗期染病2～3片真叶时开始显症，叶片受害后叶面沿叶脉开始出现褪绿斑块，叶背可见白色绒状霉层	调查时间：1对真叶期开始。 调查方法：随机5点取样。每点顺序调查50株，并计算发病株率	结合田间定苗，拔除、销毁病株。 出苗期开展药剂防治：发病初期可喷施甲霜灵锰锌、噁霜灵锰锌（杀毒矾）、霜脲锰锌（克露）等，隔7～10 d施1次，连续防治2～3次。防治方法、药剂与向日葵白锈病相同，因此防治霜霉病可同时兼治白锈病
向日葵褐斑病防控	苗期叶片上病斑近圆形，褐色，外围有黄色晕圈，病斑背面灰白色	与霜霉病同时进行调查	1. 叶面喷施磷酸二氢钾50～100 g/667 m^2。可与喷洒杀虫剂或杀菌剂同时进行。 2. 加强栽培管理，摘除底叶和病叶。 3. 发病初期喷施代森锰锌、氢氧化铜、异菌脲、戊唑醇或丙环唑等杀菌剂，连喷2次，间隔10 d

（三）向日葵中后期病虫害综合防控（6月上旬至成熟）

1. 职业岗位工作任务与要求

针对油用向日葵中后期生长中病虫害的种类、认真开展田间调查，监控病虫害发生发展动态，根据病虫害的发生规律，确定适宜的防控技术措施，指导田间作业，检查记录作业质量，统计、分析防治效果。

2. 工作程序与操作技术（表6-20）

表6-20　向日葵中后期病虫害综合防控工作程序与操作技术

工作环节	工作程序与操作技术		
	病虫草害田间识别	病虫草害田间调查	防治技术
向日葵菌核病防控	叶片卷曲或干枯。茎基部褐色水渍状凹陷，潮湿时出现白色霉层。茎秆内有黑色颗粒状的菌核	调查时间：6月初至7月初。 调查方法：采用低头踏查和蹲下细查（每个点细查不少于20株）相结合的方法进行	现蕾前和盛花期是防治的关键时期。 发病初期可用菌核净、腐霉利（速克灵）等，在油葵株高80 cm时喷雾，尽量使药液喷在茎秆上，每隔7～10 d喷施1次，连喷2～3次。 花盘期可喷施戊唑醇等，重点保护花盘背面
向日葵白锈病防控	中下部叶片正面病斑呈淡黄色斑点，叶背面产生白色疱状突起，后期渐变为微淡黄色，内有白色粉末状物	调查时间：5月下旬开始 调查方法：5点随机取样，每点顺行调查20～30株。先观察叶片正面是否有褪绿斑，然后再查看叶背的病斑	1. 加强田间管理，多施基肥，增施磷钾肥。 2. 及时摘除发病枝叶和重病植株；合理密植，保持田间通风透光，及时排水。 3. 发病初期可喷施甲霜灵锰锌、噁霜灵锰锌（杀毒矾）、霜脲锰锌（克露）等，隔7～10 d喷施1次，连续防治2～3次

续表 6-20

工作环节	工作程序与操作技术		
	病虫草害田间识别	病虫草害田间调查	防治技术
向日葵褐斑病防控	叶片病斑多角形，后期在病斑上长有许多小黑点。潮湿时病斑可脱落穿孔。茎和叶柄染病病斑褐色狭长条状	调查时间：6 月下旬开始 。 调查方法：随机 5 点取样，每点顺行查 20～30 株。调查发病株率及病情指数	1. 增施磷肥：头水前开沟追肥时，适当增加磷肥。 2. 叶面每亩喷施磷酸二氢钾 50～100 g。可与喷洒杀虫剂或杀菌剂同时进行。 3. 加强栽培管理，发病初期摘除底叶和病叶。 4. 发病初期喷施百菌清、代森锰锌、氢氧化铜、异菌脲等杀菌剂，连喷 2 次，间隔 10 d
向日葵锈病防控	叶背出现褐色小疱状，表皮破裂后散出褐色粉末。后病部生出许多黑褐色的小疱，散出黑色粉末	与向日葵褐斑病同时进行调查	发病初期即开始用三唑酮或嘧菌酯、腈菌唑等农药进行防治。每隔 10 d 喷施 1 次，连喷 2～3 次。 轮换使用农药，避免抗药性产生
向日葵列当防控	寄生植物，无根、茎、叶分化，总状花序，管状唇形花，花色多为乳黄，假茎上有鳞片	调查时间：6 月下旬开始。 调查方法：选取历年发生较重和一般的田块各 1 块，随即 5 点取样，每 3～5 d 调查 1 次，记录列当出土时间和每平方米的数量	1. 涂抹：在列当开花结实前人工铲除，并在茬口上滴涂石油或尿素饱和溶液，每株 1 mL，一般 5～7 d 列当根部即可腐烂，但用量不可过大，否则易造成油葵根部损伤，影响正常生长。 2. 病菌诱集：可采用切断列当，劈伤断茎，把切除部分的碎花、残基放在列当的茬口上，用湿土覆盖 4～5 cm，促使伤口感染，经 5～10 d 列当茎秆腐烂死亡，其腐烂物对油葵还有肥效作用。 3. 化学防治：对列当发生较重的地块，可用 0.2% 的二硝基邻甲酚水溶液喷雾或用 10% 草甘膦水剂配制成 1：30 的母液涂抹列当伤口，防效较好
向日葵螟防控	1～2 龄幼虫啃食筒状花，3 龄后幼虫蛀食种子，吃掉种仁，形成空壳，在花盘上蛀成隧道，并吐丝结网，被害葵盘多因粪便、残渣等污染而腐烂发霉	调查时间：6 月下旬开始调查。 调查方法：于黑光灯诱测到成虫时起，在代表性田块内，5 点取样，每点 20 株，每 3 d 调查 1 次，发现卵块后随即记载并做好标记。当 70% 的卵块开始孵化时，开始药剂防治	1. 秋翻冬灌。第 1 代幼虫老熟后从向日葵盘上吐丝落地，潜入 15～20 cm 深土层中越冬。实行秋翻冬灌，可消灭大部分越冬虫。 2. 选用抗虫品种。硬壳层形成快的品种受害轻或不受害，油用种（小粒）较食用种（大粒）受害轻。 3. 药剂防治。在幼虫 3 龄之前，用溴氰菊酯或 Bt 乳剂对花盘正面进行喷雾。隔 5～7 d 再喷 1 次效果较好。 在防治向日葵螟时应注意的问题是：在喷洒农药前，要通知养蜂户管理好蜜蜂，以防蜜蜂农药中毒，造成损失

续表 6-20

工作环节	工作程序与操作技术		
	病虫草害田间识别	病虫草害田间调查	防治技术
白星花金龟防控	成虫群集在花盘上取食向日葵籽粒。个体较大，便于直接辨认识别	调查时间：向日葵灌浆期。 调查方法：田间普查，每 5 d 调查 1 次，顺行慢步行走，目视两侧花盘。发现成虫停下细查（不少于 20 株）	防治方法同玉米田白星花金龟甲的防治

3. 常见技术问题处理

向日葵螟防治中应注意哪些事项？

首先要抓住幼虫尚未蛀入籽粒的关键时期进行防治。此时害虫龄期小，抗药性小，有利于防治效果的提高。要选择高效、低毒、低残留农药进行防治，避免葵花籽农药残留超标；其次向日葵螟幼虫为害的时间正好与向日葵的开花时间相同，因此，尽量选用生物制剂防治，如白僵菌、苏云金杆菌（Bt）乳剂或在田间释放赤眼蜂等，以免伤害传粉昆虫；向日葵属于高秆作物，通风较差。用化学药剂喷雾防治时，避免中午等气温较高时进行，并要做好自我保护；最后，千万不要忘记防治用药前要及时通知养蜂户管理好蜂群，以防中毒，造成不必要的损失。

三、病虫草害田间调查与防控记载表

病虫草害田间调查与防控记载格式见表 6-21、表 6-22。

表 6-21　向日葵菌核病调查记载表

调查日期	品种	生育期	调查株数	发病株数	株发病率	病情严重度					病情指数	备注
						0 级	1 级	2 级	3 级	4 级		

表 6-22　病虫害防治情况记载表

病虫害名称	作物生育期	病虫害发生情况	防治措施		防治效果	分析总结
			时间	方法		

项目七

瓜菜病虫害识别与综合防控

工作任务1　瓜类病虫害识别与综合防控

【任务概述】

新疆的西瓜和甜瓜以清脆爽口、汁多味甘著称。在长期的种植生产中，人们总结出了许许多多的高产优质栽培经验和技术。但是，随着生态环境和生产条件的不断变化，瓜类病虫害也发生了很大的变化。第一，瓜类病虫害种类比过去多了，以往国内从未见过的病虫也出现了，如美洲斑潜蝇、果实腐斑病等。这些病虫通过进口鲜果、鲜花植株或种子传入，现今已成为危害瓜类生产的重要病虫。第二，由于大面积使用小拱棚、大棚、温室等保护地生产技术，致使一些病虫的发生季节提前了，每年害虫的繁殖代数增加了，为害的时期延长了，同时大量商品瓜的流通也加快了一些病虫的传播，扩大了为害地域。总之，与传统农业相比，有些病虫的发生规律起了显著变化。第三，我国的瓜类生产的面积大，地域广，新区多，病虫多，新农药多，在病虫防治上不仅要重视直接防治效果，还应考虑到防止环境污染、减少农药残毒和保护自然天敌等问题。所以，病虫的防治难度也比过去增加了。

西瓜、甜瓜等瓜类是人们日常生活中不可缺少的、经济效益较高的作物，病虫害是其生产成败的决定因素之一。病虫害轻则减产、品质变劣，重则绝收。因此，掌握病虫害防治技术，是当前保障瓜类生产的迫切要求。瓜类作物的病虫种类很多，主要包括传染性病害、生理性病害以及害虫的为害。

传染性病害的病原有真菌、细菌、病毒、线虫、寄生性种子植物等，瓜类作物80%以上的传染性病害是由真菌引起的。瓜类作物较易感病，传染性病害种类繁多，各种病害的发生地区与其危害程度各不相同，有的病害仅在局部地区个别年份发生。目前发生普遍、危害较大、造成经济损失较多的有枯萎病、疫霉病、蔓枯病等根部病害；白粉病、霜霉病、炭疽病、细菌性角斑病等叶部病害。由于其传播速度快、来势猛，稍有不慎就会造成巨大损失。病毒病、根结线虫病等虽然在局部地区、地块和特定气候年份发生，但其防治难度较大，一旦失控也会导致严重减产。西瓜最突出的病害有枯萎病与炭疽病，甜瓜有疫霉病、蔓枯病、白粉病、角斑病和霜霉病等。传染性病害的防治，必须十分重视对发病条件的控制。在防治方法上，土传病害应以实行合理轮作、推广抗病品种、普及嫁接换根等农业措施为主；对叶部病害则常用化学防治。

生理性病害无病原物，不传染，主要是环境条件（空气、土壤及温、光、水、气等因素）不良和栽培措施不当所引起的生理失调。有些生理性病害的识别比较困难，如一些营养缺素症与病毒病症状十分相似，易于混淆。

瓜类的害虫种类很多，各种害虫的种群分布和为害情况各不相同，有的害虫仅在局部地区、个别年份发生。目前发生范围广、为害比较严重的害虫有瓜蚜、叶螨和种蝇等。几种刺吸式口器的昆虫，如瓜蚜、叶螨、白粉虱、蓟马等，由于其一年中世代发生多，生活周期短，在环境条件适宜时，短期内虫口可急剧增多，酿成大害。其中尤以瓜蚜的危害最重，不仅直接影响植株生长，还会传播病毒病。斑潜蝇是为害瓜类作物的新传入害虫。

大棚、温室等瓜类保护地生产，病虫害的发生和为害情况与露地生产不同。由于保护地瓜类栽培的技术性很强，一旦管理不当，调控失误，极易发生传染性病害和生理性病害。温室白粉虱主要在保护地内发生；斑潜蝇对保护地瓜类生产威胁很大。保护地内的病虫害防治，除了一般露地生产上常用的方法外，还可根据保护设施的特定条件，采用土壤消毒、熏烟法、粉尘法、加设防虫网等防治措施。

瓜类作物的病虫害防治，应全面贯彻“预防为主，综合防治”的植保方针，紧密结合瓜类作物的生物学特性，采用以农业防治为基础，从加强栽培管理人手，协调好各种措施（栽培措施、人工防治、物理防治、化学防治、生物防治等）。对主要病虫害的发生情况应做好预测预报，在关键时期合理采用化学防治，保证防治质量，做到用药少、防效高、尽可能不杀伤天敌、尽可能减少对环境的污染。特别是在历来使用农药较少、害虫天敌较多的新疆地区，更应充分保护、利用自然天敌，进行生物防治。

【知识准备】

一、猝倒病

1. 分布与为害

猝倒病是瓜类苗期病害，保护地栽培育苗期最为常见，育苗栽培年限越长的温室里发病越重，特别是在气温低、土壤湿度大时发病严重，可造成烂种、烂芽及幼苗猝倒，约80%的幼苗死亡归因于该病。

2. 为害症状

西瓜苗期和生长后期均可发病，是苗期毁灭性病害。种子萌芽后至幼苗未出土前受害，造成烂种、烂芽。出土幼苗受害，茎基部呈现水渍状黄色病斑。后为黄褐色，缢缩成线状，倒伏。幼苗一拔就断，病害发展很快，子叶尚未凋萎，幼苗即突然猝倒死亡。湿度大时，病株附近长出一层白色絮状菌丝。生长后期，果实受害，瓜面呈水渍状大斑，严重时果实腐烂，表面长出白色絮状菌丝。

3. 病原

瓜果腐霉菌，属真菌鞭毛菌亚门腐霉属。菌丝无色，无隔膜。老熟菌丝顶端着生不规则的圆筒状或手指状分枝的孢子囊。游动孢子肾形，凹面有两根鞭毛，卵孢子球形，光滑，悬于藏卵器内。

4. 发病规律

本病原菌的腐生性很强，可在土壤中长期存活，以菌丝体和卵孢子在病株残体及土壤中越冬。第二年，条件适宜时卵孢子萌发，先产生芽管，然后在芽管顶端膨大形成孢子囊及游动孢子。在土中营腐生生活的菌丝体也可产生游动孢子囊。以游动孢子侵染瓜苗引起猝倒。病菌靠灌水或雨水冲溅传播。低温、高湿、施用未腐熟的粪肥等，均有利于发病。苗床通风不良，光照不足，湿度偏大、不利于幼苗根系的生长和发育，易诱导猝倒病发生。在瓜生长成熟期，田间应严格控水，浇水时要绝对避免水淹瓜的果实，否则瓜果腐烂，易发生绵腐病。

二、立枯病

1. 分布与为害

立枯病是幼苗期主要病害之一。在春季露地栽培及温室育苗期常与猝倒病相伴发生，该病害占幼苗死亡率的10%左右。

2. 为害症状

播种后到出苗前感病受害，可出现烂种和烂芽；幼苗出土后，染病株在根茎基部出现黄褐色长条形或椭圆形的病斑，发病初期病苗白天萎蔫，夜晚恢复，病斑凹陷，逐渐环绕幼茎，缢缩成细腰状，病苗很快萎蔫、枯死，但病株不易倒伏呈立枯状。有时在病部及周围土面可见淡褐色蛛丝网状霉，但不显著。病部不长明显的白色棉絮状物，可依此与猝倒病区分。

3. 病原

立枯丝核菌，属真菌半知菌亚门无孢目丝核菌属。初生菌丝无色，较纤细，老熟菌丝黄褐色，较粗壮，略呈直角分枝，分枝基部缢缩，分枝附近有一隔膜。菌核成熟时棕褐色，形状不规则。

4. 发病规律

立枯丝核菌是土壤习居菌，腐生性较强，病菌主要以菌丝体或菌核在土壤内的病残体及土壤中长期存活，也能混在没有完全腐熟的堆肥中生存越冬。极少数以菌丝体潜伏在种子内越冬。此病初侵染来源主要是土壤、病株残体、农家肥料。在适宜的环境条件下，病菌直接侵入寄主内为害，在田间通过风雨、耕作、流水、人畜、地下害虫等进行传播。

立枯病的发生与气候条件、耕作栽培技术、土壤、种子质量等密切相关。

(1)种子播入土壤中后，若遇低温多雨，特别是遇寒流，常诱发烂根。

(2)瓜种籽粒饱满，则生活力强，播种后出苗迅速，整齐而苗壮，不易遭受病菌侵染，发病轻；反之，则发病重。

(3)多年连作的瓜田，或施入未腐熟的厩肥，土壤中病菌积累多，瓜苗发病率高，病害重。

(4)播种期过早或播得过深(6 cm 以上)，均使苗延迟出土，病菌易于侵染，引起发病。

(5)地势低洼、排水不良、土壤黏重、通气性差、植株长势弱者，发病严重。

(6)覆盖地膜栽培，湿度过大时可加重立枯病。

三、枯萎病

1. 分布与为害

瓜类枯萎病又称萎蔫病、蔓割病。自 1894 年在美国南卡罗来纳州发现该病以来，已分布于世界各产瓜区，是一种世界性瓜类土传病害。1899 年我国东北就有报道，目前，在我国南、北方瓜区都有发生，以西瓜发病最重，甜瓜次之。尤其是连作地发病严重，常可造成全田毁灭。枯萎病是瓜类生产上急需解决的重要问题。

2. 为害症状

本病于苗期、伸蔓期至结果期都可发生，以开花坐果期和果实膨大期为发病高峰。果实开始成熟时病害又趋于稳定。其典型症状是萎蔫。幼苗发病，子叶萎蔫或全株枯萎，呈猝倒状。开花结果后发病，病株叶片逐渐萎蔫，似缺水状，中午更为明显，早晚尚能恢复，数日后整株叶片呈褐色枯萎下垂，不能再恢复正常，叶片干枯，全株死亡。患病根部褐色腐烂，稍缢缩，茎基部纵裂，裂口处有时溢出琥珀色胶状物，将病茎纵剖，可见维管束呈黄褐色。在潮湿环境下，病部表面常产生白色及粉红色霉状物，即病菌分生孢子。

3. 病原

瓜类枯萎病由真菌半知菌亚门镰孢霉属尖镰孢菌侵染所致。为害瓜类的许多不同专化型在各种瓜类之间的侵染能力表现出明显的差异。

据新疆农业大学对西瓜和甜瓜根际镰孢霉种类及其消长规律的研究，茄病镰孢霉菌和尖孢镰霉菌是西瓜甜瓜根际镰孢霉中分离比例较大的两种。其中茄病镰孢霉分离出现比例最大，主要集中在生长前期和后期，而在枯萎病发病高峰期以尖孢镰霉菌所占比例为主。

病菌发育和侵染适温为 24～28 ℃，最高为 35 ℃，最低温度 4 ℃，pH 范围 2.3～9，最适 pH 为 4.5～6。

4. 发病规律

病菌主要以菌丝体、厚垣孢子和菌核在土壤和未充分腐熟的带菌厩肥中越冬及附着在种子表面的分生孢子越冬，成为第二年发病的初次侵染源。病菌在土壤中离开寄主仍能存活 3 年以上。厚垣孢子和菌核能存活 10～15 年，通过牲畜的消化道仍能保持其生活力。病菌主要经过根部伤口或由根毛顶端细胞间直接侵入，先在寄主薄壁细胞间和细胞内，然后进入维管束，在导管内生长发育。病菌分泌果胶酶、纤维素酶和毒素，在导管内积累，堵塞导管，阻碍水分运输。当植株蒸发量大时，供水不足造成萎蔫；蒸发量小时，叶片又可恢复正常，几天之后病株渐渐整株萎蔫死亡或因病菌分泌的毒素干扰寄主新陈代谢，积累许多醌类化合物，使寄主中毒死亡。病菌还可从病蔓经由果梗侵入果实而发病，或从果皮伤口处侵入，引起瓜腐烂，有苦味。

枯萎病传播途径较广，分生孢子可通过种子、土壤、农具、未腐熟肥料和灌溉水等传播。发病的轻重主要决定于当年土壤中及未腐熟的厩肥中初次侵染的菌量，而地下害虫和土壤线虫为害造成的伤口，为枯萎病菌侵染创造了条件。地上部植株因人为整枝或绑架形成伤口，再次为病菌的入侵，造成局部枝蔓萎蔫创造了条件。

病菌发育和侵染适温为 24～28 ℃，最高为 35 ℃，最低温度 4 ℃，pH 范围 2.3～9，最适 pH 为 4.5～6。

枯萎病发生的轻重与以下因素有关。

(1)连作田块发病重。

(2)土质黏重、地势低洼、排水不良、耕作粗放等，对瓜根系生长发育不利，发病都较重。

(3)天气时雨时晴，或久旱后下雨，或灌水量过大、次数过多，田间有积水或高温、高湿，根系透气性差，西瓜极易发生枯萎病。

四、疫霉病

1. 分布与为害

瓜类疫霉病，简称疫病，俗称“死秧病”，发病后病株很快萎蔫死亡，是近十多年来为害瓜类的重要病害，对西瓜、甜瓜、黄瓜、西葫芦、南瓜等的生产威胁很大。田间高温高湿时易发病，尤其是大雨或暴雨后，或浇水过量，或排水不良，会带来惨重的损失，甚至绝收。

2. 为害症状

疫霉病菌以侵害瓜根茎部为主，还可侵染叶、蔓和果实。根茎部发病初期产生暗绿色水渍状病斑，病斑迅速扩展，茎基呈软腐状，有时长达 10 cm 以上，植株萎蔫青枯死亡，维管束不变色。有时在主根中下部发病，产生类似症状，病部软腐，地上部青枯，叶片染病时则生暗绿色水渍状斑点，扩展为近圆形或不规则大型黄褐色病斑，天气潮湿时全叶腐烂，干燥时病斑极易破裂。严重时，叶柄、瓜蔓也可受害，症状与根茎部相似。果实染病后产生暗绿色近圆形水渍状病斑，潮湿时病斑凹陷腐烂长出一层稀疏的白色霉状物。

3. 病原

瓜类疫霉病病原为真菌中鞭毛菌亚门霜霉目疫霉属的疫霉菌。疫病主要由 3 种疫霉菌引起，即辣椒疫霉菌、掘氏疫霉菌和寄生疫霉菌。

4. 发病规律

病原菌主要以菌丝体、卵孢子和厚垣孢子在病残体、土壤和未腐熟的粪肥中越冬。第二年卵孢子和厚垣孢子萌发产生孢子囊，在高湿条件下释放出游动孢子，通过雨水，灌溉水传播到寄主上，孢子萌发产生芽管，芽管与寄主表皮接触后产生附着器，再由附着器产生侵入丝，直接穿过表皮进入寄主体内。植株生病后，遇潮湿的气候病部又产生孢子囊，孢子囊及其释放出的游动孢子又借风、雨、灌溉水传播，进行重复侵染，使病害迅速蔓延。瓜的整个生育期都可被病菌侵染，6 月下旬至 8 月中旬为发病盛期。

病菌发育的适宜温度范围为 5～37 ℃，最适为 28～30 ℃，旬平均气温在 23 ℃时田间瓜蔓开始发病，高湿(相对湿度 85%以上)是病害流行的决定性因素。6—7 月有雷阵雨，雨后疫病大流行。新疆地区 6 月下旬气温升高，瓜生长需水量大，若以大水漫灌、串灌，瓜田畦面被水淹，疫病就会大发生；若浇水次数多，低洼处有积水不能及时排出，不仅对瓜的生长不利，而且有利于病原菌的传播和侵染。用渠水灌溉比用井水灌溉发病重。

瓜地连作，或施用未充分腐熟的土杂肥作基肥，或是追施化肥时伤根严重，常会导致疫病发生。若合理轮作，选择砂壤土种瓜，发病就轻。

五、蔓枯病

1. 分布与为害

蔓枯病也叫黑腐病、黑斑病、褐斑病，是西瓜、甜瓜和黄瓜的常见病害，因引起蔓枯而得名。此病在我国各西瓜、甜瓜产区发生普遍，发病严重者，可出现瓜秧成片死亡。一般病田可减产 20%～30%，严重的达 50%以上，有的甚至绝收。

2. 为害症状

在瓜的整个生育期，地上各部位均可受害。病株幼苗初现水渍状小斑，病斑迅速向上、下扩展，呈环状黑色或棕黄色病痕，不久全株软腐死亡。叶片受害后，最初为浅褐色水渍状小点，后逐渐扩大成直径为 1～2 cm 的圆形、近圆形或不规则形的黑褐色大斑，常见叶缘受害，形成黑褐色弧形、楔形大斑，病部干枯，表面散生有黑色小粒点，即病菌的分生孢子器及子囊壳。蔓茎受害，早期多发生在茎基部的分杈处，呈水渍状灰绿色斑，渐渐沿茎扩展到各节部，病斑呈短条状褐色凹陷斑、环状黑色斑，密生黑色小粒点。在龟裂处不断分泌黄色胶汁，干涸后凝结成深红色至黑红色的颗粒状胶质物，附着在病部表面，蔓叶枯萎。横切病茎，可见病茎表皮一圈变褐，其维管束不变色，仍维持绿色，这一点与枯萎病有明显不同；受害果实先呈现水渍状的小斑，后扩大成圆形、暗褐色的凹陷斑，病斑表面常呈星状开裂，产生黑色溃疡，病斑上有许多分散的黑色小点。

3. 病原

瓜类蔓枯病菌有性时期属子囊菌亚门座囊菌目球腔菌属。子囊壳半埋生于寄主表皮下，壁膜质，黑褐色，孔口周缘的壁深黑色，呈细颈瓶状、球形或扁球形。

蔓枯病菌主要侵害甜瓜、黄瓜、西瓜，还可不同程度地侵染冬瓜、西葫芦、南瓜、丝瓜等葫芦科作物。

4. 发病规律

病原菌主要以分生孢子器和子囊壳随病残体落在土壤中和未充分腐熟的粪肥中越冬，种子也可以带菌。据浙江省报道，种子带菌率一般为 5%～30%，并可存活 18 个月以上。病残体上病菌的存活期，因越冬场所不同而有差异，在水中、潮湿土壤中可存活 3 个月，在旱地病残体上存活 8 个月以上。第二年春天，释放分生孢子和子囊孢子进行初次侵染。种子带菌引起子叶发病；病残体上形成的分生孢子借风、雨、灌溉水传播，从气孔、水孔或伤口侵入，反复侵染蔓延。

病害的发生与温度、湿度及农业措施关系密切。菌丝在 5～35 ℃均能生长，最适温度为 25 ℃；分生孢子在 5～40 ℃均可萌发，最适温度为 26～30 ℃。降雨量和降雨次数是此病害发生的主导因素。气温在 30 ℃以上，降雨次数多，雨量大，是发病的高峰期。凡瓜田植株长势旺，密度过大，灌水量过多，排水不良，湿度大者根、茎、蔓、叶易发生蔓枯病。随着连作年限增加，病害会逐年加重。施氮肥过多也可加重病害。保护地种植的瓜类，在冬、春两季光照弱，通风不良，湿度大的环境条件下，更易发生蔓枯病。

六、炭疽病

1. 分布与为害

炭疽病是瓜类作物的重要病害之一，在我国分布比较广泛。西瓜和甜瓜最易感病，黄瓜、南瓜等其他葫芦科植物也受其侵害。近年来，随着保护地栽培面积的扩大，北方的温室和塑料大棚内，瓜类炭疽病发病率有上升的趋势。

2. 为害症状

瓜类炭疽病在瓜类作物整个生长期内均可发生，但以植株生长中后期发生最重，造成茎叶枯死，果实开裂腐烂。炭疽病也是西瓜、甜瓜收获后运输中和贮藏期的重要病害。幼苗发病后子叶边缘出现褐色半圆形或圆形病斑，茎基部受害后病部缢缩、变色，幼苗猝倒。成株期叶部病斑初为水渍状圆形淡黄色小斑，后变褐色，边缘紫褐色，中间淡褐色，有同心轮纹和黑色小点，病斑扩大后互相融合，易引起穿孔，叶片早枯。茎蔓和叶柄受害后病斑长圆形，微凹陷，呈黄褐色水浸状，后变黑色，病斑若发展至绕茎蔓或叶柄一圈，即引起茎蔓或叶枯死。果实受害后先呈暗绿色水渍状小斑点，后迅速扩大为圆形或椭圆形。凹陷呈暗褐色至黑褐色溃疡斑，凹陷处常龟裂，上生许多黑色小粒点，即分生孢子盘。潮湿环境下在溃疡斑上产生粉红色黏状物，即病菌的分生孢子堆。严重时病斑连片，果实腐烂。

3. 病原

瓜类炭疽病菌无性世代属半知菌亚门黑盘孢目炭疽菌属。有性世代为子囊菌，在自然情况下很少出现。

病斑上散生的黑色小点即病菌的分生孢子盘，产生在寄主表皮下，成熟后突破寄主表皮外露。分生孢子与黏胶物质相混，呈粉红色。病菌存在生理专化现象，至少有 3 个不同小种，对西瓜、甜瓜和黄瓜具有不同程度的毒力。

孢子萌发最适温为 22～27 ℃，4 ℃以下不能萌发。在空气相对湿度 60%～100%时分生孢子均可萌发。直射光对病菌发育有抑制作用，故病害在遮阴处发生较多。

4. 发病规律

病菌主要以菌丝体和拟菌核（未发育成熟的分生孢子盘）在病残体上或在土壤里越冬。种子也能带菌传病，病菌在种子上 2 年后即可死亡。在温室、塑料大棚内的旧木桩上，病菌也可营一定时期的腐生生活。

越冬后的菌丝体和拟菌核发育成分生孢子盘，产生大量分生孢子，是田间病害的主要初次侵染来源，潜伏在种子上的菌丝体，可以直接侵入子叶引起幼苗发病。

分生孢子主要通过流水、雨水、甲虫和人畜活动进行传播。摘瓜时，瓜果表面常有大量分生孢子，在贮藏运输中也能侵入发病。

孢子萌发最适温度为 22～27 ℃，4 ℃以下不能萌发。在空气相对湿度 60%～100%时分生孢子均可萌发。直射光对病菌发育有抑制作用，故病害在遮阴处发生较多。湿度是诱发本病的主要因素。病害的潜育期，一般为 3～6 d。湿度降至 54%以下，病害就不能发生。发病要求温度范围较宽，在 10～30 ℃均可发生，而以 24 ℃为最适宜。因此在低温高湿（多雨）的环境下发病最盛。连作地发病重；过多地施用氮肥、通风不好、植株衰弱者，发病均较重；灌水多、降雨多、田间排水不良者，发病重。

七、白粉病

1. 分布与为害

瓜类白粉病俗称“白毛病”“粉霉病”，是一种分布广泛，为害较重的病害。可为害西瓜、甜瓜、黄瓜等。我国南方和北方不论温室、大棚及露地栽培的瓜田均有发生，多发生在结瓜期及成熟期。病害一旦发生，常发展迅速，若不及时防治，会导致瓜叶枯焦，致使果实早期生长缓慢，植株早衰，严重影响瓜的品质和产量。

2. 为害症状

此病主要侵染叶片、叶柄，茎蔓也常受害，果实受害较少。发病初期，叶片的正面或背面长出小圆形白色粉状霉点，不久逐渐扩大成较大的白色粉状霉斑（病菌菌丝体、分生孢子梗及分生孢子），以后蔓延到叶柄和茎蔓甚至嫩果实上。严重时整个植株叶片被白色粉状霉层所覆盖，叶发黄变褐、质地变脆。后期有时白粉层中出现散生或堆生的有性世代的闭囊壳，先为黄色后变成黑褐色的小粒点。

3. 病原

瓜类白粉病病原的有性世代包括子囊菌亚门白粉菌目的菊二孢白粉菌、单丝壳白粉菌和鞑靼内丝白粉菌三种病原菌。

4. 发病规律

以有性世代的闭囊壳随病株残体在田间越冬；冬季病菌在花房、温室、塑料大棚里以菌丝体在寄主植物上越冬，或产生分生孢子继续传播和侵染。翌年春天，以分生孢子随气流和雨水传播，造成初次侵染。白粉菌是专性寄生菌，只能在活寄主上生活，吸收营养。

(1)发病与温、湿度的关系　该菌对湿度要求并不严格，其分生孢子在相对湿度 25%～100%时都可萌发，以 80%～90%最适宜。而夏季晚上有露水或小雨则有利于发病。

(2)发病与栽培管理的关系　栽培管理粗放，偏施氮肥，植株徒长，枝叶过于茂盛，通风不良，光照不足，株间湿度大，植株长势弱，均有利于发病。

八、霜霉病

1. 分布与为害

瓜类霜霉病是甜瓜和黄瓜的毁灭性病害，也为害西瓜、丝瓜等葫芦科植物。在我国各瓜产区均有发生，无论是露地或保护地栽培的甜瓜、黄瓜，常因此病而遭受惨重的损失。在适宜条件下，病害发展迅速，1～2 周内可使瓜秧枯黄，瓜果不能成熟，流行年份常减产 30%～50%，甚至绝收。

2. 为害症状

瓜类霜霉病在整个生育期均可发病，主要为害叶片。苗期发病，叶片正面出现不均匀的褪绿黄化，子叶失绿干枯，并逐渐向真叶发展，使幼苗枯死。成株期发病，多在开花结果后开始发病，一般下部叶片先发病。初期叶片上呈水渍状淡黄色小斑点，后病斑逐渐扩大，受叶脉限制呈多角形，黄绿或淡褐色。当田间湿度大时，叶背面长出灰黑色霉层。病情由植株下部逐渐向上蔓延发展。当环境条件适宜时，病斑迅速扩展增多，连成一片，除心叶外全株叶片干枯卷缩。该病病斑为多角形黄褐色，不穿孔，叶背有一层黑色或紫黑色霉层，易与其他病害加以区别。

3. 病原

瓜类霜霉病为鞭毛菌亚门古巴假霜霉菌，是一种活体寄生真菌。孢囊梗自气孔中伸出，形成霜霉层。

4. 发病规律

病菌主要以卵孢子在土壤中的植株病残体上越冬，也以菌丝体和孢子囊在温室受害株上越冬。病菌孢子主要靠气流、雨水和昆虫等进行传播。该病与温度、湿度关系很大。在 15～25 ℃，空气湿度为 80%以上时，病菌自侵入到发病只需 3～5 d。昼夜温差大，降雨次数多，空气湿度大的条件下，病害易流行。保护地栽培，若灌水后放风不及时，或放风量过小，造成棚内湿度大，叶面结露易诱导该病的发生。保护地内还易从塑料棚破裂处发病，继而向四周扩大蔓延。此外，重茬地、低洼地、黏土地及通风不良的地块均易发病。

九、细菌性角斑病

1. 分布与为害

瓜类细菌性角斑病在北疆发生比较普遍，以黄瓜受害最重，其次为甜瓜、西葫芦。

2. 为害症状

瓜类细菌性角斑病主要侵染叶片，也能危及果实和茎蔓。叶片发病，产生水浸状小点，淡绿色，后变为淡黄色，病斑逐渐扩大，因为受叶脉限制而呈多角形的黄褐色病斑。后期病斑中央组织干枯形成穿孔。空气湿度大时，叶背病斑上有白色黏液。果实与茎蔓受害的症状与叶片症状相似，但果实上的病斑常形成溃疡和裂口，潮湿时分泌白色细菌黏液。果实上的病斑向内扩展，一直蔓延到种子。

幼苗被害，子叶初呈水渍状圆斑，稍凹陷，后变褐干枯，茎部染病可引起幼苗猝倒。

3.病原

瓜类细菌性角斑病的病原是丁香假单胞杆菌，是一种细菌，菌体很小，短杆状，有1～5根端生鞭毛。革兰氏染色反应阴性。细菌生长的最适温度为25～28 ℃，最适酸度为pH 6.8。

4.发生规律

瓜类细菌性角斑病菌在病残物和种子上越冬。通过风雨、昆虫传播。病菌从寄主伤口和自然孔口入侵。病原菌的菌脓又随风雨、昆虫、田间操作传播，引起再侵染。

当温度在22～24 ℃，相对湿度在70%以上时，病害易于发生和流行。一般多在栽培密度大，土壤潮湿的地块先发病，在连阴雨后，天气闷热时病害容易滋生蔓延。低洼下潮地，排水不良及整枝、绑蔓不及时的地块易发病。连茬地、通风透光差的地发病都比较重。另外，定植时护根措施不好，或地下害虫多，造成根系断裂，给病菌以可乘之机，也易于发病。

十、美洲斑潜蝇

1.分布与为害

美洲斑潜蝇属世界性害虫，近年已传入我国，是全国植物检疫对象，在新疆发生为害也很严重。美洲斑潜蝇的寄主范围较广，可为害26科300多种植物。其中瓜类作物、芥菜、豆类作物、番茄、茄子、辣椒、马铃薯、苜蓿、蓖麻等植物受害较为严重。其幼虫生活方式隐蔽，潜食叶肉，形成先细后宽的蛇形弯曲或蛇形盘绕虫道，其内有交错排列整齐的黑色虫粪。虫道呈不规则线性伸展，虫道端部明显变宽，老虫道后期呈棕色的干枯斑块。一般一虫一道，1头老熟幼虫1天可潜食3 cm长。以老熟幼虫在叶片正面潜道末端1 cm处咬一半圆形小孔爬出，多数从叶面滚落土中化蛹，少数在叶片或叶柄上化蛹。破坏叶肉细胞、降低植物的光合作用，为害严重时导致落叶。同时，其为害也为病菌提供了侵入途径和滋生场所。在植株幼苗期，幼虫为害可使植株发育推迟，严重时使植株枯死。对花卉和蔬菜等经济作物也构成较大威胁。

2.形态特征

美洲斑潜蝇属双翅目潜蝇科。

(1)成虫　体长1.3～2.3 mm，翅长1.3～2.3 mm，体淡灰黑色，足淡黄褐色，复眼酱红色。

(2)卵　椭圆形，乳白色，大小为(0.2～0.3) mm×(0.1～0.15) mm。

(3)幼虫　蛆形，老熟幼虫体长约3 mm。幼虫有3龄，1龄虫体较透明，近乎无色，2、3龄为鲜黄或浅橙黄色。

(4)蛹　为围蛹，椭圆形，腹面稍扁平，大小为(1.7～2.3) mm×(0.5～0.75) mm，橙黄色至金黄色。

3.发生规律

美洲斑潜蝇一年发生15代以上，条件适宜时，12～16 d完成一个世代。幼虫潜食叶肉，形成先细后宽的蛇形弯曲，或蛇形盘绕虫道，其内有交错排列整齐的黑色虫粪，虫道呈不规则线性伸展，虫道端部明显变宽，老虫道后期呈棕色的干斑块区，一般1虫1道，1头老熟幼虫1 d

可潜食 3 cm 长。以老熟幼虫在叶片正面潜道末端 1 cm 处咬一半圆形小孔爬出，多数从叶面滚落土中化蛹，少数在叶片或叶柄上化蛹。成虫羽化后在田间取食花蜜，具有趋黄性。交尾后雌虫以产卵器在叶片上刺孔产卵，导致大量叶片组织细胞死亡，肉眼可见点状白斑。雄虫虽不能刺伤叶片，但可在雌虫造成的伤口上取食。

美洲斑潜蝇成虫有飞翔能力，但飞行距离仅 100 m 左右，自然扩散能力不大。远距离传播以随寄主植物的调运为主要途径。其中以带虫叶片作远距离传播为主，茎和蔓等植物残体夹带传播次之。鲜、切花可能是一种更危险的传播途径。

此虫生长发育的适温在 24 ℃左右，30 ℃以上对幼虫有抑制作用。

十一、白粉虱

1. 分布与为害

白粉虱属同翅亚目粉虱科，包括温室白粉虱和烟粉虱。前者广泛发生于新疆南、北疆各地，后者近几年传入新疆，已在吐鲁番等地严重发生，并有逐渐蔓延和危害加重的趋势。

白粉虱是北方地区温室大棚一种重要害虫，主要为害温室大棚内的蔬菜和花卉，也为害陆地栽培的蔬菜、花卉、药材、棉花、粮食作物和果树。其成虫和若虫群集于寄主叶片背面吸食汁液，使叶片退绿变黄，甚至枯死。成虫和若虫还分泌大量蜜露，堆积于叶片和果实上，严重影响叶片的光合作用和呼吸作用，造成叶片萎蔫，甚至植株枯死。

2. 形态特征

(1)成虫　体长 1 mm，黄色，被有白色蜡粉。翅白色，不透明，翅脉简单。

(2)卵　枣核形，下有短柄，表面光滑有光泽。初产时淡黄色，后变为灰褐色。

(3)若虫　椭圆形，扁平，黄白色半透明，体表有长短不一的蜡刺。初孵若虫有触角和足，能爬行。脱皮后，触角和足消失，用口针固定在寄主叶背。

(4)蛹　长 0.7～0.8 mm。蛹壳背面有长短不等的刚毛状蜡刺。

3. 发生规律

温室白粉虱在温室内 1 年发生 10～12 代，世代重叠，以各种虫态在温室蔬菜上越冬。在自然条件下，一般以卵和成虫在杂草上越冬。春季成虫和若虫在温室内蔓延为害，入夏后气候转暖，白粉虱便转入露地寄主上为害。前期虫口增加缓慢，7 月以后增长迅速，8—9 月份，露地蔬菜受害严重。10 月以后气温下降，又向温室转移为害。

成虫活泼，可近距离飞翔，雌雄成双栖息于植株上部，嫩叶背面，并在其上产卵、取食。卵散产，也有呈半圆或圆形排列。1 头雌虫产卵 200～300 粒。成虫产卵时将卵柄扎进叶肉里，卵粒直立于叶背上。除进行有性生殖外，还可孤雌生殖。成虫对黄色有强烈的趋性，且有选择嫩叶群居、产卵的习性。

若虫 4 龄，初孵若虫善爬行，找到适宜场所后，用口针刺入叶片组织内吸食，若虫 2 龄以后，触角和足退化，营固定生活，直至化蛹。

白粉虱各虫态在寄主上呈有规律的垂直分布，上层是成虫及初产的卵，中层是即将孵化的卵和若虫，下层是布满蜡刺的老熟若虫和蛹。

【任务实施】

瓜类病虫害识别与综合防控

一、瓜类病虫害诊断、识别

1. 目的要求

正确识别当地瓜类主要害虫形态特征和病害症状特点。

2. 仪器和用具

显微镜、体视显微镜、手持式放大镜、镊子、挑针、培养皿等。

3. 观察材料

猝倒病、立枯病、枯萎病、疫霉病、蔓枯病、炭疽病、白粉病、霜霉病、细菌性角斑病、美洲斑潜蝇、白粉虱等当地常见病虫害标本、挂图、影像资料、PPT 等。

4. 实施场所

实训室、多媒体教室、瓜类生产田等。

5. 内容与方法

(1)使用体视显微镜或放大镜观察美洲斑潜蝇成虫、白粉虱成虫、若虫和卵的形态特征。

(2)观察猝倒病、立枯病、枯萎病、疫霉病、蔓枯病、炭疽病、细菌性角斑病的症状特点。

(3)观察白粉病、霜霉病的症状特点,注意观察比较两者产生的粉状物和霜霉状物在受害叶片着生的部位有什么不同。

(4)通过挂图、影像资料、PPT 等观察病虫害的形态特征和症状特点、为害症状等。

6. 任务

列表比较甜瓜霜霉病和细菌性角斑病的相同和不同之处。

二、职业岗位能力训练

(一)西瓜播前准备

1. 职业岗位工作任务与要求

根据西瓜生产、西瓜制种管理技术要求和西瓜病虫害发生发展规律,检查、指导种植者认真进行轮作倒茬等土地准备工作,正确选择药剂和方法进行种子处理,记录工作质量,认真做好病虫草害的预防工作。

2. 工作程序与操作技术(表 7-1)

表 7-1 西瓜播前准备工作程序与操作技术

工作环节	工作程序与操作技术
信息搜集	1. 主动请教当地县、乡农技部门的技术专家和科技示范户,了解当地西瓜病虫草害的发生种类、为害情况以及综合防控技术经验。 2. 通过网络、图书等查阅、学习西瓜病虫草害综合防控的相关内容。 3. 将搜集的信息进行汇总整理,做好防治工作的前期准备

续表7-1

工作环节	工作程序与操作技术
土地选择与准备	1.选择秋翻冬灌、地势平坦、排灌方便、土壤肥力高，通透性好的砂壤土种植。 2.轮作倒茬。西瓜生长过程中的多种病虫草害都是土壤传播的，因此，西瓜种植严禁重茬、迎茬。宜选择小麦、玉米等禾本科作物作前茬，不宜选择瓜类、茄果类及豆类作前茬。轮作周期应在4～5年及以上。 3.土壤消毒。如果采用育苗移栽，播种前15 d翻松床土，用40%福尔马林30 mL/m^2，兑水2～4 kg喷施后覆盖薄膜，4～5 d揭膜透气；或用50%多菌灵，或55%敌磺钠8～10 g/m^2与20～30 kg细土混匀，取1/3药土铺底，播种后将另外2/3药土盖在种子上
种子处理	1.选择优良抗病品种。 2.温汤浸种。播种前晒种2～3 d，然后将西瓜种放入55 ℃的水中，并不断搅拌，水温降到30 ℃时停止搅拌。常温下再浸泡8～10 h。 3.药剂浸种、拌种。 (1)预防病害　可用40%福尔马林150～200倍液，浸种30 min，将种子洗净后再用卫福、福美双、敌磺钠、戊唑醇或甲基硫菌灵等拌种，用药量为种子质量的0.3%。或使用西瓜种衣剂包衣。 (2)预防苗期害虫　可选择合适的药剂拌种，堆闷12 h，于阴凉处晾干后播种

3.常见技术问题处理

氟乐灵能不能在西瓜、甜瓜苗前使用?

氟乐灵是一种广泛应用的旱田除草剂。但在保护地西瓜、甜瓜上使用时应严格进行试验，以防产生药害。据调查，部分瓜农在种植西瓜、甜瓜时为防治杂草，先要喷40%氟乐灵乳油，每667 m^2用100 mL，然后覆地膜、打眼，再定植西瓜、甜瓜，定植后外扣小拱棚以增温，这样做极易造成西瓜、甜瓜产生药害。受害症状表现出为，西瓜、甜瓜植株生长迟缓，新生叶片严重皱缩，叶腋处新生叶芽皱缩，不易伸长，茎部与地面接触处肿大，地下部根比正常植株少，根部肿大，产生“鹅头根”，严重影响西瓜、甜瓜正常生长。用同种方法施药，甜瓜药害重于西瓜。甜瓜不同品种间抗药性有较大差异。

[案例] 新疆塔城某县消协接到农民辛某、王某的投诉，称其种植的打瓜因使用了“金都尔”牌除草剂后，打瓜生长缓慢，并有死苗现象，相比同期播种的打瓜出现严重减产。额敏县消协接到投诉迅速会同经销商和农业技术人员进行实地勘察，认为农民投诉属实。之后，该县其他农民也陆续投诉使用“金都尔”造成药害。

通过地、县消协调查，造成打瓜减产(绝收)的主要原因是农民用药量不当，而农民用药量不当的原因是，农民根据经销商的“金都尔在新疆的使用技术”宣传单中提示的使用方法，按每667 m^2地80 g以上的用量使用了金都尔除草剂。

说明书中推荐的用量，是指在每667 m^2均匀喷施的用量，而种植西瓜、甜瓜、打瓜等作物时，农民只在瓜沟及两侧铺膜处施药，瓜塘中不施药，如果仍然按说明书中推荐的用量施药，就会造成药害。

因此，在使用除草剂时，必须严格按照农药登记证中登记的适用范围、使用方法进行操作，不得擅自扩大适用范围，以免造成不必要的损失。

(二)西瓜苗期病虫害综合防控

1. 职业岗位工作任务与要求

根据苗期病虫草害的发生发展规律,及时开展病虫害田间识别和调查,掌握发生动态,制订防治方案,检查、指导病虫害防治技术措施实施。调查记载作业质量,分析总结防控效果。

2. 工作程序与操作技术(表 7-2)

表 7-2 西瓜苗期病虫害综合防控工作程序与操作技术

工作环节	工作程序与操作技术		
	病虫草害田间识别	病虫草害田间调查	防治技术
猝倒病防控	烂种、烂芽;幼苗茎基部呈现水渍状黄色病斑,缢缩、倒伏。湿度大时有白色絮状物	调查时间:播种后 5 d 开始。 调查方法:出苗前,拨土调查烂种、烂芽情况。出苗后,先于晴天中午在田间踏查,发现萎蔫或猝倒苗后,随机 5 点取样,开展全田调查	1. 加强田间管理,避免土壤湿度过大。 2. 在苗床或直播田间发现个别猝倒病苗而气温又较低时,应立即进行药剂防治。 (1)喷施 可选用甲霜灵锰锌、霜脲氰锰锌或敌克松喷雾。喷雾时使药液能够顺叶片流到茎基部为宜。 (2)灌根 可选用上述药剂稀释成 500 倍液灌根,每株用 0.15～0.25 L 药液
立枯病防控	烂种、烂芽;幼苗病株茎基部出现黄褐色长条形或椭圆形的病斑,发病初期病苗白天萎蔫,夜晚恢复,后枯死但不倒伏;病部无白色絮状物。可与猝倒病区分	调查时间:西瓜 1～2 对真叶期进行。 调查方法:出苗后,先于晴天中午在田间踏查,发现萎蔫或猝倒苗后,随机 5 点取样,开展全田调查	1. 加强田间管理,土壤湿度大时,及时在幼苗周围松土,保持表土干燥。 2. 发病初期,可选用氢氧化铜、多菌灵、甲基硫菌灵或噁霉灵等喷雾防治。 3. 猝倒病、立枯病混合发生时,可用 72.2%霜霉威丙酰胺(普力克)水剂 800 倍液和 50%福美双可湿性粉剂 800 倍液混合喷施。隔 7～10 d 喷 1 次,连续喷洒 2～3 次
炭疽病防控	叶片有水浸状斑点和黄褐色晕圈,病斑中部稍凹陷,后变黑褐色,有时出现同心轮纹。干燥时容易破碎。果实呈水浸状凹陷褐斑,有时凹陷处有龟裂	调查时间:子叶至 1 对真叶期查病苗;坐瓜后查病蔓和病瓜。 调查方法:对角线 5 点取样法,每 5 d 调查 1 次。苗期每点顺序查 20 株;伸蔓和坐瓜期每点顺序查 10 株	1. 加强田间管理,保持通风透光。严禁大水漫灌。 2. 在发病初期及时喷药。可选用代森锰锌、甲基硫菌灵、百菌清、咪鲜胺、抗霉菌素(农抗 120)等杀菌剂。每隔 7 d 喷药 1 次,连喷 2～3 次
蟋蟀防控	虫体较大,黑色或黑褐色;幼苗基部被咬断,心叶被咬掉或嫩叶出现缺刻	调查时间:幼苗出土后开始调查。 调查方法:发现被害幼苗后,翻动田间土块及杂草寻找蟋蟀。确定后 5 点取样,每点查 0.5 m^2,统计害虫数量	1. 铲除田埂杂草。 2. 用麦麸、棉籽饼等作饵料或用青草、菜叶等与农药混拌制成毒饵,于傍晚分小堆在田间撒施,2～3 kg/667 m^2。药与饵料之比为 90%晶体敌百虫:水:饵料=1:10:100。同时可兼治地老虎。 3. 在田埂、渠边、地头、林带、枯枝、落叶等蟋蟀聚集场所喷施辛硫磷乳油等药剂防治。同时可兼治地老虎
苗期害虫防控	地老虎、跳甲、烟蓟马、象甲等	调查方法见其他章节	防治方法见其他章节

3. 常见技术问题处理

怎么防治西瓜病虫害?

西瓜的病害主要有猝倒病、立枯病、枯萎病、白粉病、炭疽病等。如果患猝倒病和立枯病，可用多菌灵进行苗床消毒；如果患枯萎病，可用37%多菌灵草酸盐兑水800倍喷施或15%的西瓜重茬剂一号300～350倍液灌根。每株0.5 kg，在定植后3～4片真叶时用药，防治效果较好；如果是白粉病和炭疽病，可用百菌清、甲基硫菌灵(托布津)等药防治效果较好，交替使用。

西瓜的虫害主要有蚜虫、红蜘蛛等。防治药剂可选用阿维菌素、敌敌畏、敌杀死等，交替施用。根蛆可用敌百虫灌根防治。

(三)西瓜中后期病虫害综合防控

1. 职业岗位工作任务与要求

根据西瓜生长中后期病虫草害的发生发展规律，及时开展病虫害田间识别和调查，掌握发生动态，制订防治方案，检查、指导病虫害防治技术措施实施。调查记载作业质量，分析总结防控效果。

2. 工作程序与操作技术(表7-3)

表7-3　西瓜中后期病虫害综合防控工作程序与操作技术

工作环节	工作程序与操作技术		
	病虫草害田间识别	病虫草害田间调查	防治技术
白粉病防控	叶柄、叶片、茎蔓初期呈开水烫伤状，软腐，后产生白色粉状小霉点，逐渐扩大成粉霉斑，其间散生或堆生黄色至黑褐色小粒点。严重时整蔓枯死	调查时间：6月中旬至7月下旬。 调查方法：全田随机踏查底叶和茎蔓，发现白粉病后，开始5点取样调查，每点顺序查20株。5 d调查1次	1. 增施磷钾肥和微量元素肥，促进西瓜健康生长。 2. 适期预防。调查到白粉病在田间零星发生时，或直接于6月下旬在全田喷洒保护剂。可选用硫黄粉、硫黄悬浮剂、百菌清(达科宁)等。 3. 田间普遍发生时，使用治疗性药剂进行防治。可选用三唑酮、甲基硫菌灵、腈菌唑、氟硅唑等药剂轮流均匀喷施。7～10 d喷1次，连喷2～3次即可
枯萎病防控	发病初期叶片中午萎蔫，早晚恢复，数日后整天萎蔫，根尾腐烂。纵剖根茎部和根部，可见中心维管束发黄变褐。茎基部纵裂，裂口处有时溢出琥珀色胶状物。潮湿环境下，病部表面常产生白色及粉红色霉状物	调查时间：伸蔓期开始至果实膨大期。 调查方法：于晴天中午，全田踏查，发现萎蔫病株后，剖根茎检查。确诊后，5点取样调查，每点顺行调查20株，统计发病株率	1. 预防为主　加强田间管理，培育壮苗。要小水勤灌，避免大水漫灌，灌水应在早、晚进行。 2. 发现中心病株后，应立即拔除，并对拔出后的空穴撒施石灰和周围健株进行灌根处理。 3. 发病初期，可选用多菌灵胶悬剂、络氨铜锌水剂(抗枯灵)、敌磺钠、甲基硫菌灵或百菌清等药剂灌根，每穴药液500 mL，每隔7～10 d喷1次，连灌2～3次。可兼治蔓枯病。 4. 或用75%敌磺钠可湿性粉剂1～1.5 kg/667 m^2，于浇水时放入上水口处，随灌水施入瓜沟内

续表 7-3

工作环节	工作程序与操作技术		
	病虫草害田间识别	病虫草害田间调查	防治技术
疫霉病防控	植株枝叶萎蔫，根茎部水浸状病斑，病斑扩大后呈软腐状，植株萎蔫青枯死亡，维管束不变色。叶柄、瓜蔓受害，症状与根茎部相似。果实在贴地处初呈暗绿色水渍状近圆形病斑，逐渐扩散至整瓜软腐，表生白色绒毛状霉层	调查时间：6 月底至 8 月初。 调查方法：采用棋盘式取样法，每 5 d 调查 1 次，每田定点 20 个，每点定株 5 株，共取样 100 株，调查株发病率与病情指数	高温高湿和灌水不当是该病发生和传播蔓延的主要条件。 1. 加强灌水管理。防止瓜塘进水；尽量避免串沟灌水；灌水时水位线不宜到达茎部；避免热天中午灌水。 2. 发病前和发病初期灌根预防和治疗。可选用甲霜灵锰锌、三乙膦酸铝（疫霉灵）、噁霜灵锰锌（杀毒矾）、霜脲氰锰锌（杜邦克露）等药剂 400～500 倍液灌根。每株灌药液 300 mL。视病情，连续喷洒或灌根 2～3 次。病情严重时可隔 5 d 灌 1 次。交替轮换用药，以防产生抗性
蔓枯病防控	根茎地下部分不发病。横切地上病茎，可见病茎表皮一圈变褐，其维管束不变色，仍维持绿色，这一点与枯萎病有明显不同	调查时间：坐瓜初期开始。 调查方法：于晴天中午在田间慢步踏查瓜的叶和蔓，发现蔓枯病后，开始 5 点取样，系统调查，并统计株发病率和病情指数	1. 保持田间通风透光。 2. 药剂喷施防治。发现中心病株应立即喷药防治。用咪鲜胺、百菌清、甲基托布津等药剂交替喷雾，每隔 5～7 d 喷 1 次，连喷 2～3 次，重点喷施植株中下部。 3. 整蔓后及时对伤口及蔓部喷药。 4. 病害严重时，可用上述药剂使用量加倍后涂抹病茎的流胶处，可促进伤口愈合
病毒病防控	新叶首先表现出明显的褪绿斑驳形花叶或皱缩叶，节间缩短，植株矮化；或新叶狭长，皱缩扭曲	调查时间：6 月中旬至 7 月中旬。 调查方法：5 点取样，每点查 50 株，观察叶片变化。同时进行蚜虫、白粉虱等刺吸式口器昆虫的调查	1. 发病初期及时拔除病株。 2. 在整枝、压蔓、授粉等田间作业时，先进行健株后进行病株。 3. 蚜虫是病毒病的主要传播者，应以治蚜防病为主。田间出现蚜虫中心株后应立即采用涂茎、摘心或点片喷雾进行防控，一般不提倡全田喷药，以保护利用天敌。可选用吡虫啉、啶虫脒等具有内吸性的药剂。 4. 喷施盐酸吗啉胍防治病毒病。 5. 喷施磷酸二氢钾增强抵抗力
霜霉病防控	发病初期叶片正面出现水浸状淡黄色小斑点，后受叶脉限制呈多角形黄绿斑，但不穿孔。病叶向上卷缩。湿度大时，叶背有黑色霉层	调查时间：6 月上旬开始调查。 调查方法：初花期前 5 d 开始，每 5 d 调查 1 次。根瓜形成后，每 3 d 调查 1 次。先观察叶片正面，当发现淡黄色多角形病斑时，再检查叶背是否有霉层出现。确诊后，5 点取样开展全田调查	1. 加强田间管理，保持通风透光。 2. 以预防为主，6 月有阴雨来临之前喷药预防，雨后及时补喷。 3. 发现中心病株后要及时摘除病叶，并立即喷药防治。 可选用代森锰锌、波尔多液、甲霜灵锰锌、百菌清、霜霉威盐酸盐等喷雾防治。注意喷施到叶片的正、反两面

续表 7-3

工作环节	工作程序与操作技术		
	病虫草害田间识别	病虫草害田间调查	防治技术
细菌性角斑病防控	初期叶片症状与霜霉病相似,但是细菌性角斑病病斑易开裂,形成穿孔;潮湿时叶背病斑无黑色霉层,而是有黄、白黏液,干燥时形成白色薄膜或白色粉末	调查时间:6 月上旬开始调查。 调查方法:与霜霉病调查同时进行	1. 加强田间管理,保持通风透光,减低田间湿度。 2. 发病初期,人工摘除病叶。 3. 药剂防治 (1)定植前苗床内喷 1 次 1∶2∶(300～400)的波尔多液或代森锰锌(大生)600～800 倍液进行预防。 (2)发病初期可用枯草芽孢杆菌,或用琥胶肥酸铜(DT 杀菌型),或氢氧化铜等进行防治。
美洲斑潜蝇	雌成虫把叶片刺伤,吸食汁液和产卵,幼虫在叶片内潜食叶肉,形成先细后宽的不规则蛇形白色虫道	调查时间:5 月下旬开始调查。 调查方法:于早晚低头踏查叶片正面,调查成虫出现时间。或叶片上出现白色虫道时,采用 5 点取样,每点查 20 株,每株查 3～5 片叶,统计有虫株率。当田间有虫株率达 10%～15%时,应及时进行化学防治	1. 在温室内或斑潜蝇发生较少的地区,定期清除有虫叶,可减少虫源。 2. 采用黄板或粘虫纸诱杀成虫。也可采用灯光诱杀,具体做法是,定植后,1 hm^2 的棚,悬挂 75 盏灯,距灯下 20 cm 处挂一脸盆,盆内放适量清水,及时清除诱到的成虫。 3. 保护利用天敌。 4. 药剂防治:该虫卵期短,大龄幼虫抗虫性强。所以要选择成虫高峰期至卵孵化期或初龄幼虫高峰期用药。可用氯氰菊酯、阿维菌素、氟虫脲等药剂喷雾防治。 施药一般在上午 8～11 时较好,应从作物顶部均匀向下喷洒
白粉虱	成虫体白色。以成虫和若虫体白色,群集于瓜的嫩叶背面吸食汁液,被害叶片褪绿变黄。其分泌的蜜露,使叶片和果实形成煤污斑	调查时间:7 月中旬开始调查。 调查方法:采用 5 点取样 ,于早晚,每点查 10～20 株,每株查 3～5 片叶,统计虫口数。当每片叶片上有虫 2.5 头时,应及时进行化学防治	1. 生物防治:利用粉虱丽蚜小蜂,在温棚内释放。 2. 黄板诱杀。 3. 药剂防治。在早晨或傍晚,成虫栖息少动时喷药为好,先喷正面后喷背面。可选用噻嗪酮(扑虱灵)、吡虫啉等药剂喷雾防治
瓜叶螨	叶片背面出现黄白斑点,严重时形成细密的丝网,叶面失绿枯黄。用放大镜观察可见黄色或红色虫体	调查时间:5 月下旬开始。 调查方法:采用“Z”形取样法,每 5 天调查 1 次,每田定点 25 个,每点定 2 株,共取样 50 株,调查有虫株率、成虫数	防治方法与棉田叶螨防治相同

3. 常见技术问题处理

(1)瓜类霜霉病和瓜类细菌性角斑病如何区别?

瓜类霜霉病和瓜类细菌性角斑病的区别可参照表 7-4。

表 7-4 瓜类霜霉病和瓜类细菌性角斑病的区别

项目	瓜类角斑病	瓜类霜霉病
病斑形状和大小	病斑成多角形、病斑较小	病斑成多角形、病斑较大
病斑颜色和穿孔	病斑灰白色、后期易穿孔	病斑黄褐色、后期不穿孔
叶背面病斑	潮湿时呈水浸状、产生白色菌脓状物	潮湿时呈水浸状、病斑上产生黑色霉层
病叶透光性	有透光感觉	无透光感觉

(2)使用硫黄粉防治瓜类白粉病时应注意哪些事项?

硫黄粉是非金属元素硫的粉末,对防治白粉病有很好的效果。在大面积种植西瓜、打瓜等的田块白粉病发生之前和发病初期,喷洒使用硫黄粉非常普遍,防治效果也较好。但是在使用中要注意:

①在气温超过 30 ℃时,最好不要使用,以免产生药害。

②选择无风的傍晚施药,有利于硫黄粉在作物表面粘着。如果有风或风较大,则容易使药粉随气流飘移而降低药效,同时还会对环境造成污染。

③最好选择机动喷粉机施药。

三、病虫害田间调查与防控记载表

病虫害田间调查与防控记载格式见表 7-5 至表 7-7。

表 7-5 西瓜疫霉病调查记载表

调查日期	品种	生育期	调查株数	发病株数	株发病率	病情严重度					病情指数	备注
						0 级	1 级	2 级	3 级	4 级		

表 7-6 美洲斑潜蝇虫情调查记载表

调查日期	品种	生育期	调查株数	有虫株数	有虫株率	百叶产卵孔数	百叶虫道数	备注

表 7-7 病虫害防治情况记载表

病虫害名称	作物生育期	病虫害发生情况	防治措施		防治效果	分析总结
			时间	方法		

工作任务 2　加工番茄病虫害识别与综合防控

【任务概述】

新疆农业属于典型的“绿洲”农业，气候干燥，降雨少，日照长，作物生长期热量丰富等得天独厚的自然条件，非常适宜加工番茄的生产。新疆加工番茄红色素、可溶性固形物等营养成分含量高，在国内外同行业中具有明显的竞争优势。

目前，新疆加工番茄产业带分布在新疆天山以南的焉耆盆地和天山以北的吉木萨尔—博乐天山北坡沿线，种植面积超过 7 万 hm^2，番茄酱产量占全国的 90%以上，已成为我国最大的加工番茄种植和加工基地。

加工番茄的栽培种植方式相对于一般番茄而言，比较粗放。加工番茄种植中不搭架、不整枝，种植密度较大，植株密闭，通风透光性较差。同时，由于新疆一直沿用传统的平铺直播模式，行距小、开沟浅和习惯性的大水漫灌，导致植株和果实容易感病。再加上加工番茄产业的迅速发展，加工番茄的种植面积也逐年扩大，无法进行很好的轮作倒茬，连作和重茬现象时有发生，造成加工番茄病虫害日趋严重。

在新疆加工番茄的生产中病害有 50 余种，其中为害严重，造成损失较大的主要有苗期的立枯病、猝倒病、黑茎根腐病、早疫病等及中后期的果腐疫病、番茄疮痂病、细菌性斑点病、叶霉病、病毒病、白粉病及脐腐病等等。加工番茄害虫种类有 10 余种，主要有马铃薯甲虫、夜蛾类（棉铃虫和烟夜蛾）、黑蟋蟀、地老虎类（黄地老虎、显纹地老虎和警纹地老虎等）、叶螨类以及传播病毒病的蚜虫等等。另外还有芦苇、稗草、灰藜、马齿苋等多种杂草，在个别地区列当等也有不同程度的发生。

应该依照“预防为主、综合防治”的植保方针，掌握本地区加工番茄病虫草害种类及其发生、消长、为害规律，以主要病虫进行准确的预测预报为防治前提，以农业防治为基础，强化农业技术措施，合理运用化学防治、生物防治、物理防治等诸项技术措施，达到经济、安全、有效地防治加工番茄病虫草害为害和减少农药残留量的综合防治目标。

【知识准备】

一、番茄早疫病

1. 分布与为害

番茄早疫病又名轮纹病，是番茄上常见的一种病害。新疆各地普遍发生，常年发病率在 50%以上，为害番茄植株的叶片、茎和果实，造成番茄植株早衰，产量下降，果实染病后，造成果实霉烂。

除为害番茄外，还可为害茄子、辣椒、马铃薯。

2. 为害症状

主要为害叶片，茎和果实受害较少。叶部受害，初生暗褐色水浸状小斑点，以后扩大成圆形或椭圆形病斑，边缘深褐色，中央灰褐色，有同心轮纹，潮湿时上生黑色绒毛状霉。严重时早期造成落叶。

茎上病斑多在分枝处发生，灰褐色，椭圆形，稍凹陷，轮纹不明显，影响侧枝结果，并易折断。

果实上病斑多在蒂部和裂缝处发生，圆形，褐色，稍凹陷，上生黑色绒毛状霉。病果常提早脱落或受杂菌侵染而腐烂。

3. 病原

番茄早疫病菌属半知菌亚门丝孢纲交链孢属。分生孢子梗丛生或单生，多直立，少分枝，深褐色，有隔膜 1～8 个，顶端着生分生孢子。分生孢子棍棒状，淡黄色，有纵横隔膜，顶端有细长嘴胞。

4. 发病规律

番茄早疫病菌以菌丝和分生孢子在病残物、种子上越冬。春季借助风雨、昆虫传播，由气孔、伤口或表皮入侵。病斑上的分生孢子依靠风雨再转播。

高温高湿有利于发病，发病适温 26～28 ℃，相对湿度在 80%以上，因此，夏季发病重。风雨可加快病害扩大蔓延。连作、矮架、栽植过密、生长不良以及温室栽培，发病都较重。

二、根腐疫病

1. 分布与为害

番茄根腐疫病，俗称“烂脖根死棵病”。近几年此病发生有逐年加重趋势。结果初期发病严重，死秧多，甚至毁秧绝产。此病发生期与辣椒疫病发生期基本相同。新疆各加工番茄产区均有发生。在博湖、昌吉、玛纳斯等地平均发病率为 3.2% ，重茬发病率为 6.8%，沟栽发病率可达 11.3%，重茬沟栽、大水浇灌时发病率达到 21%。对产量影响很大。

2. 为害症状

以根部、茎基部或淹水的果枝发病较多，病斑环绕茎基或果枝，呈黄褐或灰褐色，腐烂后干枯，病部以上枝叶萎蔫枯死。该病在灌溉为主的地区，侧根或主根最易发病，在土表高湿条件下可蔓延到茎的基部。此外亦可引起果枝发病，病斑下面的木质部和维管束变褐腐烂，植株逐渐萎蔫枯死。

3. 病原

番茄根腐病的病原菌为寄生疫霉和辣椒疫霉。

4. 发生规律

该病多发生在灌溉地区，在灌溉过量、淹水和低洼积水的田块尤为严重。低温高湿是引起发病的主要原因，在降水较多的情况下，茎、枝、叶、果也容易发病。在 5 月下旬即可调查到发病株，连作地、平畦或沟栽、大水漫灌、地势不平、低洼积水处病重，浇水过多的地发病重。地下害虫严重或农事操作造成伤根发病也重。

7 月初首先在淹水的近地面果枝上发现，大量烂果发生在 7 月中下旬。7—8 月降雨量较大有利于病害的发生。灌溉过量积水、雨前浇水、植株倒伏均可造成严重烂果。

三、果腐疫病

1. 分布与为害

番茄果腐疫病是番茄生产中危害非常严重的一种病害。每到番茄挂果后，果腐疫病便开始严重发生，导致加工番茄大量减产减收，许多番茄地块的产量甚至减少 50%～60%。尤其是在成熟期多雨的年份，发病更加严重，甚至造成绝收。

2. 为害症状

该病多发生在长成的绿果、刚开始着色或接近成熟的果实上。发病初期病部呈褐色，有同心轮纹，1～2 d 病斑迅速扩大，形成 2～3 cm 水浸状浅灰色大斑，3～4 d 全果变软腐烂。在潮湿条件下，果面有灰白色粉状霉层，后干缩变黑形成僵果。

3. 病原

番茄果腐疫病的病原菌为辣椒疫霉。

4. 发病规律

病菌随病残体在土壤中越冬。病原借助雨水或灌溉水溅到果实上，从果皮侵入引发病害。病部的病原菌通过雨水及灌溉水传播。最适发病温度 28～30 ℃，但需 95%以上的相对湿度，并要有水滴存在。一般温度高、湿度大、土壤黏重、偏施氮肥的地块发病重。

7 月初首先在淹水的近地面植株上发现，大量烂果发生在 7 月中下旬。7—8 月降雨量较大有利于病害的发生。灌溉过量积水、雨前浇水、植株倒伏均可造成严重烂果。病菌随病残体在土壤里越冬，通过雨水传播成为第二年的发病中心。

四、番茄疮痂病

1. 分布与为害

该病作为检疫对象，1991 年在我国部分地区大面积发生。传入新疆后，在北疆加工番茄生产上迅速扩散，危害逐年加重。该病可为害加工番茄的叶片、幼嫩茎及果实，一般大水漫灌地发生较重，果实感病率可达到 10%～20%，而滴灌地发生较轻。当其为害果实时，在番茄果实上产生大量细菌性病斑，导致大量病果被淘汰，对番茄产量和品质影响较大。

2. 为害症状

该病菌侵染番茄的幼苗、叶、茎、果实均能发病，但新疆以为害番茄的果实为主。多在坐果期开始发生，在未成熟的果实上病斑轻微凹陷，外围有水渍状晕圈，不久即消失。病斑扩展至 2～5 mm，呈褐色，圆形，干枯质脆，出现疮痂。有的病斑连接成片，形成不规则形大斑块，果上的病斑初期为水渍状褪绿斑点，后呈现黄褐色或黑褐色，病斑往往木栓化，病斑开裂造成疮痂。若果柄与果实连接处受害时，易引起落果。叶片发病初期在叶背出现水渍状小斑，逐渐扩展或呈圆形或连片成不规则形黄褐色病斑。病斑粗糙，周围有黄色晕圈，后期干枯，质脆，茎叶的茎沟处先出现褪绿水渍状小斑点，然后沿茎沟上下扩展，呈长椭圆形，中央稍微凹陷的黑褐色病斑。

3. 病原

此病属细菌性病害，致病菌为油菜黄单胞菌辣椒斑点病致病型，或称疤病黄单胞杆菌。

4. 发病规律

种子带菌是主要初侵染源，病菌也可在土壤病残体上越冬。翌春条件适宜时，病菌通过风雨或昆虫传播到番茄叶、茎或果实上，从伤口或气孔侵入。高温、高湿、阴雨天气是发病的重要条件，在大雾、结露的情况下可造成大发生。钻蛀性害虫及暴风雨造成伤口、管理粗放、植株衰弱时发病重。

病害主要发生在高温多雨的季节，暴风雨会给植株造成伤口，有利于病菌的侵入。

五、细菌性斑点病

1. 分布与为害

番茄细菌性斑点病又称番茄细菌性叶斑病、斑疹病，是一种细菌性病害，主要为害番茄。其寄主为番茄和辣椒。番茄细菌性斑点病是一种世界性病害。番茄染病后，植株发育迟缓，果实膨大受阻或幼果开裂，一般减产10%～30%，严重的减产50%以上。该病已成为新疆加工番茄的一个主要病害。

2. 为害症状

番茄细菌性斑点病主要为害番茄叶、茎、花、叶柄和果实。叶片感病，产生深褐色至黑色斑点，斑点周围有黄色晕圈；茎和叶柄感病，产生黑色斑点，周围无黄色晕圈。幼嫩果实上发病初期有小斑点稍隆起，果实近成熟时病斑周围仍保持较长时间的绿色。细菌性斑点病与细菌性疮痂病的症状相似，生产上有时难以区分，但发病所需环境有所差异。

3. 病原

番茄细菌性斑点病病原为丁香假单胞菌番茄致病变种。

4. 发病规律

病菌在种子、病残体、土壤和杂草上越冬，病菌在干燥的种子上可存活20多年，随种子远距离传播。播种带菌种子，幼苗即发病。幼苗发病后传入大田。并通过雨水、农事操作传播。在田间只要最初有10%的植株发病，就可传染到整个地块以至造成流行。25 ℃以下和相对湿度80%以上有利于发病。

六、叶霉病

1. 分布与为害

番茄叶霉病俗称黑毛，仅为害番茄，主要为害叶片，严重时也能为害花、茎和果实。近年来，加工番茄上此病发展很快，危害增大。2002年在个别地区发生，主要在种植密度大，湿度大的地块。2003年该病发生较为普遍，几乎遍及各加工番茄种植区，严重的地块发病率21.7%。在发生严重的地块，产量可减少20%～30%。叶霉病传染力强，一旦发生，铲除比较困难。因此，叶霉病对加工番茄的危害应引起足够的重视。

2. 为害症状

番茄叶霉病叶片染病，叶面出现不规则形或椭圆形淡黄色褪绿斑，叶背病部初生白色霉层，后霉层变为灰褐色或黑褐色绒状，条件适宜时，病斑正面也可长出黑霉，随病情扩展，叶片由下向上逐渐卷曲，植株呈黄褐色干枯。嫩茎及果柄病斑与叶片相似，并延至花部，引起花器凋萎和幼果脱落。果实上病斑常环绕蒂部，呈黑色圆形或不规则形斑块，硬化凹陷，不能食用。

3. 病原

此病原是半知菌亚门、枝孢属的黄枝孢菌。病斑上的霉状物是病菌的分生孢子梗和分生孢子。分生孢子梗成束从气孔中伸出，稍有分枝，初期无色，后变褐色。

4. 发病规律

病菌以菌丝体和菌丝块在病残体内或以分生孢子附着在种子上或以菌丝潜伏在种皮内越冬。翌年如遇适宜条件，产生分生孢子，借气流传播，病菌从幼苗或成株叶片、萼片、花梗等部位侵入，进入子房潜伏在种皮内，如播种带病种子，幼苗即染病。病部产生分生孢子，借气流传播，叶面有水湿条件即萌发长出芽管经气孔侵入。相对湿度高于90%，气温22 ℃左右利于病菌繁殖，发病重。在适宜的条件下，该病从发病到流行成灾，一般只需半个月左右。阴雨连绵、光照不足、通风不良、排水不良、湿度过大等容易发生叶霉病；土质通透性差、多年连作、密度过大等容易发生叶霉病；番茄不同品种间对叶霉病的抗性有明显差异。

七、白粉病

1. 分布与为害

2002年之前新疆加工番茄白粉病未见报道。2002年白粉病只在博湖加工番茄地发现，2003年昌吉、玛纳斯、沙湾、博湖、焉耆、和静等地都有发生，个别地区发病严重，白粉病发病率达到63.5%。晚播番茄发病重于早播番茄。

2. 为害症状

白粉病为害番茄叶片、叶柄、茎及果实。初在叶面现褪绿小点，扩大后呈不规则粉斑，上生白色絮状物，即菌丝和分生孢子梗及分生孢子。初期霉层较稀疏，渐稠密后呈毡状，病斑扩大连片覆满整个叶面。有的病斑发生于叶背，则病部正面出现黄绿色边缘不明显斑块，后整叶变褐枯死。

3. 病原

属子囊菌亚门真菌鞑靼内丝白粉菌。

4. 发病规律

病菌主要在冬季温室越冬，也可以随病残体于地面上越冬。翌春条件适宜时，闭囊壳内散出的子囊孢子，随气流传播蔓延，后又在病部产生分生孢子，成熟的分生孢子脱落后通过气流再侵染。

八、病毒病

1. 分布与为害

由于加工番茄枝叶茂盛，种植密度较大，品种抗病能力不一，栽培时间的延续和栽培面积的加大，连作和重茬地增多，使病毒病害日趋严重。病毒病害的发生和发展，尤其是条斑病，对加工番茄的品质和产量有严重影响，从而造成较大的经济损失。2005—2006年发病率达63%～91%，田间发病症状以花叶和坏死条斑为主，蕨叶和卷叶也时有发生，其中花叶占78%，条斑占37%，蕨叶占3%。并且加工番茄病毒病症状并非单一症状，条斑症状90%伴有花叶症状，且70%果实畸形；蕨叶80%伴有矮化症状。

2. 为害症状

加工番茄病毒病主要症状有：

(1)花叶型　叶片表现花叶或斑驳，叶片不变形，植株不矮化。

(2)条斑型　叶脉坏死或散布黑色油浸状坏死斑。顺叶柄蔓延至茎秆，初生暗绿色下陷的短条纹，后变为深褐色下陷的坏死条斑，果实上产生不同形状的褐色病斑块。

(3)蕨叶型　病叶黄绿色，并直立上卷，叶背的叶脉淡紫色，叶肉组织退化而形成扭曲的线状叶片，植株丛生矮化。

3. 病原

新疆加工番茄病毒病害由多种病原共同为害造成，以TMV为优势病毒种类，占86.4%，

CMV 次之，占 28.1%(和 CMV 复合侵染占 17.7%)；PVY 有零星发生，占 3.2%。

4. 发病规律

烟草花叶病毒在多种植物或土壤病残组织里越冬，也可附着在种子表面，成为初侵染源，主要通过接触传染，种子也可传毒。黄瓜花叶病毒在多年生宿根植物或杂草上越冬，主要通过蚜虫传毒。管理不及时，分苗、定植、翻秧等田间管理导致病、健枝相互摩擦，都是病毒病发生流行的重要因素。此外，蚜虫是病毒的传播媒体，高温干旱年份有利于蚜虫的迁飞和传播，病毒病发病重。

九、脐腐病

1. 分布与为害

此病在全疆各地年年都有不同程度的发生。不同的管理水平和土壤条件，发病程度有所不同。高温干旱的时间越长发病越重；干旱缺水发病最重。

2. 为害症状

该病是一种生理性病害。初在幼果脐部出现水渍状斑，后逐渐扩大，至果实顶部凹陷、变褐。在果实顶部以落花的部分为中心，发生暗绿色水渍状病斑，通常直径 1～2 cm，严重时扩展到小半个果实；果实底部呈扁平状或凹陷，受害果实提早变色，后期遇湿度大时腐生霉菌寄生其上呈现黑色或绿色等霉状物，污染果实，导致品质下降。

3. 病原

发病原因为生理因素造成。

(1)水分供应失调。干旱时果实脐部最易失去水分引起组织坏死。在大量供水时，由于脐部细胞膨压过大而使细胞破裂、细胞内充水，最后变色坏死。即水分过多、过少或忽多忽少造成。

(2)缺钙。有人认为是番茄不能从土壤中吸收足够的钙或硼元素，致使脐部细胞生理紊乱，失去水分控制能力；或土壤中氮肥过多营养生长过旺致土壤缺钙引致发病。多年连种，过量使用氮、磷肥，都会抑制对钙的吸收。果实中钙含量低于 0.2%时易导致脐腐病发生。

4. 发病规律

生育期间水分供应不均或不稳定，尤其干旱时，水分供应失常，导致生长发育受阻，形成脐腐。土壤过湿过干或蒸发急剧以及空气干燥也易引起发病；土壤层浅、沙性大、盐碱土发病重；果皮较薄、果顶平及花痕较大的品种易发病。

十、马铃薯甲虫

1. 分布与为害

马铃薯甲虫属鞘翅目叶甲科，是世界性、毁灭性检疫害虫。1993 年，马铃薯甲虫传入新疆后仅在边境地区霍城、察布查尔、伊宁、塔城 4 个县(市)为害。1995 年，已分布到伊犁、塔城两地的 13 个县(市)。1996 年 6 月疫情形势出现重大变化，马铃薯甲虫越过伊犁、塔城盆地天然屏障，首次出现在乌苏市郊。至此，该虫进入天山北坡无屏障地带，沿着马铃薯种植带迅速东进。1999 年到达乌鲁木齐，2003 年马铃薯甲虫扩散前沿到达木垒县。目前，在新疆伊犁、塔城、阿勒泰、博州、奎屯、石河子、昌吉、巴音郭楞和乌鲁木齐等地发生，局部地区的马铃薯、茄子和番茄受害严重。

马铃薯甲虫的成、幼虫均取食马铃薯和番茄等茄科植物的叶片或顶尖，通常将叶片取食成缺刻状。为害严重时，茎秆被取食成光秃状。大龄幼虫还可以取食幼嫩的马铃薯薯块。失控的种群，可在薯块开始生长之前将叶片吃光造成绝产。一般可造成马铃薯减产30%～50%；严重时减产90%。而且能传播马铃薯其他病害，如褐斑病、环腐病等。

2. 形态特征

(1)成虫　体长10～12 mm，呈长球形，黄褐色有黑斑。头部黄褐色，正中有"V"形黑斑，两侧各有一黑斑。前胸背板黄褐色，前端中部有倒"八"字形黑纹，两侧亦饰以对称黑斑4对。小盾片黑色或泥土色。鞘翅上各有5条纵行黑纹。

(2)卵　长1.2～1.4 mm，宽0.7～0.8 mm。橙黄色。

(3)幼虫　初孵时橙红，后渐变橙黄色。体长13～14 mm，头部常缩入前胸。前胸背板后缘有褐色宽带，中、后胸各有4个斑点。腹部各节背面各有一黑斑，侧面前7节有2排黑斑。

(4)蛹　离蛹，橘黄色到淡红色，长9 mm，宽6 mm。

3. 发生规律

马铃薯甲虫在新疆一年发生3代，部分4代。以成虫在土壤内或田边树林带枯枝落叶下越冬，翌年春天田间杂草或马铃薯出苗时，越冬成虫出土并大量取食。成虫产卵马铃薯叶片背面，以上部较嫩叶片为多，往往一处产10余粒，多则40粒以上。越冬成虫出土后4～5周内产卵500余粒，最高可达2 500余粒。幼虫与越冬成虫同时大量取食，造成严重危害。幼虫为4龄，老熟幼虫潜入土中化蛹。蛹期1～2周，成虫羽化出土后取食若干产第2代卵，幼虫继续为害，羽化为成虫转入越冬。

马铃薯甲虫主要通过贸易途径及风、气流和水流进行传播。来自疫区的薯块、水果、蔬菜、原木及包装材料和运载工具，均有可能携带此虫。

气流和水流也有助于该虫传播。尤其是风对该虫的传播起很大作用。该虫的扩展方向与发生季节优势风的方向一致，成虫可被大风吹到150～350 km。

十一、加工番茄其他害虫

为害加工番茄的其他主要害虫如：苗期的地老虎等地下害虫和黑蟋蟀、花期的棉铃虫及后期的红蜘蛛等。其相关基础知识在其他章节中已介绍过，在此不再赘述。

【任务实施】

加工番茄病虫害识别综合防控

一、加工番茄病虫害诊断、识别

1. 目的要求

正确识别当地加工番茄主要害虫形态特征和病害症状特点。

2. 仪器和用具

显微镜、体视显微镜、手持式放大镜、镊子、挑针、培养皿等。

3. 观察材料

番茄早疫病、根腐疫病、果腐疫病、番茄疮痂病、细菌性斑点病、番茄溃疡病、叶霉病、白粉病、病毒病、脐腐病、马铃薯甲虫、棉铃虫等当地常见病虫害标本、挂图、影像资料、PPT 等。

4. 实施场所

实训室、多媒体教室、加工番茄生产田等。

5. 内容与方法

(1)使用体视显微镜或放大镜观察马铃薯甲虫成虫、幼虫、蛹;棉铃虫成虫、幼虫和蛹的形态特征。

(2)观察番茄早疫病、根腐疫病、果腐疫病、番茄疮痂病、细菌性斑点病、番茄溃疡病、叶霉病、白粉病、病毒病、脐腐病的症状特点。

(3)通过挂图、影像资料、PPT 等观察病虫害的形态特征和症状特点、为害症状等。

6. 任务

比较番茄疮痂病、细菌性斑点病、番茄溃疡病三者的异同。

二、职业岗位能力训练

(一)加工番茄播前准备

1. 职业岗位工作任务与要求

根据加工番茄生产管理技术要求和加工番茄病虫害发生发展规律,选择适宜种植加工番茄的地块,制订病虫草害防治计划,了解种子的抗性,检查种子质量,选择正确的药剂开展种子处理和化学除草并检查工作质量,保质保量做好病虫草害的预防工作。

2. 工作程序与操作技术(表 7-8)

表 7-8 加工番茄播前准备工作程序与方法

工作环节	工作程序与方法
信息搜集	1. 主动请教当地县、乡农技部门和番茄酱厂的技术专家,了解当地往年加工番茄病虫草害的发生种类、为害情况以及综合防控技术经验。 2. 通过网络、图书等查阅了解、学习加工番茄病虫草害综合防控的相关内容,做好笔记或技术卡片。 3. 信息汇总整理。结合所学知识与搜集到的信息进行汇总整理,制订病虫草害综合防控的初步计划。 4. 实践中检验、修订综合防治计划(田间实践、学习请教、网络教学平台师生互动)
土地准备	1. 轮作倒茬 选择前茬为小麦、玉米、油菜等地块,不要与马铃薯,辣椒、番茄等茄科作物及豆类作物连作,也不要与烟草等作物邻作。与非茄科蔬菜实行 3 年以上的轮作。 2. 高垄栽培。 3. 选富含有机质,保水强的壤土、砂壤土种番茄。 4. 科学合理施用氮、磷、钾肥,增施菌肥、腐熟的优质有机肥,以活化土壤,增强植株的抗病能力
化学除草	在播种前或移栽前,每 666.7 m^2 使用 72%异丙甲草胺(都尔)乳油 120～140 mL 或 96%精异丙甲草胺(金都尔)乳油 60～90 mL,进行土壤封闭处理,然后进行播种
种子处理	1. 选用抗性强、纯度高的优良品种。 2. 加强检疫,防止携带溃疡病菌的种子传入非疫区。 3. 温汤浸种。用 55 ℃左右的温水浸种,不断搅拌,使水温在 10 min 内降到 30 ℃,再浸种 5～6 h 捞出沥干水分,放入润湿的纱布或湿沙中催芽。 4. 药剂拌种。用氟咯菌腈(适乐时)胶悬剂 10 mL 处理 1.2～1.5 kg 种子,或 1 m^2 苗床土施用 53%金雷多米尔(精甲霜灵+代森锰锌)水分散粒剂 5～10 g 或 50%多菌灵可湿性粉剂 5～8 g,均匀混土

3. 常见技术问题处理

温汤浸种需要注意的技术问题有哪些？

①种子要饱满、新鲜。

②“三开兑一凉”，配水温度为 52～55 ℃，恒温浸泡 20～25 min。每隔 5 min 搅拌 1 次。

③摊开晾干后播种或冷却后催芽。

(二)加工番茄苗期病虫害综合防控

1. 职业岗位工作任务与要求

根据加工番茄苗期病虫害发生发展规律，按照病虫害的调查方法，在病虫为害加工番茄之前，认真做好田间调查和分析预测，制定有效的综合防治措施，检查、指导防治工作，记录操作过程，分析总结防治效果。

2. 工作程序与操作技术(表 7-9)

表 7-9　苗期病虫害防控工作程序与操作技术

工作环节	工作程序与操作技术		
	病虫草害田间识别	病虫草害田间调查	防治技术
立枯病、猝倒病防控	幼苗初期白天萎蔫，夜间恢复正常。后发生猝倒、立枯茎基部水浸状或根部腐烂等	调查时间：显行后开始至 2 对真叶期。 调查方法：晴天中午田间踏查。发现猝倒苗或萎蔫苗后，5 点取样调查，每点查苗 50 株。	1. 在田间或苗床发现病株后立即将病株拔除，并带出田外。 2. 发现猝倒病后，在全田使用甲霜灵锰锌进行喷雾；对发病株穴用甲霜灵锰锌 500～600 倍液灌根。 3. 发现立枯病后，可选用戊唑醇或甲基硫菌灵喷雾防治。
根腐疫病防控	茎基部或淹水的果枝发病较多，病斑环绕茎基或果枝，呈黄褐或灰褐色，腐烂后干枯，病部以上枝叶萎蔫枯死	调查时间：5 月下旬开始。 调查方法：晴天中午田间踏查。发现枝叶萎蔫株后，5 点取样，每点双行 100 株。统计发病率。每隔 5 d 调查 1 次	1. 科学灌水。 2. 在发病前或发病初期喷施百菌清(达科宁)可湿性粉剂。 3. 发病初期用甲霜灵锰锌喷雾或用甲霜灵锰锌稀释 500～600 倍液灌根。每隔 7～10 d 喷(灌)1 次，一般连续喷(灌)2～3 次
马铃薯甲虫防控	成、幼虫取食番茄叶片或顶尖，形成缺刻状。为害严重时，茎秆被取食成光秃状	调查时间：4 月下旬开始。 调查方法：在加工番茄田和周围的茄科作物上调查。定点调查和普查相结合。低头踏查上部叶片，发现成虫、卵或幼虫后，5 点取样，每点 20 株，共查 100 株	1. 人工捕杀。利用马铃薯甲虫的假死性和早春成虫出土零星不齐、迁移活动性较弱的特点，从 4 月下旬开始进行人工捕杀越冬成虫和捏杀叶片背面的卵块，降低虫源基数。 2. 集中诱杀。在马铃薯甲虫发生严重的区域，早春集中种植有显著诱集作用的茄科寄主植物，形成相对集中的诱集带，便于统防、统治。 3. 药剂防治。在第 1 代卵孵化高峰期选用啶虫脒、吡虫啉以及其他类型的杀虫剂，交替使用
苗期害虫防控	主要有黑蟋蟀、地老虎类等	见其他章节相关内容。	见其他章节相关内容

(三)加工番茄中后期病虫害综合防控

1.职业岗位工作任务与要求

根据加工番茄中后期病虫害发生发展规律,按照病虫害的调查方法,在病虫危害加工番茄之前,认真做好田间调查和分析预测,制定有效的综合防治措施,检查、指导防治工作,记录操作过程,分析总结防治效果。

2.工作程序与操作技术(表 7-10)

表 7-10 加工番茄中后期病虫害综合防控工作程序与操作技术

工作环节	工作程序与操作技术		
	病虫草害田间识别	病虫草害田间调查	防治技术
早疫病防控	发病初期,呈暗褐色、圆形或近圆形斑点,后逐渐扩大为 1～2 cm 的具有同心轮纹的稍凹陷的褐色大斑,病斑外常有黄色晕圈	调查时间:6 月中旬至 8 月上旬。 调查方法:5 点取样,每点调查 20～30 株	1.及时进行分苗。分苗后和定植前各喷一次(0.5∶0.5∶150)波尔多液或代森锰锌可湿性粉剂,预防苗期患病。 2.发病前或发病初期,喷施百菌清(达科宁)可湿性粉剂。 3.发病后喷施恶醚唑(世高)或甲基硫菌灵(甲基托布津)等杀菌剂。每隔 7～10 d 喷 1 次,连续喷施 2～3 次
果腐疫病防控	在刚开始着色或接近成熟的果实上有同心轮纹的褐色斑,后果实变软腐烂。在潮湿条件下,果面有灰白色粉状霉层,后干缩变黑形成僵果	调查时间:7 月下旬至 8 月下旬(果实成熟期)。 调查方法:5 点取样。重点观察已着色果实,查病株率、病果率。每隔 7 d 查 1 次。雨后 1～2 d,补查 1 次	1.合理密植,科学施肥,细流沟灌,严禁大水漫灌。 2.雨天禁止浇水,雨后地表干燥后再浇水。 3.在发病前或发病初期,喷施甲霜灵或百菌清。 4.发病后不要随意在田间摘除病果,以免操作时造成人为传播。应使用噁霜灵锰锌(杀毒矾)喷雾,7～10 d 喷 1 次,雨后立即喷药。药液最好能够喷到病果上
细菌性疮痂病防控	老叶初呈水渍状斑点,后形成近圆形的褐色病斑,四周具有黄色环形窄晕圈,内部较薄,具油脂状光泽;未成熟的果实病斑轻微凹陷,外围有水渍状晕圈。病斑褐色,后出现疮痂	调查时间:7 月初挂果期开始。 调查方法:低头踏查老叶和青果,发现病株后,5 点取样,每点取 10 株,查病株率、病果率。每隔 7 d 查 1 次,共查 3 次	1.加强管理。及时清除老叶、病叶并带出田园,保持田园清洁。 2.起垄覆盖地膜栽培,膜下灌水,尽量降低保护地内空气湿度。 3.化学防治。以防为主,在果实坐住后,用氢氧化铜(可杀得)等药剂喷雾,一般每 10 d 喷 1 次,连防 2～3 次。发病初期每 3 天 1 次,连续防治 2～3 次

续表 7-10

工作环节	工作程序与操作技术		
	病虫草害田间识别	病虫草害田间调查	防治技术
病毒病防控	主要表现为蕨叶(病株矮小,顶部叶片丛生)、花叶(叶片皱缩,有不规则黄色褪绿斑块)和条斑(病株叶片有坏死斑、茎部为坏死条斑、病果变色凸凹不平)	调查时间:6 月中旬至 7 月中旬。 调查方法:田间踏查,发现花叶、皱缩叶和条斑茎叶等病毒病症状后,5 点取样,每点 20 株,查病株率及传毒媒介蚜虫	1. 苗期喷施高锰酸钾 1 000 倍液或 1% 过磷酸钙浸出液,提高抗性。 2. 彻底消灭蚜虫。蚜虫是病毒病传播的主要途径,消灭蚜虫等传毒媒介是防治病毒病的关键措施。对有机磷、菊酯类产生抗性的蚜虫可选用噻虫嗪、吡虫啉等药剂防治。 3. 防治病害。发病前可喷施 0.1%～0.3% 硫酸锌溶液预防。在发病初期可选用盐酸吗啉胍·铜(病毒 A)、菌毒清等,每隔 10 d 喷施 1 次,连续喷 3～4 次
细菌性斑点病防控	在茎及叶柄上产生椭圆形黑色的斑点,感染果实在果面产生突起的黑色小斑,周围呈水渍状	调查时间:6 月上旬开始。 调查方法:5 点取样。每点查 20 株,7 d 查 1 次,共查 3 次	1. 尽量采用滴灌或沟灌。 2. 药剂防治　在发病初期开始喷药,每隔 7～10 d 喷药 1 次,连续防治 2～3 次。药剂可选用:1∶1∶200 的波尔多液、代森锌、苯醚甲环唑(世高)、氢氧化铜等药剂防治
白粉病防控	叶面现褪绿小点,后上生白色絮状物。初期霉层较稀疏,渐稠密后呈毡状。病斑扩大连片覆满整个叶面。有的病斑发生于叶片背面	调查时间:6 月下旬开始。 调查方法:5 点取样。仔细观察中、下部叶片,5 d 查 1 次。统计发病株率和病情指数	1. 加强肥水管理,保持通风透光。 2. 药剂防治。发病初期可用硫菌灵、嘧菌酯或 0.1 波美度石硫合剂防治。每隔 7～10 d 喷 1 次,连喷 3～4 次
番茄叶霉病防控	叶面出现不规则形淡黄色褪绿斑,叶背病部初生白色霉层,后霉层变为灰褐色或黑褐色绒状。嫩茎及果柄病斑与叶片相似,可引起花器凋萎和幼果脱落	调查时间:6 月上中旬的大量发生期。 调查方法:5 点取样。5 d 查 1 次。先仔细观察中下部叶片正面,发现褪绿的淡黄色病斑后,在翻开叶片背面细查是否有霉层。确诊后,统计发病株率和病情指数	1. 合理密植,加强田间管理。 2. 按配方施肥、避免氮肥过多,以提高植株抗性。 3. 勤检查,及时摘除病叶。 4. 药剂防治　发病初期喷药防治。可选用 1∶1∶200 的波尔多液、甲基硫菌灵(甲基托布津)、丙环唑等防治,每隔 7～10 d 喷 1 次,交替用药,共喷 2～3 次
番茄脐腐病防控	初在幼果脐部出现水渍状斑,后形成果实顶部凹陷、变褐。病果提早变红。后期遇湿度大时腐生霉菌寄生其上呈现黑色或绿色等霉状物	调查时间:6 月下旬高温时调查。 调查方法:先重点在出现旱情、地势高、盐碱性较大的地方调查,查看青果脐部。发现病株后,全田 5 点取样,每点查 10 株。统计发病株率和病果率	1. 在番茄第 1 穗果坐果后,要均匀浇水,不可间隔过长造成土壤缺水。夏季灌水宜在清晨或傍晚进行,宜勤浇、浅浇。 2. 避免施氮过多,特别是速效氮,不要一次施用过量,注意氮、磷、钾适当配合,要多施腐熟有机肥。 3. 发病时,用 1% 过磷酸钙、0.1% 氯化钙进行根外施肥,每 7 d 施 1 次,具有良好防效

3.常见技术问题处理

[案例一]

在玛纳斯县农技推广站，几乎每年都会接到由于农民田间管理粗放，在给玉米、小麦等作物浇水的过程中，水跑到了其他农户的加工番茄田中，浸泡了正在成熟的果实，番茄种植户要求赔偿的法院技术鉴定委托书。

在鉴定的过程中，凡被水浸泡过的果实都记入损失之内。浇水的农户不服，认为跑进番茄地里的水很快就被排出去了，为什么要将接触水的番茄果实全部记入损失？看现在不是还好着呢？农技人员告诉他，你今天将浸泡过的果实做好标记，一星期之后你再来看，如果番茄果实没有腐烂，他的损失我们赔。

此案例说明：

①湿度是决定加工番茄果腐疫病发生的重要条件。

②防止大水漫灌和降低田间湿度是重要防治措施之一。

[案例二]

一个雨后的早晨，植物医院迎来了第一位客人——园艺场的一位加工番茄种植户王女士。王女士一进门就急匆匆地说："买 2 kg 甲霜灵锰锌"。工作人员问："天刚下过雨，地还没干呢，这么着急干什么?"王女士回答说："今天我们场组织老职工去天池游玩我都没去，我就是要在雨后赶紧去番茄田打药，不然番茄就会大量腐烂，那损失可就大了"。

此案例说明：雨后立即喷药是防治加工番茄果腐疫病的关键措施。

三、病虫害田间调查与防控记载表

病虫害田间调查与防控记载格式见表 7-11、表 7-12。

表 7-11　番茄早疫病调查记载表

调查日期	品种	生育期	调查株数	发病株数	株发病率	病情严重度					病情指数	备注
						0 级	1 级	2 级	3 级	4 级		

表 7-12　病虫害防治情况记载表

病虫害名称	作物生育期	病虫害发生情况	防治措施		防治效果	分析总结
			时间	方法		

工作任务3　辣椒病虫害识别与综合防控

【任务概述】

辣椒是我国主要蔬菜之一。果实中富含辣椒素、维生素A、维生素C、蛋白质和多种矿物质,不仅可以鲜食,还可以制干、制酱和提取食用色素等等,一直是人们喜食的、日常饮食中不可或缺、不可替代的蔬菜作物。随着新疆种植业产业结构调整,辣椒是继番茄之后又一种植产业,现已成为农业增效、农民增收的新亮点。

但是在辣椒栽培生产过程中,一直受到辣椒疫霉病、炭疽病、病毒病、日灼病、白粉病、蚜虫、棉铃虫、红蜘蛛等多种病虫的为害,其中在新疆为害最严重的主要是辣椒的"两病一虫",即辣椒疫霉病、病毒病和二代棉铃虫,使辣椒的产量和品质受到严重的影响,甚至绝收。生产者为了获得经济利益,不断地使用各种农药进行防治,虽然挽回了一定的经济损失,但也不同程度的带来了污染。随着人们生活水平和食品安全意识的日益提高,对产品的质量要求也越来越高。因此,根据田间病虫发生动态和为害程度,及时开展药剂防治,推广使用生态农药和高效、低毒、低残留农药,并严格掌握好施药时间、用量、次数和安全间隔期。既能经济有效地把病虫害损失控制在最低水平,又能使生产的辣椒不含或少含危害人体健康的有害物质,保证其食用的安全性。

【知识准备】

一、辣椒苗期病害

1.分布与为害

辣椒苗期病害同其他蔬菜苗期病害一样,是冬春季育苗期间经常发生的一大类病害,有多种病原共同影响造成。除为害辣椒幼苗外,还可为害番茄、茄子、黄瓜等幼苗,严重时造成幼苗成片死亡。主要有猝倒病、立枯病、沤根等。此外在棚室中,还可发生根腐病、灰霉病、枯萎病和疫病等病害。

2.为害症状

(1)猝倒病　病菌主要表现为茎基部呈水浸状,淡褐色,逐渐缢缩成线状,在子叶依然青绿时折倒死亡。在种子发芽到幼苗出土前染病,造成烂种、烂芽,出现缺苗断垄现象。育苗田中往往先在一点发生,逐步向外扩张出现成片死亡现象。

(2)立枯病　多发生在育苗中后期,病苗基部产生椭圆形暗褐色病斑。初期病苗白天叶片萎蔫,夜间恢复正常,后期病斑扩大绕茎一周后,茎基部干缩,地上茎叶枯死,但病苗直立不倒伏,故称立枯病。

(3)沤根　幼苗出土后,长时间不发新根,根外皮呈锈褐色,逐渐腐烂。菜苗白天萎蔫,叶缘枯焦,逐渐整株死亡,病苗极容易从土中拔起。

(4)根腐病　幼苗根和地表以下的茎基部,初期水渍状,后呈浅褐色至深褐色腐烂。根茎不缢缩,维管束变褐色,但不向上发展,后期病部呈糟朽状,仅留丝状维管束。

3.病原

除沤根是由于苗床低温、高湿和光照不足引起的一种生理病害外,其他几种病害都是由病原菌侵染所致。猝倒病由瓜果腐霉侵染所致。病菌来源于土壤或土中病残体，在低温高湿、光照不足时侵染幼苗；立枯病由立枯丝核菌侵染引起，病菌以菌丝体或菌核在土壤中腐生，可存活2～3年；根腐病由镰孢霉菌引起，病菌以厚垣孢子和菌丝体长期存活在土壤中，常从根部伤口侵入，伤根时易发生病害。

4.发病规律

上述4种苗期病害多在幼苗的易感病阶段遇上不良气候，而苗床管理不善时发生。

(1)在幼苗子叶期至真叶未展开之前，此时子叶中养分消耗完，新根尚未扎实，幼茎没有木栓化，独立生活能力弱，抗病力最差，处于幼苗易感病阶段。遇到低温阴雨天，极易被病菌侵入造成病害。

(2)新根生长与土壤性状、土温关系极大。在地势低洼、土质黏重的苗床上或者播种前灌水量过大，造成苗床地温过低，在低温高湿的苗床上极易导致病害发生。

(3)苗期管理不善。用旧苗床土育苗，又未进行土壤消毒；施用了未腐熟的粪肥；播种过密又未及时间苗；温室保温不好；通风换气不及时；光照太弱等造成幼苗瘦弱，都极易引起苗期病害的发生。

二、辣椒疫霉病

1.分布与为害

辣椒疫霉病是世界性的土传病害，在各辣椒产区均有发生。其病原菌除为害辣椒外，也可侵染番茄、茄子、黄瓜、西瓜、南瓜等作物。辣椒疫病也是新疆辣椒生产中猖獗流行的一种病害，该病死亡率往往高达80%～90%，有的地块甚至绝收。

2.为害症状

辣椒疫病在辣椒整个生育期都可以发病，但以7—8月坐果期和炎热、高湿的环境条件下流行最重。

苗期发病，多在苗床出现。初期从幼苗根茎部产生水浸状褐色斑点，很快扩展，使茎基部全部呈水浸状，最后病部变为深褐色，整株死亡。湿度大时，变黑部分可达幼苗茎部一半以上，因茎基部干缩枯死，容易造成倒伏。

成株期发病，植株根茎部呈水浸状，以后变为黑褐色，并常常扩展到茎部地上3～9 cm处。高湿条件下，甚至达到茎部一半以上，病部皮层全部变褐坏死。根部被害则变褐腐烂，引起地上部萎蔫，后青枯死亡。湿度大时，病部表面产生灰白色粉质状霉点。有时在枝、杈部也有发生，与茎部症状相同。偶尔也可为害下部果实，引起全果腐烂。适宜条件下，辣椒疫病可在几天之内引起大面积死亡。

3.病原

属鞭毛菌亚门卵菌纲辣椒疫霉属真菌。

孢子囊长椭圆形、圆形。藏卵器球形，表面光滑，淡黄色或无色，内含一个球形卵孢子。厚垣孢子球形，单胞、黄色，壁厚平滑。

4.发病规律

病菌主要随病残体在土壤中越冬，第二年侵入寄主，种子也可带菌。越冬后的病原菌只要气候条件适宜便可发生，在田间发病植株上的病菌借风雨及灌溉水传播而引起重复侵染。高温高湿有利于病害流行，当温度在20～30 ℃，相对湿度在80%以上时，田间发病严重。特别在雨季或大雨过后天气突然转晴，气温急剧上升时，辣椒疫病极易暴发流行。新疆南、北疆6月底至8月中旬是此病的大发生流行期。一般连作地发病早，蔓延快，病情严重；平畦比高畦栽培发病重，特别是土壤低洼积水，地面湿润，大水漫灌，氮肥施用过量，种植密度过大，通风透光不良等原因都会加重此病危害。

辣椒品种间，抗病性有较大的差异。

三、辣椒病毒病

1.分布与为害

辣椒病毒病由黄瓜花叶病毒和烟草花叶病毒引起，是近年来辣椒上最普遍的病害之一。发病植株轻者结果少，果实纤细而小，发育慢，多畸形；发病重者，常常造成绝收。由于它侵染的方式特殊，早期不为人们所注意，蔓延迅速，防治困难，常造成大面积损失。

2.为害症状

(1)花叶 叶片出现不规则浓绿与淡绿相间的花斑，田间检查时，首先看心叶是否出现花叶，如果心叶出现花叶，说明植株已感染病毒。轻花叶开始表现为明脉和轻微褪色，继而发生浓绿与淡绿相间的花叶，严重时顶叶变小，叶脉变色，扭曲畸形，植株矮小。

(2)蕨叶 病株表现不同程度全株性皱缩矮化症状且分枝增多，呈现丛枝状，心叶叶肉组织退化，叶片变小或出现蕨叶，病株后期扭曲畸形。

(3)明脉 叶脉颜色变淡，半透明。

(4)矮化 植株变矮，常伴随蕨叶丛生同时发生。

(5)黄化 叶片变橘黄色，田间分布不均匀。

(6)条斑 叶片主脉呈褐色或黑色坏死，沿叶柄扩展到枝、主茎及顶端生长点，产生褐色油渍状坏死的条斑。

(7)顶枯 顶部枯死后变褐色，叶片、花蕾脱落。

3.病原

为害辣椒的病毒，已知的有多种，根据我国近年鉴定的结果，主要是黄瓜花叶病毒(CMV)与烟草花叶病毒(TMV)。

4.发病规律

辣椒病毒病病毒可在其他寄主作物或病残体及种子上越冬。传播途径随其毒原种类不同而异，但主要可分为虫传和接触传染两大类。可借虫传的病毒主要有黄瓜花叶病毒、马铃薯花叶病毒。其发生与蚜虫的发生情况关系密切，特别遇高温干旱天气，不仅蚜虫发生量大，还能降低寄主的抗病性。烟草花叶病毒和其他多种植物病毒可以经接触及伤口传播，通过整枝打杈等农事操作传染。此外，连作地、管理不良、低洼及缺肥地易引起该病流行。辣椒感染病毒后，可以出现多种症状，一般有花叶、蕨叶、明脉、矮化、黄化、坏死、顶枯等。

四、棉铃虫

参见棉田棉铃虫防治的相关内容。

【任务实施】

辣椒病虫害识别与综合防控

一、辣椒病虫害诊断、识别

1. 目的要求

正确识别当地辣椒主要害虫形态特征和病害症状特点。

2. 仪器和用具

显微镜、体视显微镜、手持式放大镜、镊子、挑针、培养皿等。

3. 观察材料

辣椒苗期的立枯病和猝倒病、辣椒疫霉病、辣椒病毒病、辣椒日灼病、蚜虫、棉铃虫、红蜘蛛等当地常见病虫害标本、挂图、影像资料、PPT 等。

4. 实施场所

实训室、多媒体教室、辣椒生产田等。

5. 内容与方法

(1)使用体视显微镜或放大镜观察蚜虫、红蜘蛛、棉铃虫的成虫、幼虫和蛹的形态特征。

(2)辣椒苗期的立枯病和猝倒病、辣椒疫霉病、辣椒病毒病、辣椒日灼病的症状特点。

(3)通过挂图、影像资料、PPT 等观察病虫害的形态特征和症状特点、为害症状等。

二、职业岗位能力训练

(一)辣椒播前准备

1. 职业岗位工作任务与要求

按照辣椒无公害高产栽培技术要求和病虫草害的侵染来源和发病规律，制订播前病虫害综合防治计划，检查、督促播前土地准备和种子处理的各项技术措施落实情况。

2. 工作程序与操作技术(表 7-13)

表 7-13 辣椒播前准备工作程序与操作技术

工作环节	工作程序与操作技术
信息搜集	1. 主动请教当地县、乡农技部门的技术专家了解当地往年辣椒田病虫草害的发生种类、为害情况以及综合防控技术经验。 2. 通过网络、图书等查阅了解、学习辣椒田病虫草害综合防控的相关内容，做好防治工作的前期准备。 3. 信息汇总整理，制订辣椒田病虫草害综合防控计划
土地准备	1. 土地选择。土层深厚、保水肥，土壤较肥沃的秋翻冬灌的砂壤土为宜。 2. 轮作倒茬。前茬以小麦、玉米、油料、豆类作物为好。 3. 苗期病害防治应采用栽培防病为主，结合施用药剂的综合防治措施。 (1)搞好苗床栽培管理，培育壮苗，增强抗病力。苗床用土每年换用大田新的肥沃土壤，施足优质腐熟有机肥；做好育苗温室保温工作；采用地热线育苗；增加光照，加强通风。 (2)苗床土壤消毒：选用福美双、敌克松或多菌灵粉剂，按每 8～10 g/m^2 施药，先将药剂与适量细土混合，取 1/3 撒于苗床上作垫土，播种后再将剩余 2/3 作盖土，撒于苗床，再覆土至所需厚度，覆盖地膜。

续表7-13

工作环节	工作程序与操作技术
	(3)床土也可以用福尔马林熏蒸处理：在播种前两周用100～150倍的福尔马林液浇湿床土，用塑料薄膜覆盖闷3～5 d后，揭去薄膜，耙松床土，过7～10 d播种
种子处理	1. 选择抗病品种。 2. 温汤浸种。种子用55 ℃左右的温水浸种，不断搅拌，使水温在10 min内降到30 ℃，再浸种5～6 h捞出沥干水分，催芽播种。 3. 药剂浸(拌)种 (1)防病毒病。用10%磷酸三钠溶液浸种20 min，或福尔马林300倍液浸种30 min，或1%高锰酸钾溶液浸种20 min，捞出冲洗干净后催芽。 (2)防治疫病。将种子在冷水中预浸10～12 h，再用1%硫酸铜溶液浸种5 min；或用70%恶霉灵可湿性粉剂500～1 000倍液浸种1 h，洗净后催芽

3. 常见技术问题处理

辣椒连作或以同科作物为前茬有什么影响？

辣椒的疫病可通过土壤传播，如果辣椒连作或前茬为茄子、番茄等茄科类作物，一是病害加重，如病毒病(花叶病)、疫病等，引起大量死苗；二是使土壤中无机养分组成发生变化，常引起钙、镁、硼、铝、锰、铁等缺乏，导致黄叶、花叶、卷叶、落花、落果、产量低；三是连作会使土壤有机质含量减少，土壤孔隙度下降，缓冲能力降低，根系发育受阻，影响产量和品质。

(二)辣椒田间病虫害综合防控

1. 职业岗位工作任务与要求

根据辣椒苗期病虫害发生发展规律，按照病虫害的调查方法，认真做好病虫害田间调查，分析预测病虫害的薄弱环节，制定有效的综合防治措施，指导农民开展防治工作，检查记载作业质量，分析总结防治效果，将辣椒病虫害控制在经济允许水平以下，保证辣椒丰产丰收。

2. 工作程序与操作技术(表7-14)

表7-14　辣椒田间病虫害综合防控工作程序与操作技术

工作环节	工作程序与操作技术		
	病虫草害田间识别	病虫草害田间调查	防治技术
苗期病害防控	主要是猝倒病和立枯病。 幼苗初期白天萎蔫，夜间恢复正常，后发生猝倒或立枯，茎基部水浸状或根部腐烂等	调查时间：幼苗出土后开始。 调查方法：每天中午进行田间观察，发现萎蔫幼苗后，将苗拔出，用清水冲洗病检查根茎部	1. 加强田间管理，避免田间湿度过大。 2. 出现病株后，应立即拔除病株。 3. 发病初期可选用百菌清、硫酸铜等药剂田间喷雾，防止病害扩展

续表 7-14

工作环节	工作程序与操作技术		
	病虫草害田间识别	病虫草害田间调查	防治技术
辣椒疫病防控	根茎部的内皮层、韧皮部变黑腐烂并围绕茎一周，最后病部变褐缢缩，地上部初表现为萎蔫，后青枯死亡，在湿度大时，病部产生灰白色粉质状霉点物	调查时间：幼苗出土后即要开始田间调查。 调查方法：随机取样，每 3～5 d 调查 1 次。于中午高温时进行田间调查，发现萎蔫植株，拨土或拔出植株观察茎基部表皮颜色变化。重点做好 6 月下旬病害发生高峰期前的田间调查	1. 加强田间管理。实行高垄栽培，使辣椒根颈部处于灌水线以上。灌水时以细流浸润灌溉为好，或者隔沟灌溉。严禁串灌、大水漫灌和中量雨后灌水。有条件的，可以在夜间或早晨灌水，尽量避免中午灌水。 2. 在发病前或发病初期，可使用下列农药喷雾或灌根：甲霜灵 500 倍液、甲霜灵锰锌 500 倍液、甲基硫菌灵等。 3. 发病数量较少时，拔除病株。并用石灰水消毒穴位。 4. 在苗期和盛果期叶面喷 0.1%硫酸锌和 100 g/667 m^2 的磷酸二氢钾 2～3 次
桃蚜防控	蚜虫在叶片背面群居为害，叶片变黄、卷缩、嫩茎弯曲。中下部叶片正面有蜜露	调查时间：5 月上旬开始。春季气温高，适当提前。 调查方法：随机取样，每 5 d 调查 1 次。每点查 10～20 株，观察叶背蚜虫数量	蚜虫是病毒病发生蔓延的重要传播媒介。发现蚜虫后要立即开展早期治蚜工作，以防蚜虫传播病毒。 1. 铺银灰色塑料薄膜避蚜 2. 黄板诱蚜。田间每隔 15～20 m 竖放一块黄板，较植株高出 20～30 cm。 3. 喷施农药防治。防治蚜虫药剂有噻虫腈、吡虫啉等
辣椒病毒病防控	叶片形成黄色斑驳或浅绿色相嵌的花叶、黄化、凸凹不平、变小或植株矮缩、小叶丛生，果实小而硬，病株容易落花落果	调查时间：5 月中下旬或田间出现蚜虫后开始。 调查方法：随机取样，每 5 d 调查 1 次。每点查 10～20 株，与蚜虫调查同时进行	1. 苗期喷施高锰酸钾 1 000 倍液或 1%过磷酸钙浸出液，提高抗性。 2. 防治蚜虫。 3. 防治病害。分苗定植前喷 0.1%～0.3% 硫酸锌溶液预防。在发病初期可选用病毒 A(盐酸吗啉胍・铜)或菌毒清等，每隔 10 d 喷施 1 次，连续喷 3～4 次
棉铃虫防控	辣椒花蕾和幼果脱落，上有虫孔	参见棉田棉铃虫防治相关内容	参见棉田棉铃虫防治技术相关内容

3. 常见技术问题处理

(1)为什么 7、8 月份灌水或大雨后辣椒会大量死亡

高温高湿有利于辣椒疫霉病的发生发展，7—8 月是高温季节，气温和地温都比较高。此时大水漫灌或大雨过后，田间土壤湿度大增，疫霉病菌快速繁殖，造成辣椒疫霉病大发生，使辣椒成片死亡。灌水量大、漫灌次数多或降雨多、雨量大，则发病重。防止此种现象发生，一是严格平整土地，避免田块低洼积水；高垄栽培；施用微生物肥料(如生物固氮肥、生物钾肥等)，抑制病原微生物，刺激根系生长，改善土壤通透性。二是合理浇水、控水、浅水小畦灌溉，切忌大水漫灌，串水浸灌或渠水渗漏跑水。三是在发病前或发病初期，可使用甲霜灵、甲霜灵锰锌、甲

基硫菌灵等农药喷雾或灌根。

(2)辣椒病毒病应如何防治

辣椒病毒病主要通过蚜虫等传毒昆虫传播而大面积为害。根据目前栽培品种实际,应采取系统控制措施:一是深翻和平衡施肥;二是适期早定植;三是采取综合防治措施控制蚜虫等刺吸式口器的传毒昆虫;四是喷施微肥复合液,即从定植到果实成熟前喷0.6%磷酸二氢钾、0.1%的硫酸锌、硫酸镁、硫酸亚铁和亚硫酸钠等配成的复合液,增强抗病性。但最根本的措施还是控制蚜虫等传毒昆虫。

三、病虫害田间调查与防控记载表(表7-15、表7-16)

表7-15　辣椒疫病调查记载表

调查日期	品种	生育期	调查株数	发病株数	株发病率	病情严重度					病情指数	备注
						0级	1级	2级	3级	4级		

表7-16　病虫害防治情况记载表

病虫害名称	作物生育期	病虫害发生情况	防治措施		防治效果	分析总结
			时间	方法		

工作任务4　大白菜病虫害识别与综合防控

【任务概述】

大白菜属十字花科植物,是我国的特产蔬菜之一。大白菜以其营养丰富,柔嫩适口,品质佳,耐贮存等特性,被誉为“菜中之王”的美称,种植范围遍布全国各地。随着育种事业的发展,大白菜不但可以在秋季栽培,在春季和夏季也可以栽培,这就使大白菜成了周年生产、周年供应的蔬菜。据调查,新疆秋冬大白菜的种植面积占秋菜种植面积的50%左右,是新疆重要的蔬菜之一。

但是在生产中,威胁大白菜产量和质量的重要因素是病虫害,只要那一年的病虫害猖獗,就会造成大白菜的严重减产。从病虫二者为害程度来比较,病害更严重于虫害。大白菜病害种类,以各地区的气候条件而异,常见的病害有软腐病、霜霉病、病毒病、菌核病、白斑病、黑斑病、黑腐病、根肿病、白锈病、炭疽病等。其中,病毒病、霜霉病、软腐病是大白菜三大重要病害。病毒病发生于大白菜的苗期、霜霉病是莲座期病害,软腐病则是包心期的病害。三大病害虽然发生在大白菜不同生长阶段,但往往是交错发生,前者发病严重时往往也加重后者发病,如病毒病发生严重的年份，必然导致霜霉病的严重发生。常见的害虫有蚜虫（桃蚜、甘蓝蚜）、菜粉蝶（菜青虫）、甘蓝夜蛾等，其中蚜虫以其传播大白菜病毒病而成为重要的害虫。

通过选用抗病品种、适期播种、加强田间管理一系列农业栽培技术措施和坚持“预防为主、综合防治”的病虫害防治原则，是有效防控大白菜病虫草害为害，减少化学农药污染，保证大白菜优质、高产、高效和无害化生产的重要的综合技术措施。

【知识准备】

一、白菜霜霉病

1.分布与为害

大白菜霜霉病遍布新疆各大白菜种植区，是新疆大白菜生产中三大病害之一。在秋季气候凉爽，昼夜温差大的地区危害重，严重地块可减产 70%～80%。

除为害大白菜外，十字花科其他蔬菜也可受害。

2.为害症状

病害主要发生在叶片上，其次茎、花梗、种荚上都有为害症状。幼苗期发病，叶背出现白色霉状物，在高温条件下，病部常出现近圆形枯斑，严重时茎及叶柄上也产生白霉，苗、叶枯死。成株期发病，叶正面出现淡绿至淡黄色水浸状小斑点，扩大后呈黄褐色，病斑受叶脉限制，呈多角形。潮湿时叶背面病斑上生出白色霉层；白菜进入包心期，条件适宜时，叶片上病斑增多并连接成片，叶片黄，病情由外叶向内叶发展，严重时植株不能包心。种株受害时，叶、花梗、花器、种荚上都可长出白霉，花梗、花器肥大畸形，花瓣绿色，种荚淡黄色，瘦瘪。

3.病原

本病由鞭毛菌亚门真菌中霜霉属十字花科霜霉菌寄生所致。病菌为专性寄生菌，只能在活体上存活。病菌产生孢子囊的最适温度为 8～12 ℃，孢子囊萌发的适宜温度为 7～13 ℃，最高 25 ℃，最低 3 ℃，菌丝生长发育的最适温度为 20～24 ℃，产生卵孢子的适宜温度为 10～15 ℃，相对湿度 70%～75%。

4.发病规律

霜霉病主要发生在春、秋两季，保护地大白菜生产在早春常出现发病高峰。病菌随病残体在土壤中或十字花科蔬菜上或冬贮种株的根头上越冬，有时还可混在种子中越夏或越冬，次年春季条件适宜时萌发侵染幼苗，由春播十字花科蔬菜传到白菜等秋播十字科蔬菜上，混在秋播种子上的病菌，播后直接为害幼苗。全年种植十字花科蔬菜的地区，病菌可在寄主上全年传播为害。病害发生和流行的平均气温为 16 ℃左右，病斑在 16～20 ℃扩展最快，高湿是孢子囊形成、萌发和侵染的重要条件，多雨时病害常严重发生，田间高湿，即使无雨，病情也加重。大白菜莲座期以后至包心期，若气温偏高，或阴天多雨，日照不足，叶片结露时间长，病害易流行。过度密植、偏施氮肥、灌水失度、田间湿度高等也是霜霉病发生的重要诱因。

二、大白菜病毒病

1.分布与为害

大白菜病毒病在全国各地普遍发生，也是新疆大白菜发生最早的三大病害之一。南、北疆各地大白菜，每年都有不同程度的流行，特别是蚜虫大发生的年份，大白菜病毒病会更加严重。

感染病毒病的植株也容易感染霜霉病和软腐病，对大白菜生产威胁很大。

2. 为害症状

大白菜各生育期均可受害。幼苗期发病，心叶产生明脉褪绿，继而叶片出现深浅不一的花叶、皱缩、叶脆，心叶扭曲畸形，有时叶脉上出现褐色坏死斑，或不整齐的波形坏死环纹。成株期病株矮缩，叶片上往往出现黄绿相间的花叶、环形坏死斑及黑色星状小点，有时这些斑点深入到叶球内部，叶球不耐贮藏，植株根系不发达，须根减少，根内部组织浅褐色，严重时病株不能结球。染病种株抽薹晚，抽出的薹短，扭曲畸形，叶片小而硬、明脉、花叶，老叶叶脉坏死，花梗上有纵横裂口，花瓣色浅，荚果小，籽不饱满，发芽率低，严重病株抽薹前即枯死。白菜病毒病病株抗逆性下降，软腐病、霜霉病加重。

3. 病原

白菜病毒病的病原有多种病毒，常见的有芜菁花叶病毒 TUMV、黄瓜花叶病毒 CMV、烟草花叶病毒 TMV 三种。其中以芜菁花叶病毒为主，其为线粒体状，55～60 ℃经 10 min 即失毒，体外保毒期 48～72 h，除侵染十字花科蔬菜外，还侵染菠菜、茼蒿等。

4. 发病规律

芜菁花叶病毒在越冬的种株或冬季田间十字花科蔬菜或窖藏的十字花科蔬菜上越冬，第二年春天在各种十字花科蔬菜上蔓延。芜菁花叶病毒在田间靠蚜虫传播，蚜虫在病株上取食后再飞到健株上取食时，把病毒传给健株。此外，这种病毒还可以通过病株的汁液接触健株传播。即在人们田间作业时，经人的手脚、衣服、农具将病株汁液传到健株而致病。病毒从春季发病的十字花科蔬菜上传到秋季大白菜及其他秋菜。大白菜播种后遇高温干旱，地温高或持续时间长，根系发育受阻碍，地上部生长受抑制，寄主抗病力下降，病害重。白菜类 6 叶期前易染病。7 叶后发病轻。如蚜虫发生高峰期与寄主感病期相吻合，并遇 15～20 ℃的温度，相对湿度 75%以下，发病重。秋季大白菜播种早，毒源、蚜虫多，菜田管理差，不通风，地势低，或土壤干燥、缺水、缺肥，植株长势差，发病重。

三、大白菜软腐病

1. 分布与为害

大白菜软腐病是新疆大白菜受害最重的三大病害之一。其发生危害期长，在田间、运输及贮藏期间，均能引起大量腐烂，造成重大损失。除为害十字花科蔬菜外，还为害胡萝卜、番茄、甜椒、马铃薯、洋葱、大蒜、芹菜等多种蔬菜。

2. 症状

大白菜软腐病多在包心期开始发病，呈典型的细菌性湿腐症状。常见有下列 3 种类型：

(1)脱帮型　初病期，外叶中午萎蔫，早晚恢复正常，后期严重时，基部腐烂，外叶不再恢复，病株一触即倒。根茎的心髓部变为灰褐色黏稠状物，有腥臭味。

(2)烧心型　外部大叶基本完好，叶球发病腐烂，延至根髓部黑腐。

(3)烧边型　外叶边缘焦枯或心叶顶端腐烂，有时外叶全部腐烂，在天气晴朗干燥时，病叶逐渐干枯成薄纸状。

3. 病原

本病是由细菌中欧氏杆菌属十字花科软腐细菌的一个变种寄生所致。

菌体短杆状，单生或双生，少数串生，周生 2～8 根鞭毛，不产生芽孢，革兰氏染色阴性。病菌生长发育温度范围为2～40 ℃，最适温度25～30 ℃，致死温度为50 ℃经10 min。病菌不耐光照和干燥，日光下暴晒2 h，大部分死亡。在脱离寄主的土壤中，只能存活15 d。病菌能分泌消解寄主细胞果胶质的酶，使细胞离解而软腐，并使蛋白质分解，放出有臭味的硫化氢气体。

4. 发病规律

病原菌主要在留种株、病残物以及黄条跳甲、菜青虫体内越冬。次年随种株带到田间，通过灌水、雨水、昆虫等传播，施用带有未腐熟病残体的肥料也可以传播。病菌从寄主的伤口、自然孔口侵入，在薄壁组织中繁殖。病菌在大白菜幼苗期从根部根毛区侵入寄主，潜伏在维管束组织中，田间幼苗根部带菌率95%，在遇到灌水引起的厌氧条件时发病。高畦种植较平畦种植病轻，与禾本科作物轮作病轻。早播、地势低洼、排水不良、土质黏重、大水漫灌的地块发病重。包心期多雨，气温15～20 ℃发病也重。

四、菜蚜

1. 分布与为害

菜蚜属同翅亚目蚜科。新疆常见的是桃蚜、萝卜蚜和甘蓝蚜，都是世界性害虫。

桃蚜可为害十字花科、茄科等多种蔬菜及蔷薇科果树，萝卜蚜和甘蓝蚜则以十字花科蔬菜为主要寄主。蚜虫以若虫和成虫聚集在寄主幼苗嫩茎和近地面叶片背面，以刺吸式口器吸取寄主汁液，造成寄主严重失水和营养不良，叶面卷曲皱缩，严重时整株枯萎，影响产量和质量。蚜虫还能够传播大白菜病毒病。

2. 形态特征(表7-17)

表7-17　两种菜蚜主要形态特征

种类		桃蚜	萝卜蚜	甘蓝蚜
有翅孤雌蚜	体长	约2 mm	约1.8 mm	约2.2 mm
	体色	头胸黑色，腹部淡绿色，背中有黑褐色斑	头胸黑色，腹部黄绿色至绿色	头胸黑色，腹部黄淡绿色，体被较厚蜡粉
	触角	第3节有感觉圈6～17个，排列成行	第3节有感觉圈21～29个	第3节有感觉圈37～50个，排列不整齐
	腹管	长超过或接近尾片末端	黑色、短，端部略细	短于尾片，圆锥形
无翅孤雌蚜	体长	约2.2 mm	约1.8 mm	约2.5 mm
	体色	绿色、淡黄色或赭红色	黄绿色或稍覆白色蜡粉	暗绿色，有白色蜡粉
	额瘤	明显，向内倾斜	不明显	不明显
	腹管	长达尾片端部	较短，暗绿色	较短，达尾片基部
越冬卵		椭圆形，长约0.4 mm，初产绿色，越冬前变为黑色		

3. 发生规律

桃蚜为乔迁式蚜虫，其生活周期在亲缘关系很远的两类植物间完成。1年发生10多代，以卵在桃、杏等蔷薇科果树上越冬。在南疆，越冬卵在3月底孵化，先在桃芽和杏芽基部活动，在嫩叶长出后，就到叶片背面取食为害。4—5月桃和杏受害最重。繁殖几代后，于春末夏初产生大量的有翅蚜，向春菜上迁飞为害，7月间形成高峰。此后又转移至大白菜等秋菜上为害。到10月份，天气转凉，日照缩短，又迁回桃树、杏树上，随后产生性蚜并交尾产卵越冬。越冬卵多产在腋芽、小枝分叉和树皮皱褶与伤疤处。

萝卜蚜和甘蓝蚜为留守式，在一种或几种近缘寄主上转移扩散。1年发生8～20代，以卵在甘蓝、萝卜、白菜等留种株及残根茬上越冬。4月中旬，越冬卵随留种株栽植而开始孵化，春菜出苗后，向春菜上转移。6月以后，油菜及萝卜、甘蓝、白菜留种株结荚时，萝卜蚜和甘蓝蚜大量集中在种荚上为害。至7月间，留种株和早甘蓝等收获后，萝卜蚜和甘蓝蚜又迁飞至晚甘蓝等十字花科蔬菜上，8月份，温湿度适宜，虫口密度达到高峰。此后，除一部分萝卜蚜和甘蓝蚜向冬白菜、冬萝卜上迁移外，大部分仍然留在晚甘蓝等十字花科蔬菜上继续取食。到10月，即产生性蚜，并交尾产卵越冬。

在温室条件下，3种蚜虫都可周年以孤雌胎生方式连续繁殖。

五、菜粉蝶

1.分布与为害

菜粉蝶属鳞翅目粉蝶科。新疆主要有大菜粉蝶（甘蓝粉蝶）和小菜粉蝶两种。菜粉蝶遍布全疆，在北疆以大菜粉蝶为主，在南疆以小菜粉蝶为主。

菜粉蝶以幼虫为害十字花科蔬菜叶片。一年中以春、秋两季为害最重。苗期初龄幼虫在叶背啃食叶肉，残留表皮。3龄后将叶片吃成孔洞和缺刻，严重时只残留叶柄和叶脉，同时排泄大量虫粪，污染叶面。幼虫在包心期钻入叶球内，不仅暴食菜心，而且其粪便污染菜心，造成的伤口又有利于软腐病菌的侵入，严重影响大白菜的产量和质量。

2.形态特征（表7-18）

表7-18　两种菜粉蝶主要形态特征

种类		大菜粉蝶	小菜粉蝶
成虫	大小	体长18～20 mm，翅展57～67 mm。	体长15～20 mm，翅展45～55 mm。
	前翅斑纹	前翅正面顶角的三角形黑斑内缘弧形，外缘向下延伸，超过M_3	前翅正面顶角的三角形黑斑内缘近似直线，外缘向下延伸不超过M_3
卵	着卵情况	聚产成卵块	散产
幼虫	体长	35～40 mm	28～35 mm
	体色	灰绿色	青绿色
	外长物	每体节上有许多大小瘤突，其上生有发白的刚毛	体上有稀疏细毛
蛹	大小	20～24 mm	18～21 mm
	形态	头部前端有一管状突起	蛹黄绿或褐色，体背有3条纵隆线和3个角状突起

3.发生规律

大菜粉蝶1年3代，以蛹在树干及建筑物的屋檐下越冬。北疆地区4月下旬开始羽化，成虫于5月上中旬开始产卵，5月下旬出现第1代幼虫，以十字花科蔬菜采种株及野油菜为食，为害盛期在6月初。7月上旬以后陆续发生的第2代和第3代幼虫分别为害早甘蓝和晚甘蓝、大白菜等。第3代幼虫老熟后化蛹越冬。

大菜粉蝶成虫白天活动，每个卵块有卵80～90粒。初孵幼虫有群集取食习性，3～4龄后分散取食。

小菜粉蝶在新疆一般少者为1年3代，多者可达8～9代。以蛹越冬，其越冬场所同于大菜粉蝶，但其春季羽化期早于大菜粉蝶。卵散产，雌虫每在菜叶上停留1次，即产卵1粒。1头雌虫产卵100～200粒，秋季产卵量多。1～2龄幼虫受惊后有吐丝坠落习性。小菜粉蝶可传播十字花科软腐病。

六、跳甲类

1. 分布与为害

跳甲属鞘翅目叶甲科。俗名菜蚤、土跳蚤，是一种善跳的小型甲虫。新疆普遍发生的有黄条跳甲、十字花科蓝跳甲和甜菜跳甲。

跳甲主要以成虫群集在寄主的幼苗嫩叶上啃食叶肉，仅留一层表皮。被害叶片布满稠密的小小圆孔洞。幼虫生活在土中，为害寄主根部皮层，使表面形成不规则的弯曲疤痕。跳甲主要为害白菜、油菜等十字花科作物和甜菜。

2. 形态特征(表7-19)

表7-19 两种跳甲形态比较表

种类		黄宽条跳甲	十字花科蓝跳甲
成虫	虫体	长椭圆形，长1.5～2.8 mm，黑色，有光泽，善跳	长椭圆形，长2.5～2.4 mm，蓝黑色，有光泽，善跳
	鞘翅	有黄色纵条	刻点排列成行
卵		长椭圆形，淡黄色	卵圆形，黄色
幼虫		长4 mm，黄白色	长4.5～6.5 mm，黄白色
蛹		2 mm，淡黄色	2.5 mm，灰黄色

3. 发生规律

黄宽条跳甲1年2代，十字花科蓝跳甲1年3代，均以成虫在树木、田间、沟边的枯枝落叶下、杂草、土缝中，特别是十字花科杂草中越冬。早春当旬平均气温11 ℃时，越冬成虫出蛰活动，先取食杂草，然后于4月上中旬转移至油菜、白菜、萝卜地内为害。不久，即产卵于根基表土或在根茎上咬一小孔，将卵产于其中。孵化后幼虫在3～5 cm土层中活动，咬食主根及须根表皮。这些伤口又易引致杂菌滋生。

黄宽条跳甲6月上旬出现第1代成虫，7月下旬出现第2代成虫，于秋末越冬。十字花科蓝跳甲5月下旬出现第1代成虫，7月下旬出现第2代成虫，8月下旬出现第3代成虫，于秋末越冬。

跳甲活泼善跳，春、秋两季喜在温暖的中午前后活动。夏季高温季节，喜好在上午和下午较凉时活动。夜间或遇阴雨、低温天气，则躲藏在叶背、植株周围的土块下或土缝中静伏。成虫有趋光性，对黑光灯敏感。

【任务实施】

大白菜病虫害识别与综合防控

一、大白菜病虫害诊断、识别

1. 目的要求

正确识别当地大白菜主要害虫形态特征和病害症状特点。

2. 仪器和用具

显微镜、体视显微镜、手持式放大镜、镊子、挑针、培养皿等。

3. 观察材料

大白菜霜霉病、大白菜病毒病、大白菜软腐病、菜蚜（桃蚜、萝卜蚜、甘蓝蚜）、菜粉蝶、黄条跳甲、十字花科蓝跳甲等当地常见病虫害标本、挂图、影像资料、PPT 等。

4. 实施场所

实训室、多媒体教室、大白菜生产田等。

5. 内容与方法

（1）使用体视显微镜或放大镜观察菜蚜（桃蚜、萝卜蚜、甘蓝蚜）、菜粉蝶、黄条跳甲、十字花科蓝跳甲的形态特征。

（2）观察大白菜霜霉病、大白菜病毒病、大白菜软腐病的症状特点。

（3）通过挂图、影像资料、PPT 等观察病虫害的形态特征和症状特点、为害症状等。

6. 任务

绘制菜粉蝶的前翅图。

二、职业岗位能力训练

（一）白菜播前准备

1. 职业岗位工作任务与要求

按照白菜栽培生产计划和病虫害发生发展规律，检查、督促生产者做好土地准备工作，尽量避免与十字花科蔬菜连作或邻作；针对土传病害和地下害虫、苗期害虫，正确选择药剂进行种子处理，检查施药质量，记载工作过程；分析总结防治效果。做好前期预防工作。

2. 工作程序与操作技术（表 7-20）

表 7-20　白菜播前准备工作程序与操作技术

工作环节	工作程序与操作技术
信息搜集	1. 主动请教当地县、乡农技部门的技术专家了解当地往年白菜田病虫草害的发生种类、为害情况以及综合防控技术经验。 2. 通过网络、图书等查阅了解、学习辣椒田病虫草害综合防控的相关内容，做好防治工作的前期准备。 3. 信息汇总整理，制订白菜田病虫草害综合防控计划。

续表7-20

工作环节	工作程序与操作技术
播前准备	1.清洁田园。 2.轮作倒茬。大白菜的前茬以茄果类、瓜类、葱蒜类为宜，避免与十字花科蔬菜连作或邻作。实行2年以上轮作。 3.整地施肥。增施磷、钾肥，提高植株抗病力，以保证大白菜生育期的营养，增强抗病性。提倡高畦直播，减轻霜霉病、软腐病的发生。 4.调整播期，适时晚播。大白菜播种过早，霜霉病、病毒病、软腐病等病害往往发病较重，晚播病害发生轻，但包心不实，影响产量。因此，根据天气预报和品种特性确定播期
种子处理	1.选用抗病品种。 2.温汤浸种。播种前用50 ℃温水浸种20～30 min，后立即移入冷水中降温，晾干后播种。 3.药剂拌种 (1)防病毒病　可用10%磷酸三钠浸种20～30 min，或用0.1%硝酸银($AgNO_3$)浸泡种子5 min即可。 (2)防治其他病害　可用种子质量0.4%的50%福美双、70%甲基硫菌灵、25%甲霜灵或50%琥胶肥酸铜可湿性粉剂拌种

(二)白菜田间病虫害综合防控

1.职业岗位工作任务与要求

根据大白菜病虫害发生发展规律，按照病虫害的调查方法，认真做好病虫害田间调查，分析预测病虫害的薄弱环节，制定有效的综合防治措施，指导防治措施实施，检查作业质量，分析总结防治效果。

2.工作程序与操作技术(表7-21)

表7-21　白菜田间病虫害综合防控工作程序与操作技术

工作环节	工作程序与操作技术		
	病虫草害田间识别	病虫草害田间调查	防治技术
跳甲防控	成虫群集在幼苗嫩叶上啃食叶肉，仅留一层表皮，叶片布满稠密的小圆洞。幼虫生活在土中，为害寄主根部皮层，引发软腐病	调查时间：5月下旬调查第1代成虫；7月下旬调查第2代成虫。 调查方法：随机取样，5点调查，每点查0.5 m^2。记录跳甲数量	1.彻底铲除杂草。 2.幼苗出土，跳甲初现时，及时喷洒辛硫磷、溴氰菊酯等杀虫剂。杀灭跳甲还可减少霜霉病、软腐病的发生。 3.跳甲宜在早晨露水未干时防治，同时应从四周向中间喷雾
大白菜病毒病防控	苗期发病时叶脉失绿，叶片皱缩，花叶畸形。成株期发病，叶片严重皱缩，质硬而脆，植株矮化畸形，内层叶上出现灰褐色坏死斑，不结球或结球松散	调查时间：出苗后或田间出现蚜虫后开始调查。 调查方法：随机取样，每5 d调查1次。每点查20～30株。与蚜虫调查同时进行	1.苗期喷施高锰酸钾1 000倍液或1%过磷酸钙浸出液，提高抗性。 2.彻底消灭蚜虫。蚜虫是病毒病传播的主要途径，消灭蚜虫等传毒媒介是防治病毒病的关键措施。 3.防治病害。发病前可喷施0.1%～0.3%硫酸锌溶液预防。在发病初期可选用盐酸吗啉胍・铜、菌毒清等，每隔10 d喷施1次，连续喷3～4次

续表 7-21

工作环节	工作程序与操作技术		
	病虫草害田间识别	病虫草害田间调查	防治技术
大白菜霜霉病防控	幼苗期叶片变黄,叶背有白色霉层;成株期叶片上初为水浸状斑点,后变黄褐色多角形病斑,高湿时叶背有白色霉状物	调查时间:从大白菜真叶出现开始。 调查方法: 1. 苗期中心病株调查。选早播,感病品种田 3 块,每块地随机 5 点调查,每点选 100 株。 2. 定点系统调查。大白菜定棵后,每点定 20 株, 3. 大白菜莲座期进行普查,每块田取 10 个点,每点取 5～10 株,调查记载发病情况	1. 合理密植,加强田间管理。 2. 发现中心病株后,立即拔除并及时喷药。可选用甲霜灵锰锌、噁霜・锰锌、霜霉威盐酸盐、霜脲锰锌等,每 7～10 d 喷 1 次,连喷 2～3 次。为了增加黏着性,每 10 kg 药液中可加入中性洗衣粉 5～10 g。 霜霉病的发生与病毒病关系密切,因此防治时应将这两个病害综合起来考虑,才能收到良好的防治效果
大白菜软腐病防控	初病期,外叶中午萎蔫,早晚恢复正常,严重时,基部腐烂,病株一触即倒。根茎的心髓部变为灰褐色黏稠状物,有腥臭味。或叶球发病腐烂或心叶顶端腐烂,在干燥时,病叶干枯成薄纸状	调查时间:在包心期开始调查。 调查方法:于晴天中午在田间顺行慢步踏查,当发现萎蔫病株或心叶顶端有腐烂时,再 5 点取样,每点取 100 株,调查记载发病情况	1. 及时防治地下害虫。 2. 发现病株后及时挖除,然后在病穴处撒施石灰消毒。 3. 发病初期及时喷药防治,喷药要周到,特别要注意将药喷到近地表的叶柄和茎基部,使药液流入菜心时防治效果更好。 可选用的药剂有:氢氧化铜、新植霉素、喹菌酮、代森铵水剂等。 药剂交替使用,7～10 d 喷施 1 次,连喷 2～3 次。 一些白菜品种对酮制剂等较敏感,要注意防止药害
菜粉蝶防控	苗期幼虫在叶背啃食叶肉,形成孔洞和缺刻,严重时只残留叶柄和叶脉,同时排泄大量虫粪,污染叶面。幼虫在包心期钻入叶球内,表面有粪便,伤口腐烂	调查时间:田间看到成虫后,开始田间查卵和幼虫。 调查方法:5 点取样,每 5 d 调查 1 次,苗小时每点查 20～30 株,苗大时固定查 10～20 株	1. 清除田边、地埂十字花科杂草。 2. 大菜粉蝶产卵期间,及时摘除卵块。 3. 药剂防治。可在卵盛期后 5～7 d 即在卵孵化高峰期及 3 龄前幼虫盛发期用药。可选用氰戊菊酯、阿维菌素、灭幼脲等喷雾防治,7～10 d 喷药 1 次,连喷 2～3 次。 注意轮换用药

3. 常见技术问题处理

[案例] 有些年份的 7 月中下旬,城市、农村到处飞舞着小小的蚜虫(有翅蚜),骑自行车、摩托,甚至行人,如果不戴眼镜,都会有蚜虫飞进眼中。这是蚜虫大发生的表现。如果稍微留意一下人们衣着的颜色,很容易就会发现,黄色衣服上附着的蚜虫数量明显高于其他颜色的衣服。这时到田间调查会发现,刚出苗或出苗不久的油白菜、大白菜等十字花科蔬菜病毒病也严重发生,许多农民购买广谱性杀菌剂或说明书上对病毒病有作用的药剂进行喷洒,3～5 d 喷

洒1次，结果病毒病仍未能有效控制，还造成了严重农药残留和环境污染。

以此案例来说明：(1)蚜虫具有“趋黄性”，这是使用黄板诱杀蚜虫的基本原理。(2)病毒病的主要传播途径是蚜虫等刺吸式口器的昆虫。从世界范围来看，目前还没有防治病毒病的特效药剂。所以，防治病毒病的有效途径是杀灭传毒昆虫，控制传染源。

三、病虫害田间调查与防控记载表

病虫害田间调查与防控记载表(表7-22至表7-24)。

表7-22 大白菜霜霉病调查记载表

调查日期	调查地点	生育阶段	调查株数	发病株数	发病率	各级发病株数					病情指数	备注
						0	1	2	3	4		

表7-23 大白菜软腐病调查记载表

调查日期	品种	生育期	调查株数	发病株数	株发病率	病情严重度					病情指数	备注
						0级	1级	2级	3级	4级		

表7-24 大白菜病虫害防治情况记载表

病虫害名称	作物生育期	病虫害发生情况	防治措施		防治效果	分析总结
			时间	方法		

【知识拓展】

一、豆类锈病

1. 分布与为害

豆类锈病在菜豆、豇豆、蚕豆等豆类作物上发生比较普遍，可导致植株早衰，结荚减少，产量降低。

2. 为害症状

豆类锈病主要为害叶片，也可为害叶柄、茎和豆荚。

叶片受害，叶背面初期产生淡黄色或白绿色小型园斑，后变为褐锈色，略隆起，呈疱状，当表皮破裂时露出褐锈色夏孢子粉末，中间为铁锈色，外有黄色晕圈，后期变为黑色冬孢子堆。叶片正面多呈退绿色斑点，当叶脉产生夏孢子堆或冬孢子堆时，易造成叶片变形早落。果实上的病斑与叶部基本相似，为害严重时果实不堪食用。

3.病原

豆类锈病是由单孢锈菌侵染所致，在真菌分类上，属于担子菌亚门单孢锈菌属，鉴于其有明显生理专化寄生现象，所以被分为菜豆锈病菌、豇豆锈病菌和蚕豆锈病菌，其主要区别在于病菌的性孢子器、锈子器、夏孢子、冬孢子的有无和形态特点。

4.发病规律

豆类锈病属真菌性病害。病菌以冬孢子随病残体在地上越冬，萌发时产生菌丝和小孢子侵入寄主，形成夏孢子堆，又产生夏孢子，通过气流进行远距离传播，雨水也可传病。病菌主要从表皮和气孔侵入为害。

夏孢子形成和侵入的最适温度为 15～24 ℃，当气温在 20 ℃左右，空气湿度在 80%以上，或叶面结露的条件下，锈病最易流行。因此，凡是导致田间湿度过大，如地势低洼、排水不良、密度过大，通风不良及连阴雨等条件，均可导致锈病的发生和蔓延。

5.防治方法

(1)收获后要及时清除田间病残体，并集中烧毁，减少土壤带菌。

(2)合理轮作　避免连作，宜与非豆科类作物合理轮作。

(3)对于蔓生性豆类，搭架方法要得当，架要插稳，防止后期倒伏。

(4)种子处理　用种子质量 0.2%～0.3%的 70%甲基硫菌灵进行药剂拌种。

(5)药剂防治　发病初期可选用 65%的代森锌可湿性粉剂 500 倍液，或 70%的甲基硫菌灵可湿性粉剂 1 000 倍液，或 20%的三唑酮乳油 2 000 倍液，或 25%丙环唑乳油 3 000 倍液等进行药剂防治。喷药的时间应在早晨露水干后开始，从下向上整株防治，并做到细致均匀，叶片正反面均喷到。

二、芹菜斑枯病

1.分布与为害

芹菜斑枯病又称叶枯病。在芹菜的整个生育期均可发病，主要为害叶片，也可为害叶柄及茎秆。由植株的下部向上部发展。贮运期还可继续为害。

2.为害症状

芹菜斑枯病叶片发病初期，产生淡褐色油浸状小斑点，边缘明显，后逐渐扩大，中心开始坏死，病斑多为 0.5～2 mm，很少超过 3 mm。几个病斑可以合并成大斑。病斑边缘褐色至黑褐色，有时为灰色，中央为黄白色或灰白色。病斑上密生许多小黑点，病斑外缘常有黄晕。严重时病斑连成片，病株生长受阻，表现为明显矮化，高度不及健株的一半。叶柄及茎上的病斑长圆形，稍凹陷，并着生小黑点。

3.病原

发生在芹菜上的斑枯病有两种，分大斑型和小斑型，是由半知菌亚门壳针孢属针孢菌侵染所致。其主要传播体是分生孢子器中的分生孢子。分生孢子器是圆球形或扁球形，成熟后由顶端孔口分散出大量针状有分隔的分生孢子。病斑上用肉眼能看到的小黑粒点，就是病原菌的分生孢子器。

4.发病规律

芹菜斑枯病属真菌性病害。病菌以菌丝体潜伏在种皮内越冬，也可在病残体或采种用根上越冬。温室栽培的在植株上越冬。病菌借风、雨、水或农事操作进行传播蔓延。从植株的气孔或表皮侵入为害。

病菌的生育最适温度为20～29 ℃，病害发生的主要因素是冷凉高湿的气候条件。夏季温暖多雨、多雾或昼夜温差大，夜间结露，且持续时间较长时发病重。低洼地、缺肥或大水漫灌的地块易发病。

5.防治方法

(1)选用抗病品种。

(2)从无病种株上采种。采种时应选择茎、叶上无病的植株。

(3)种子消毒。种子带菌，在播种前用50 ℃温水浸种30 min，并不断搅拌，再用冷水洗净、晾干后播种。

(4)轮作。应与其他蔬菜实行2～3年轮作。要及时清除田间病残体。

(5)温室栽培，要注意通风、透光、降低湿度。控制号温室内温度，避免夜间结露和昼夜温差过大。及时摘除田间病叶。

(6)药剂防治

①熏蒸或喷粉　保护地可用45%百菌清烟雾剂3.75 kg/hm^2 熏蒸，或用5%百菌清粉尘剂15 kg/hm^2 于傍晚喷粉，施药后密闭棚室。

②喷雾防治　发病初期可选用以下药剂进行喷雾防治：1∶0.5∶200波尔多液，80%代森锰锌可湿性粉剂500～800倍液，75%百菌清可湿性粉剂500～800倍液，25%多菌灵可湿性粉剂400～600倍液。

项目八

仓储害虫识别与综合防控

工作任务　仓储害虫识别与综合防控

【任务概述】

全世界已记载的仓库害虫有759种。我国已知223种。新疆已知129种，其中常见的主要仓储害虫30余种。

仓储害虫是指生活在仓库、加工厂等场所，为害各种动植物性的储藏物或仓、厂建筑、包装器材、仓储与运输工具及设备的害虫。也叫仓库害虫或储藏物害虫，简称“仓虫”。植物性的储藏物形式多种多样，如粮食、干果、坚果、中药材、中成药、竹木器材、档案图书文物等。有一大类群仓储害虫是在仓内为害贮藏粮食、油料、豆类、食品、饲料、加工成品及各种作物的种子的，常称为储粮害虫。

仓储害虫不仅种类多，而且分布也相当广泛，有许多仓储害虫都是世界性的种类。这是由于国际交通、旅游、贸易等的发展，使许多仓储害虫随一些动、植物及其产品的运输，逐渐传播到世界各地。同时，仓储害虫本身抗饥、抗不良环境的能力很强，食性较广，多数害虫传播到新区之后，能够很快适应，进而大量繁殖为害。这是仓储害虫不同于其他害虫的一个重要特点。当然，也有少数仓储害虫，其分布和为害仅局限于某一区域内。

仓储害虫的活动场所十分广阔。各种含动、植物及产品的仓库，如粮仓、种子贮藏库；各种加工厂、面粉厂、粮站、火车、汽车、轮船等运输工具；各种动物巢穴，如木蜂巢、鸟巢等各种动物体上、杂草堆内、粪便、尸体上等。一些特殊的场所如图书馆、博物馆、厨房等都是其活动的场所。

常见的仓储害虫依其分类地位可分为3大类：甲虫类，如谷象、豆象等；蛾类，如麦蛾、印度谷螟等；螨类，如腐嗜酪螨等。

仓储害虫的食性很杂。有多食性的，如各种皮蠹可取食多种植物；有寡食性的，如蚕豆象只吃少数豆类种子；有些杂食性的则取食多种动、植物产品，如赤拟谷盗等。

【知识准备】

(一)仓储害虫的传播途径

仓储害虫是随着人类社会的发展，由野外生活的一些昆虫和螨类逐渐适应仓库的环境演化而来的。其传播途径多种多样。

1. 自然传播

(1)害虫的自身传播　有些害虫,为了觅食、栖息与求偶等生命活动,凭借飞翔或爬行能力扩大活动范围、蔓延和危害。

(2)借助风力传播　有些微小害虫,常隐居在仓库的晒场等残留的尘杂、碎屑、谷壳、麦麸、垃圾中,这些碎屑杂物容易随风飘散,四处传播。

(3)随粮食收获带进仓库　如麦蛾、豌豆象等害虫。

2. 人为传播

(1)仓库或加工厂　对潜藏的仓储害虫,未进行防治而使其繁殖传播。

(2)含有仓储害虫的粮食筛下物或尘芥杂物　未及时清除而造成仓储害虫繁殖传播。

(3)调运贮藏时传播　感染仓储害虫的农产品或农产加工品,在调运贮藏时造成蔓延传播。

(4)运输中传播　感染仓储害虫的贮运用具,如运输工具和包装器材以及围席、垫木、筛子、扦样用具以至扫帚等仓储用具,在往来运输及使用时也能造成仓储害虫蔓延传播。

在上述两条途径中,以人为传播的方式最重要,因而也是防治上的重要环节。

(二)仓储害虫的为害方式

依其取食不同粮食的习性、造成的被害状、为害的位置和场所可对仓储害虫进行分类。

1. 依取食习性划分

(1)取食完整粮粒　如绿豆象、麦蛾、米象、谷蠹、拟谷盗及一般蛾类幼虫等。取食完整粮粒的仓储害虫又叫初期性害虫。

(2)食害损伤粮粒及碎屑粉末　如锯谷盗、长头谷盗等。这些害虫又叫后期性害虫。

(3)食害完整或损伤粮粒及取食粮食中的腐败尘芥杂物和虫尸、虫粪,如黑菌虫、黄粉虫、螨类、皮蠹、蛛甲等。

(4)其他　主要取食粮食中尘芥杂物粉末等,如书虱等。

2. 依取食方式划分

(1)蛀食类　如米象、豆象、谷蠹、麦蛾等的幼虫,在粮粒内蛀食,使粮粒仅剩空壳。

(2)剥食类　如印度谷螟等的幼虫,喜食粮粒的胚部,再剥食外皮,内部则较少食害。

(3)侵食类　一般甲虫均自外向内侵食粮粒,使被害粮粒呈不规则缺刻状。

(4)缀食类　一般蛾类幼虫均喜吐丝将粮粒连缀成块,匿伏其中食害。

3. 依为害位置划分

(1)自上而下　蛾类因体软、型大、善飞,一般具有正趋光性,适于在粮堆上层及外表行动及产卵,羽化后又易于飞出,故幼虫一般自粮堆上层及外表向下层及内部为害。

(2)自下而上　甲虫类因体硬,善于行走,一般具负趋光性,粮堆下层较黑暗易于隐匿,故一般自粮堆下层向上层为害。

(3)自外而内　螨类体软而轻小,喜向外爬,故一般自粮堆外表向内部为害。

4. 依为害场所划分

(1)不能在仓内繁殖　必须依靠自然界的食物在田间繁殖,但幼虫可随寄主带入仓内完成发育。如豌豆象。

(2)兼在田间和仓内繁殖为害　如绿豆象、米象、麦蛾等。

(3)仅能在仓内繁殖为害　如大部分仓储害虫。

(三)仓储害虫发生的环境条件

仓储害虫在仓库中的生活环境条件比较特殊,食物来源丰富,天敌较外界少,小气候比外界稳定,贮藏物干燥。仓储害虫在长期的生活过程中适应了这种特殊的生活环境,形成了不同的生活习性。影响仓储害虫发生的环境因子是多方面的,总的概括为生物因子、气象因子、营养因子和人为因子。其中以气象因子中的温度、湿度以及营养因子和人为因子所产生的影响最大。

1.生物因子

仓储害虫也有许多寄生性和捕食性的天敌。如食虫椿象、寄生蜂等。这些天敌在一定程度上可抑制仓储害虫的发生。但是,各种天敌的粪便和仓储害虫的尸体能污染粮食,影响粮食品质。因此,天敌对仓储害虫的作用是有限的。

2.气象因子

(1)温度　仓储害虫繁殖的有效温度范围一般为 15～35 ℃,最适温度范围因仓储害虫种类而异,如米象为 29～32 ℃、印度谷螟为 33～34 ℃等。一般最适温度范围为 25～30 ℃。仓储害虫的发育温度为 40～45 ℃,比一般昆虫略低。一般仓储害虫的不活动温度范围为 0～15 ℃或 35～40 ℃。在致死高温或低温范围内,仓储害虫死亡时间和数量因温度高或低、持续时间的长短、虫种的不同而异;同时,同种昆虫又因虫期及发育程度的不同而异。如在 62.8 ℃持续 5 h 或 49～52 ℃持续 10～12 h,各虫态都会死亡。大多数仓储害虫都被认为来源于亚热带,一般不休眠,不具滞育习性,它们对低温缺乏抵抗能力。所以,在北方冬季,仓储害虫的死亡率很高。

(2)湿度　仓储害虫一般均喜潮湿的环境,如空气湿度较高或储粮含水量较大,同时温度适宜,均能促进仓储害虫繁殖。一般仓储害虫适宜在粮食含水量 13%以上及空气湿度 70%以上的条件下生活。在谷物含水量为 8%的情况下,不易发生虫害。相比较而言,仓储害虫还是较耐干的,如谷斑皮蠹可在含水量为 2%的食物中生活。

温度和湿度不是单独影响储粮害虫的,而是起综合作用的。不但影响其生命活动,而且影响其分布范围等。

(3)光照　光对仓储害虫有直接影响。光线的强弱有时也能影响仓储害虫的发育。例如拟谷盗蛹期在黑暗中饲育为 7～12 d,但在亮光下仅 6～9 d。一般仓储害虫都喜欢在黑暗环境中生活。

3.营养因子

一般仓储害虫对食物的选择均有一定范围。如单食性的豌豆象只食豌豆,蚕豆象只食蚕豆;多食性的印度谷螟、粉斑螟等能食多种禾谷、菜籽、豆类等;杂食性的皮蠹、螨类等能食各种植物物质。在多食性及杂食性仓储害虫中,又各有其最适宜的食物,如绿豆象最喜食绿豆;麦蛾最喜食小麦及稻谷;螨类最喜食粉类及油籽类等。许多仓储害虫耐饥力较强,其中大谷盗能耐饥 2 年,皮蠹类的能耐饥 3～4 年,谷斑皮蠹的休眠体能耐饥 8 年。这种习性有利于其传播和物种的延续。

4.人为因子

人为因子主要指人们在储粮的管理、调运过程中对仓储害虫的影响。人为因子可扩大或限制甚至消灭某些仓储害虫的传播为害。如国外输入的粮谷未经严格检疫而传入的害虫,仓库清洁和消毒不彻底而遗留虫源等。因此，加强植物检疫和仓库的管理，有利于防治仓储害虫的为害。

(四)新疆常见的储粮害虫

1.象甲类

象甲类属鞘翅目象甲科。对粮食造成危害的主要有玉米象、谷象等。

(1)分布与为害　玉米象分布于全世界，国内各地都有。新疆8个地(州)29个县(市)有发生。谷象分布遍及全世界，国内在新疆、甘肃、黑龙江部分地区有发现。新疆12个地(州)47个县(市)有发生。

两种象甲均以成虫蛀害稻谷、大米、小麦、玉米、高粱、大麦、荞麦、花生仁、豆类、干果、面粉、面包等，其中以小麦、玉米及高粱受害最重。幼虫只能在粮粒内为害。在适宜的条件下，受害粮食、种子的质量损失在3个月内为11.2%，6个月内增到35.1%。其结果不但会引起后期性害虫的发生，还能使粮食发热及水分增高，引起粮食发霉变质。

(2)形态特征

①玉米象

成虫：体长3～4.5 mm，赤褐色至黑褐色，头部有一个向前伸长的“鼻子”，故叫作玉米象；它的背部每鞘翅上有两块黄褐色到赤褐色的椭圆形的斑点，相对呈“米”字形，并有粗点刻。

蛹：长3.5～4 mm，椭圆形乳色，后渐变褐色。幼虫和蛹都在粮粒内生活，切开粮粒才能找到它们。

幼虫：体长2.5～3 mm，无足，身体肥大粗短，呈半圆形，乳白色，体多皱纹。

卵：长0.45～0.7 mm，宽0.24～0.3 mm，乳白色半透明。

②谷象

成虫：体长2.3～3.5 mm，体栗褐色或黑色，有光泽，长椭圆形。鞘翅无斑点，行间1、3、5宽于行纹，除鞘翅行缝间外，无刻点行。后翅退化不能飞行。

卵：长椭圆形，长0.45～0.7 mm，乳白色，半透明。

幼虫：上颚尖端短而钝，无明显端齿。腹部各节下后侧片中叶具刚毛。

蛹：前胸背板上有小突起9对。后翅发育不全，为前翅所覆盖。

(3)生活史及习性

①玉米象　在北方寒冷地区1年发生1～2代。主要以成虫在仓内黑暗潮湿的缝隙、仓外砖石下、垃圾中、松土内及树皮缝中越冬，少数以幼虫在粮粒内越冬。当初冬逐渐变冷，气温下降到15 ℃以下时，成虫进入越冬场所越冬。次年气温转暖又回到粮堆内为害。一般卵期3～16 d，幼虫期13～28 d，前蛹期1～2 d，蛹期4～12 d，成虫寿命为54～311 d。一般完成1代需21～58 d。在27 ℃及80%的相对湿度下每完成1代需27 d。

成虫多在仓中粮堆内活动，大多分布在上层，中、下层很少。成虫羽化后1～2 d在晚上交尾，交尾后平均经过5 d开始产卵。雌成虫产卵时先在粮粒一端用口器咬成与喙等长的卵窝，然后在窝内产卵1粒，并分泌黏液封闭窝口。每雌每天产卵3粒，最多10粒。一生平均产卵50粒，最多可达570粒。产卵一般集中在上层离粮面7 cm以内。幼虫孵化后在粮粒内蛀食，并逐渐深入内部，被害粮粒蛀成空壳。幼虫共4龄。幼虫老熟后即在粮粒内化为前蛹，前蛹再蜕皮1次化为蛹。成虫羽化后在粮粒内停留约5 d后才蛀孔外出。成虫也蛀粮粒，善于爬行并有向上爬的习性。成虫还有假死性、趋温及趋湿习性，畏光性，喜在黑暗处活动，遇光则向黑暗处聚集。成虫也可飞到禾谷类作物的田间，产卵于成熟的穗上，收获时随粮粒带入仓内。

②谷象　1年发生3～4代。主要以成虫（占90%）在仓库内外潮湿黑暗的板缝、砖石缝等处越冬，少数以幼虫在粮粒内越冬。当翌春气温上升超过12.7 ℃时，越冬成虫即开始产卵。卵一般产在粮粒的胚部附近或腹沟处。在稻谷、麦类等较小粮粒上，一般产1粒卵。在玉米等较大粮粒上，有时可产2～3粒卵，雌虫一生能产卵36～254粒。幼虫喜食粮粒的胚乳，在粮粒内化蛹。成虫寿命为210～240 d，而越冬成虫可活300～450 d，甚至更长些。

成虫行动迟钝，有假死性。因后翅退化，不能飞翔，只能随粮粒或带虫麻袋、保管器材、交通工具等传播。在仓内繁殖，不能在田间繁殖。

(4)发生与环境的关系

①玉米象　在谷物含水量14%时，其发育温度范围为12.5～34 ℃，活动温度范围13～38 ℃在7.2 ℃下及35 ℃以上停止产卵，10 ℃时开始产卵。卵及幼虫的发育起点温度为11 ℃，生长繁殖适宜温湿度范围24～30 ℃及15%～20%的谷物含水量，或者24～29 ℃和90%～100%的相对湿度。其最适发育温度为29.1 ℃，最高发育温度约32.3 ℃，在9.5%的谷物含水量时停止产卵，产卵最低含水量约为10%，最适含水量约为25%。在谷物含水量只有8.2%时即不能生活。成虫如果暴露在−5 ℃下经过4 d即死亡，暴露在50 ℃下经过1 h即死亡。

成虫在粮堆内的分布，随分层粮温的变化而迁移活动。例如，春末夏初气温达15 ℃时，越冬成虫大都在30 cm以上粮堆的上层或向阳面粮温较高的部位活动。夏季及初秋，当气温达30 ℃以上时，粮堆上层及向阳面的粮温超过成虫的适温时，即大批转向粮堆的下层，背阳面或其他比较通风阴凉的部位活动。秋凉后成虫转入粮堆中层或向阳面粮温较高的部位。

②谷象　产卵的适宜温度为16～22 ℃，相对湿度85%～100%。当温度35 ℃时，相对湿度20%以下即停止产卵。在温度下降到1.6 ℃时，成虫进入休眠状态。各虫态暴露在0 ℃之下，要经过73 d才全部死亡。在−5 ℃之下，卵要经过18 d，幼虫要经过23 d，蛹要经过25 d，成虫要经过26 d死亡。

2.豆象类

豆象类属鞘翅目，豆象科。主要有豌豆象和绿豆象。

(1)分布与为害

①豌豆象　原产欧洲，现已分布全世界。国内除西藏、黑龙江外均有发生，于20世纪60年代传入伊犁地区以来，现已扩散到新疆6个地区（州）13个县（市）。豌豆象只为害豌豆（据国外报道，还为害紫花豌豆及东非野豌豆），被害的豌豆往往蛀成空壳，是豌豆的毁灭性害虫。

②绿豆象　遍分及世界各国，国内仅青海省没有发生，新疆9个地区（州）13个县（市）有发生。幼虫蛀食各种豆粒，尤以对绿豆、小豆及豇豆为害最烈。仓内及田间均能繁殖为害。

③蚕豆象　原产欧洲，现已分布全世界。国内原无此虫，随马料自日本传入我国，现已遍布18个省份。新疆尚未发现，是检疫性害虫。

(2)形态特征

①豌豆象

成虫：体长4～5.5 mm，椭圆形，体形与蚕豆象相似，黑色。鞘翅后1/3处，由翅中部到外侧各有一下斜的宽直形白毛带，相对呈“八”字形。

幼虫：老熟的体长5.5～6 mm，宽2.6 mm，乳白色，蛴螬形，肥胖，头小，缩进，无足。

蛹：长5～5.5 mm，椭圆形，乳白色。

卵:长约 0.4 mm,椭圆形,一头略尖,半透明。

②绿豆象

成虫:体长 2～3.5 mm,形状近似卵形,雄虫有一对长的梳子状的触角,雌虫为锯齿状。胸部中央接近两翅界处有一对明显的近椭圆形的小白毛斑。身体颜色和花纹的变化较大。

幼虫:体长约 3.5 mm,似蛴螬,头小内缩,淡黄白色。

蛹:长 3～3.5 mm,椭圆形,乳白色。

卵:长 0.4～0.6 mm,淡黄白色,半透明。

(3)生活史与习性

①豌豆象　1 年发生 1 代。以成虫在仓库缝隙、屋角、屋顶、包装物内、豆粒内以及仓外的石块下、树皮下和屋旁杂物内越冬。翌年 4 月上、中旬,越冬成虫首先飞到麦田、苜蓿田或油菜田里活动,到豌豆开花时又飞到豌豆田取食花粉和花蜜,并交尾产卵。6 月中、下旬为越冬成虫的产卵盛期,正值结第 1 批嫩荚的时期。卵散产于幼嫩豆荚两侧,以胶丝牢固粘连,每荚 1～12 粒,以植株中部着卵最多。每雌一生可产卵 72～380 粒,平均 150 粒。卵期 5～7 d。6 月底 7 月初开始孵化,初孵幼虫可多头立即钻入荚内,蛀食豆粒,但通常只有一个幼虫能存活。幼虫蜕皮 3 次,经 35～42 d 即老熟。老熟时幼虫在豆粒上咬一圆形羽化孔,然后化蛹。蛹期 6～14 d。8 月上旬末成虫在豆粒内羽化,可延续到 8 月底。当豌豆收获时,大部分成虫尚未羽化,随豆粒进入仓库内。羽化的成虫稍受惊动即从羽化孔外出,并飞往各处寻觅适当场所越夏、越冬,也有少数成虫留在豆粒内越冬。

豌豆象成虫有假死习性,受惊即落地,立刻飞去。产卵多在白天。多喜欢选择在落花 7 d 后的嫩荚上产卵。成虫的飞翔能力较强,一般多靠近地面飞行,但有些可高达 21 m,飞行距离可达 4.38 km。成虫寿命长达 10 个多月。据国外报道,有的成虫在豆粒内可度过两个冬天。

②绿豆象　1 年发生 4～5 代,如环境适宜或在仓内繁殖,1 年可发生 11 代。以幼虫在豆粒内越冬。每完成 1 代需 20～67 d。越冬幼虫于次年春在豆粒内化蛹和羽化,成虫不久即从豆粒内外出。在仓内繁殖 2～3 代,部分成虫飞到田内在新鲜豆荚上产卵。每荚上可产 4～5 粒。在田间繁殖 1～2 代,幼虫又随收获豆粒带回仓内继续繁殖为害,或者成虫直接飞回仓内为害,直到越冬。

绿豆象成虫善飞翔,交尾后在仓内产卵于豆粒上。每粒豆上可产卵 3～5 粒。每雌虫一生可产 11～102 粒。幼虫孵化后即蛀入豆粒内为害。成虫吃豆叶,有假死性及趋光性。雌成虫寿命 4～25 d,雄成虫 5～33 d。

(4)发生与环境的关系

①豌豆象　成虫在 10～12 ℃即停止发育。在 18 ℃才开始取食、交尾和产卵。其最适发育温度为 27～28 ℃,在 35 ℃时产卵减少。在低温时活动亦减少,雨天停止活动。成虫虽取食豌豆的茎叶及花,但主要取食花粉后才能成熟产卵。

②绿豆象　生长适宜条件为 29.5～32.5 ℃及相对湿度 68%～95%。在 31 ℃及相对湿度 68%～75%的条件下发育最快。在 13 ℃及相对湿度 28%～35%条件下最慢。发育开始停止的低温和高温分别为 10 ℃及 37 ℃。成虫产卵的温度为 13.5～37 ℃。在 26～28 ℃及相对湿度 70%～80%下用绿豆作食料,每代需 20～21 d。绿豆象的发育速度还与不同食料有关。例如在 26.7～29 ℃每代发育所需的时间如下:小豆中为 20.5 d,绿豆 20.6 d,豇豆 20.8 d,菜豆 21 d,蚕豆 23.6 d,豌豆 24.8 d,大豆 30 d。

3.拟谷盗类

拟谷盗类属鞘翅目，拟步甲科。主要有赤拟谷盗、杂拟谷盗。

(1)分布与为害　赤拟谷盗分布全世界，我国各地均有发生，新疆除阿勒泰未见报道外，其他各地区、州均有发生。杂拟谷盗分布全世界，国内仅甘肃、青海、宁夏、西藏未发生，新疆主要发生在乌鲁木齐、塔城、吐鲁番、石河子等地。

这两种害虫食性均很复杂。除危害原粮、成品粮外，还危害动植物中药材。粮食中以面粉受害最重，是面粉厂最重要的仓储害虫之一。成虫体上有臭腺分泌臭液，大量发生时，常使粮食变质，产生腥臭味，特别是面粉被害严重时结成块状，变为淡黄色不能食用。

(2)形态特征

以赤拟谷盗为例进行介绍。

成虫：体长为3～4 mm，身体扁平，长椭圆形，头部扁阔，全身褐色至赤褐色，微有光泽，鞘翅上有斑点条纹。

幼虫：体长为7～8 mm，细长圆筒形，略扁平，身体淡黄褐色，骨质化，尾部有两个向上翘的臀叉。

蛹：长约4 mm，宽1.3 mm，淡黄色，腹末有黑褐色肉刺一对。其相似虫种为杂拟谷盗。

(3)生活史及习性　赤拟谷盗1年发生4～6代，但在东北寒冷地区1年只发生1～2代。多以成虫群集在包装物、杂物及仓内各种缝隙中越冬。成虫寿命一般226～547 d，成虫羽化后不久即开始交尾、产卵，卵散产在粮粒表面或粮粒裂缝隙、碎屑或粉屑中，卵外有黏液黏附碎屑及粉末，不易被发现。每只雌虫一生平均产500余粒卵，最多1 000粒以上。幼虫孵出后，即在面粉或碎屑内取食。幼虫一般6～7龄，最多可达12龄。幼虫在老熟时常爬至粉类表面，不食不动，静止化蛹。一般卵期3～9 d，幼虫期28～80 d，蛹期4～14 d，每完成1代需32～108 d。成虫喜黑暗，常聚集于粮堆下层或碎屑中，不善飞，有假死性和群集性。

(4)发生与环境的关系　发育适宜温度为28～30 ℃，如温度降低到18 ℃即不适宜于发育。它最适宜温度为35 ℃，是一种喜温的害虫。在30 ℃及70%相对湿度下，用面粉饲养，从卵发育到成虫平均为27 d。在最适温度35 ℃及100%的相对湿度下，用面粉饲养，卵期平均2.7 d。幼虫期12 d，蛹期4.5 d，由卵发育到成虫羽化约需20 d。在0 ℃时经过1周各虫态均死亡。有虫粮如储藏在0.5～5 ℃或2～3 ℃，经过30 d，各虫态均死亡。幼虫的发育速度还受不同营养条件的影响。如用麦粉及麸皮饲养，幼虫发育历期为22～36 d；如用白面粉饲养，则幼虫期长达85～144 d。

4.谷蠹

谷蠹属鞘翅目，长蠹科。

(1)分布与危害　谷蠹分布全世界，国内除西藏外均有发生。新疆主要发生在乌鲁木齐、和静、石河子、哈密、吐鲁番等地。

谷蠹为害麦类、玉米、高粱、稻谷、豆类、豆饼、薯干、粉类、药材、干果、蔬菜、图书等。以稻谷、小麦受害最重，大量发生时常引起储粮发热，有利于后期害虫及螨类同时发生。

(2)形态特征

成虫：体长2～3 mm，长圆筒形，暗赤褐色或褐色，略具光泽。头部下弯，隐在前胸下。触角10节，末3节叶片状。前胸背板中央隆起，上面着生许多小形瘤突，作同心圆排列。鞘翅末端向后下方斜削，每鞘翅上着生由刻点排成的纵线9条。

卵:长约 0.57 mm,椭圆形,乳白色。

幼虫:体长 2.5～3.0 mm,头小,半缩在前胸内。上颚着生 3 个小齿。触角短小,两节组成,末端着生小乳状突起及刚毛 4 根。胴部共 12 节,前端较粗,中部较细,后部又稍粗并弯向腹面。

蛹:长 2.5～3 mm。腹部可见 7 节,自第 5 节以下各节都略向腹面弯曲,腹末狭小,生有一对分节的刺突,鞘翅及后翅伸达第 4 腹节。

(3)生活史及习性　谷蠹 1 年发生 2 代,以成虫蛀入仓底及四周板内越冬,或在发热的粮粒中越冬。越冬成虫于翌年春暖花开时开始活动、交尾、产卵。卵单产或 2～3 粒粘连在蛀空的粮粒内或粮粒间。每只雌虫一生平均可产 200～500 粒卵,每天产卵不超过 10 粒,卵的孵化率在 95%以上。幼虫孵出后性极活泼,爬行于粮粒间,并从谷粒胚部或破损处蛀入,直至发育为成虫才钻出;未蛀入谷粒的幼虫也能在粉屑及碎粮内生活,且能完成发育。谷蠹成虫寿命长、善飞,当粮温上升到 37 ℃以上时,成虫即爬出粮面飞行。此虫在粮堆内的分布,以中下层较多。

(4)发生与环境的关系　谷蠹的耐热及耐干的能力很强。它的最高、最快和最低发育温度分别为 38 ℃、34 ℃及 22 ℃。在谷物含水量为 14%时,此虫从卵发育为成虫所需温度范围为 18.2～39 ℃。在含水量只有 8%～10%的粮粒内(温度为 35～40 ℃)仍能正常发育。它在小麦中发育的最低含水量为 9%。成虫在 18.3 ℃时产卵极慢,产卵所需最低含水量约为 8%。此虫抗寒力差,在 0.6～2.2 ℃下生存不超过 11 d。

5. 卷螟类

卷螟类属鳞翅目,卷螟科。主要有印度谷螟、粉斑螟。

(1)分布与为害　印度谷螟分布全世界。国内各地均有分布。新疆各地均有发生。幼虫食害玉米、大米、小麦、豆类、油菜籽、花生、干果、米麦制品、奶粉、糖果、香料、生药材、中成药丸、昆虫标本等。其中以禾谷类、豆类、油菜籽及谷粉被害严重。幼虫咬食粮粒胚部及表层并吐丝连缀粮粒成小团或长茧,藏在里面食害,或吐丝结网封闭粮面,并排出大量带臭味的粪便,造成污染,以致造成储粮的严重变质。

粉斑螟分布全世界,国内亦普遍发现,新疆主要在乌鲁木齐、塔城、阿勒泰等地发生。以幼虫为害稻谷、大米、高粱、小麦、大豆、花生和棉籽等,幼虫常吐丝把粮粒连缀成块,藏在里面食害,散装粮堆被害严重时,常见其在表层布成厚网。

(2)形态特征

①印度谷螟

成虫:体长 6～9 mm,身体密布灰褐色至赤褐色鳞片,两复眼间具一向前方突出的鳞片锥体。前翅长三角形,内横线较宽,不规则;后翅三角形,淡暗褐色有闪光,翅脉及翅端域色深。

卵:椭圆形,黄白色,长 0.4 mm,一端具乳头状突起,卵面具细刻纹。

老熟幼虫:体长 10～13 mm,胴部乳白色至灰白色,有的稍带粉红色或淡绿色,头部黄褐色至红褐色。

蛹:长 5.7～7.2 mm,宽 1.6～2.1 mm,细长,赤褐色,喙不伸达第 4 腹节后缘,后足露出,触角端内弯,腹端具 8 对钩刺。

②粉斑螟

成虫:体长 6～7 mm,头及胸部灰黑色,腹部灰白色。前翅长三角形,后翅三角形,灰白色。

卵：球形，直径约 0.5 mm，乳白色，表面粗糙，有许多刻点。

幼虫：体长 12～14 mm。头部赤褐色，单眼每侧 6 个。

蛹：长约 75 mm，淡黄色。腹末节圆锥形，末端背面着生尾钩 6 个。

(3)生活史与习性

①印度谷螟　在伊犁地区 1 年发生 2 代，以幼虫在包装物、屋柱及板壁等缝隙中，少数在粮粒间越冬。越冬时幼虫喜吐丝结网群集。越冬幼虫翌年春化蛹，5 月中旬羽化为成虫。

成虫羽化 3 d 左右，开始交尾产卵。卵产在粮粒表面或包装物缝隙中，卵散产或聚产。每雌蛾一生可产卵 39～275 粒。初孵幼虫先蛀食粮粒柔软的胚部，再剥食外皮，最喜爱吃玉米，常蛀入玉米胚部，潜伏其内食害。幼虫吐丝量特别大，喜在粮面吐丝结网，封住粮面或吐丝连缀粮粒成小团，幼虫老熟后即离开粮堆并爬向墙壁、天花板、包装物等缝隙或背风角落吐丝结茧越冬或化蛹，少数在粮堆中吐丝连缀粮粒所成的小团中化蛹。

②粉斑螟　1 年发生 4 代，以幼虫在包装用品、粮粒、板壁缝隙仓内阴暗处吐丝成网聚集一处越冬，翌年春化蛹、羽化成虫，随后交尾产卵吐丝连缀粉屑和粮粒做成长茧，潜伏在茧中食害。幼虫老熟后，在包装物上、仓库缝隙或粮食内做白色的强韧薄茧化蛹。越冬幼虫亦有群集做茧习性。

(4)发生与环境的关系

①印度谷螟　生长的适宜温度为 24～30 ℃，在 27～30 ℃时完成 1 代约需 36 d；在 21 ℃完成 1 代需 42～56 d。幼虫如暴露在 48.8 ℃经过 6 h 即死亡。各虫期在低温下的致死时间分别为：−3.9～1.1 ℃为 90 d；−6.7～−3.9 ℃为 28 d；−9.4～−6.7 ℃为 8 d；−12.2～−9.4 ℃为 5 d。

②粉斑螟　抗寒力较弱，在 0 ℃时经过 1 周各虫态即全部冻死。幼虫在 0 ℃条件下 5 d 即冻死，在−1 ℃时 1 d 即冻死。

6. 腐嗜酪螨

腐嗜酪螨属蛛形纲真螨目粉螨科。

(1)分布与为害　腐嗜酪螨分布世界各地。我国除西藏未记载外，其余各省份都有分布，新疆各地均有发生。主要为害禾谷类种子、油籽类、豆类以及各种加工粮和加工制品等；还为害干酪、火腿、干鱼粉、香蕉干及真菌等。螨类专门食粮食胚部。为害谷粉时，使谷粉中感染有螨的皮及排泄物，因而变为淡褐色，并带有腥臭味。螨与人体皮肤接触后还会引起皮疹。

(2)形态特征

成螨：体长 0.30～0.42 mm，雌螨梨形，雄螨长椭圆形。体表光滑，乳白色，半透明。前体部和后体部之间有一明显的横沟。前体部上有内顶毛，位于前体部的前缘，向前伸越颚体部；外顶毛较短、弯曲，位于前体部的前角。内肩毛比外肩毛长。后体部上有背毛 4 对，位于背部中央，前后顺次排列。内腰毛和外腰毛各 1 对，较长，位于后体部前端的外侧方，前缘毛短，长度与第 1 对背毛相仿，后侧毛长度为前侧毛的 4～6 倍。前后有 5 对长刚毛；内后毛、外后毛和 3 对肛后毛，第 1、第 2 对足的胫节(倒数第 2 节)的背面有一极长刚毛伸达跗节的末端以外，4 对足细长。

卵：长椭圆形，长 0.09～0.12 mm，宽为 0.05～0.08 mm，乳白色。

幼螨：长 0.15 mm，宽 0.07 mm，乳白色。具足 3 对。

若螨：第 1 若螨体长 0.22 mm，宽 0.12 mm，乳白色，有足 4 对。第 2 若螨体长 0.35 mm，宽 0.17 mm，乳白色。

(3)生活史与习性　在温度 23 ℃、相对湿度 85%时完成 1 代只要 2～3 周，主要以成虫或各虫期变成的休眠体在粮食表面、碎屑中越冬。在温度 17～25 ℃时，禾谷类含水量 13%～14%，每代需时为 14～23 d。平时在粮食表面活动，蛀食粮粒胚部，或由伤口侵入内部。被害物往往因虫尸聚集，及此螨排出水分而致发霉变质。在发生数量多时往往积成薄层，形如灰尘粉末，到处传播。成螨及若螨喜食含脂肪及蛋白质多的食物，并喜在陈面粉中生活。该螨能借助风力、老鼠、昆虫以及人的衣服、鞋袜和检查工具等的接触而传播。温度过低或过高时，第 1 若虫就变成休眠体，休眠体的体壁硬，足及头大部分缩入体内，不食不动，以抵抗不良环境可达数月之久，一遇适宜环境即能蜕皮恢复活动。

(4)发生与环境的关系　此螨在 6～30 ℃范围内都能适应，以 20～24 ℃最宜，在 50 ℃时经 15 min 即死。此螨喜温怕干，在干燥的粮食内很少发生。在油籽类中含水分 5.35%即能繁殖。最适宜的含水量大米为 13.4%～14.25%，大豆为 11.7%～13.5%，芝麻为 5.6%～7.6%。抗高温能力很弱，在 45 ℃经过 1 h 即死亡；但抗低温的能力很强：在 4～5 ℃时需经过 120 h 才死亡；在－1～0 ℃时，活动虫态可活 26 d，卵可活 85 d；在－5 ℃时，活动虫态可活 12 d，卵为 24 d；在－11～－10 ℃，活动虫态经过 10 d 即死亡，卵经过 21 d 才死亡。

【任务实施】

仓储害虫识别与综合防控

一、贮粮害虫形态观察

1. 目的要求

识别当地主要贮粮害虫的外部形态特征。

2. 材料

印度谷螟，玉米象、绿豆象、豌豆象、锯谷盗等成虫标本、挂图、模型；体视显微镜、镊子、挑针、培养皿等。

3. 内容及方法

(1)比较观察豆象成虫大小、触角形状，前胸背板、鞘翅和腹末斑纹的特征。

(2)观察玉米象、印度谷螟等成虫外部形态特征。

(3)识别其他常见的储粮害虫外部形态特征。

4. 作业

绘制印度谷螟，豌豆象成虫图。

二、职业岗位能力训练

(一)入库前害虫综合防控

1. 职业岗位工作任务与要求

仓储害虫的治理是种子贮藏管理工作中的重要环节。入库前认真检查仓库环境、及时进行预防害虫的各项措施，控制贮藏期间害虫发生，减少危害，并做好记录。

2. 工作程序与操作技术(表 8-1)

表 8-1　入库前害虫综合防控工作程序与操作技术

工作环节	工作程序及操作技术
仓库检查	要求顶棚、门窗能防雨、雪、鼠的侵入，地面、墙壁要求不漏气，能防潮，仓内墙面光滑无缝隙
清洁工作	1. 仓库、厂房，一切临时存放种子的场所以及附属建筑物内积存的垃圾、尘灰、碎屑、蛛网、糠秕、地脚粮及外面的杂草、垃圾、污水等，都是仓虫栖息、隐藏的好地方，应彻底清除。对粮油仓库必须坚持空一仓、清一仓。 2. 加工厂的机器设备，各种管道，都要经常打扫，保持清洁，做到无尘埃、无积粉。 3. 包装材料(麻袋、面袋等)，各种工具(木锨、隔仓板等)，种子清理运送机械(风车、净粮机等)以及运输工具，要经常保持清洁
消毒工作	消毒工作是在清洁工作之后进行。因为有些害虫栖息在墙、柱、屋顶、器材、用具的缝隙内，不易被发现，也不易被清除，因此应以药剂或其他物理方法进行消毒杀虫，来弥补清洁工作的不足。 1. 空仓消毒。可用敌百虫、敌敌畏、辛硫磷等稀释液喷洒。常用的有 80%敌敌畏乳油每立方米用药 100～200 mg，仓内每隔 1 m 挂一长 50 cm，宽 6 cm 的纱布条，将药浸在纱布上，并密闭门窗。 2. 加工厂消毒。可结合机械检修，进行彻底清扫后，用熏蒸剂进行熏蒸。 3. 器材消毒。利用太阳暴晒并敲打器材，敲出害虫应及时处理；用 50%敌敌畏乳油加水 10 倍喷在麻袋、席子等器材表面。也可采取蒸汽消毒和冷冻敲打。 4. 环境消毒。仓库、厂房四周打扫清洁后，冬天气温下降到 13 ℃时或春天气温上升到 10 ℃以上时，适时地采用药剂喷洒防虫带
机械防治	利用各种机械(人力或动力)设备清除种子中的杂质和种子外的仓虫，降低种子温度和水分，恶化仓虫的生境条件，防止仓虫的发生为害以及直接消灭种子外的仓虫。 当进行该项工作时，应在工作场地四周喷防护药带，以便阻止害虫逃散。清理出的虫灰，应立即焚毁或深埋。 1. 风车除虫。用风车可将比种子轻的害虫和尘杂清除，一般可达 80%的防虫效果。但对藏在谷粒内部的幼虫和蛹的效果仅有 34%。 2. 筛子除虫。常用的有溜筛、电动振荡筛等。利用害虫身体的大小与种子大小的差异，采用不同大小孔径的筛格除去种子中的害虫。如用清选机，其效果可达 90%左右。但此法不能除去籽粒内部的害虫。 3. 抗虫粮袋。近年来在国外试验用抗虫粮袋包装粮食防止害虫入侵和感染。抗虫粮袋是用聚乙烯、玻璃纸、铝箔、纤维质及黏胶剂为材料做成的多层粮袋，可阻止多种重要的储粮害虫入侵
物理防治	采用物理方法即利用各种物理因子的作用来消灭种子及包装物上的害虫或恶化仓虫的生活环境条件，抑制害虫的发生和为害，包括高、低温防治，气调防治、机械除虫和电离辐射防治等。 1. 高温杀虫。一般储粮害虫生长发育较适宜的温度为 18～35 ℃。温度升高到 45～48 ℃时，绝大多数害虫即处于热眠状态。如果温度再升高到 48～52 ℃，经过一定的时间就会死亡。 (1) 日光暴晒：暴晒多在夏季高温季节进行。晒种时先使地面晒热，然后铺上种子，厚度不超过 3cm；经常翻动，种温晒到 48 ℃以上并保持 2 h，同时要检查害虫死亡情况。

续表8-1

工作环节	工作程序及操作技术
	(2)烘干杀虫:即利用火力加温的机构设备如烘干机、烘干塔等处理感染了害虫的高水分种子。 (3)开水烫豆:少量的蚕豆、豌豆可用开水烫豆,杀死豆粒内的豆象。方法是把新收的豆子晒 2 d,用大锅烧一大锅开水,把豆子盛在箩筐内再放入锅中,同时用棒搅拌,蚕豆烫 30 s,大粒豌豆(千粒重在 100 g 以上)烫 25 s,小粒豆(千粒重在 100 g 以下)烫 20 s。 (4)蒸汽杀虫法:常用双轨式蒸汽灶利用高温蒸汽处理仓储工具和包装器材中的害虫。 2. 低温杀虫。利用冬季寒冷的空气或由人工产生的冷气降低温度防治害虫的方法。其方法有机械通风、机械制冷和在寒冷冬季在仓外薄摊冷冻和仓内冷冻。一般而言,储粮害虫生命活动的最低温度界限为 8～15 ℃,如果温度降到 4～8 ℃时,害虫即进入冷眠;这种温度若持续很久,也可使害虫死亡

(二)入库后害虫综合防治

1. 职业岗位工作任务与要求

做好仓储害虫的识别与检查,指导、检查各项防治技术措施的实施,记录作业质量,使种子免受仓储害虫的为害。

2. 工作程序与操作技术(表 8-2)

表 8-2 入库后害虫综合防治工作程序与操作技术

<table>
<tr><th rowspan="2">工作环节</th><th colspan="3">工作程序与操作技术</th></tr>
<tr><th>害虫识别</th><th>检查方法与记载</th><th>防治技术</th></tr>
<tr><td>缺氧保管</td><td rowspan="5">初期性害虫:
玉米象
米象
绿豆象
豌豆象
谷蠹
印度谷螟
后期性害虫:
腐嗜酪螨
锯谷盗
赤拟谷盗
杂拟谷盗
其他:
花斑皮蠹
黑菌虫
黄粉虫
蛛甲
书虱</td><td rowspan="5">1. 视觉检查法　储粮害虫因为害方式不同,有的在种子外为害,有的钻到种粒内为害,因此检查时应先检查种粒外害虫,再检查种粒内隐蔽性害虫。
2. 害虫选筛检查
(1)根据要求设定检查害虫的取样点。
(2)用扦样器扦取被检查种子的样品,每点取样约 1 kg
(3)根据种子颗粒大小选用合适的筛层(直径 1.5 mm 或直径 2.5 mm)并按顺序套好。
(4)将每个取样点的样品分 2 次放在害虫选筛的上层筛内,每次筛 3 min。
(5)筛后用放大镜检查筛下物中害虫,以每个取样点为单位分别记录检查到的害虫的数量。</td><td>缺氧保管可分为真空充氮、充二氧化碳、密封自行缺氧、微生物辅助缺氧、树叶辅助缺氧及使用中性大气发生器缺氧等</td></tr>
<tr><td>灯光诱杀</td><td>利用黑光灯或频振式杀虫灯诱杀仓内蛾类、谷蠹等仓储害虫。</td></tr>
<tr><td>冷冻杀虫</td><td>在冬季,打开仓库的通风窗,使室内温度降到 0 ℃以下,并定期倒垛,降低垛内的温度,以冻死害虫</td></tr>
<tr><td>其他物理方法</td><td>1. 利用 Co 的 γ 射线照射杀虫,还可利用臭氧、超声波来防治仓虫。
2. 应用去湿剂降低小量种堆内的相对湿度,抑制害虫的发生与为害</td></tr>
<tr><td>化学防治</td><td>1. 药剂喷洒防虫药带
在适宜时期在种子四周或仓库四周喷洒药剂,以阻止害虫扩散。一般 1% 的马拉硫磷粉剂每平方米约用药 50 g,喷成宽约 30 cm 的药带即成防虫药带。
2. 谷物保护剂的应用
在种子中拌入定量的谷物保护剂(触杀剂),即可防止发生虫害。常用药剂有 95% 马拉硫磷 10 mg/kg、辛硫磷 5～</td></tr>
</table>

续表 8-2

工作环节	工作程序与操作技术		
	害虫识别	检查方法与记载	防治技术
化学防治		(6)填写记录表。 3.取样方法 (1)采取分层设点办法，外层可适当多设点。500 包以下的种子堆取 10 包；500 包以上的种子堆按 2%的比例取样。先检查露在外面部分的包外虫害头数，再用扦取器检查包内，必要时可拆包或倒包取样。对花生、蚕豆等大粒种子应采用拆包取样方法，取样不少于 1 kg，如包外害虫头数多于包内每千克害虫头数时，则以包外害虫头数作为该点害虫密度，不能将两者相加或平均计算。 (2)物品和场所　装具、器材以件计算害虫密度，按 2%～5%的比例抽样检查；空仓、货场或铺垫苫盖物料等，5 点取样，每点设 1 m^2 面积，结果按每平方米面积计算害虫密度	10 mg/kg、甲嘧硫磷 5～10 mg/kg、杀螟硫磷 5～10 mg/kg 、溴硫磷 8～12 mg/kg、杀虫畏 10～20 mg/kg、溴氰菊酯 1 mg/kg 等。 3.药剂熏蒸 当害虫发生严重而一般方法又不适合的情况下，可采用药剂熏蒸。 磷化铝常用剂量：密封良好的粮仓每吨粮食可用磷化铝 3～5 片(每片重 3 g)，空仓每立方米用 0.2～0.4 片。一般的密封仓库，每吨粮食用 5～7 片，空仓每立方米用 0.3～0.5 片，密闭约 5 昼夜或更长些。
生物防治			1.性外激素　目前，国内外已对数十种仓虫的性外激素进行了分离、结构测定并人工合成和试验。这些仓虫有印度谷螟、麦蛾、米象、锯谷盗、黄粉虫等。据试验，以 10^{-4} μg 剂量的人工合成麦蛾雌成虫性外激素，可诱集约 80%雄成虫。 2.生长调节剂　保幼激素类似物蒙 515，又名烯虫酯和蒙 512，又名烯虫乙酯的效果最好，其有效剂量为粮食质量的 5～50 mg/kg，与粮食充分拌和，能控制下一代仓虫的增长。 3.生长抑制剂 25%灭幼脲可湿性粉剂 10 mg/kg。 4.病原微生物　使用较为广泛的是苏云金杆菌，其次是病毒的利用。 5.天敌昆虫　据统计，全世界已发现的仓库昆虫的天敌达 186 种

3.常见技术问题处理

(1)取样检查应注意事项

①检查储粮害虫时，在每个取样点扦取的粮油样品要及时筛选检查害虫数量、种类，防止样品存放后害虫逃窜。

②大多数储粮害虫有假死性，在筛选后应把筛下物或者筛上物静置 2 min 后，等待害虫活动时再观察害虫数量。

③在气温较低的季节害虫一般不活动，这时可以把害虫放在灯光下加温，然后再鉴别害虫

是否死亡。

④取样时每点取样数量不少于 1 kg，所取各点样品应分别单独检查害虫密度，不应混合后取平均样品检查。检查的结果要以密度最大的部位代表全仓的害虫密度。引起管理者的重视，以便采取措施进行处理，防止害虫传播蔓延。

⑤我国粮食仓库使用的害虫选筛有上下两层不同孔径的筛层，加筛底、筛盖共 4 层。上层筛孔为 2.5 mm，下层筛孔径为 1.5 mm。铺在筛面上的样品厚度，一般以不超过 2 cm 为宜。每次筛动时间不少于 3 min。筛后结合手拣使害虫与粮粒分离，以筛上拣出的害虫与筛下物中拣出的害虫一并计算害虫密度。

(2)磷化铝使用技术要点

磷化铝常用剂量为：在密封良好的仓库，散装粮每吨用磷化铝 3～5 片，空仓每立方米用 0.2～0.4 片。一般密闭仓库，每吨粮用 5～7 片，空仓每立方米用 0.3～0.5 片。密闭 5 昼夜或更长时间，可延长到半月。根据数量计算出总药量后，再根据每个投药点不超过 200 g 算出投药点数，投药点均匀设在粮面上，每点可铺一层旧麻袋，上面放 1～2 层报纸或直接放上大的搪瓷盘或铁皮板，倒上药片，并用手指(戴上橡皮手套)将药片推开摆平，使药片不相互接触。如用粉剂，每投药点粉剂厚度不超过 5 mm。熏毕经过放气，再清除药渣。散装粮堆的高度如果超过 3 m，则应把药片分层投入粮堆内部，特别是下层。即用投药器把药片从粮面各个施药点分层投入粮堆内部，再用塑料布覆盖粮面，或者用小布袋把 10～15 片磷化铝片扎成一包，再在粮面覆盖塑料布密闭。

包装粮按上述用药量计算出总药量后，以总药量的 70% 在粮顶施药，方法同散装粮。其余 30% 的药，每 3～5 片装入小布袋内分散投入垛中，然后用塑料布密封 15～20 d。空气中如有磷化氢毒气存在时，除可嗅到类似大蒜臭味外，还可用硝酸银显色法检查。即用 3%～5% 的硝酸银溶液，将滤纸条在此液中浸湿。将此浸药的滤纸放在被检查的地方，如果空气中有磷化氢，则滤纸即变黑色。当滤纸在空中 7 s 之内完全变黑，即表示空中毒气浓度已引起人体中毒，应加以注意。

三、仓储害虫检查记录表

仓储害虫检查记录见表 8-3。

表 8-3　仓储害虫检查记录表

检查人：　　　检查时间：

检测第(　)次	害虫名称	数量/头	害虫名称	数量/头	害虫名称	数量/头	害虫名称	数量/头
1								
2								
平均密度/(头/kg)								
害虫密度/(头/kg)								

注：每检测一次用一份样品。

【知识拓展】

(一)磷化氢环流熏蒸技术

环流熏蒸是利用环流熏蒸设备强制熏蒸气体循环,促使熏蒸气体在粮堆内快速均匀分布的熏蒸杀虫技术。环流熏蒸技术可以使用各种熏蒸药剂,目前我国主要是使用磷化氢作为熏蒸药剂。

环流熏蒸有以下优点:

(1)改善劳动条件,减少操作人员与毒气的接触,保证环境卫生和职工健康。

(2)减少残渣和对粮食的污染。

(3)降低药剂用量,节省人力,降低费用。

(4)促进熏蒸气体在粮堆中均匀分布,使各部位药剂气体浓度较快到达有效浓度。

(5)便于进行补药。

(6)便于对仓外杀虫气体的监控。

(7)能实现多途径的混合增效熏蒸,提高杀虫效果。

(8)能在较长时间内保持药剂有效气体浓度。

(9)与常规熏蒸相比更容易控制磷化氢的浓度,达到安全、经济、有效的目的。

(二)磷化氢环流熏蒸设备使用与过程操作

1.确定施药方式

根据仓房密闭情况和仓内磷化氢浓度变化情况确定维持熏蒸浓度的方式。

(1)一次性施药　当仓房密闭性能达到规定要求时,按计算用药量采用依次施药完成熏蒸。

(2)多次施药　熏蒸密闭期内粮堆内磷化氢浓度降低到设定浓度或以下时,应及时补充施药,有条件时可采用钢瓶装磷化氢气体随时补药。

2.设置气体取样点

房式仓间内气体取样点不少于5个,即在仓房的四角和中央设气体取样点。

3.施药前准备

(1)熏蒸人员

①熏蒸负责人:必须掌握磷化氢熏蒸的基本理论知识,受过磷化氢环流熏蒸技术培训,能够组织和指导环流熏蒸作业,具有储粮害虫防治专业技能。

②熏蒸操作人员:必须受过磷化氢环流熏蒸技术培训,熟悉本技术规程,能熟练操作环流熏蒸的仪器设备。

③安全防护人员:熏蒸时必须安排2名以上负责安全防护的人员。

(2)仓房气密性检测　仓房密封后,用毕托管和测压计及风机以正压测定仓房气密性。

(3)药剂　环流熏蒸所用药剂必须符合《中华人民共和国农药管理条例》的有关规定和有关质量标准的要求。

(4)施药装置　束腰装置可采用磷化氢发生器施药装置或钢瓶施药装置,或其他保障熏蒸安全的施药方法和装置。

(5)环流装置的准备

①接通环流风机电源,待风机正常运转后,用风速仪分别测量仓外各环流支管路的风速,

并通过调整调节阀使各支管路的风速相同。

②膜下环流熏蒸除检测仓房密闭环境的气密性外，还要检测密闭薄膜及连接处的密闭性能。

(6)磷化氢的浓度检测报警装置

①检查磷化氢检测仪，报警仪是否正常工作。

②磷化氢气体浓度也可用磷化氢气体检测管进行检测，所用检测管要符合有关质量标准要求。

③按有关要求设置气体取样点，将取样管和回气管按照对应编号连接到仓外磷化氢检测箱。

④打开仓外磷化氢检测箱，将抽气泵的吸水管分别接到各气体取样口上，打开取样阀，启动抽水泵或检测仪，检验取样管和回气管是否通畅。

(7)准备安全防护器具

①防毒面具及滤毒罐应安全有效，工作服和无渗透性的手套要完好。

②熏蒸现场应准备灭火器具和中毒急救用品。

③在熏蒸过程中要对熏蒸现场及周围设置警戒标志。

(三)熏蒸环境的安全防护

(1)按规定使用不同的药剂。

(2)按规定领用药剂。

(3)按规定使用药剂。

(4)按规定保管、运输药剂。

其中，注意事项包括：

①熟悉国家有关于药剂使用人员的规定。

②熟悉药剂领取、使用、保管、运输的规定。

③熟悉环境保护的有关规定。

(四)磷化氢环流熏蒸注意事项

(1)在施药过程中，对突然停电应有相应措施，备有备用电源或具有保持二氧化碳不断供应的措施，以确保人身安全和设备的完好。

(2)熏蒸后须按照《粮油储藏技术规范》中有关磷化铝残渣处理的规定，做好残渣处理工作，防止意外事故发生。

(3)熏蒸时应准备好有关设备，如发现个别零配件损坏应及时更换，以保证设备、仪器的正常使用。

(4)熏蒸药剂应存放在阴凉、干燥、通风良好或具有通风装置的室内，并远离生活区和工作区。

(五)使用药剂人员安全防护措施

(1)熏蒸工作必须经单位负责人批准，由技术熟悉、有资质能力的技术人员负责指挥。由经过训练、了解药剂性能、掌握熏蒸技术和防毒面具使用方法的人员参加操作。

(2)经常参加熏蒸的人员，每年应定期进行健康检查。有心脏病、肝炎、肺病、贫血、精神疾病、神经过敏、高血压、皮肤病、皮肤破伤患者、怀孕期、哺乳期、月经期的妇女、未成年人，以及戴上防毒面具不能工作和经医生诊断认为不适合接触毒气工作的人，均不得参加施药或接触毒气工作。

(3)熏蒸人员在分药、投药、放气和处理残渣等过程中，都必须佩戴具有良好防毒性能、型号合适的防毒面具，穿工作服，戴手套。

(4)熏蒸过程中接触毒气时间，每次不超过 0.5 h，每人每天累计一般不超过 1 h，工作结束后应适当休息。

(5)施药时，必须由专人负责清点进仓人数，要确实查明进仓人员已全部出仓后，方可封门。

(6)分药、施药、检查、处理残渣和开仓散毒等与药剂接触工作，均严禁一人操作。

(7)粮仓(囤、垛)熏蒸密闭后到充分散气时，无特殊情况，不允许人员进入。人员必须进入时，一定要采取必要的防护措施，防止发生中毒或缺氧窒息事故。

(8)参加发放药剂、熏蒸施药、处理残渣和开仓放气等毒气接触人员，要按规定发给保健食品、津贴，以保障工作人员身体健康。

(9)接触毒气人员在工作完毕后要洗澡、更换衣服。换下污染衣物应送到空旷无人的地方，毒气散发后，方可携入室内。

(10)发生人员中毒时，应立即请医生参照卫生部门规定的有关药剂中毒诊断及治疗方案进行抢救，并及时上报。

参考文献

1. 管致和. 植物保护概论. 北京：中国农业大学出版社，1995.
2. 许志刚. 普遍植物病理学. 2 版. 北京：中国农业出版社，1997.
3. 韩召军. 植物保护学通论. 北京：高等教育出版社，2001.
4. 于江南. 新疆农业昆虫学. 乌鲁木齐：新疆科学技术出版社，2003.
5. 吕佩珂. 中国蔬菜病虫原色图谱续集. 呼和浩特：远方出版社，1996.
6. 吕佩珂，庞震，刘文玲，等. 中国果树病虫原色图谱. 北京：华夏出版社，1993.
7. 张学哲. 作物病虫害防治. 北京：高等教育出版社，2005.
8. 房德纯. 蔬菜病虫草害综合防治. 北京：中国农业出版社，1997.
9. 方中达. 植病研究法. 3 版. 北京：中国农业出版社，1998.
10. 华中农业大学. 蔬菜病理学. 2 版. 北京：中国农业出版社，1995.
11. 慕立义. 植物化学保护研究方法. 北京：中国农业出版社，1994.
12. 中国农业技术推广服务中心. 无公害果品生产技术手册. 北京：中国农业出版社，2003.
13. 魏鸿钧，张治良，王荫长. 中国地下害虫. 上海：上海科学技术出版社，1989.
14. 叶钟音. 现代农药应用技术全书. 北京：中国农业出版社，2002.
15. 黄宏英. 植物保护技术. 北京：中国农业出版社，2001.
16. 李清西. 植物保护. 北京：中国农业出版社，2003.
17. 徐桂平，张红燕. 设施植物病虫害防治. 北京：中国农业大学出版社，2014.
18. 王登元，于江南. 新疆农业昆虫图志. 乌鲁木齐：新疆科学技术出版社，2010.
19. 党永华，曹小平，花蕾，等. 植物保护. 西安：陕西科学技术出版社，2015.
20. 周求根. 植物保护技术. 昆明：云南科学技术出版社，2015.
21. 张青文. 有害生物综合治理学. 北京：中国农业大学出版社，2007.
22. 汤建国. 农业有害生物防控技术. 南昌：江西科学技术出版社，2009.
23. 王焱. 引进植物及其携带有害生物风险评估. 上海：上海科学技术出版社，2017.
24. 于继华. 外来有害生物及防控. 北京：中国科学技术出版社，2008.
25. 张红燕. 园艺作物病虫害防治. 北京：中国农业大学出版社，2012.
26. 郭玉人. 农药安全使用技术指南. 北京：中国农业出版社，2012.
27. 陈亚樵. 作物病虫害防治. 北京：北京大学出版社，2007.
28. 李涛. 植物保护技术. 苏州：苏州大学出版社，2009.
39. 肖启明. 植物保护技术. 北京：高等教育出版社，2010.
30. 司志国. 园林植物保护. 北京：中国轻工业出版社，2014.
31. 伍均锋. 农药安全使用技术. 石家庄：河北科学技术出版社，2016.